大学本科小学教育专业教材编写委员会

顾　　　问	顾明远　吴履平　马　立
主任委员	刘新成　马云鹏　殷忠民

副主任委员（以汉语拼音字母为序）
　　　　　　康学伟　李全顺　刘国权　刘立德
　　　　　　王万良　王智秋　杨宝忠

委　　　员（以汉语拼音字母为序）
　　　　　　黄海旺　金祥林　康学伟　李全顺
　　　　　　刘国权　刘克勤　刘立德　刘新成
　　　　　　马云鹏　曲铁华　唐京伟　王保才
　　　　　　王万良　王智秋　杨宝忠　叶宝生
　　　　　　殷忠民　张启庸　赵宏义

秘 书 长	王智秋
秘　　书	叶宝生

本书编写人员

主　　编	李香文
副 主 编	宋天乐　黄海旺

撰　　稿（以汉语拼音字母为序）
　　　　　　黄海旺　韩增进　李香文　宋天乐
　　　　　　提淑华　俞津婷

特约审稿	宋心琦　任丽萍

大学本科小学教育专业教材编审委员会

主 任 委 员 吕 达 王 岳

副主任委员（以汉语拼音字母为序）

　　　　　　葛振江　刘立德　唐京伟　王　莉
　　　　　　魏运华　邢克斌　于兴国

委　　　员（以汉语拼音字母为序）

　　　　　　葛振江　黄海旺　刘立德　吕　达
　　　　　　唐京伟　王　莉　王　岳　魏运华
　　　　　　邢克斌　于兴国　诸惠芳　邹海燕

秘 书 长 刘立德

秘　　 书 韩华球

丛书责任编辑 刘立德

本书责任编辑 任丽萍（特约）

审　　 稿 王 岳

大学本科小学教育专业教材

化　　学

主　编　李香文
副主编　宋天乐　黄海旺

人民教育出版社
·北京·

本书封四贴有含人民教育出版社注册商标 ⓟ 的标识，无此标识者视为盗版图书。

图书在版编目（CIP）数据

化学/李香文主编．—北京：人民教育出版社，2003．
大学本科小学教育专业教材
ISBN 978-7-107-16777-5

Ⅰ．化… Ⅱ．李… Ⅲ．化学—师范大学—教材 Ⅳ．O6

中国版本图书馆 CIP 数据核字（2003）第 049345 号

人民教育出版社出版发行
网址：http://www.pep.com.cn
人民教育出版社印刷厂印装　全国新华书店经销
2003 年 9 月第 1 版　2016 年 3 月第 5 次印刷
开本：890 毫米×1 240 毫米　1/32　印张：16.5　插页：1
字数：411 千字　印数：14 001～17 000 册
定价：23.90 元

如发现印、装质量问题，影响阅读，请与本社出版科联系调换。
（联系地址：北京市海淀区中关村南大街 17 号院 1 号楼　邮编：100081）

大学本科小学教育专业教材

总　　序

　　为了适应社会主义现代化建设和人民群众对教育需求不断增长的新形势，经国家教育部批准，全国各地相继成立了以培养大学本科学历小学教师为主要任务的初等教育学院（系），大学本科小学教育专业应运而生。该专业的设立是我国初等教育改革和发展的需要，是提高我国小学教师素质的重要举措，也是我国师范教育改革和发展的必然趋势。

　　《中共中央国务院关于深化教育改革全面推进素质教育的决定》指出：建设高质量的教师队伍是全面推进素质教育的基本保障。目前，培养小学教师的现行课程、教材和教法，已不能完全满足全面推进素质教育的客观要求，受到了前所未有的挑战。新的课程教材建设势在必行。鉴于此，教育部师范教育司组织有关高等学校成立了"面向21世纪培养本科程度小学师资专业建设研究"的全国性总课题组，制订了大学本科小学教育专业培养目标和课程方案，在此基础上形成了"全国小学教育专业建设协作会"，对该专业课程教材建设进行了深入研究。

　　为了加强对教材编写工作的管理，教育部师范教育司、教育部课程教材研究所及有关高师院校的领导和专家组成了"大学本科小学教育专业教材编写委员会"。中国教育学会会长顾明远、教育部课程教材研究所原所长吴履平、教育部师范司司长马立为编写委员会顾问，首都师范大学副校长刘新成等为编写委员会主任委员。编写委员会聘请具有丰富教学经验和较高学术水平的学科带头人分别担任各科教材主编,并聘请知名专家审核编写大纲和初稿。为了加强对这套教材编审工作的领导、协调和统筹,人民教育出版社还成立了"大学本科小学教育专业教材编审委员会"。

本套教材的编写以"教育要面向现代化,面向世界,面向未来"为指针,以党和国家的教育方针以及大学本科小学教育专业培养目标为依据,以思想性、科学性、时代性和师范性为原则,致力于培养未来小学教师的创新精神和实践能力,全面体现"大学本科程度"和"面向小学教育"的要求,力求建立合理的教材结构,以满足21世纪对新型小学教师素质结构的需要。

本套教材是从大多数地区的情况出发而编写的全国通用教材,主要供培养本科层次小学教师的高等院校使用,也可供培养专科层次小学教师的院校使用,还可供广大在职小学教师进修或自学使用。这套教材由人民教育出版社于新世纪第一年开始陆续推出。

本套教材的编写出版得到了教育部师范教育司、高等教育司、社会科学研究与思想政治工作司、课程教材研究所、人民教育出版社,以及部分省市教委(教育厅)和有关高等院校的领导和同志们的大力支持,谨在此一并致谢。

编写出版大学本科小学教育专业系列教材,是我们贯彻国家教育部师范教育课程教材改革精神、全面落实《面向21世纪教育振兴行动计划》的初步尝试,如有不当之处,敬请广大师生不吝指正,以使本套教材日臻完善。

大学本科小学教育专业教材编写委员会
2000年12月

本书前言

《化学》是为高等师范院校小学教育专业编写的一门基础课教材。本教材从高师小教专业教学实际出发，精选了高等师范化学教育专业化学基础课的内容，包括物质结构、化学热力学、元素及其化合物、有机化学、环境化学等有关内容的基础知识和基本理论，同时选编与之相关的化学实验。编写时精选了部分有利于拓宽化学知识的视野的现代化学学科的科研新成果、新技术，使教材具有时代气息。在每章的阅读材料中，适当介绍了化学的新知识、新材料等内容。教材也介绍了化学知识在日常生活、工农业生产、环境保护、医药卫生和新型材料等方面的实际应用。为便于学生学习和总结，每章后都附有本章小结。"＊"号内容为选读材料。本教材适合 72～108 学时之用。

参加本书编写的有沈阳大学师范学院李香文教授（第六、九章）、人民教育出版社黄海旺副编审（绪论、第十章）、首都师范大学宋天乐副教授（第五、八章）、沈阳大学师范学院提淑华副教授（第四、七章、化学实验）、首都师范大学韩增进副教授（第二、三章）、天津师范大学俞津婷讲师（第一章）。最后由李香文统稿。北京大学华彤文教授在百忙中审阅了本教材的编写提纲；全书由清华大学宋心琦教授和中国农业大学任丽萍副教授特约审稿，在此对三位专家提出的宝贵的意见，表示最衷心的感谢。沈阳大学师范学院孙弘副教授对本书编写也做了一些工作，在此表示感谢。

由于编者水平有限，书中错误和不妥之处，恳请同行专家和读者提出宝贵意见，不胜感激！

目　　录

绪论 ………………………………………………………… (1)
第一章　物质结构 ………………………………………… (10)
　第一节　原子结构 ……………………………………… (11)
　　一、微观粒子的运动特点 …………………………… (11)
　　二、核外电子运动状态的描述 ……………………… (12)
　第二节　多电子原子结构与元素周期律 ……………… (17)
　　一、多电子原子的能级 ……………………………… (17)
　　二、核外电子的排布 ………………………………… (18)
　第三节　分子结构 ……………………………………… (34)
　　一、离子键和离子型化合物 ………………………… (35)
　　二、共价键和共价型化合物 ………………………… (39)
　　三、分子间力和氢键 ………………………………… (44)
　　四、现代化学键理论* ………………………………… (48)
　第四节　晶体和无定形固体* …………………………… (56)
　　一、晶体 ……………………………………………… (56)
　　二、无定形固体* ……………………………………… (63)
　阅读材料 ………………………………………………… (64)
　　超导体 ………………………………………………… (64)
　　纳米材料 ……………………………………………… (66)
　本章小结 ………………………………………………… (67)
　习题 ……………………………………………………… (68)
　参考资料 ………………………………………………… (69)

第二章　化学热力学基础 …………………………………… (71)
第一节　化学热力学基本概念 …………………………… (72)
　　一、系统和环境 ………………………………………… (72)
　　二、系统的性质及状态函数 …………………………… (73)
　　三、过程与途径 ………………………………………… (73)
第二节　热力学第一定律和热化学 ……………………… (74)
　　一、热力学第一定律 …………………………………… (74)
　　二、热化学 ……………………………………………… (76)
　　三、标准摩尔生成焓 …………………………………… (84)
第三节　熵 …………………………………………………… (85)
　　一、熵的初步概念 ……………………………………… (85)
　　二、标准熵 ……………………………………………… (87)
　　三、化学反应熵变的计算 ……………………………… (90)
第四节　吉布斯函数 ………………………………………… (91)
　　一、吉布斯自由能 ……………………………………… (91)
　　二、标准摩尔生成吉布斯自由能 ……………………… (93)
第五节　能源 ………………………………………………… (95)
　　一、煤 …………………………………………………… (95)
　　二、石油和天然气 ……………………………………… (95)
　　三、新能源的开发和应用* ……………………………… (96)
阅读材料 ………………………………………………………… (98)
　　吉布斯（J. W. Gibbs）对化学热力学的贡献 ………… (98)
本章小结 ………………………………………………………… (100)
习题 ……………………………………………………………… (101)
参考资料 ………………………………………………………… (104)

第三章　化学平衡与化学反应速率 ………………………… (105)
第一节　化学平衡 …………………………………………… (105)

一、可逆反应、化学平衡…………………………………(105)
　　　二、化学实验平衡常数…………………………………(107)
　　　三、标准平衡常数………………………………………(113)
　第二节　化学反应的自由能变化与化学平衡……………………(114)
　第三节　化学平衡的移动…………………………………………(116)
　　　一、浓度对化学平衡的影响……………………………(117)
　　　二、压力对化学平衡的影响……………………………(117)
　　　三、温度对化学平衡的影响……………………………(119)
　第四节　反应速率的表示方法……………………………………(121)
　第五节　浓度对反应速率的影响…………………………………(124)
　　　一、速率方程与反应级数………………………………(124)
　　　二、反应机理……………………………………………(125)
　　　三、质量作用定律………………………………………(127)
　第六节　温度对反应速率的影响…………………………………(129)
　　　一、范霍夫近似规则……………………………………(129)
　　　二、阿累尼乌斯公式……………………………………(130)
　　　三、活化能………………………………………………(132)
　第七节　催化作用*………………………………………………(134)
　阅读材料……………………………………………………………(137)
　　　用化学反应进度来表示化学反应速率…………………(137)
　本章小结……………………………………………………………(138)
　习题…………………………………………………………………(139)
　参考资料……………………………………………………………(147)

第四章　电解质溶液和电离平衡……………………………………(148)
　第一节　稀溶液的依数性…………………………………………(148)
　　　一、溶液的蒸气压下降…………………………………(149)
　　　二、溶液的沸点升高和凝固点降低……………………(151)

三、溶液的渗透压……………………………（154）
　第二节　水的电离………………………………（156）
　　　一、水的电离和水的离子积……………………（156）
　　　二、溶液的酸碱性及 pH………………………（157）
　第三节　弱电解质的电离平衡……………………（159）
　　　一、一元弱酸、弱碱的电离平衡………………（159）
　　　二、多元弱酸的电离平衡………………………（166）
　　　三、强电解质溶液………………………………（167）
　第四节　缓冲溶液…………………………………（169）
　　　一、缓冲溶液的定义……………………………（169）
　　　二、缓冲作用原理………………………………（169）
　　　三、缓冲溶液的 pH……………………………（170）
　　　四、缓冲溶液的重要性…………………………（172）
　第五节　盐类水解…………………………………（173）
　　　一、盐类水解和水解常数………………………（173）
　　　二、水解平衡的移动……………………………（176）
　第六节　酸碱质子理论*……………………………（177）
　第七节　沉淀溶解平衡……………………………（180）
　　　一、溶度积常数…………………………………（180）
　　　二、沉淀的生成和溶解…………………………（182）
　阅读材料……………………………………………（186）
　　　酸碱理论的形成与发展…………………………（186）
　本章小结……………………………………………（189）
　习题…………………………………………………（191）
　参考资料……………………………………………（192）

第五章　氧化还原反应和电化学………………………（193）
　第一节　氧化还原反应……………………………（193）

一、氧化数 …………………………………… (193)
　　二、氧化和还原　氧化剂和还原剂 ………… (195)
　　三、氧化还原方程式的配平 ………………… (196)
第二节　原电池和电极电势 ……………………… (199)
　　一、原电池 …………………………………… (200)
　　二、电极电势 ………………………………… (202)
　　三、标准电极电势 …………………………… (204)
　　四、能斯特方程 ……………………………… (210)
　　五、电极电势的应用 ………………………… (215)
第三节　电解 ……………………………………… (225)
　　一、电解和电解池 …………………………… (225)
　　二、分解电压 ………………………………… (227)
　　三、极化和超电势* …………………………… (228)
　　四、电解池中电解产物的析出* ……………… (229)
　　五、电解定律——法拉第定律 ……………… (230)
　　六、电解在工业上的应用 …………………… (231)
第四节　化学电源 ………………………………… (235)
　　一、一次性电池 ……………………………… (237)
　　二、二次电池 ………………………………… (241)
　　三、燃料电池 ………………………………… (244)
　　四、绿色电池* ………………………………… (246)
第五节　金属腐蚀原理和防锈方法 ……………… (250)
　　一、金属腐蚀原理 …………………………… (250)
　　二、防锈方法 ………………………………… (253)
阅读材料 …………………………………………… (254)
　　生物电化学传感器 …………………………… (254)
本章小结 …………………………………………… (255)
习题 ………………………………………………… (257)

参考资料…………………………………………………(259)

第六章　元素和某些无机化合物……………………(261)
  第一节　金属和氢氧化物………………………………(263)
    一、金属单质的物理性质………………………………(263)
    二、金属单质的化学性质………………………………(270)
    三、氢氧化物的酸碱性…………………………………(273)
    四、合金的基本概念……………………………………(275)
  第二节　几种新型金属材料……………………………(277)
    一、储氢金属材料………………………………………(277)
    二、形状记忆合金………………………………………(279)
    三、非晶质合金材料……………………………………(281)
    四、钛和钛合金…………………………………………(283)
  第三节　非金属及其某些化合物………………………(284)
    一、非金属单质的物理性质……………………………(284)
    二、非金属单质的化学性质……………………………(286)
    三、含氧酸的强度………………………………………(287)
    四、碳化物、氮化物和硼化物…………………………(287)
    五、稀有气体……………………………………………(289)
  第四节　几种新型非金属材料…………………………(292)
    一、定向反射膜——玻璃微珠…………………………(292)
    二、光导纤维……………………………………………(293)
    三、压电陶瓷……………………………………………(294)
  阅读材料…………………………………………………(295)
    分子筛……………………………………………………(295)
  本章小结…………………………………………………(297)
  习题………………………………………………………(298)
  参考资料…………………………………………………(299)

第七章 配位化合物*······(300)
第一节 配位化合物的基本概念······(300)
一、配合物的定义······(300)
二、配合物的组成······(301)
三、配合物的命名······(305)
第二节 配合物的价键理论······(307)
第三节 配合物的稳定性······(311)
一、配位平衡及平衡常数······(311)
二、稳定常数的应用······(314)
第四节 配合物的应用······(317)
一、在分析化学方面的应用······(317)
二、在生物化学和医药方面的应用······(318)
三、配位催化······(319)
阅读材料······(320)
　　配位化学的奠基人——维尔纳······(320)
本章小结······(322)
习题······(323)
参考资料······(324)

第八章 有机化合物······(325)
第一节 有机化合物概论······(325)
一、有机化合物的定义······(325)
二、有机化合物的特点······(326)
三、有机化合物分类······(327)
四、有机物同分异构现象及命名*······(329)
五、有机物反应的主要类型······(329)
第二节 与社会生活密切相关的有机化合物······(334)

一、烃 ································ (334)
　　二、醇 ································ (350)
　　三、醚 ································ (354)
　　四、醛、酮、醌 ······················ (355)
　　五、羧酸 ····························· (358)
　　六、需要人们关注的一些有机物 ·········· (361)
　阅读材料 ································ (364)
　　液晶 ································ (364)
　本章小结 ································ (366)
　习题 ··································· (367)
　参考资料 ································ (368)
　[附] 有机化合物命名简介 ················ (369)

第九章　有机高分子化合物 ················ (376)
　第一节　高分子化合物概论 ··············· (376)
　　一、基本概念 ························ (376)
　　二、合成有机高分子化合物的分类 ······· (377)
　　三、高分子化合物的命名 ··············· (378)
　　四、高分子化合物的合成方法 ··········· (381)
　　五、高分子化合物结构和特性 ··········· (385)
　第二节　重要高分子的合成方法及应用 ····· (390)
　　一、聚乙烯 ·························· (390)
　　二、合成橡胶 ························ (391)
　　三、聚对苯二甲酸乙二醇酯 ············ (394)
　　四、离子交换树脂 ···················· (396)
　第三节　新型高分子材料简介* ············ (398)
　　一、复合高分子材料 ·················· (399)
　　二、功能高分子材料 ·················· (403)

目 录

第四节 蛋白质 (407)
　一、氨基酸 (407)
　二、蛋白质 (411)
阅读材料 (414)
　吸波材料与隐身飞机 (414)
本章小结 (415)
习题 (416)
参考资料 (417)

第十章 环境化学选论 (418)
第一节 大气污染及其防治 (420)
　一、大气圈的结构和大气组成 (420)
　二、大气中的污染物 (423)
　三、综合性大气污染问题 (427)
　四、大气污染的防治 (433)
第二节 水体污染及其危害 (434)
　一、水体与水体污染 (435)
　二、水体污染的防治 (439)
第三节 土壤的污染与防治 (442)
　一、土壤的组成与特性 (442)
　二、土壤污染与污染源 (443)
　三、土壤中主要污染物质 (444)
　四、土壤污染的防治 (446)
阅读材料 (448)
　对环境友好的农药 (448)
本章小结 (500)
习题 (451)
参考资料 (451)

第十一章　实验 ……………………………………………… (453)
　　实验一　实验室规则和基本操作……………………… (453)
　　实验二　分析天平的使用………………………………… (460)
　　实验三　化学反应速率…………………………………… (466)
　　实验四　电离平衡和盐类水解…………………………… (469)
　　实验五　碘化铅溶度积的测定…………………………… (474)
　　实验六　氧化还原与电化学……………………………… (477)
　　实验七　苯甲酸的重结晶………………………………… (482)
　　实验八　无水乙醇的制备………………………………… (485)
　　实验九　生活和趣味化学实验…………………………… (487)
　　实验十　水的净化………………………………………… (492)

附录……………………………………………………………… (498)
　　附录一　常用弱电解质的离解常数……………………… (498)
　　附录二　难溶电解质的溶度积…………………………… (498)
　　附录三　配离子的稳定常数……………………………… (499)
　　附录四　标准电极电势…………………………………… (500)

部分习题参考答案…………………………………………… (503)

元素周期表

绪　论

化学是一门古老而又年轻的科学。世界是由物质组成的，化学则是人类用以认识和改造物质世界的主要方法和手段之一。化学与工农业生产和国防现代化建设，同人类社会和人民生活都有非常密切的关系。化学是一门中心性的实用性和创造性的科学。

一、化学发展历史简述

化学科学发展到今天，已经经历了几千年的发展过程。根据化学史的记载，把化学分为以下几个时期。

（一）史前期：从远古到公元前 1500 年。人类从远古就开始积累化学实用知识，这一过程进行得很慢。原始人在为生存而进行的残酷斗争中掌握了一些偶然的化学知识。例如，在有文字记载以前，人类就知道了食盐，了解到它有调味和防腐作用。在人类学习使用火的时候就对化学进行了实践。在新石器时期，人类的化学知识扩展到烧制陶器和冶炼（熔化）一些不活泼的金属，如铜。此外，人类还掌握了酿酒、鞣革、洗涤羊毛、编织品染色和制造玻璃等一些化学工序。这些是最早期化学的开始。

（二）炼丹时期：大约是公元前 1500 年至 1650 年。这个时期主要有中国炼丹术、阿拉伯炼丹术和西欧炼丹术。中国炼丹术盛行于公元前 2 世纪的秦汉时代。大致在公元 7 世纪，中国炼丹术传到阿拉伯国家，与古希腊哲学相融合而形成阿拉伯炼金术。阿拉伯炼金术于中世纪传入欧洲，形成欧洲炼金术，后来逐步演变为近代化学。英文中的化学一词（chemistry）的字根 chem，来源于中世纪的拉丁文炼金术（alchemia）。炼丹术是试图在炼丹炉中人工合成金银或修炼长生不老之药，有目的的将各类物质搭配烧炼。为此，设计了实验用的各种器皿，如升华器、蒸馏器、研钵等；同时，创造了各种实验方法，如混合、溶解、灼烧、熔融、升华等。这些都为近代化学的产生和发展奠定了基础。许多器皿和实验方法经过改造后仍然在今天的化学实验中沿用。

（三）工艺化学和医药化学时期。16世纪欧洲开始文艺复兴运动，欧洲社会生活各方面产生了深刻的变革。此时，欧洲工业生产蓬勃兴起，推动了医药化学和冶金化学的创立和发展，使炼金术转向生活和实际，更加注意对物质化学变化本身的研究。这个时期，中国的炼金术转变为本草学的一个组成部分。由于本草学中的一些药物的来源、性质、鉴别、制法及配方的叙述，涉及广泛的化学知识，因而本草学成了中国古代化学的重要源泉。明代李时珍（1518—1592）的医学著作《本草纲目》是对我国古代本草学作了一次历史总结。在这个时期，欧洲出版了很多最早的化学著作，如德国化学家格劳贝尔写的《新哲学炉》；德国化学家写的《化学实验》，等等。

（四）近代化学时期：17世纪下半叶至19世纪。17世纪下半叶，随着工业生产的发展，产生了关于燃烧的问题。至18世纪中期，许多化学家、医生和生理学家广泛研究了燃烧和呼吸现象，并对这种现象提出了各种学说，其中，以德国医生兼化学家 G. E. 施塔尔为主提出的"燃素说"影响最为深远。1772～1785年，法国化学家拉瓦锡对一系列燃烧现象进行了周密的定量研究，提出了正确的关于燃烧现象的氧化学说，彻底批判了燃素说，把倒立在燃素理论基础上的化学理论端正了过来。拉瓦锡在一系列的化学实验和论述中都遵守和运用了质量守恒定律，对这一定律做了证明并进行了科学的陈述。因此，拉瓦锡对化学的发展建立了革命性的功绩。

19世纪初，英国化学家道尔顿提出了新的原子学说，认为同种物质的原子的形状、大小和重量必然相同，不同物质的原子必然不同。他的原子论使当时的各种化学现象和各种化学定律以及它们之间的内在联系找到了合理的解释，成为说明化学现象的统一理论。随后，许多化学家致力于原子量的研究，提出了分子假说，建立了原子分子学说，为物质结构的研究奠定了基础。元素周期率发现后，初步形成了无机化学的体系，并与原子分子学说一起形成化学理论体系。进入19世纪后，新发现的元素急剧增多；研究和开发的矿物日益广泛，成分日益复杂，物料中的组分分析研究日益发展，经典的化学分析方法形成自己的体系。这一时期，化学家对有机化合物进行元素分析，合成了草酸、尿素等有机化合物，提出原子价概念，创立了苯的六元环结构和碳价键四面体等学说；发现有机化合物分子的不对称性，建立了有机化学结构理论，奠定了有机化学的基础。随着溶液理论、电离学说、电化学和化学动力学等基础理论的建立，诞生了物理化学，从而把化学科学从理论上提高到一个新水平。

（五）现代化学时期：这个时期基本上从20世纪初开始。进入20世纪后，自然科学和社会生产迅速发展。由于运用了当代科学的理论、技术和方法，化学学科在认识物质的组成、结构、反应、合成和测试等方面都有很大的进展。在无机化学、有机化学、分析化学和物理化学四大分支学科的基础上产生了新的分支学科。例如，无机化学在与有机化学、生物化学、物理化学等学科相互渗透中产生了有机金属化学、生物无机化学、无机固体化学等新兴学科。

20世纪以来，经过化学家和科技人员的辛勤努力，在结构化学、分析化学、无机合成和有机合成等方面取得了许多研究成果。总的来说，化学研究是由宏观向微观、由定性向定量、由稳定态向亚稳定态发展；由经验逐步上升到理论，再用于指导新的研究。

二、化学研究的对象、内容

化学是在原子和分子水平上研究物质的性质、组成、结构、变化和应用的科学。化学研究的物质对象包括原子、分子、生物大分子、超分子和物质凝聚态（如宏观聚集态流体、等离子体、介观聚集态纳米、溶胶、凝胶、气溶胶等）等层次。

化学在发展过程中，依照所研究的对象、手段、目的和任务的不同，将化学分为无机化学、有机化学、高分子化学、分析化学和物理化学等五大分支学科，即化学的二级学科。大学本科小学教育专业《化学》就是根据师范专业的特点和需要，扼要地介绍无机化学、分析化学、物理化学、有机化学和环境化学中的基本理论和基础知识。

（一）无机化学

无机化学是以元素周期系及近代化学理论为基础，研究无机物的组成、结构、性质和无机化学反应与过程的学科。至今，科学家已发现了一百多种元素，新分子和化合物种类超过2000万。20世纪40年代末开始，随着原子能工业、半导体工业的兴起，无机化学由萧条到复兴。20世纪70年代以来，随着航天、能源、材料、生命等研究领域的飞速发展，无机化学不论在实践或是理论方面都有许多新的突破。例如，无机材料化学是近30年发展起来的现代无机化学领域中最活跃的分支学科之一。

无机材料化学是研究无机材料制备、组成、结构、性质和应用的一门学科。它是源于陶瓷学、金属物理和电子材料学，把其中有关化学的内容集中起来，加以分析、综合和提高形成的一门独立学科。无机材料化学主要研究以下5个方面的问题。1. 无机材料制备原理的研究。如单晶和薄膜的制备，溶胶—凝胶法等制备技术，都是无机材料化学的研究内容。2. 无机材料的成键本质和结构的研究。无机固体材料的成键本质与其结构和性质密切相关，其中能带理论占有突出的地位。无机材料结构的研究涉及理想的晶体结构，非晶态结构、表面结构和缺陷结构，结晶固体的微结构等3个层次。缺陷化学是无机材料化学的重要内容。3．材料表征的研究。无机材料化学重视各种衍射方法和显微技术。4．无机材料性质的研究。这方面涉及材料的力、声、光、热、电和磁等，与材料的组成和结构密切相关；5．无机材料化学应用的研究。这主要是为特殊应用目的而制造无机材料，主要涉及精细陶瓷。

此外，无机化学的分支学科还有元素化学、无机合成化学、无机固体化学、配位化学、生物无机化学、有机金属化学等。

（二）分析化学

分析化学是测量和表征物质的组成和结构的学科。确定物种的原子或分子结构和组成的学科为定性分析化学；测定各种原子或分子含量的学科为定量分析化学。分析方法和手段是化学研究的基本方法和手段。在现代化学中，随着科学技术的发展，对分析化学的要求越来越高。一方面，经典的成分和组分分析方法仍在不断改进，分析灵敏度从常量发展到微量、超微量、痕量；另一方面，发展出许多新的分析方法，可深入到进行结构分析，构象测定，同位素测定，以及对短寿命亚稳态分子的检测等。分离手段也不断革新，离子交换、膜技术以及各种色谱法得到迅速发展。为了适应现代科学技术研究和工业生产的需要和满足灵敏、精确、高速的要求，各种分析仪器如质谱仪、极谱仪、色谱仪等的应用和计算机化、自动化、及其与其他重要仪器的联用，得到迅速发展。随着生命科学、信息科学和计算机技术的发展，分析化学进入一个崭新的阶段。分析化学不仅可以测定物质的组成和含量，而且可以对物质的状态（氧化还原态、结晶态和各种结合态）、结构（一维、二维、三维空间分布）以及化学行为和生物活性等作出瞬时追踪。

（三）物理化学

物理化学是研究物质系统的化学行为的原理、规律和方法的学科。它是化学学科以及在分子层次上研究物质变化的其他学科的理论基础。物理化学主要由化学热力学、结构化学、化学动力学等组成。化学热力学由热力学、电化学、胶体化学等分门学科组成。其基本原理是根据热力学函数来判断系统的稳定性、变化的方向和程度。化学动力学研究化学反应的速率和机理。结构化学是在原子—分子水平上研究物质分子构型与组成的相互关系以及结构和各种运动的相互影响；阐述物质的微观结构与其宏观性能的相互关系。

（四）有机化学

有机化学是研究碳氢化合物及其衍生物的学科。在有机化学发展的初期，有机化学主要研究从动、植物体中分离有机化合物。随着合成染料的发现，染料和制药工业蓬勃发展，推动了对芳香族化合物和杂环化合物的研究。20世纪30年代以来，以乙炔为原料的有机合成兴起，发展了合成橡胶、合成塑料和合成纤维工业。有机化学的分支学科主要有天然有机化学、有机合成、元素有机化学、物理有机化学和有机分析化学等。天然有机化学主要研究天然有机化合物的组成、合成、结构和性能。有机合成主要研究从简单的化合物或元素经化学反应合成有机化合物。元素有机化学主要研究金属、准金属和非金属有机化合物。物理有机化学是定量地研究有机化合物结构、反应性和反应机理。

三、化学与其他学科的渗透、交叉与发展

现代化学科学的发展和进步，与当今世界科学技术的发展和进步紧密相关。现代科学技术的发展越来越综合化、整体化，形成大量的边缘学科、交叉学科以及综合性很强的"大学科"。

数学向化学的各个领域渗透，使得化学逐渐从实验科学逐步向理论与实验相结合的阶段迈进。特别是在化学中应用拓扑学和群论，理论化学有了很大的发展，计算分子和原子的结构与性能以反应活性成为现实。

多年来，化学与物理学之间有着紧密的联系。在20世纪初，居里夫人发现了元素的放射性获得了诺贝尔物理学奖，随后，她因在放射性元素方面的工作又获得诺贝尔化学奖，就是一个很好的例证。物理学与化学结合产生了量子化学。近年来，高温超导体的理论与实验更加紧密了物理学和化学的关系。高温超导材料的研制离不开化学家，而超导机理的研究却离不开物理学家。

计算机科学为计算化学和量子化学的发展与应用提供了基础，量子化学研究重原子以及生物大分子等方面进展有赖于计算机的计算速度与容量的增加。计算机科学的发展与应用使化学实验手段有很大的改善，分析化学进入了自动化和智能化阶段。同时，计算机的计算速度和容量的增加以及计算机的发展，却有赖于新一代计算机芯片的发展。而计算机芯片所用的材料均是无机或有机物，化学家在这些材料的研究中起着重要的作用。

化学和生物学的关系源远流长。人们认为生命起源是通过化学途径实现的，生命过程本身就是化学变化的表现。目前，组成生命的大分子酶、核酸和蛋白质已被分离出来，其化学结构与功能的关系已成为分子生物学的主要研究内容。在地球科学中，由于化学的直接应用发展了地球化学的许多边缘学科，如同位素地球化学、微量元素地球化学、岩石地球化学等等。

因此，数学、物理和计算机科学在支持和促进化学的发展，而化学促进生命科学、地球科学、材料科学和计算机科学的发展。所以说，化学是联系各个基础科学的中心学科。在21世纪，化学向其他学科的渗透将更加明显。更多的化学家将会投身到研究生命、研究材料的队伍中去，并在化学与生物学、化学与材料的交叉领域大有作为。化学必将为解决基因组工程、蛋白质组工程中的问题以及理解大脑的功能和记忆的本质等重大科学问题做出巨大贡献。

四、化学在国民经济发展中的地位和作用

各国的经济发展越来越离不开化学。化学是一门中心科学。在为人类提供衣食住行，开发新能源，为日益减少或稀缺材料提供可再生的代用品，在裨益健康和征服疾病以及监视和保护环境，增强国防实力和保障国家安全等方面，都起着关键的作用。化学与能源、信息、材料、国防、环境保护、医疗卫生、资源开发与利用等有密切的关系，是一门社会迫切需要的实用科学。当前，我们所面临的挑战有粮食问题、人口控制问题、健康问题、环境问题、能源问题、资源与可持续发展问题。化学家将从化学的角度，通过化学方法解决其中的问题。

农业发展的首要问题是保证人类的食物安全和提高食物品质，其次是保护并改善农业生态环境，为农业可持续发展奠定基础。化学将在创制高效肥料和高效农药，特别是与环境友好的生物肥料和生物农药，以及开发新型农业生产资料诸方面发挥巨大作用。化学家还将在克服和治理土地荒漠化、干旱及盐碱地等农业生态系统问题方面作出应有的贡献。

化学将在控制人口数量、克服疾病和提高人的生存质量等人口与健康诸方面进一步发挥重大作用。在攻克高死亡率和高致残的心脑血管病、肿瘤、高血脂和糖尿病以及艾滋病等疾病的进程中，化学工作者将不断创制包括基因疗法在内的新药物和新方法。由于人口高速老龄化，老年病会成为影响人的生存质量的主要问题之一。化学将会在揭示老年病机理、开发创制和诊断治疗老年性疾病药物以及提高老年人的生活质量方面作出贡献。中医药是我国的传统医学成就，化学研究将在揭示中医药的有效成分和多组分药物协同作用机理方面发挥巨大作用，从而加速中医药走向世界，实现产业化，成为我国经济的新的增长点。

目前我国的经济发展持续稳定增长，能源开发利用面临需求增

大和环境污染的双重压力。化学家可望在未来几年里创制和开发出多种新型催化剂，使我国的煤、天然气和煤层气的综合利用取得优异成绩，从而减缓我国的能源紧张和环境污染的压力。我国将进一步利用和发展核能，而化学研究涉及核能生产的各个方面。化学必将为核能的安全利用作出应有的贡献。化学家在大规模、大功率的光电转换材料方面的研究将导致太阳能的开发和利用。化学家从事的新燃料电池的催化剂和新电池的研究可能在21世纪初出现突破，电动汽车将向实用化迈出一大步，这将改变人类能源的消费方式，同时提高人类生态环境的质量。

五、化学课程的教学目标

化学与数学、物理等同属于自然科学基础课，是培养大学本科小教专业学生的基本科学素养的课程。化学是一门现代化学导论课程，其目的是要给学生以高质量的化学通才教育。在这门课程中，学生通过学习化学反应基本规律、物质结构基本理论，无机元素及其化合物、有机化合物及高分子化合物的基础知识以及环境化学的基本知识，了解当代化学学科的概貌，能运用化学的理论、观点和方法审视环境污染、能源危机、新兴材料、生命科学、健康与营养等社会热点话题，了解化学对人类社会的作用和贡献。通过各项教学活动，把培养学生的科学观、社会观和价值观结合起来，全面提高学生的科学素养，培养出基础扎实、知识面宽具有开拓创新能力的人才。

第一章 物质结构

物质的性质及其变化规律与物质的内部结构,特别是与原子结构(atomic structure)有关。在 20 世纪 30 年代,经过一系列的科学实验,原子的基本组成已经确定。原子是由质子(proton)、中子(neutron)和电子(electron)三种基本粒子组成。其中质子和中子依靠核力组成原子核,电子在核外有限的空间内绕核运动。原子的直径为 10^{-10} m,而原子核的直径只有 10^{-14} m,一个电子的直径为 10^{-15} m。如果把原子设想为直径 10 m 的球,则原子核就像一粒小米那样大,而电子则更小。由此可见,原子内部结构是很稀松的,大部分空间都是空的。尽管原子核所占空间很小,但它几乎集中了原子的全部质量,约占原子质量的 99.94% 以上,而电子只占原子质量的 0.02%~0.06%。对一个原子来说,由于原子核很重,相对于电子,原子核可近似看成不动,而电子在核外有限的空间内绕核运动。

原子核在一般的化学反应中不发生变化,而是核外的价电子运动状态发生改变。化学反应表现为原子间的分离与化合。因此,要想了解化学变化的本质,首先要深入了解原子的内部结构。因为原子在化学反应中的表现,主要决定于电子在原子核外的运动状态。然而由于电子非常小,质量只有 9.11×10^{-31} kg,电子运动速度非常快(接近光速),运动的空间只限于直径 10^{-10} m 范围内,要想直接观察核外电子的运动状态是不可能的。随着科学的发展,人们可以通过对一些实验现象的观察和分析,用科学的推理来了解和认识电子的运动状态。

第一节　原子结构

一、微观粒子的运动特点

微观粒子（microscopic particle）的运动状态如何，它与宏观物体的运动规律是否相同？根据现代原子结构理论的研究，可以知道核外电子的运动与宏观物体的运动规律完全不同，主要表现在以下几个方面。

（一）核外电子运动的波粒二象性

波粒二象性（wave-particle duality）是指物质的运动既具有波动性，又具有粒子性。所谓波动性是指物质在运动中表现为具有一定的波长、频率，会产生干涉、衍射等现象。粒子性是指物质在运动中会产生动量及动能。

电子是微观粒子。它具有一定的运动速度，运动时会产生动量及动能，所以具有粒子性。电子是否与光一样也具有波动性呢？1924年，法国物理学家德布罗意（de Broglie L.）根据光具有波粒二象性的特性，提出自己的假设，他认为电子也具有波粒二象性，并提出下列关系式：

$$\lambda = \frac{h}{p} = \frac{h}{mv}$$

式中 λ 是电子的波长，m 是电子的质量，v 是电子的运动速率，h 是普朗克常量。不仅如此，他认为一切微观粒子都具有波粒二象性。

1927年，美国的戴维逊（C. J. Davisson）和革末（L. H. Germer）通过电子衍射实验证实了电子具有波动性。该实验就是让电子束穿过晶体薄片制成的衍射光栅，投射到一照相底片上，在底片上就会产生一系列明暗相间的衍射环纹。此后,其他微观粒子具有波动性的假设也得到了证实。

(二) 电子运动的几率性

宏观物体如火车、飞机及天体在运动时遵守宏观物体的运动规律即牛顿定律。人们可以根据火车、飞机的运动速度及两地的距离制订出列车、飞机的运行时刻表,也可以根据小行星的运动速度和轨迹,计算出它是否会撞到地球。那么微观粒子遵守什么样的运动规律呢?由于微观粒子具有波粒二象性的特征,它的运动与宏观物体的运动完全不同。我们无法确定某一时刻电子在什么地方出现,也不知道它将向哪一方向运动,电子围绕原子核的运动并不像行星围绕太阳一样有一定的运动轨道,因此它不遵守宏观物体的运动规律。电子运动没有确定的轨道,却遵循一定的规律,即不确定原理和统计规律。所谓统计规律是在大量重复发生的基础上才能显现的规律性。

电子的运动具有统计规律。一个电子一次偶然的运动状态并不能说明电子运动的特点,而是统计多个电子的运动状态,其总和具有一定的运动规律性。如氢原子核外电子的运动,电子在离核近的地方出现的几率大,离核远的地方出现的几率小。这就决定了氢原子核外电子在核外一定空间内出现的几率呈球形分布。

二、核外电子运动状态的描述

对于宏观物体,如在空中飞行的飞机,可以根据经典力学理论确定其在某一瞬间的位置和动量(或运动速度)。而对于微观粒子,因为其运动特征具有波粒二象性,在某个瞬间的位置和动量是无法同时准确求得的,因而不能用经典力学的方法来描述它,只能采用量子力学理论来描述核外电子的运动状态。

(一) 波函数与原子轨道

在量子力学中,常用波函数(wave function)Ψ来描述核外电子在空间的运动状态。当原子核外电子所处状态不同,用来描述电子运动状态的波函数也随之改变,即一定的波函数表示电子的一种可能的运动状态。在量子力学中借用经典力学中描述物体运动的"轨道"的概念,称原子中的一个电子的可能空间运动状态为原子轨道(atomic orbital)。一个波函数就表示一个原子轨道。然而这里所说的轨道与宏观物体运动的轨道含义完全不同,它只是表示电子的一种可能的运动状态,而不是表示电子运动的固定轨迹。

波函数 Ψ 是空间坐标的函数,用球极坐标表示为 $\Psi(r,\theta,\Phi)$,利用数学的变量分离将 $\Psi(r,\theta,\Phi)$ 分离成两部分,一部分为径向部分 $R(r)$,另一部分为角度部分 $Y(\theta,\Phi)$,用数学式表示为:

$$\Psi(r,\theta,\Phi) = R(r)Y(\theta,\Phi) \quad (1.1)$$

当 r 取一定的值时,$R(r)$ 为一个常数,将角度部分函数 $Y(\theta,\Phi)$ 取一系列不同的 θ、Φ 值,得到相应的 Y 值,根据这些数值绘制成的图形称为原子轨道的角度分布图。

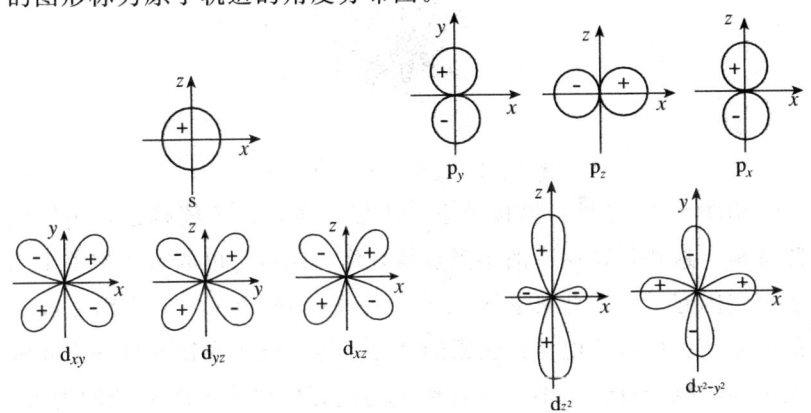

图 1-1 原子轨道角度分布图

从图上可知,原子轨道具有以下几个特征:

1. 原子轨道具有一定的形状,如 s 轨道为球形对称,p 轨道呈哑铃形。

2. 原子轨道在空间有一定的伸展方向,如 p_x 轨道沿着 x 轴的方向伸展。

3. 原子轨道在空间有正也有负,图中表示出的正负只代表波函数 Ψ 的角度部分 Y 值的正负,其本身并无一定的物理意义。

(二) 电子云

为了描述原子核外电子的运动状态,我们可以用统计的方法来判断电子在核外空间某一区域内出现几率的多少。电子在核外空间各处出现的几率是不同的。在有的空间区域内出现的几率大,在有的空间出现的几率少。假如能用高速照相机拍摄核外一个电子于某个瞬间在核外空间所处的位置,然后对在不同瞬间拍摄的千百万张照片上电子的位置分别进行分析,就发现电子的运动似乎毫无规则,一会儿出现在这里,一会儿出现在那里。如果将这些照片重叠起来,就会发现电子在核外空间的一个球形区域里出现的次数非常多,可以形象的用下图表示:

图 1-2 氢原子 1s 电子云图

由图 1-2 可见,离核越近,小黑点越密;离核越远,小黑点越稀疏。这些密密麻麻的小黑点就好像一团带负电的云,把整个原子核包围起来,因此称它为电子云 (electron cloud)。小黑点较密的地方,也可以说电子云较密的地方,表示电子在核外这些空间区域出现的机会较多。小黑点较稀疏的地方即电子云较稀疏的地方,表示电子在核外空间某处出现的机会较小。因此,可以用统计的方法如电子云来形象地描述原子核外电子的运动状态。

波函数绝对值的平方即 $|\Psi|^2$ 表示电子在核外某一位置单位体积内出现的几率。$|\Psi|^2$ 表示电子出现的几率密度,用电子云可以形象的描述 $|\Psi|^2$。

以上所描述的是氢原子核外电子的运动状态。由于氢原子核外只有一个电子,描述其电子的运动状态比较容易,而要想应用量子力学原理描述多电子原子核外电子的运动状态,则需经过一系列复杂的近似。

(三) 四个量子数

核外电子的运动状态可由四个量子数来确定。这四个量子数分别是主量子数 n,角量子数 l,磁量子数 m,自旋量子数 m_s。

1. 主量子数 (n)

在原子中,电子分布在不同能量的电子层中,用 $n=1$,2,3,4,…. 表示。

主量子(principal quantum number)数的含义:

(1) 用来描述原子中电子出现几率最大区域离核的远近,也可以说主量子数决定电子层数。

(2) 主量子数是决定电子能量高低的主要因素。

光谱学常用大写字母 K、L、M、N、O、P、Q 来表示 $n=1$、2、3、4、5、6、7 各个电子层。

2. 角量子数 (l)

角量子数(azimathal quantum number)的取值为 $l=0$,1,2,…,$n-1$,l 可以是从 0 到 $n-1$ 的正整数,l 的取值只能比主量子数小。在电子层中还有电子分层,分别用光谱符号 s,p,d,f……来表示各分层。

l 取的相应数值可用光谱符号来表示:

l	0	1	2	3	4
光谱符号	s	p	d	f	g

角量子数的物理意义:

(1) 表示原子轨道(或电子云)的形状;

(2) 角量子数表示同一电子层中具有不同状态的亚层。

因为当主量子数 n 确定后,会有几个不同状态的角量子数 l 与其对应,主量子数表示电子层数,而角量子数表示在主量子数 n 的电子层中具有的若干亚层。

3. 磁量子数（m）

磁量子数（magnetic quantum number）m 的取值受角量子数 l 的限制，其取值需在 0 至 $\pm l$ 之间：$m = 0, \pm 1, \pm 2, \pm 3, \cdots, \pm l$，它表示原子轨道在空间的不同伸展方向。

如 $l = 0$，m 只能取 0，表示 s 亚层只有一个原子轨道，s 轨道；

$l = 1$，m 可取 0，± 1，表示 p 亚层有三个原子轨道，即有三个不同的空间伸展方向 p_x、p_y、p_z；

$l = 2$，m 可取 0，± 1，± 2，表示 d 亚层共有 5 个轨道 d_{xy}、d_{yz}、d_{xz}、d_{z^2}、$d_{x^2-y^2}$。

综上所述，用 n、l、m 三个量子数可以确定一个特定原子轨道的大小、形状和伸展方向。

以下是主量子数与角量子数和磁量子数的关系及相应的电子层和亚层中可容纳的电子数：

表 1-1　核外电子可能的运动状态

主量子数(n)	电子层符号	角量子数(l)	电子亚层能级符号	磁量子数（m）	亚层轨道数	各电子层原子轨道总数	各层可容纳电子总数
1	K	0	1s	0	1	1	2
2	L	0	2s	0	1	4	8
		1	2p	0、±1	3		
3	M	0	3s	0	1	9	18
		1	3p	0、±1	3		
		2	3d	0、±1、±2	5		
4	N	0	4s	0	1	16	32
		1	4p	0、±1	3		
		2	4d	0、±1、±2	5		
		3	4f	0、±1、±2、±3	7		

4. 自旋量子数（m_s）

有了上述三个量子数后，可以确定电子的运动轨道。在同一个轨道上电子可以有两种不同的自旋状态，即 $m_s = \pm 1/2$，一般用上↑下↓箭头表示。

总之，原子中每一个电子的运动状态均可以用 n、l、m、m_s 四个量子数来描述。主量子数 n 决定电子所在的电子层，主要决定电子的能量；角量子数 l 决定原子轨道的形状，同时也影响电子的能量；磁量子数 m 决定原子轨道在空间的伸展方向；自旋量子数 m_s 决定电子的自旋方向。因而，当四个量子数确定后，核外电子可能的运动状态也就确定了。

第二节　多电子原子结构与元素周期律

一、多电子原子的能级——鲍林（Pauling）的原子轨道近似能级图

对于只有一个核外电子的氢原子来说，电子的能级只与主量子数 n 有关

$$E = -13.6/n^2 \ (\text{eV}) \qquad (1.2)$$

$n=1$ 时，$E = -13.6 (\text{eV})$；$n=2$ 时，$E_{2s} = E_{2p_x} = E_{2p_y} = E_{2p_z} = -13.6/4 (\text{eV})$

对于多电子原子，由于其核外电子数多于一个，电子之间会产生相互影响，电子的能量也会发生变化，而且随着原子序数的增大，核外电子数随之增多，这种电子间的影响会更加复杂。因此，美国化学家鲍林根据光谱实验的结果，归纳出原子轨道能量高低的近似能级图，见图 1-3。

图中每一个小圆圈代表一个原子轨道，小圆圈的位置越低表示

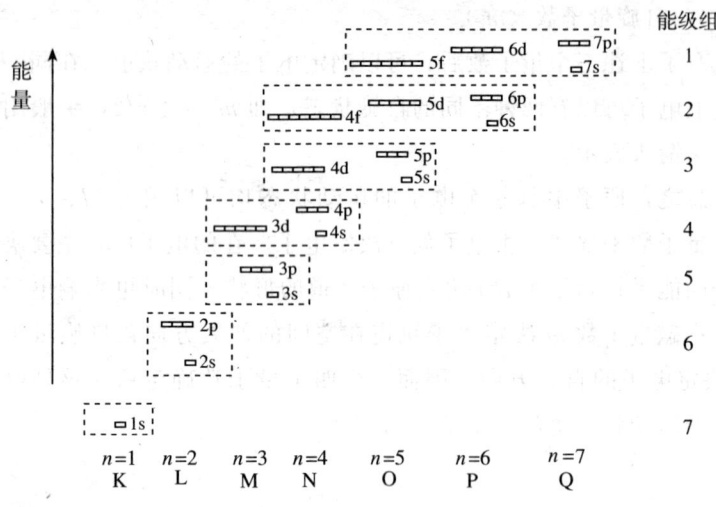

图 1-3 鲍林原子轨道近似能级图

能级越低。根据原子轨道的能级高低，把能量相近的能级合并为一能级组，总共七个能级组。同一能级组内各原子轨道的能级较接近，相邻两能级组之间能级相差较大。

从图上可以看出：

1. 当角量子数相同时，随着主量子数的增大，轨道的能量升高。$E_{1s}<E_{2s}<E_{3s}<\cdots\cdots$；$E_{2p}<E_{3p}<E_{4p}<\cdots\cdots$。

2. 当主量子数相同，随着角量子数增大，轨道能量升高。$E_{2s}<E_{2p}$；$E_{3s}<E_{3p}<E_{3d}$。

3. 主量子数和角量子数都不同时，轨道能级变化比较复杂，会发生能级交错的现象。如：$E_{4s}<E_{3d}$；$E_{5s}<E_{4d}$；$E_{6s}<E_{4f}<E_{5d}<E_{6p}$。

二、核外电子的排布

（一）核外电子排布的原则

以上讨论了原子中电子在核外空间的运动状态，以及多电子原子轨道能级的高低，但是多电子原子的核外电子在能级中是如何分布的，根据光谱实验的结果和对元素周期律的分析，归纳总结出核外电子排布的三个原则：能量最低原理，保里不相容原理，洪特规则。

1. 能量最低原理

电子在原子轨道中的排布总是尽可能的使整个体系的能量最低，这样的体系才是最稳定的。因此，核外电子的排布总是尽可能先排布到能量最低的轨道，然后按原子轨道近似能级图，依次向能量较高的能级排布，这就是能量最低原理。也就是说电子首先排布在 1s 轨道上，如氢原子有一个电子，这个电子应排布在 1s 轨道而不是 2s 轨道上，但并不是所有的电子都处于能量最低的能级，这里引出一个问题，即每个原子轨道最多能容纳多少个电子的问题。

2. 保里不相容原理

1925 年瑞士物理学家保里提出：在同一原子中，不可能有四个量子数完全相同的电子，或者说在同一原子中没有运动状态完全相同的两个电子。

例如：氦原子 1s 轨道上有两个电子，其中一个电子的量子数分别是 $n=1$，$l=0$，$m=0$，$m_s=+1/2$，则另一个电子的量子数则是 $n=1$，$l=0$，$m=0$，$m_s=-1/2$，两个电子必须是自旋相反，否则就不符合保里不相容原理。根据保里不相容原理可得出以下结论：

(1) 每一个原子轨道最多只能容纳自旋相反的两个电子；

(2) 因 s、p、d、f 各亚层的原子轨道为 1、3、5、7 个，各轨道相应可容纳的最多电子数分别为 2、6、10、14 个；

(3) 每个电子层中原子轨道的总数为 n^2，因此各个电子层中最多可容纳 $2n^2$ 个电子。

3. 洪特规则

洪特在 1925 年根据大量光谱实验数据总结出规律，电子在能量相同的等价轨道上分布时，总是尽量分别占据不同的等价轨道且自旋方向相同，这时体系的能量最低也最稳定。

例如：氮原子（$1s^2 2s^2 2p^3$）在 2p 亚层上有三个电子，根据洪特规则这三个电子应分别占据三个 2p 轨道而且自旋方向相同，如用轨道表示式表示它的电子排布可写成

$$\underline{\uparrow\downarrow} \quad \underline{\uparrow\downarrow} \quad \underline{\uparrow}\,\underline{\uparrow}\,\underline{\uparrow}$$
$$\;\;1s \qquad 2s \qquad\;\; 2p$$

这就是说在 p 轨道上有三个电子时，以半充满状态 p^3 为最稳定，同样，d^5、f^7 也是半充满的稳定状态。

量子力学理论还指出，在等价轨道上电子排布为全充满和全空状态也具有较高的稳定性和较低的能量。归纳起来为：等价轨道全充满（p^6、d^{10}、f^{14}）半充满（p^3、d^5、f^7）和全空（p^0、d^0、f^0）为相对稳定状态。

（二）核外电子排布

根据以上三条基本原则和前面讲到的原子轨道的近似能级图，可以确定各元素基态原子的电子排布。电子在核外的排布情况称为电子层构型（或电子层结构），简称电子构型。原子的电子层构型有三种表示方法：

1. 轨道表示式：用一个方格或圆圈代表一个原子轨道，在其下方注明轨道的能级，用向上或向下的箭头表示电子的自旋状态。

例如：$\underline{\uparrow\downarrow}\quad \underline{\uparrow\downarrow}\,\underline{\uparrow}\,\underline{\uparrow}\quad \underline{\uparrow\downarrow}\,\underline{\uparrow}\,\underline{\uparrow}\,\underline{\uparrow}\,\underline{\uparrow}$
$\;\;1s \qquad 2p \qquad\quad 3d$

2. 电子排布式：在亚层（能级）符号的右上角用数字注明所排列的电子数。

例如：排布的电子数

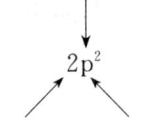

电子层数（$n=2$）亚层符号（$l=1$）

若已知一元素的核外电子数或核电荷数，根据前面所讲的原子轨道近似能级图的能量高低顺序，就可以确定该元素的电子层构型。

如：$_8$O 核电荷数为 8，按照 1s、2s、2p、3s…的顺序排列可得 $1s^2 2s^2 2p^4$，其轨道表示式为

    ⇅   ⇅   ⇅ ↑ ↑
    1s   2s   2p

再如：$_{19}$K 核电荷数为 19，其核外电子数等于核电荷数也是 19，其电子排布式 $1s^2 2s^2 2p^6 3s^2 3p^6 4s^1$

轨道表示式为

  ⇅ ⇅ ⇅ ⇅ ⇅ ⇅ ⇅ ⇅ ⇅ ↑
  1s 2s   2p   3s   3p   4s

随着核电荷数的增加，核外电子数也越来越多。电子排布式也越来越长，为了简化起见，通常把内层已达稀有气体电子层构型的部分称为"原子实"，用该稀有气体的元素符号加方括号来代替这部分电子构型。

例如：$_{11}$Na $1s^2 2s^2 2p^6 3s^1$ 可以表示为 [Ne] $3s^1$

   $_{36}$Br $1s^2 2s^2 2p^6 3s^2 3p^6 3d^{10} 4s^2 4p^5$ 可以表示为

    [Ar] $3d^{10} 4s^2 4p^5$

根据核外电子排布的三原则，就可以确定核外电子的分布情况，但这只是一般规律。随着原子序数的增大，核外电子数的增多，原子中电子之间的相互作用也会随之增强，核外电子的排布情况也会更加复杂，经常会有例外的情况出现。

如 $_{29}$Cu 若按以上规则排列应为 [Ar] $3d^9 4s^2$，经过实验证实其电子构型为 [Ar] $3d^{10} 4s^1$（d 全充满）。

 $_{24}$Cr 的电子排布式不是 [Ar] $3d^4 4s^2$ 而是 [Ar] $3d^5 4s^1$（d 半充满）

因此，对某一元素原子的电子排布情况应根据实验结果加以判断。

3. 价电子层结构式：价电子就是原子在参加化学反应时，用于成键的电子。价电子的多少决定元素的性质，根据价电子层结构就可以确定该元素原子结构特征，价电子构型使用起来更加简明了。

对于主族元素的价电子层是指最外层的 ns 或 ns、np 能级。如：$_8$O 的价电子层是 $2s^2 2p^4$

对副族元素的价电子层是指最外层的 ns 和次外层的 $(n-1)d$ 能级。如：$_{26}$Fe 的价电子层为 $3d^6 4s^2$

（三）原子结构与元素周期律

1869年，人们已经发现了63种元素。随着已知元素的增加，有关元素的资料也更加复杂，人们更迫切地需要找出这些元素内在的规律性。俄国化学家门捷列夫在分析了大量实验材料的基础上，提出了按照原子量的大小排列起来的元素，在性质上呈现明显的周期性规律，这个规律称为元素周期律（periodic law of elements）。根据元素周期律，科学家预言并发现了许多未知元素及其性质。1944年，自然界存在的所有的92种元素已经全部发现。元素周期律的提出，表明元素之间并不是孤立的而是存在着内在的联系，这大大的促进了化学的发展。

由于所处时代的限制，门捷列夫还无法认识到元素间更为本质的规律。

科学实验证明，决定元素周期性变化的因素是原子序数（核电荷数）而不是原子量。因此，元素周期律正确的表述应为：元素的性质随着原子序数的变化而呈周期性的变化。

1. 核外电子的周期性排布

根据鲍林能级图，核外原子轨道按能级高低分为七个能级组，周期表上每个周期对应一个能级组，核外电子排布时应先填充第一能级组，即能级最低的 1s 轨道上。

第一周期：第一个元素是氢，它的原子序数为1，氢原子核外只有一个电子，将这一个电子排布在 1s 轨道上，其电子排布式为 $1s^1$；同样氦原子核外有两个电子，全部填充在 1s 轨道上而且两电子的自旋方向相反，其电子排布式为 $1s^2$，这样第一能级组已全部填满，第一周期只有氢和氦两种元素。

第二周期：3 号元素锂 $_3Li$ 有三个电子，2 个填充在 1s 轨道上，最后一个填充在 2s 轨道上，其电子构型为 $1s^2 2s^1$，第二能级组有四个轨道，一个 2s 轨道，三个 2p 轨道，这四个轨道最多可容纳 8 个电子，因此，第二周期最多可有八种元素。

第三周期：从钠开始，钠的核外有 11 个电子，其电子排布式为 $1s^2 2s^2 2p^6 3s^1$，第三能级组也有一个 3s 轨道和三个 3p 轨道，总共可容纳 8 个电子，第三周期最多可有八种元素。

第四周期：第一个元素为钾（$_{19}K$）核外 19 个电子，前面 18 个电子依次填充为 $1s^2 2s^2 2p^6 3s^2 3p^6$ 这最后一个电子应填充在 3d 轨道还是 4s 轨道？根据鲍林能级图可知，3d 与 4s 两个轨道有能级交错现象（$E_{3d} > E_{4s}$），根据能量最低原理，最后一个电子应填充在 4s 轨道上，当 4s 轨道填满以后，再依次填充 3d4p 轨道，第四能级组共有 3d、4s、4p 九个轨道，这九个轨道最多可容纳 18 个电子，第四周期最多可以有 18 种元素。

第五周期同第四周期一样，从 37 号元素铷到 54 号元素氙共 18 种元素，核外电子依次填充在 5s、4d、5p 九个轨道，第四周期最多可有 18 种元素。

第六周期，从 55 号元素铯到 86 号元素氡共有 32 个元素，核外电子按照 6s、4f、5d、6p 的顺序依次填充。

第七周期是不完全周期，其核外电子填充与第六周期相似，依次按 7s、5f、6d、7p 的顺序填充。

2. 原子的电子结构与元素分区

根据元素原子核外电子排布的特点，可将周期表中的元素分为 s、p、d、ds 和 f 五个区。

表 1-2 周期系中各元素原子的电子层结构

周期	原子序数	元素	电子层结构	
1	1	氢 H	$1s^1$	
	2	氦 He	$1s^2$	
2	3	锂 Li	$1s^2 2s^1$	$[He]2s^1$
	4	铍 Be	$1s^2 2s^2$	$[He]2s^2$
	5	硼 B	$1s^2 2s^2 2p^1$	$[He]2s^2 2p^1$
	6	碳 C	$1s^2 2s^2 2p^2$	$[He]2s^2 2p^2$
	7	氮 N	$1s^2 2s^2 2p^3$	$[He]2s^2 2p^3$
	8	氧 O	$1s^2 2s^2 2p^4$	$[He]2s^2 2p^4$
	9	氟 F	$1s^2 2s^2 2p^5$	$[He]2s^2 2p^5$
	10	氖 Ne	$1s^2 2s^2 2p^6$	$[He]2s^2 2p^6$
3	11	钠 Na	$[Ne]3s^1$	
	12	镁 Mg	$[Ne]3s^2$	
	13	铝 Al	$[Ne]3s^2 3p^1$	
	14	硅 Si	$[Ne]3s^2 3p^2$	
	15	磷 P	$[Ne]3s^2 3p^3$	
	16	硫 S	$[Ne]3s^2 3p^4$	
	17	氯 Cl	$[Ne]3s^2 3p^5$	
	18	氩 Ar	$[Ne]3s^2 3p^6$	
4	19	钾 K	$[Ar]4s^1$	
	20	钙 Ca	$[Ar]4s^2$	
	21	钪 Sc	$[Ar]3d^1 4s^2$	
	22	钛 Ti	$[Ar]3d^2 4s^2$	
	23	钒 V	$[Ar]3d^3 4s^2$	

续表

4	24	铬 Cr	[Ar]3d⁵4s¹
	25	锰 Mn	[Ar]3d⁵4s²
	26	铁 Fe	[Ar]3d⁶4s²
	27	钴 Co	[Ar]3d⁷4s²
	28	镍 Ni	[Ar]3d⁸4s²
	29	铜 Cu	[Ar]3d¹⁰4s¹
	30	锌 Zn	[Ar]3d¹⁰4s²
	31	镓 Ga	[Ar]3d¹⁰4s²4p¹
	32	锗 Ge	[Ar]3d¹⁰4s²4p²
	33	砷 As	[Ar]3d¹⁰4s²4p³
	34	硒 Se	[Ar]3d¹⁰4s²4p⁴
	35	溴 Br	[Ar]3d¹⁰4s²4p⁵
	36	氪 Kr	[Ar]3d¹⁰4s²4p⁶

(1) s 区元素：最后一个电子填充在 ns 能级上的元素称为 s 区元素。包括ⅠA碱金属和ⅡA碱土金属元素，其价电子层结构分别为 ns^1、ns^2，价电子数为 1 或是 2 个。

(2) p 区元素：最后一个电子填充在 np 能级上的元素称为 p 区元素，包括ⅢA～ⅦA及零族元素。除 He 元素外，其价电子构型为 ns^2np^{1-6}。

(3) d 区元素：最后一个电子填充在 $(n-1)d$ 能级上的元素称为 d 区元素。包括ⅢB—ⅦB各副族和第Ⅷ族元素，其价电子层构型为 $(n-1)d^{1-9}ns^{1-2}$，它们是过渡元素，具有多种氧化态。

(4) ds 区元素：最后一个电子填充在 ns 能级上，并且达到 $(n-1)d^{10}$ 全充满状态，称 ds 区元素。包括ⅠB、ⅡB族元素，其价电子层结构是 $(n-1)d^{10}ns^{1-2}$，通常也称作过渡元素。

(5) f 区元素：最后一个电子填充在 $(n-2)f$ 能级的元素称为 f

区元素。包括镧系和锕系元素,价电子层构型为$(n-2)f^{1-14}(n-1)d^{1-2}ns^2$。f 区元素由于最外层和次外层电子结构几乎相同,只是$(n-2)f$层不同,所以两系中各元素性质十分相近。

3. 根据电子层结构,确定元素在周期表中的位置

原子的电子层构型与其在周期表中的位置密切相关。若知道元素在周期表中的位置,可推断其电子层构型,同样已知其电子层构型,可知其在周期表中的位置,写出其所在族和周期。具体方法为:

周期数:由元素电子层数或由其最大主量子数 n 确定。

族数:元素在周期表中所在区不同,则确定其族数的方法不尽相同。

s、ds 区元素:族数=价电子层 s 电子数

p 区元素:族数=价电子层 s+p 电子总数

d 区元素:族数=价电子层 $ns+(n-1)d$ 电子总数

例 1:已知某元素的原子序数为 26,写出该元素原子的电子层构型,并写出该元素名称、符号以及所属周期和族。

解:因该元素的原子序数为 26,其核外电子排布为 [Ar]$4s^2 3d^6$,最后一个电子填充到 3d 中,因此它属于 d 区过渡元素。价电子数为 8 个,说明是 d 区,Ⅷ族元素,最大主量子数 $n=4$,该元素属第四周期,Ⅷ族的铁元素。

例 2:已知某元素在第三周期第ⅥA 族,试写出该元素的价电子构型、名称和符号?

解:根据该元素在第三周期ⅥA 族,说明其是 p 区元素,其最大主量子数 $n=3$,族数=价电子数,$3s^2 3p^4$ 族数为六,价电子数为 6,价电子构型 $3s^2 3p^4$,该元素为氧族的硫(S)元素。

4. 元素性质变化的周期性

元素的基本性质包括原子半径、电离能、电子亲和能和电负性。元素的基本性质决定于原子的电子层结构。由于原子的电子层

结构呈周期性变化，因而，元素的基本性质也呈周期性变化。

(1) 原子半径

a. 原子半径的定义

原子是由原子核和核外电子所组成的，电子在核外运动没有固定的轨道，因此，原子本身没有明确的界限。一般将核到达最外层电子的平均距离定义为原子的半径（atomic radius）。

要比较各原子半径的大小，首先需测出其原子半径，由于原子是微观粒子，且总是以化合物或单质的形式存在（稀有气体例外），无法将一个原子游离出来进行测定。因此，所测定的原子半径通常是一个近似值，并不能适用所有情况。一般原子半径可分为三种：共价半径、金属半径、范德瓦尔斯半径。

共价半径：同种元素的两个原子以共价单键连接时（如 H_2、Cl_2），它们的核间距离的一半称为原子的共价半径。

金属半径：若把金属晶体看成是由球状金属原子紧密堆积而成，则相邻原子核间距离的一半称为该原子的金属半径。

因为形成共价键时，两个原子轨道发生了重叠，因此所测得的共价半径要比实际小，如图 1-4 所示。

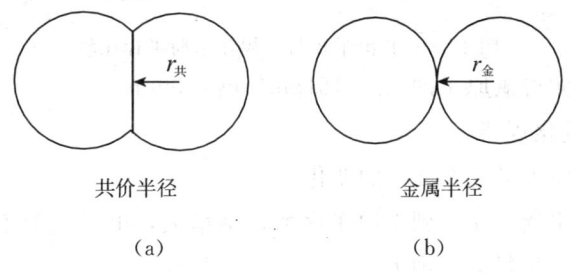

图 1-4 共价半径和金属半径

对同一元素的原子，其单键共价半径通常比金属半径小。因此，应选用同一套原子半径数据进行比较，来讨论元素或化合物性质的变化规律。

范德瓦尔斯半径：由于稀有气体为单原子分子，分子间以范德瓦尔斯力相连,因此,所测的稀有气体原子半径为范德瓦尔斯半径,如图1-5所示。

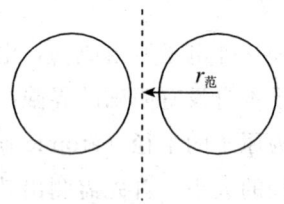

图1-5 范德瓦尔斯半径

对同一元素来说,其范德瓦尔斯半径大于共价半径。如图1-6表示两个氯分子。

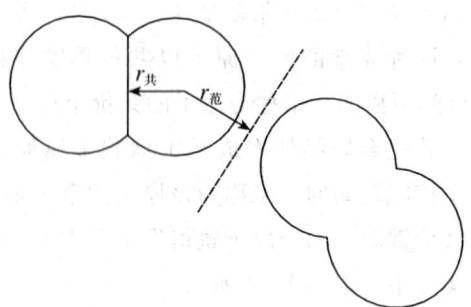

图1-6 共价半径与范德瓦尔斯半径比较

实际测得氯原子的 $r_{范}=181pm > r_{共}=99pm$

b. 变化规律

(a) 原子半径在族中的变化

同一主族,从上到下原子序数逐渐增大,电子层数不断增多,因此,原子半径依次增大。

同一副族,从上到下,随原子序数的增加,副族元素的原子半径变化很小,同族第五、第六周期元素的原子半径非常接近,这是由于镧系收缩造成的。镧系收缩是指镧系元素随着原子序数的增加,原子半径在总趋势上有所缩小的现象。

例如： Zr　　　　Nb　　　　Mo　　第五周期元素
r (pm)　145　　　134　　　130
　　　　　Hf　　　　Ta　　　　W　　第六周期元素
r (pm)　144　　　134　　　130

由于镧系收缩的存在，使镧系后面的各过渡元素的原子半径都相应缩小，使得同一副族第五、第六周期过渡元素的原子半径十分接近。因此造成 Zr 与 Hf，Nb 与 Ta，Mo 与 W 性质上极为相近，难以分离。

(b) 原子半径在周期中的变化

i. 对短周期元素

同周期元素原子半径随着原子序数的增加逐渐减小。因为一方面随着原子序数的增加，核对外层电子的吸引力增加，因此原子半径依次变小；另一方面，新增加的电子是填充在同一电子层上，电子间的相互排斥作用增强，原子半径有增大的趋势。两者作用相反，前者的作用比后者大。因此，在同一周期中自左向右随着核电荷数增加，原子半径变小。

元素　　　　Li　　Be　　B　　C　　N　　O　　F　　Ne
r (pm)　　123　　89　　82　　77　　70　　66　　64　　112

从数据看，只有稀有气体例外，这是因为稀有气体原子半径是范德瓦尔斯半径。通常范德瓦尔斯半径比共价半径大，因此稀有气体原子半径变大。

ii. 对长周期元素

长周期元素的原子半径从左到右，随着核电荷数增加逐渐减小，但到第一、第二副族元素原子半径增大，随后又逐渐减小，而稀有气体元素原子半径又显著增加。

由于决定原子大小的是最外电子层，最外层电子除了受到核的吸引，还受到同层电子间及次外层电子的推斥作用。两者作用相反，因而抵消了一部分核电荷，从而引起有效核电荷的降低，削弱了核电荷对最外层电子的吸引,这种作用称为屏蔽作用。次外层上电子的屏蔽作用比同层电子间屏蔽作用大得多,在长周期中增加的核电荷数,几乎完全被增加的$(n-1)$ d 电子所屏蔽,使得有效核电荷增加缓慢,因此原子半径也缓慢地减少。当 d 轨道处于全充满时,其屏蔽作用更大,因此,第一、第二副族元素的原子半径又略有增加,然后进入 p 区元素,原子半径又逐渐减少。

	K	Ca	Sc	Ti	V	Cr	Mn	Fe	Co
r(pm)	203	174	144	132	132	118	117	117	116
	Ni	Cu	Zn	Ga	Ge	As	Se	Br	Kr
r(pm)	115	117	125	126	122	121	117	114	169

(2) 电离能

a. 电离能(ionization energy)的定义　基态的气态原子失去一个电子形成+1 价气态正离子所需要的能量,称为元素的第一电离能,用 I_1 表示。从+1 价正离子再失去一个电子形成+2 价正离子时,所需能量为元素的第二电离能,用 I_2 表示。依次还有第三 I_3、第四电离能……

b. 第一电离能在周期表中的变化规律　周期表中,同一主族元素中,从上到下随着原子序数的增大,原子半径逐渐增加,原子核对外层电子的吸引力逐渐减小,失去电子的能力增大,电离能的数值逐渐减小。

如:元素	Li	Na	K	Rb	Cs
I_1(kJ·mol^{-1})	520	496	419	403	376

Cs 在周期表中第一电离能最小,因此 Cs 是最活泼的金属。

同一副族元素,第一电离能变化规律不明显,总的来说是从上到下随着原子序数的增加,第一电离能逐渐增大,即金属性逐渐减弱。

对同一周期元素,从左到右随着核电荷数的增加,原子半径逐渐减小,核对外层电子的吸引力逐渐变大,因此,电离能逐渐增大,失去外层电子的能力依次降低,说明金属性逐渐减弱而非金属性逐渐增强。

表 1-3 元素的第一电离能 (I_A/kJ·mol^{-1})

IA	IIA	IIIB	IVB	VB	VIB	VIIB	VIII			IB	IIB	IIIA	IVA	VA	VIA	VIIA	0
H 1312																	He 2372
Li 520	Be 900											B 801	C 1086	N 1402	O 1314	F 1681	Ne 2081
Na 496	Mg 738											Al 578	Si 787	P 1012	S 1000	Cl 1251	Ar 1521
K 419	Ca 590	Sc 631	Ti 658	V 650	Cr 653	Mn 717	Fe 759	Co 758	Ni 737	Cu 746	Zn 906	Ga 579	Ge 762	As 944	Se 941	Br 1140	Kr 1351
Rb 403	Sr 550	Y 616	Zr 660	Nb 664	Mo 685	Tc 702	Ru 711	Rh 720	Pd 805	Ag 731	Cd 868	In 558	Sn 709	Sb 832	Te 869	I 1008	Xe 1170
Cs 376	Ba 503	La 538	Hf 654	Ta 761	W 770	Re 760	Os 840	Ir 880	Pt 870	Au 890	Hg 1007	Tl 589	Pb 716	Bi 703	Po 812	At 912	Rn 1037

La 538	Ce 528	Pr 523	Nd 530	Pm 536	Sm 540	Eu 547	Gd 592	Tb 564	Dy 572	Ho 581	Er 589	Tm 597	Yb 603	Lu 524

同一周期元素，电子层结构对电离能有很大影响，当原子失去一个电子得到的电子层结构处于全满（$s^2 p^6 d^{10} f^{14}$）半满（$p^3 d^5 f^7$）和全空（$s^0 p^0 d^0 f^0$）等较稳定结构时，电离能的数值会发生不规律的变化。如第二周期硼元素的电离能应比铍元素大，然而实测值却相反，这是因为硼元素失去一个电子后变为稳定的 $2s^2$ 结构，因此其电离能反而比铍元素小；又如氮元素的电离能较大，氧元素的电离能反而减小，因为氧原子失去一个电子后变成 p^3 的稳定结构。氖元素的电离能最大，因为它有最稳定的电子层模型 $2s^2 2p^6$。

(3) 电子亲和能

一个基态的气态原子得到一个电子形成气态负离子所放出的能量称为元素的电子亲和能（electron affinity），常用 E_{ea} 表示。

元素的电子亲和能越大，表示该元素的原子获得电子的能力越强，非金属性越强。

但由于电子亲和能测定较困难，所获得的数据不全亦不准确，因此规律性不太明显。一般来说，同一周期元素随核电荷数的增加原子半径减小，核对外层电子吸引力增大，电子亲和能逐渐增大，非金属性增强。同一族元素，从上到下随核电荷数增加，原子半径增大，电子亲和能逐渐减小，非金属性减弱。

(4) 电负性

通常把原子在分子中吸引电子的能力称为元素的电负性（electronegativity）。电负性的概念是由鲍林在 1932 年首先提出，并指定氟元素的电负性为 4.0，与氟对比可求出其他元素的电负性。可见电负性是一个相对值。电负性的计算方法有多种，所得电负性数值也不尽相同，现将几套数据分列于表中。

元素的金属性与非金属性强弱可用电负性的大小来衡量。非金属元素的电负性较大，一般大于 2.0，金属元素的电负性较小，一般小于 2.0。但应引起注意的是，元素的金属性和非金属性之间并无严格的界限。

表 1-4 元素的电子亲和能 (E_A/kJ·mol^{-1})

IA	IIA	IIIB	IVB	VB	VIB	VIIB		VIII		IB	IIB	IIIA	IVA	VA	VIA	VIIA	0
H 72.765																	He 0
Li 59.8	Be 0											B 27	C 122.3	N −7 −800* −1290**	O 141 −590*	F 327.9	Ne 0
Na 52.7	Mg 0											Al	Si 133.6	P 71.7	S 200.4	Cl 348.7	Ar 0
K 48.36	Ca 0	Sc 0	Ti 20	V 50	Cr 64	Mn 0	Fe 24	Co 70	Ni 111	Cu 118.3	Zn 0	Ga 29	Ge 120	As 77	Se 194.9	Br 324.6	Kr 0
Rb 46.89	Sr 0	Y 0	Zr 50	Nb 100	Mo 100	Tc 70	Ru 110	Rh 120	Pd 60	Ag 125.7	Cd 0?	In 29	Sn 121	Sb 101	Te 190.14	I 295.3	Xe 0
Cs 45.49	Ba 0	La 50	Hf 0	Ta 60	W 60	Re 15	Os 110	Ir 160	Pt 205.3	Au 222.73	Hg 0	Tl 30	Pb 110	Bi 110	Po 180	At 270	Rn 0
Fr 44.0																	

未带 * 的数据为第一电子亲和能。带 *、** 者分别为第二、第三电子亲和能。

同一周期从左到右，随原子序数的增加，原子半径逐渐减小，核对外层电子的吸引力逐渐增强，因此电负性递增，元素的非金属性逐渐增强。

同一主族，从上到下，随原子序数的增加，原子半径增大，核对外层电子的吸引力减小，因此电负性递减，元素的金属性逐渐增强。

副族元素的电负性没有明显的规律性。

从电负性数值可知，元素周期表右边最上方的氟元素的电负性最大，非金属性最强；元素周期表左边最下方铯元素的电负性最小，金属性最强。

利用电负性可以判断某元素的金属性与非金属性，氯元素的电负性为 3.16，氧元素的电负性 3.44，都大于 2.0，它们均为非金属元素；钠元素的电负性为 0.93，钾元素的电负性为 0.82，都小于 2.0，则它们均为金属元素。

第三节 分子结构

分子是参与化学反应的基本单元，物质的性质主要决定于分子的性质，而分子的性质又是由分子的内部结构决定的，因此探索分子的内部结构就成为结构化学研究的重要课题。它对于了解物质的性质和化学反应规律具有重要意义。

物质的分子是由原子组成的，原子能相互结合成分子，说明原子之间存在着相互作用力。通常把分子中直接相邻的两个（或多个）原子之间的相互作用，称为化学键。为什么两个或多个原子间能够相互结合形成分子，原子间靠什么相互作用结合成分子，即化学键的本质是什么，化学键的类型有几种，这就是化学键理论所要回答的问题。

一、离子键和离子型化合物

(一) 离子键的形成

离子键（ionic bond）理论认为，当电负性小的活泼金属元素的原子与电负性大的活泼非金属元素的原子相遇时，都有达到稀有气体稳定结构的倾向。如钠与氯原子，钠原子倾向于失去一个电子，而氯原子倾向于得到一个电子。像这样电负性相差较大的原子之间容易发生电子的转移，失去或得到电子的原子变成正负离子，正负离子之间靠静电吸引力相互靠近，当体系能量最低时形成稳定的离子型化合物（ionic compound）。

其形成过程可简单表示如下：

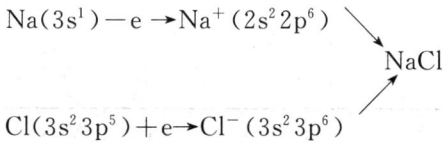

正离子 Na^+ 与负离子 Cl^- 形成稳定化合物 NaCl 的过程，体系总势能变化可从以下曲线直观地反映出来。

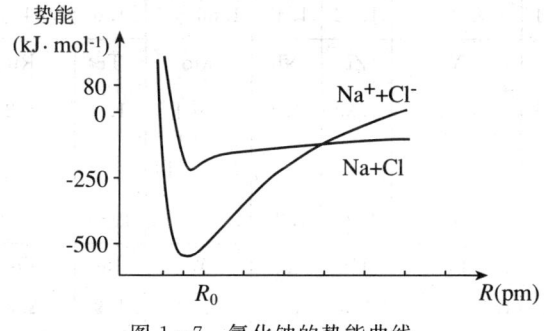

图 1-7　氯化钠的势能曲线

由图可知，当正负离子相互接近，正负离子间距离 R 较大时，由于电子之间的排斥作用可忽略，这时表现为吸引作用，所以体系的能量随着 R 的减小而降低。当正负离子之间的距离 R 小于平衡距离 R_0 时，电子之间的排斥作用上升,这时体系的能量迅速增大。

表 1-5 元素

H								
2.2								
2.20								
Li	Be							
0.98	1.57							
0.97	1.47							
Na	Mg							
0.93	1.31							
1.01	1.23							
K	Ca	Sc	Ti	V	Cr	Mn	Fe	Co
0.82	1.00	1.36	1.54	1.63	1.66(Ⅱ)	1.55	1.83(Ⅱ)	1.38(Ⅱ)
							1.96(Ⅲ)	
0.91	1.04	1.20	1.32	1.45	1.56	1.6	1.64	1.70
Rb	Sr	Y	Zr	Nb	Mo	Tc	Ru	Rh
0.82	0.95	1.22	1.33	1.6	2.16(Ⅱ)	1.9	2.2	2.28
					2.24(Ⅳ)			
					2.35(Ⅵ)			
0.89	0.99	1.1	1.22	1.23	1.30	1.36	1.42	1.45
Cs	Ba	La	Hf	Ta	W	Re	Os	Ir
0.79	0.89	1.10~1.27	1.3	1.5	2.36	1.9	2.2	2.20
0.86	0.97	1.08~1.14	1.23	1.33	1.40	1.46	1.52	1.55

注：第一行数据是鲍林的电负性，第二行数据是阿莱-罗周的电负性数据。

的电负性

							H 2.2 2.20	He 3.2
			B 2.04 2.01	C 2.55 2.50	N 3.04 3.07	O 3.44 3.50	F 3.98 4.20	Ne 5.1
			Al 1.61 1.47	Si 1.90 1.74	P 2.19 2.06	S 2.58 2.44	Cl 3.16 2.83	Ar 3.3
Ni 1.91(Ⅱ) 1.75	Cu 1.9(Ⅰ) 2.0(Ⅱ) 1.75	Zn 1.65 1.66	Ga 1.81 1.82	Ge 2.01 2.02	As 2.18 2.20	Se 2.55 2.48	Br 2.96 2.74	Kr 2.9 3.1
Pd 2.20 1.35	Ag 1.93 1.42	Cd 1.69 1.46	In 1.78 1.49	Sn 1.8(Ⅱ) 1.96(Ⅳ) 1.72	Sb 2.05 1.82	Te 2.1 2.01	I 2.66 2.21	Xe 2.6 2.4
Pt 2.28 1.44	Au 2.54 1.42	Hg 2.00 1.44	Tl 1.62(Ⅰ) 2.04(Ⅲ) 1.44	Pb 1.87(Ⅱ) 2.33(Ⅳ) 1.55	Bi 2.02 1.67	Po 2.0 1.76	At 2.2 1.90	Rn

只有当正负离子接近到平衡距离即 $R=R_0$ 时,吸引作用与排斥作用达到暂时的平衡,这时正、负离子在平衡位置附近振动,体系能量降到最低点。这时正负离子之间,形成了稳定的化学键(离子键)。这种由正、负离子通过静电作用而形成的化学键就叫离子键。由离子键形成的化合物称为离子型化合物。

(二) 离子键的特点

1. 离子键的本质是静电作用力

原子得失电子后形成正、负离子,正、负离子靠静电吸引作用结合形成离子键。若将正、负离子电荷分布近似地看成球形对称,根据库仑定律,两种带相反电荷(q^+ 和 q^-)的离子间的静电引力 f 与正、负离子电荷的乘积成正比,与离子间距离 R 的平方成反比。

$$f \propto \frac{q^+ \cdot q^-}{R^2} \tag{1.3}$$

由此可得出,离子的电荷越大并且正负离子间的距离越小,正负离子间的静电作用力也越强,表示离子键就越强。

2. 离子键没有方向性

由于离子的电荷分布是球形对称,离子间的相互作用是静电吸引作用,离子可以在各个方向与异号离子有相互吸引作用。例如在氯化钠晶体中,每个 Na^+ 周围等距离地排列着 6 个 Cl^-,每个 Cl^- 周围同样等距离地排列着 6 个 Na^+。这说明一个离子不只是在某一方向,而是在所有方向上与带相反电荷的离子产生静电吸引作用,所以说离子键是没有方向性的。

3. 离子键没有饱和性

每个离子可以同时与多个带相反电荷的离子互相吸引,如 Na^+ 周围可同时吸引 6 个 Cl^- 离子,这并不意味着相互吸引作用达到了饱和,它还可以与更远距离的多个 Cl^- 有相互作用,只不过是距离较远、相互作用较弱而已,所以说离子键没有饱和性。

4. 离子键的部分共价性

离子键理论曾认为正、负离子间形成离子键完全靠静电作用力，并不存在原子轨道的重叠。然而近代实验表明，即使用电负性最小的铯与电负性最大的氟形成的化合物氟化铯也不是百分之百的离子键，只有92%的离子性，还存在8%的共价性成分。对于其他元素间形成的化合物，共价性成分更大。那么什么时候化合物为离子型，什么时候为共价型呢？一般认为，当两个原子电负性差值大于1.7时，也就是离子性成分大于50%时，两原子以离子键相结合，形成的化合物为离子型化合物；当两原子电负性差值小于1.7时，也就是共价性成分大于50%时，两原子形成共价化合物。例如，钠和氯的电负性分别为0.93和3.16，其电负性差为2.23，说明NaCl中Na^+与Cl^-间主要形成离子键，NaCl为离子型化合物。

二、共价键和共价型化合物

离子型化合物的形成和特性可以用离子键理论加以解释，但像H_2、Cl_2、HCl、H_2O由非金属元素组成的分子是如何形成的，显然用离子键理论是无法解释的。为了说明这些分子的形成过程，1916年美国化学家路易斯提出共价键理论，认为分子中每个原子倾向于形成稀有气体的8电子稳定电子层结构，两原子通过共用电子达到稳定8电子构型，从而形成共价键，最终相互结合形成稳定的分子。

共价键理论可以解释许多物质的分子结构，但也有其局限性。例如对BF_3、PCl_5这样的分子，虽然B、P最外层电子数并不是8电子稳定结构，但这些分子依然能稳定存在。此外，共价键具有方向性和饱和性，它也不能予以解释。直到20世纪30年代量子力学理论问世，人们才在量子力学理论的基础上提出了现代价键理论。

（一）价键理论

现代价键理论（Valence bond theory）又称电子配对法，简称VB法。这一方法不同于路易斯的电子配对法，它是以量子力学为基础，通过相邻原子之间电子相互配对来说明共价键的形成。

价键理论的要点如下：

1. 两原子接近时，含有自旋相反电子的原子轨道相互重叠，形成共价键。

2. 成键的原子轨道要发生最大程度的重叠，因为两原子轨道重叠部分越大，两核间电子出现的几率越大，所形成的共价键也越牢固，分子也就越稳定。

根据量子力学原理，具有未成对电子的两个原子相互靠近时会有两种情况。

（1）以氢原子为例，如果两个氢原子的成单电子自旋方向相同，当它们相互靠近时，两个氢原子间发生排斥，其原子轨道不能发生有效重叠，两核间的电子云密度减小到几乎为零，体系的能量升高。说明在这种状态下，两个氢原子间不能形成稳定的共价键，因而也就不能形成稳定的氢分子。

（2）如果两个氢原子的成单电子自旋方向相反，当两原子相互靠近时，其原子轨道能够发生有效重叠，两核间的电子云密度增大，体系的能量降低，从而形成稳定的共价键。见下图：

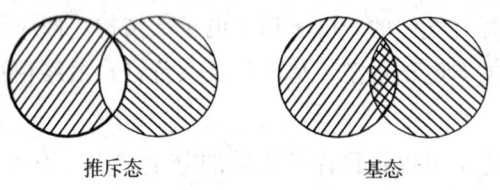

推斥态　　　　　基态

图1-8　氢分子的两种状态

（二）共价键的特点

共价键是靠两个自旋相反的未成对电子所在原子轨道相互重叠形成的。相互结合的原子既未失去电子，也未得到电子，因而与靠得失电子而形成的离子键不同，共价键的主要特点如下。

1. 共价键结合力的本质

共价键结合力的本质是电性，它与离子键的正负离子间的静电吸引不同。共价键形成时，成键原子核间电子云密度增加，这不仅降低了两核间的排斥力，同时又增加了两个原子核对共用电子对形成的负电区域的吸引力。共价键的结合力的大小决定于原子轨道的重叠程度的大小，重叠程度的大小又与原子轨道重叠方式以及共用电子对数目有关。通常，共用电子对数越多，轨道重叠越多，共价结合力越强。例如，共价单键、共价双键和共价三键结合力依次增大。

2. 共价键的饱和性

共价键的形成要求原子中有价电子及相应的价电子轨道，一个原子的价电子和价电子轨道数是一定的，所以共价键具有饱和性。例如，氢原子只有一个电子和一个价电子轨道，它只能与另一个氢原子上的一个电子配对，形成 H_2 分子。此时，不能再与第三个氢原子成键，所以自然界不存在 H_3 分子。又如氧原子有两个未成对电子，所以氧原子可以和两个氢原子配对成键形成 H_2O 分子。

3. 共价键的方向性

共价键是成键原子轨道通过相互有效的重叠形成的。原子轨道的重叠程度决定了能否形成稳定的共价键。原子轨道在空间是有一定的伸展方向的，如 p 轨道可以沿着 x 轴、y 轴伸展，也可以向 z 轴方向伸展。s 轨道与 s 轨道成键没有方向的限制，其他原子轨道只有沿一定的方向才能产生最大的重叠。当 s 轨道与 p_x 轨道相互重叠时，只能沿着 x 轴的方向进行，而不能沿着其他方向进行（图1-9）。原子轨道重叠时，必须考虑原子轨道的正负号，只有同号的原子轨道才能实行有效的重叠。这就是共价键具有方向性的原因。

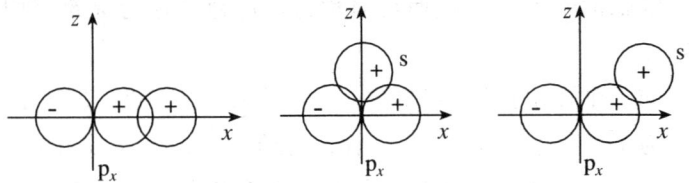

图 1-9　共价键的方向性

同样：d 轨道和 f 轨道也都有多个空间伸展方向。

因此在形成共价键时，原子间总是尽可能沿着原子轨道最大重叠方向成键。轨道重叠程度越大，两核间电子云的密度越大，形成的共价键也越稳定。所以共价键是有方向的，共价键的方向是与两原子轨道能形成最大程度重叠的方向相一致的。

（三）共价键的类型

原子轨道的重叠方式不同，可形成不同类型的共价键，最常见的是 σ 键和 π 键。

1. σ 键

当两原子轨道沿着键轴以"头碰头"的形式进行重叠，原子轨道重叠部分沿着键轴呈圆柱型对称，这样形成的键为 σ 键。例如，H_2 分子中的键为 s 轨道与 s 轨道的重叠；HCl 分子中的键为 s 轨道与 p_x 轨道沿着 x 轴进行的头碰头的重叠；在 Cl_2 分子中，是 p_x 轨道与 p_x 轨道的重叠形成 σ 键。以上三种方式的共同特点如下。

（1）均沿着键轴进行头碰头式重叠。（2）轨道重叠部分沿着键轴呈圆柱型对称（图 1-10）。

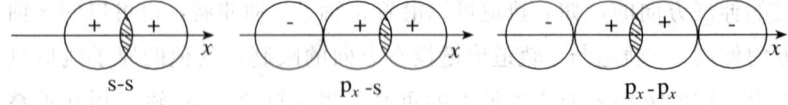

图 1-10 σ 键的形成

2. π 键

若两原子轨道以"肩并肩"的形式进行重叠，轨道重叠部分对通过一键轴的平面具有镜面反对称性，这种键称为 π 键（图 1-11）。

例如，在氮分子中，可形成一个 σ 键和二个 π 键。氮原子电子层结构为 $1s^2 2s^2 2p_x^1 2p_y^1 2p_z^1$。当两个氮原子化合时，其中的 p_x-p_x 轨道沿 x 轴方向以"头碰头"形式重叠形成 σ 键，另两个氮原子轨道 p_y-p_y 和 p_z-p_z 就不可能再沿着 x 轴进行"头碰头"重叠，只能以"肩并肩"的形式重叠，形成两个 π 键。

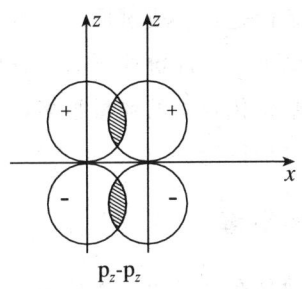

图 1-11 π 键的形成

一般来说，π 键没有 σ 键牢固，比较容易断裂。因为 π 键不像 σ 键那样集中在两核的连线上，原子核对 π 键电子的束缚力较小，电子的流动性较大。因此含有 π 键，键的化合物比较容易参加反应，化学活泼性比只有 σ 键的化合物要大。例如，乙炔、乙烯比乙烷更易发生化学反应就是一个充分的证明。

3. σ 配位键与配位化合物

以上所讨论的共价键，无论是 σ 键还是 π 键，均是由两个原子各提供一个电子形成共用电子对，然而在有些分子中的共价键，其共用电子对不是由两个成键原子分别提供的，而是由其中一方提供的，这种由一个原子提供电子对而被两个原子共用形成的共价键称为配位键。由配位键形成的化合物称为配位化合物。

例如：NH_4^+、CO 等分子或离子中均含有配位键。

$$\begin{bmatrix} & H & \\ & | & \\ H \leftarrow & N & -H \\ & | & \\ & H & \end{bmatrix}^+ \qquad :C\!\equiv\!\!\equiv\!O:$$

在 CO 分子中，碳原子电子构型为 $1s^2 2s^2 2p^2$，轨道表示式为 ⊕ ⊕ ⊕ ⊕ ○，氧原子电子构型为 $1s^2 2s^2 2p^4$，轨道表示式为 ⊕ ⊕ ⊕ ⊕ ⊕，碳原子有两个成单的电子，可与氧原子的两个成单电子形成一个 σ 键和一个 π 键，此外，还形成一个配位键。配位键常用"→"表示,箭头离开的一端为提供电子对的原子。因此可归纳出形成配位键的条件是:①成键原子一方价电子层中需有未键合的电子对,即孤对电子;②成键原子另一方价电子层中需有可接受电子对的空轨道。配位化合物的数量很多,有关配位键的理论将在配位化合物一章中详细讨论。

三、分子间力和氢键

前面讨论的共价键是在共价化合物分子内部原子间的强烈作用力,并不能说明整个物质的性质。在自然界中为什么有的物质以气态存在,如 O_2、N_2、H_2 等;而有的物质以液态存在,如 H_2O、液态溴;有的却以固态存在如碘。这是因为共价型物质是由许多共价分子组成,分子与分子间存在着作用力。这种作用力的大小对不同物质来说各不相同,我们把这种力称为分子间力(intermolecular force)。分子间力包括范德瓦尔斯力(van der wads forces)和氢键(hydrogen bond)两部分。范德瓦尔斯力存在于所有共价分子间,而氢键只有少数一些分子间存在。

(一)范德瓦尔斯力

范德瓦尔斯力包括取向力、诱导力和色散力。

1. 取向力

取向力发生在极性分子和极性分子之间。由于极性分子具有偶极,因此当极性分子相互靠近时,同极相斥,异极相吸,使分子按异极相邻的状态取向。在已取向的偶极分子之间,由于静电引力将互相吸引,这种分子间的相互作用称为取向力。取向力的大小与分子的极性、温度及分子间距离有关,分子极性越大,温度越低,分子间距离越小,则取向力越大,反之较小。

2. 诱导力

在极性分子和非极性分子之间以及极性分子和极性分子之间都存在诱导力(induction force)。

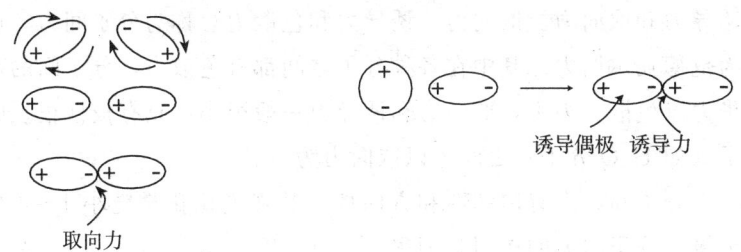

图 1-12 取向力作用示意图　　图 1-13 诱导力作用示意图

非极性分子和极性分子相互靠近时,由于非极性分子受极性分子电场的影响产生诱导偶极,把诱导偶极和极性分子的固有偶极之间所产生的吸引力称为诱导力。同样在极性分子与极性分子相接近时,除了取向力外,在极性分子电场间的相互作用下,分子也会发生变形,产生诱导偶极,结果使极性分子的偶极矩增大,从而使分子间产生诱导力。因此,诱导力既存在于极性分子与非极性分子之间,也存在于极性分子与极性分子之间。

诱导力的大小与极性分子极性大小有关,与分子大小有关,分子极性大,分子体积越大,越易变形,诱导力越大。

3. 色散力

色散力（dispersion force）存在于非极性分子间。当非极性分子靠近时,由于电子在不断运动,原子核也在不断的振动,要使每一瞬间正负电荷中心都重合是不可能的。在某一时刻,正负电荷中心会发生瞬间的相对位移,从而产生瞬间偶极,瞬间偶极可以相互吸引。这种由瞬间偶极产生的相互作用力称色散力。在极性分子间以及极性分子与非极性分子间,也有瞬时的偶极变化,因此也存在色散力。

色散力的大小与分子的变形性及分子间距离有关,变形性越大,分子间距离越近,色散力越大。

总之,在非极性分子间只存在着色散力;在非极性分子和极性分子之间存在着色散力和诱导力;在极性分子之间存在着色散力、诱导力和取向力。取向力、诱导力和色散力总称为分子间力,也称为范德瓦尔斯力。其中在各种分子之间都有色散力,分子间的范德华力以色散力为主,取向力和诱导力一般很小,只有极性很强的分子（如 H_2O 分子）之间才以取向力为主。

分子间力没有饱和性和方向性,其强度比化学键小 1～2 个数量级。分子间力的作用范围很小,一般只有几个 pm,并随着分子间距离的增大而迅速减小。

分子间力普遍存在于各种分子之间,决定着物质的物理性质。例如,卤素单质氟、氯、溴、碘在常温下的状态有很大不同,其中氟气、氯气为气态,溴常温为液态,碘常温下为固态。这就是由于色散力随分子量的增大而显著增加的缘故,碘的分子量很大,因此分子间的色散力也大,所以熔点、沸点较高,常温下呈现固态。氟、氯分子量小,分子间色散力也小,熔点、沸点相对较低,所以常温下氟、氯为气态。

利用分子间力还可以解释物质的溶解性。极性强的分子间存在着很强的取向力,所以可以互溶,如 NH_3 可溶于 H_2O 中。又如 CCl_4 是非极性分子,由于 CCl_4 分子间力大于 CCl_4 与 H_2O 分子间力,所以 CCl_4 几乎不溶于水；I_2 分子与 CCl_4 分子间色散力较大,与水分子间的色散力要小很多,所以 I_2 溶于 CCl_4 而难溶于水。

(二) 氢键

通常物质的密度液态要比固态小,而水的密度则不然。水在 277.13 K 时密度最大,当水凝固结成冰后,密度反而变小了。另外,与别的物质相比,水的比热容却很大,水的熔沸点比氧族同类氢化物的熔沸点高很多。为什么水有这些特殊的性质？这是因为水分子间发生了缔合现象,人们为了说明分子缔合的原因,提出了氢键学说。

1. 氢键的形成

水分子极性很强。组成水分子的氢、氧两种元素的电负性相差很大，其中氧比氢的电负性大很多，因此 H—O 键的共用电子对强烈地偏向氧原子一边，氧带了部分的负电荷，氢原子带有部分的正电荷。由于氢原子核外只有一个电子，共用电子对偏向氧原子的结果是使它的核几乎裸露出来，裸露的氢核体积较小，又不带内层电子，因此不易被其他原子的电子云所排斥，当它靠近另一个水分子时，氢原子就会与带负电荷的氧原子产生强烈的相互吸引力，这种吸引力就叫氢键。氢键可表示成 X—H…Y。X 和 Y 代表 F、O、N 等电负性大，且原子半径较小的原子，X 和 Y 可以是同种元素，如 O—H…O，F—H…F，也可以是两种不同的元素，如 N—H…O 等。

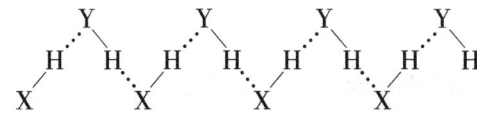

图 1-14　氢键作用力示意图

2. 形成氢键的条件

（1）分子中必须有一个与电负性大的元素形成强极性键的氢原子。

（2）分子中必须有带孤对电子，电负性大，而且原子半径小的元素（如 F、O、N 等）。

3. 氢键的特点

（1）氢键有方向性

形成氢键时，要使氢键的方向与 X—H 的方向在同一直线上。这样形成的氢键更强，体系越稳定。

（2）具有饱和性，每一个 X—H 中的 H 只能与一个 Y 原子形成氢键。

（3）氢键力大于分子间力，而远远小于共价键。

另外氢键的强弱与 X、Y 的电负性大小有关，它们的电负性越大，氢键越强。F 的电负性最大，所形成的氢键也最强。

4. 氢键对物质性质的影响

能够形成氢键的物质很多，如水、水合物、氨合物、无机酸和某些有机化合物。氢键的存在能够影响物质的某些性质，例如，熔点、沸点、溶解度、密度等。

分子间有氢键时，增强了分子间作用力，当物质熔化或气化时，不仅要克服分子间力，还需要破坏部分或全部氢键，这就需要提高温度，额外提供能量，因而使这些物质的熔点、沸点升高。

氢键的存在还会影响物质的溶解度。在极性溶剂中，如果溶质分子与溶剂分子之间能形成氢键，将会使溶质的溶解度增大，如NH_3在H_2O中的溶解度很大是因为氨分子与水分子之间形成了氢键。

四、现代化学键理论*

（一）杂化轨道理论*

随着现代科学技术的发展，许多分子的空间几何构型可以通过实验测定出来。但若用价键理论来说明这些分子的结构就会遇到许多困难，如H_2O分子，通过实验测得是V字型结构。两个O—H键间的夹角为$104.45°$，若按价键理论，氧原子有两个成单电子，两电子均在2p轨道上，它们各自和一个氢原子的成单电子配对成键，因p轨道间夹角为$90°$，因此水分子中两个氧氢键间的夹角也应为$90°$，而实际测得水分子中两个氧氢键的夹角为$104.45°$；还有甲烷分子，若按价键理论，C只能形成CH_2分子，因C只有两个成单电子，且两个C—H键间的夹角为$90°$，实际上形成的不是CH_2分子而是CH_4分子，两个C—H键间的夹角为$109.5°$，是正四面体结构，可见价键理论是有一定的局限性的。

为了解决以上的矛盾，鲍林在电子配对法的基础上，在价键理论中引进了杂化轨道的概念，并发展为杂化轨道理论。

1. 杂化与杂化轨道的概念

第一章 物质结构

所谓杂化（hybridization）是指在形成分子时，由于原子的相互影响，若干类型不同、能量相近的原子轨道混合起来，重新组合成一组新轨道。这种轨道重新组合的过程称为杂化，所形成的新轨道称为杂化轨道（hybrid orbital）。杂化轨道与其他原子的原子轨道重叠而形成化学键。例如，CH_4 分子的形成过程如下：

在形成 CH_4 分子时，碳原子的一个 2s 电子首先被激发到 2p 空轨道，一个 2s 轨道和三个 2p 轨道杂化，形成四个能量相同的 sp^3 杂化轨道。四个杂化轨道分别与 4 个 H 原子的 1s 轨道重叠成键，形成 CH_4 分子。

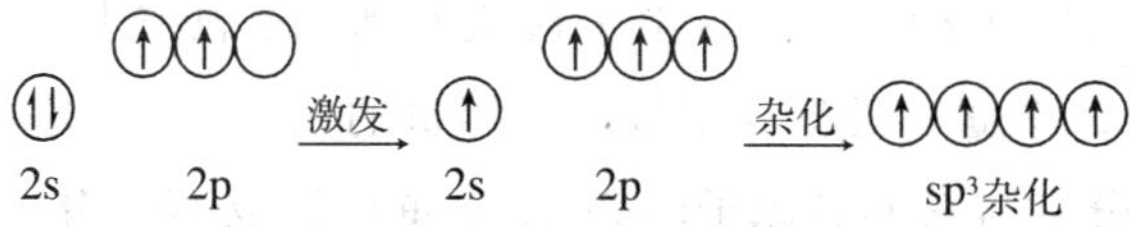

图 1-15 杂化轨道形成过程示意图

杂化轨道理论认为，在形成分子时，通常存在激发、杂化、轨道重叠等过程。

原子轨道的杂化需要满足两个条件才能发生。

（1）在形成分子的过程中才能发生原子轨道的杂化。

（2）进行杂化的原子轨道必须能量相近，才能发生原子轨道的杂化，否则不会发生杂化，如 2s，2p 这样的原子轨道能量相近可发生杂化。而 2s 与 3p 轨道能量相差较大，不可能发生杂化。

2. 杂化轨道的类型

（1）sp 杂化

sp 杂化轨道是由同一原子内的一个 ns 轨道和一个 np 轨道经杂化而成。每个 sp 杂化轨道含有 $\frac{1}{2}$ s 轨道和 $\frac{1}{2}$ p 轨道的成分。sp 杂化轨道间夹角为 180°，呈直线型。

如 $BeCl_2$ 分子，Be 原子电子层结构为 $1s^2 2s^2$，在形成 $BeCl_2$ 分子的过程中，Be 原子的一个 2s 电子被激发到 2p 轨道上，经杂化形成两个等价的 sp 杂化轨道,两个 sp 杂化轨道分别与 Cl 原子的 p 轨道重叠,形成 $BeCl_2$ 分子。由于杂化轨道间的夹角为180°,所以,形成的 $BeCl_2$ 分子的空间结构是直线型。

(2) sp^2 杂化

sp^2 杂化轨道是同一原子内一个 ns 轨道和两个 np 轨道经杂化而成的。每个 sp^2 杂化轨道含有 $\frac{1}{3}$ s 轨道和 $\frac{2}{3}$ p 轨道成分 sp^2 杂化轨道间的夹角为120°,呈平面三角形。

如 BF_3,B 原子的电子层结构为 $1s^2 2s^2 2p_x^1$,在形成 BF_3 分子的过程中,B 原子的一个 2s 电子被激发到 $2p_y$ 轨道上,一个 2s 轨道和二个 2p 轨道,经杂化形成三个等价的 sp^2 杂化轨道,三个 sp^2 杂化轨道分别与三个 F 原子的 2p 轨道重叠形成 BF_3 分子。由于杂化轨道间夹角为120°,所以 BF_3 分子呈平面三角形的结构。

(3) sp^3 杂化

sp^3 杂化轨道是由同一原子内一个 ns 轨道和三个 np 轨道经杂化而成。每个 sp^3 杂化轨道都含有 $\frac{1}{4}$ s 轨道与 $\frac{3}{4}$ p 轨道成分。杂化轨道间夹角为109.5°呈正四面体构型。

例如,CH_4 分子的形成。C 原子的价电子层构型 $2s^2 2p_x^1 p_y^1$,在形成 CH_4 分子时,C 原子的一个 2s 电子被激发到 $2p_z$ 轨道上,一个 2s 轨道和三个 2p 轨道进行杂化,形成四个等价的 sp^3 杂化轨道,四个 sp^3 轨道分别与四个 H 原子的 1s 轨道重叠,形成 CH_4 分子。因杂化轨道间夹角为109.5°,所以 CH_4 分子呈正四面体的空间结构。

3. 杂化轨道理论基本要点

(1) 在形成分子时,由于受到其他原子的影响,中心原子一些类型不同、能量相近的原子轨道相杂化,形成新的杂化轨道。

(2) 杂化前后轨道总数不变。

(3) 杂化的原子轨道比未杂化的原子轨道成键能力强，因此形成的分子也更稳定。

(4) 杂化轨道成键时，要形成稳定的分子，需使化学键间的排斥作用达到最小，也就是使化学键间的夹角尽可能的大。如 $BeCl_2$ 分子，Be 原子采取 sp 杂化，所形成的两个 Be—Cl 键之间的夹角为180°时，两化学键之间的相互排斥作用才能达到最小。

例如，H_2O 分子形成时，O 原子的一个 2s 轨道和三个 2p 轨道进行 sp^3 杂化，其中两个杂化轨道各被一对孤对电子所占据，另外，两个杂化轨道分别与 H 原子的 1s 轨道进行重叠，形成两个 H—O 键，sp^3 杂化轨道间的夹角应为109.5°，但是由于其中两杂化轨道被孤对电子所占据，孤对电子的排斥作用比成键电子要大，所以在两对孤对电子的排斥作用下，两化学键间夹角要比 109.5° 小，为104.45°。

例如，氨分子形成过程中，氮原子采取 sp^3 杂化，三个杂化轨道分别与氢原子的 s 轨道重叠形成 N—H 键，另一杂化轨道被孤对电子所占据，孤对电子的排斥作用比成键电子大，所以三个 N—H 键间的夹角不是109.5°，而是比它小，为107.3°。

(二) 分子轨道理论*

1. 分子轨道的含义

分子轨道理论认为，两个或多个原子形成分子后就成了一个整体。分子中各个原子的核外电子不再只属于一个原子而是属于整个分子，成键电子不只固定在某一个原子周围，而是围绕着整个分子运动。前边介绍原子中电子的空间运动状态，称为原子轨道。同样分子中电子的运动状态则称为分子轨道，也可以用相应的波函数 Ψ 描述，$|\Psi|^2$ 表示分子中的电子在空间各处出现的概率密度或电子云。

2. 分子轨道的形成

分子轨道是由原子轨道组合而成。n 个原子轨道相互组合形成

n 个分子轨道,其中一半是成键分子轨道,它的能量比原子轨道低;另一半是反键分子轨道,其能量比原子轨道高。例如,两个氢原子的 1s 和 1s 轨道组合形成两个分子轨道,一个是成键分子轨道 σ_{1s},一个是反键分子轨道 σ_{1s}^*。

分子轨道是由原子轨道经线性组合而得,但并不是任意两个原子轨道都能组合成分子轨道。那么哪些原子轨道可以组合成分子轨道呢?只有那些符合以下三个原则的原子轨道才能组成分子轨道。

(1) 对称性原则

只有对称性匹配的原子轨道才能组成分子轨道,这就是对称性原则。所谓对称性匹配就是指原子轨道组合时正值部分与正值部分相互重叠,负值部分与负值部分相互重叠。反之异值部分相互组合表示对称性不匹配。

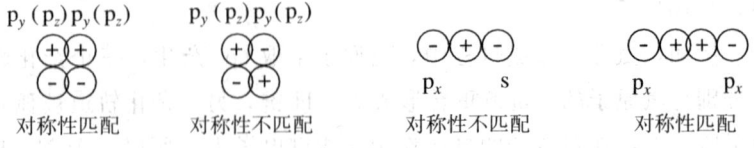

图 1-16 对称性原则示意图

(2) 能量相近原则

当两个原子轨道能量相近,则这两个原子轨道可组合成有效的分子轨道,并且原子轨道的能量越相近越好。而如果两个原子轨道能量相差很大,则不能组合成有效的分子轨道,这就是能量相近原则。

例如,氢和氯可形成 HCl 分子,是因为氢的 1s 轨道的能量与氯的 3p 轨道能量非常接近。

同样,氢的 1s 轨道与氧的 2p 轨道的能量相近,故氢与氧可形成 H_2O 分子。

(3) 最大重叠原则

原子轨道发生重叠时,在可能的范围内,重叠程度越大,成键轨道相对于原子轨道的能量越低,所形成的化学键也越牢固,这就是最大重叠原则。

以上三个原则中,对称性原则决定原子轨道能否形成分子轨道,只有两个原子轨道对称性匹配才能形成分子轨道,否则不能形成分子轨道,而能量相近原则和最大重叠原则决定所形成的分子轨道是否稳定。

3. 同核双原子分子的分子轨道能级图

同原子轨道一样,每个分子轨道也各有其相应的能量。目前分子轨道的能级大小主要是由光谱实验得来的。将这些分子轨道按能级高低顺序排列起来,就可得到分子轨道能级图。

对于第二周期同核双原子分子的分子轨道能级顺序有以下两种情况,N_2 以前的分子轨道能级顺序及 O_2、F_2 的分子轨道能级顺序:

N_2 以前的分子轨道能级顺序为:

$$\sigma_{(1s)} < \sigma_{(1s)}^* < \sigma_{(2s)} < \sigma_{(2s)}^* < \pi_{2p_y} = \pi_{2p_z} < \sigma_{2p_x} < \pi_{2p_y}^* = \pi_{2p_z}^* < \sigma_{2p_x}^*$$

O_2、F_2 的分子轨道能级顺序为:

$$\sigma_{1s} < \sigma_{1s}^* < \sigma_{2s} < \sigma_{2s}^* < \sigma_{2p_x} < \pi_{2p_y} = \pi_{2p_z} < \pi_{2p_y}^* = \pi_{2p_z}^* < \sigma_{2p_x}^*$$

氮以前分子和氧、氟分子的轨道能级顺序有所不同,主要为 σ_{2p} 能级与 π_{2p} 能级高低顺序不同,N_2 以前的双原子分子的轨道能级高低顺序为 $\pi_{2p_y} = \pi_{2p_z} < \sigma_{2p_x}$,而 O_2、F_2 分子轨道的能级顺序为 $\sigma_{2p_x} < \pi_{2p_y} = \pi_{2p_z}$,这是为什么呢?因为第二周期 N_2 以前的分子,它们的 2s 与 2p 能级相差较小,2s 轨道与 2p 轨道之间的相互作用,造成了 σ_{2p} 能级比 π_{2p} 能级高,而 O_2、F_2 分子中轨道能级相差较大,轨道间的相互作用较小,不影响轨道的能量分布,因而,轨道与轨道能级顺序没有变化。

4. 电子在分子轨道中的排布

有了分子轨道能级顺序,以下就是电子在分子轨道上的排布问题。同原子轨道上电子的排布一样,电子在分子轨道上的排布也必须遵循三个原则：(1) 能量最低原理；(2) 保里不相容原理；(3) 洪特规则。

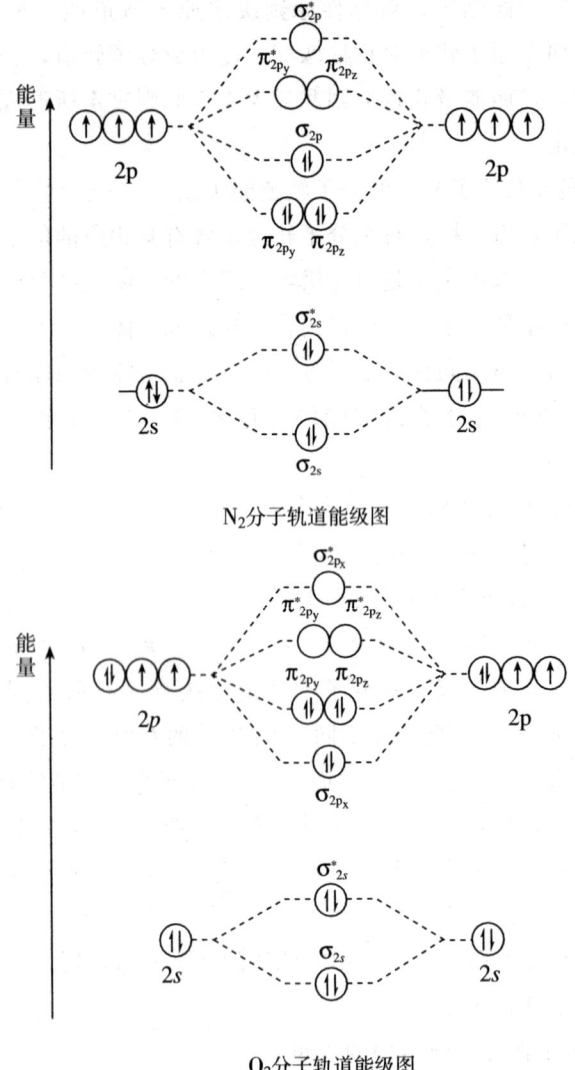

图 1-17 氮分子与氧分子轨道能级图

第一章 物质结构

例如：氮分子是由两个氮原子组成的，每个氮原子有七个电子，整个氮分子总共有 14 个电子，在分子轨道中填充电子时，也必须遵守原子轨道电子填充三原则，所得分子轨道能级图如上页图所示。

氮的分子轨道表示式为 $(\sigma_{1s})^2(\sigma_{1s}^*)^2(\sigma_{2s})^2(\sigma_{2s}^*)^2(\pi_{2p_y})^2(\pi_{2p_z})^2(\sigma_{2p_x})^2$。$\sigma_{1s}$ 与 σ_{1s}^* 分子轨道中各有两个电子，由于他们是内层电子，所以，在写分子轨道式时可不用写出，用 KK 代替。成键分子轨道 σ_{2s} 与反键分子轨道 σ_{2s}^* 各填充两个电子，由于能量的降低和升高大致相等，相互抵消，故对成键没有贡献。对成键有贡献的只有 $(\pi_{2p_y})^2(\pi_{2p_z})^2(\sigma_{2p_x})^2$ 三对电子，故两个氮原子之间可形成 2 个 π 键和 1 个 σ 键，因此，氮分子中存在共价叁键 N≡N。由分子轨道能级图可知，π 键的能量比 σ 键的能量还要低，所以氮分子并不像其他具有叁键的物质那样活泼易发生化学反应而是非常稳定。

氧分子的结构：氧分子由两个氧原子组成，每个氧原子核外有 8 个电子，氧分子中共有 16 个电子，氧分子的分子轨道能级图见图 1-17 所示。

氧分子的分子轨道式为：$(\sigma_{1s})^2(\sigma_{1s}^*)^2(\sigma_{2s})^2(\sigma_{2s}^*)^2(\sigma_{2p_x})^2(\pi_{2p_y})^2(\pi_{2p_z})^2(\pi_{2p_y}^*)^1(\pi_{2p_z}^*)^1$。成键的 $(\sigma_{2s})^2$ 和反键的 $(\sigma_{2s}^*)^2$ 对成键的贡献互相抵消，实际上，对成键有贡献的是 $(\sigma_{2p_x})^2$，可以形成一个 σ 键，$(\pi_{2p_y})^2(\pi_{2p_y}^*)^1$ 两者的空间伸展方向一致，构成一个叁电子 π 键，同样，$(\pi_{2p_z})^2(\pi_{2p_z}^*)^1$ 构成另一个叁电子 π 键，由此可确定氧分子的结构式为

$$\text{O} \stackrel{\cdots}{=} \text{O} \quad \text{或} \quad \text{O} \boxed{\begin{array}{c}\cdots\\ \hline \\ \cdots\end{array}} \text{O}$$

从氧分子的分子轨道能级图可知，氧分子中存在两个成单电子，所以氧分子具有顺磁性，这已被实验证实。氧分子中有两个叁电子 π 键，它的键能只有单键的一半，这是因为反键轨道上的一个电子对成键具有抵消作用。因此虽然氧分子和氮分子中都存在三

键，但氧分子中的键更易断裂，因此氧分子远比氮分子活泼。如自然界中许多物质容易被氧化，而氮气则可以作为惰性气体，保护物质不被氧化。

第四节　晶体和无定形固体*

在通常情况下，物质主要以三种聚集状态存在：固态、液态和气态，固态物质又分为晶体和非晶体（又称无定形体）。自然界中绝大多数的固态物质是晶体，例如，大多数的无机单质和无机化合物（如冰、食盐等）都是以晶体形式存在。只有少数固体是无定形体，如沥青、石蜡、松香、玻璃等。

一、晶体

（一）晶体的特征

从外表上看，晶体（crystal）都具有一定的整齐的外形，如食盐晶体具有整齐的立方体外形。虽然有时由于生成晶体的条件不同，所得的同一种晶体的外表形状可能很不相同，但是各晶体的表面的夹角是相同的，所以仍是同一晶体。

晶体还有固定的熔点，加热晶体达到熔点时，晶体开始融化，继续加热，晶体不断融化，但温度并不上升，这时所提供的热全部用来使晶体融化。晶体融化完全后，温度才开始上升，说明晶体有固定的熔点。

晶体在各个方向上的性质不一定相同，如石墨晶体，相互垂直的两个方向上的电导率相差 10^4 倍，晶体的这种特性称为各向异性。另外这种各向异性还表现在晶体的光学性质、热学性质及其他电学性质上。

总之，晶体的特征有三个：1. 有固定的几何外形；2. 有固定的熔点；3. 有各向异性。

（二）晶格的类型

在结晶学中，根据结晶多面体的对称情况，将晶体的外形分成七类，也称七大晶系，这七大晶系为：立方晶系、四方晶系、正交晶系、单斜晶系、六方晶系、三斜晶系、三方晶系。晶体的外形是由晶体的内部结构决定的，用 X 射线对晶体内部结构进行分析，就会发现构成晶体的质点（如离子、原子或分子），以一定的规则排列在空间确定的点上，这些质点在空间排列，就构成具有各种几何形状的结晶格子，简称晶格。目前已知的晶格有 14 种形式。

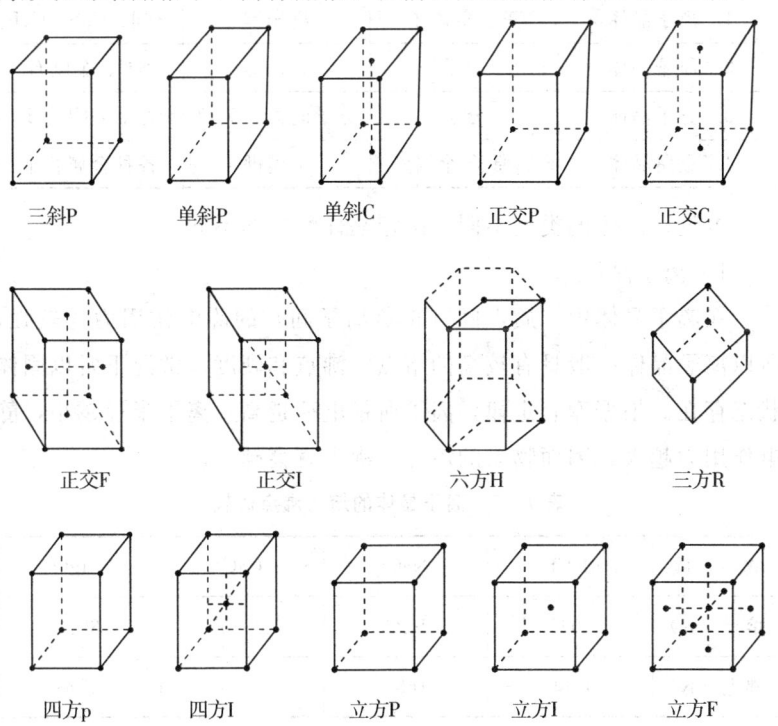

图 1-18 晶格的 14 种形式

每个质点在晶格中所占有的位置称为晶格结点。在晶格内，仍能表达出晶格结构特征的最小重复单位称为单位晶格或晶胞。显然晶胞在空间做有规律的重复排列，就会得到宏观晶体。可见，晶胞的大小、形状和结点的种类（原子、分子或离子）以及结点间的作用力可以决定整个晶体的结构和性质。

（三）晶体的基本类型

自然界晶体物质很多，按照晶格结点的种类和结点间作用力的不同，可把晶体分为下述几种类型。

表1-6 晶体类型

晶体类型	晶格结点	结点间作用力	示例
1. 离子晶体	正、负离子	离子键	$NaCl$、CaS、CaF_2
2. 原子晶体	原子	共价键	SiC、金刚石
3. 分子晶体	分子	分子间力、氢键	干冰、HCl、H_2O
4. 金属晶体	金属原子、金属离子	金属键	各种金属合金

可见，晶体的类型不同，决定晶体性质的不同。

1. 离子晶体

在离子晶体中，质点间（正负离子间）的静电作用力比较强，所以离子晶体一般具有较高的熔点、沸点和硬度，常温下常以固体状态存在。根据库仑定律，离子所带电荷越高，离子半径越小，静电作用力越大，因而物质的熔点、沸点就会越高。

表1-7 离子晶体的熔、沸点比较

物 质	KCl	$NaCl$	CaO	MgO
熔点（K）	1041	1074	2845	3073
沸点（K）	1690	1686	3123	3873

由以上数据可知CaO、MgO的熔、沸点非常高，工业上常用他们做耐高温材料。

显然，离子晶体的硬度较大，但是延展性很差，非常脆。这是由于在离子晶体中，正、负离子交替地规则排列，当晶体受到冲击力时，各层离子发生错动，使吸引力大大减弱，很容易破碎。

离子晶体不论在熔融状态，还是在水溶液中都具有优良的导电性。但在固体状态，由于离子被限制在晶格的一定位置上振动，因而不导电。

2. 原子晶体

在原子晶体中，占据晶格结点上的微粒是原子，原子间通过共价键互相结合在一起。属于原子晶体的物质有金刚石，可做半导体元件的单晶硅、锗，还有碳化硅（SiC）、二氧化硅（SiO_2）、氮化硼（BN）等化合物。在金刚石晶体中，每个碳原子的 sp^3 杂化轨道通过共价键彼此相连，每个碳原子都处于与它直接相连的四个碳原子所组成的正四面体的中心。在原子晶体中，由于在各个方向上，这种共价键都是相同的，因此在这类晶体中，不存在独立的小分子，整个晶体可看成是一个大的分子。

在原子晶体中，由于晶格结点间的作用力是共价键，并且比较牢固，键的强度比较高，要想拆开这种晶体中的共价键，需消耗较大的能量，所以，原子晶体一般具有较高的熔点、沸点和硬度。例如，金刚石的熔点为 3 849K，硬度极大。原子晶体延展性通常很小，比较脆。又由于晶体中没有离子，所以，原子晶体处于固态、熔融态时都不导电，是电的绝缘体。但某些原子晶体，如硅、锗、

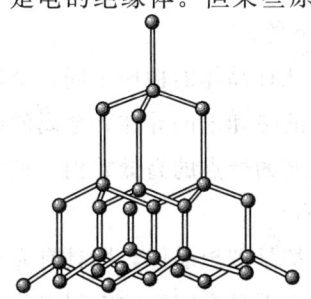

图1-19 金刚石的晶体结构

砷化镓则可以作为优良的半导体材料。原子晶体在溶剂中均不溶解。

3. 分子晶体

在分子晶体中，占据晶格结点的是分子，这些分子既可以是极性的又可以是非极性的，质点间的作用力是分子间力，有些分子晶体中还存在氢键。属于分子晶体的物质有干冰、碘、冰等。例如：在干冰晶体中，CO_2 分子占据着晶格结点，其分子间的作用力是范德瓦尔斯力，而分子内碳和氧之间是以共价键结合的。由于范德瓦尔斯力比共价键、离子键小得多，因此分子晶体通常具有较低的熔点、沸点和较小的硬度。

4. 金属晶体

在金属晶体中，金属原子一般采用紧密堆积的方式排列。所谓紧密堆积是指圆球状的金属原子一个挨一个地堆积在一起，使在一定体积内含有的原子数目最多，这种结构形式就是紧密堆积结构。

金属晶体常见有三种紧密堆积方式。

(1) 体心立方紧密堆积。属此类紧密堆积的金属有 K、Ru、Cs、Li、Na、Cr、Mo、W、Fe 等。

(2) 面心立方紧密堆积。属此类紧密堆积的金属有 Sr、Ca、Pb、Au、Ag、Al、Cu、Ni 等。

(3) 六方紧密堆积。属此类紧密堆积的金属有 La、Y、Mg、Zr、Hf、Cd、Ti、Co 等。

金属晶体与其他几种晶体的性质不同，金属晶体有光泽，有良好的延展性，是优良的热和电的导体；金属的硬度差别较大，有的坚硬，有的较软；金属的熔点的高低差别亦很明显。

(四) 晶体的缺陷 *

以上讨论的晶体都是理想晶体，即具有完整的空间点阵结构的晶体，而实际晶体大多不具有完整的空间点阵结构，而是有各种各样的缺陷，称为晶体缺陷。晶体缺陷通常有点缺陷、线缺陷、面缺陷和体缺陷四种形式。

点缺陷：在晶体中，构成晶体的质点在其晶格结点处不断振动，当外界温度升高时，质点的振动加快，随着质点能量的不断增加，最终脱离开原来的位置，晶格中出现空位；当质点脱离开原来的位置进入晶格空隙的同时，又形成了填隙原子；此外，在晶格结点上的质点若被其他异种原子或离子所取代，使得晶体中整齐的排序发生改变，这就是杂质原子引起的缺陷。以上三种包括空位、填隙原子、杂质原子均为点缺陷。见图

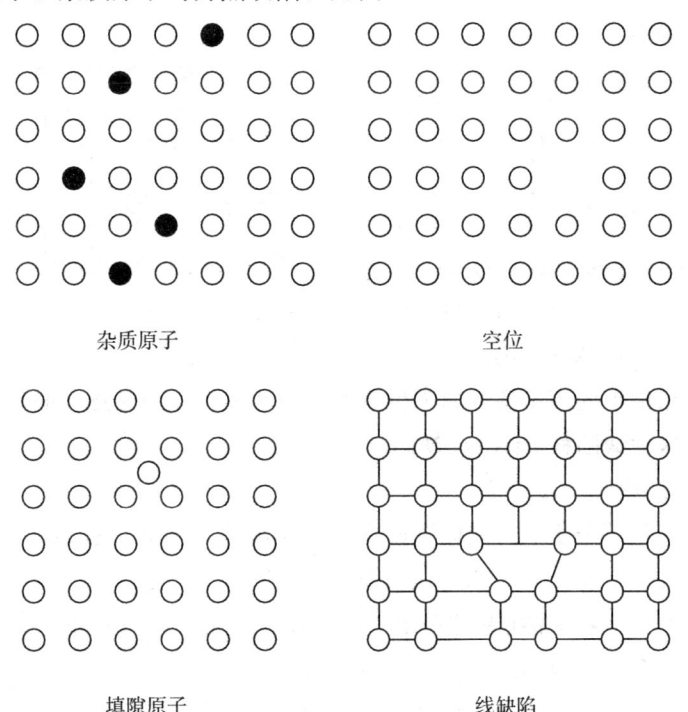

图 1-20　晶体缺陷

线缺陷是由于缺少了一排或一列原子而形成的一种错位。由于在晶格点阵的某一排或一列中，缺少了连续的几个质点，造成点阵中其他质点发生位移，这就是线缺陷，又称错位。

面缺陷就是指晶格点阵中缺少一层质点造成的"层错"现象。

体缺陷则指完整的晶格点阵中出现一部分质点的缺失,形成空洞或包裹物。

对离子型晶体,其晶体缺陷可归纳为以下三种:

1. Schottky 缺陷

晶格中有一个正离子和一个负离子同时脱离结点形成两个空位,这种缺陷就称 Schottky 缺陷。通常,具有高配位数的且正负离子半径大小相近的离子型化合物(如 NaCl,CsCl 等)容易形成这种缺陷。

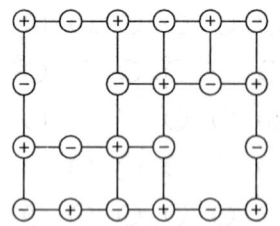 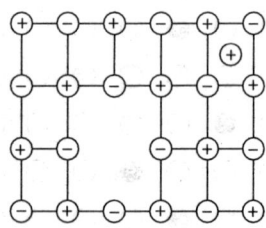

图 1-21　Schottky 缺陷　　　图 1-22　Frenkel 缺陷

2. Frenkel 缺陷

晶格中的离子离开原来位置并未脱离晶体,而是进入晶格空隙中,这种缺陷称 Frenkel 缺陷。

3. 化学杂质缺陷

将化学杂质引入晶体造成化学杂质缺陷。例如,在 AgCl 晶体中引入 Cd^{2+},Cd^{2+} 占据 Ag^+ 的位置,由于 Cd^{2+} 是 +2 价而 Ag^+ 为 +1 价,为保持整个晶体呈电中性,还应产生一个 Ag^+ 的空位,每引入一个 Cd^{2+} 就会产生一个 Ag^+ 空位。

NiO 本是亮绿色的固体,不导电,然而加入少量 Li_2O 后,由于引入的 Li^+ 比 Ni^{2+} 价态低,要保持整体的电中性,+2 价的 Ni^{2+} 就有可能被氧化为 +3 价的 Ni^{3+},加入 Li_2O 的量的不同 $Ni^{2+} \to Ni^{3+}$ 的变化量也不同,最终可使 NiO 晶体变成灰黑色的半导体材料。

上述物质为具有混合价态化合物。与简单化合物相比，具有导电性强，颜色较深，有异常的磁学性质等特点，可用于制作颜料、导电材料、磁性材料等。

晶体缺陷对晶体材料的影响可从两个方面来看：一方面对有些物质像单晶硅、单晶锗这样的半导体材料，要求杂质含量必须小于 10^{-9}，因此，人们总是想方设法克服晶体缺陷来达到要求。另一方面，由于晶体缺陷的存在，人们可以制造出具有各种性能的晶体。如纯净的铁很软，可以制成铁丝任意弯曲，但若在铁中加入少量的杂质原子碳，经过适当的热处理炼成钢，钢铁的硬度会大大加强。

再如，彩色电视机荧光屏中的蓝色荧光粉就是利用在原料中加入杂质粒子，造成晶体缺陷制成的。蓝色荧光粉的主要原料是 ZnS 晶体，它本身是白色的，当掺入约 0.000 1% 的 AgCl 时，Ag^+、Cl^- 部分地取代 Zn^{2+}、S^{2-} 的位置，这样制成蓝色荧光粉在阴极射线的激发下，能发射出波长为 450 nm 的蓝色荧光。

二、无定形固体 *

前边已经介绍了晶体有规则的几何外形，晶体内部质点是按一定序列排列的，如金刚石、石英等。若将石英加热至熔融，然后慢慢冷却形成固体，固体中，石英微粒完全可以回到原来的有序排列，形成晶体；但如果加热熔融后迅速冷却，这时晶体质点来不及回到原来有序的状态，这样形成的固体称为无定形固体（amorphous body）。无定形固体与晶体的不同之处就是在石英晶体中，硅、氧都是有规律地排列的，硅原子在四个氧原子组成的正四面体的中心，如图 1-23a 所示，并按一定的顺序排列成一个巨大的分子。当加热石英至熔融时，石英就变成一种黏性液体，这时许多 Si—O 键断裂，石英结构不再具有规律性。如果熔融物被迅速冷却，原子就不能回到他们原有的有序排列，这就形成了无定形固体，我们称其为石英玻璃。石英晶体和石英玻璃的结构对比见图1-23。

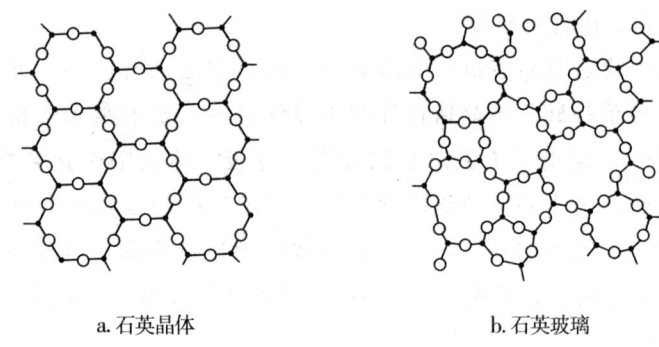

a. 石英晶体　　　　　　b. 石英玻璃

图1-23　石英晶体与石英玻璃结构示意图

阅读材料

超　导　体

自然界中的物质根据其导电性可以分为导体、半导体、绝缘体，除此之外，还有超导体（superconductor）。超导体是一种有异常导电能力的物体。

超导现象是荷兰物理学家昂尼斯（Onnes）在1911年发现的。他用水银做实验，将其冷却到－40 ℃（233 K），这时水银开始凝固成固体。他把固体水银制成像导线一样的细线，并通上电流，测定电压。他发现，当温度不断下降，水银的电阻也不断减小，温度为－269 ℃（4.15 K）时，水银的电阻突然变为零。于是，将这种电阻突然消失的零电阻现象称为超导现象，具有超导性质的物体叫超导体。电阻突然消失的温度称为转变温度或临界温度，用 T_c 表示。

科学家经过大量实验，已获知周期表上有26种金属具有超导性，列于表 1-8 中。然而这些金属的临界温度 T_c 都在 10 K 以下，实用价值不大。科学家转而研究金属合金及金属化合物的超导性，表 1-9 列出一些金属化合物的临界温度。

表 1-8 超导金属的临界温度 T_c 值（K）

金属	临界温度	金属	临界温度	金属	临界温度	金属	临界温度
Ti	0.4	W	0.01	Cd	0.52	La	4.9
Zr	0.54	Tc	8.2	Hg	4.15	Tn	0.37
Hf	0.16	Re	1.7	Al	1.19	Pa	1.4
V	5.03	Ru	0.49	Ga	1.09	U	2.0
Nb	9.2	Os	0.65	Tl	2.38	In	3.41
Ta	4.4	Ir	0.14	Sn	3.72		
Mo	0.92	Zn	0.86	Pb	7.2		

表 1-9 超导化合物的临界温度 T_c 值（K）

化合物	临界温度	化合物	临界温度	化合物	临界温度
V_3Si	17.0	Nb_3Al	18.8	$Nb_3(Al_{0.75},Ge_{0.25})$	21.0
V_3Ga	18.0	Nb_3Sn	18.1	NbGe	23.2

这些金属化合物的临界温度虽比金属有所提高，但也没有什么实用价值。一段时间内，高温超导材料的研究一直止步不前。直到 1986 年，高温超导材料的研究才得以突破，这项研究是由瑞士的贝德诺兹（J. G. Bednorz）和缪勒（K. A. Mueller）所做。他们发现一种由镧钡铜氧（La-Ba-Cu-O）组成的混合氧化物，具有超导性，其临界温度达 35 K，为此他们获得了 1987 年诺贝尔物理奖。此后，超导物质的临界温度不断提高，使超导材料的研究得以迅速发展。

继镧系金属氧化物（La-Ba-Cu-O）后，人们又试验了其他混合物体系。1987 年，美籍华人朱经武和中科院赵忠贤各自独立地发现了钇钡铜氧化物体系（Y-Ba-Cu-O），其临界温度更高，达到90 K。这个温度高于液氮温度（77 K），是超导材料研究领域又一次较大地飞跃。以后，人们又发现了铊钡钙铜（Tl-Ba-Ca-Cu-O）和铋锶钙铜（Bi-Sr-Ca-Cu-O）氧化物体系，也都具有超导性且临界温度达到 120 K 以上。目前，发现的超导体临界温度已达135 K，是汞钡钙铜（Hg-Ba-Ca-Cu-O）氧化物体系。

为什么混合氧化物具有如此高的临界温度，以及超导现象的机理是什么，科学家正在研究探索中。相信随着研究的深入，最终必然会弄清超导现象的根本原因。到那时，超导体就会得到广泛的应用。现已发现的超导材料，只有在零下一百多摄氏度才呈超导状态，在实际应用上仍受到很大限制。人们迫切希望找到高温超导材料，一旦室温超导体实现工业化、民用化，将使人类的生活产生极大的变化。

可想而知，超导体没有电阻，当用于输电，会使在输电线上消耗的电能降为零，这大大节约了能源。此外，超异体还可以在制造大容量超导发电机、磁力悬浮高速列车，实现可控核聚变等诸多领域大显身手。

纳 米 材 料

纳米材料指三维空间尺寸至少有一维处于纳米（10^{-9} m）量级的材料。例如，直径为纳米大小的纳米微粒，直径为纳米量级而长度可任意长的纳米纤维，厚度为纳米量级的薄膜，利用上述基本粒子或纤维制成的固体物质就是纳米材料。纳米材料具有许多奇特的光、电、磁、热力和化学性质，与现有的宏观材料完全不同。

纳米金属材料熔点低。普通金的熔点为 1 336 K，而纳米金的熔点只有 603 K；纳米银的熔点也由普通银的 1 234 K 降为 373 K。纳米金属熔点的降低使低温制备合金成为现实，同时，也能使互不相熔的金属冶炼成合金。

纳米材料的粒子是超微细的,粒子数量多,且表面积大,表面活性高,可用来制造各种高性能的催化剂。如纳米铂黑催化剂,可使乙烯氢化反应的温度从 873 K 降到室温。

纳米材料对光和电磁波有吸收作用。因此,可用纳米金属材料制成红外吸收材料以及隐形飞机的雷达吸收材料等。

纳米技术还可用于改变塑料、油类和纺织品的性质,赋予这些材料呼吸的能力、阻热的能力和特殊的强度。纳米技术制成的塑料非常坚硬且能承受很大的温度变化,用这种塑料可制作安全帽、护目镜和喷气式飞机窗户。随着科学的不断发展,纳米技术将会触及到诸如能源、计算机、生物技术及制造业等诸多领域。如用于制造分子马达,微型机器以及针对具体细胞的药物。相信不久的将来,这一切都会成为现实。

本 章 小 结

一、原子核外电子运动的特点

1. 核外电子的运动具有量子化与统计性的特点

2. 核外电子运动服从量子力学,求解薛定谔方程可得体系的一系列波函数 Ψ,每一个波函数 Ψ 对应电子运动的一个状态。

3. 四个量子数 (n, l, m, m_s) 的物理意义及其允许取值。

4. 电子云描述电子在某单位体积内出现的几率。

二、元素周期表、周期律、周期性与电子结构的关系

1. 原子核外电子填充三原则(鲍里不相容原理、能量最低原理、洪特规则)

2. 电子结构与元素周期表、周期律及元素性质的关系

三、化学键

1. 化学键及其类型。

2. 离子键的形成本质与特点。

3. 现代价键理论的要点（电子配对；电子云最大重叠；成键类型）。

4. 分子间力包括氢键的产生与特点。

*5. 杂化轨道理论，常见的原子轨道杂化类型及特性，及其与几何构型的关系。

*6. 分子轨道理论，分子轨道具有整体性是原子轨道的线性组合，原子轨道有效组合三原则（能量相近原理，最大重叠原理，对称性匹配原理）及电子填充原则。

四、晶体结构

1. 晶体的特点与分类。

*2. 晶体的缺陷（分为点缺陷、线缺陷、面缺陷和体缺陷），晶体缺陷能改变物质的某些物理性质。

习　题

1. 主量子数、角量子数、磁量子数分别决定原子轨道的什么特征？
2. 指出下列量子数中哪些是合理的？哪些是不合理的？
   (1) $n=2$　$l=1$　$m=0$
   (2) $n=2$　$l=2$　$m=-1$
   (3) $n=3$　$l=2$　$m=0$
   (4) $n=2$　$l=3$　$m=2$
3. 写出原子序数为 8、19、30 各元素的电子排布式和价层结构。

4. 某元素原子序数 25，其价层结构为 _____ 属 _____ 周期 _____ 族，在 _____ 区，其最高氧化物的分子式为 _____。

5. 为什么周期表中第 2、3 周期有 8 种元素，而第 4 周期有 18 种元素。

6. 说明为什么乙烯、乙炔比乙烷的化学性质更活泼？

7. 为什么自然界许多物质容易被氧化，而氮气则可作为惰性气体保护物质不被氧化？

8. 说明下列原因

(1) 为什么水蒸气易液化，而氮气或氢气在通常的情况下不易液化。

(2) 在通常状态下，CF_4 为气态，CCl_4 为液态，CBr_4 和 Cl_4 为固态，且熔点依次升高。

9. 下列物质中哪些物质具有较高的沸点，为什么？

   N_2 和 CO；HI 和 HCl；H_2O 和 H_2S；Cl_2 和 I_2

10. 说明以下事实

(1) 石英 SiO_2 与 CO_2 相比有高得多的熔点；

(2) $NaCl$ 比金属钠硬；

(3) CaO 比 NaF 熔点高。

参 考 资 料

[1] 蔡少华，龚孟濂，史华红编著. 无机化学基本原理. 第一版. 广州：中山大学出版社，1999

[2] 傅献彩主编. 大学化学. 第一版. 北京：高等教育出版社，1999

[3] 唐有祺，王夑主编. 化学与社会. 第一版. 北京：高等教育出版

社，1997
- [4] 浙江大学普通化学教研组编．普通化学．第四版．北京：高等教育出版社 1995
- [5] 武汉大学，吉林大学等校编．无机化学．上、下册．第三版．北京：高等教育出版社 1994
- [6] 朱传征，高剑南主编．现代化学基础．第一版．上海华东师大出版社，1998
- [7] 刘旦初编．化学与人类．第一版．上海：复旦大学出版社，1998
- [8] 周公度．结构与物性．（化学原理的应用）第二版．北京：高等教育出版社，2000
- [9] 钱逸泰编著．结晶化学导论．第二版．合肥中国科学技术大学出版社，1999

第二章 化学热力学基础

热力学（thermodynamics）是研究能量相互转化过程中所遵循的规律的一门学问。

热力学的主要基础是19世纪中叶建立起来的热力学第一定律和热力学第二定律。这两个定律是人类实践经验的总结，它有广泛、坚实的实验基础。20世纪初又建立了热力学第三定律。

把热力学的定律、原理等用来研究化学现象以及和化学现象有关的物理现象，就称为化学热力学（chemical thermodynamics）。

运用化学热力学的基本原理可以解释许多化学现象，如判断化学反应发生的可能性及进行的方向，以及确定化学反应过程中的能量转化情况等。例如，氟化氢可以刻蚀玻璃，氯化氢为什么不能。汽车尾气中有NO和CO，这两种气体对人体都有害，它们是否有可能发生化学反应：

$2NO+2CO = N_2+2CO_2$ 转化成无毒的 N_2 和 CO_2。

金刚石与石墨是同素异性体，在什么条件下廉价的石墨可以转化成昂贵的金刚石。炼铁放出的高炉气中有大量的CO，我们是否可以想办法使其减少到几乎没有。

以上这些都可以借助化学热力学得到解释和解决。同时，通过化学热力学的学习，为我们以后学习化学平衡、电化学等打下初步基础。

化学热力学有关原理的运用在解决许多实际问题中发挥了重要的作用。但热力学的方法有其局限性，该方法属于演绎的方法，利用几个热力学定律讨论研究对象的宏观性质,而不考虑物质的微观结构和反应进行的机理,所以热力学的方法只能告诉我们在一定条件下某化学反应能否进行及进行到何种程度,但不能告诉我们反应所需要的时间,反应所经历的历程及反应发生的原因。尽管这样,热力学仍然不失为一种非常有用的理论工具,化学热力学作为研究化学问题必不可少的基本理论,仍是一种普遍、可靠的方法。

在讨论化学热力学的基本原理及其应用之前,首先介绍一下化学热力学的一些基本概念和术语。

第一节 化学热力学基本概念

一、系统和环境

人们在讨论、研究问题时总有一定的对象,同时研究对象以外还存在着与其相关的部分。热力学把所研究的对象称为系统(system),而与其相关的部分称为环境(surroundings)。例如,要研究杯中的水,杯中的水就是系统,而与水相邻的杯及周围其他相关的部分就是环境;要研究某杯及其中的水,则杯及其中的水为系统,而周围与其相关的其他部分为环境。

系统与环境之间通过物质与能量相关联,根据系统与环境之间的关系,可把系统分成三类。

1. 敞开系统(open system):系统与环境间既有物质的交换,又有能量传递。

2. 封闭系统(closed system):系统与环境间没有物质交换,只有能量传递。

3. 孤立系统(isolated system):系统与环境间既没有物质交换,也没有能量传递。

例如，普通的无盖杯中盛着水，以水为系统，水蒸气分子可以逸出；也可以对杯子加热使水升温，显然这是敞开系统。如果对该杯加盖密封，并仍以水为系统，该系统就成为封闭系统。如果该密封杯换成刚性的绝热材料做成，该系统就成为孤立系统。

在以后的学习中常见的是封闭系统。

二、系统的性质及状态函数

系统的诸性质（如，体积、压力、温度、黏度、表面张力等）如果不随时间变化，该系统处于热力学平衡状态。在此热力学平衡状态下，系统的性质（如，体积、压力、温度、黏度、表面张力等）具有确定的值，这些性质只取决于系统的状态，只随状态的变化而变化，而与如何达到这一状态无关。在热力学中把具有这一特性的物理量称为状态函数（state function）。状态函数的变量只与系统的始终态有关，与变化的途径无关。

如温度。有温度为 323 K 的一杯水，323 K 只取决于其所处的状态，至于这水是由 353 K 的水降温来的，还是由 293 K 的水升温来的，没有关系。

系统的性质又分为两大类。一类性质其数值与系统数量成正比，如质量、体积等。此种性质具有加和性，即整个系统的该种性质是系统中各部分该性质之总和，此种性质为广度性质（extensive properties）。另一类性质不具有加和性，其数值只取决于系统自身的特性，与系统的数量无关，如温度、压力、密度、黏度等，这类性质为强度性质（intensive properties）。

三、过程与途径

系统只要有一个性质随时间变化，系统的状态就随时间发生变化，即认为系统发生着"过程"。简单地说，状态的变化就是过程（process）。

系统由始态经一系列的过程达到终态，其中所经历的具体步骤称为途径（path）。系统由相同始态到相同的终态可以经由不同的途径来完成。

例如，某密闭的容器中有理想气体，始态的温度为 T_1、压力为 p_1，经过变化达到终态，温度为 T_2、压力为 p_2，

$$T_2 > T_1, \quad p_2 > p_1,$$

我们可以设计出不同的途径来完成由始态到终态的变化。

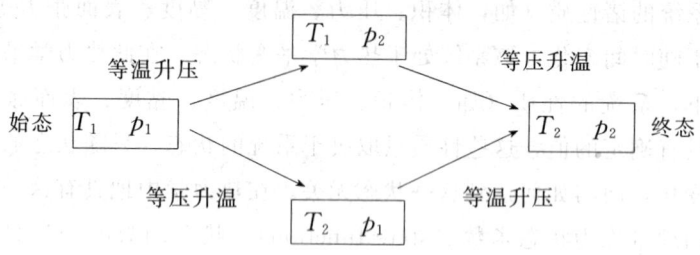

第二节　热力学第一定律和热化学

一、热力学第一定律

热力学第一定律就是熟知的能量守恒与转化定律：自然界的一切物质都具有能量，能量有各种不同形式，能够从一种形式转化为另一种形式，从一个物体传递给另一个物体，而在转化和传递过程中能量的总和不变。

通常系统的总能量（E）是由下列三部分组成：

(1) 系统整体运动的动能（T）

(2) 系统在外力场中的位能（V）

(3) 系统的热力学能（U）

在化学热力学中，通常是研究静止的系统，无整体运动，一般没有特殊的外力场存在（如电磁场、离心力场等），因此只注意系统的热力学能。

对于孤立系统，其热力学能的总和是不会改变的，这是能量守恒定律的必然结果。

对于封闭系统，系统与环境之间存在能量传递。那么系统热力学能的改变与传递的能量之间是否存在着确定的关系呢？

系统与环境之间的能量传递存在两种形式。一种是当系统与环境之间因温差而传递的能量，称为热（heat），用 Q 来表示，除热传递以外的各种形式传递的能量，我们称为功（work），用 W 来表示。在热力学中常把功分为两种，一种是体积功（伴随系统体积变化而产生的能量传递），除体积功以外其他形式的功统称为非体积功，如电功、表面功等。

下面讨论 U、Q、W 之间的关系。

假设下面的情况：

某封闭系统由状态（1）变到状态（2），同时吸热 Q，做功 W，在状态（1）时，热力学能为 U_1，在状态（2）时，热力学能为 U_2，根据能量守恒与转化定律必有

$$U_2 = U_1 + Q + W$$
$$U_2 - U_1 = Q + W$$
$$\Delta U = Q + W$$

系统热力学能的改变量等于系统所吸收的热量减去系统对环境所做的功，这就是热力学第一定律（first law of thermodynamics）。上式为热力学第一定律的数学表达式。

热力学中规定：

当热量由环境流入系统 $Q>0$　　即系统吸热

当热量由系统流入环境 $Q<0$　　即系统放热

当环境对系统做功　　　$W>0$

当系统对环境做功　　$W<0$

热力学能是状态函数，其数值只取决于系统所处的状态而与如何达到这一状态的途径无关。可以说明如下。

设某系统由状态（1）到状态（2）可经由 A 或 B 两个途径来完成：

如果内能不是状态函数，则经由 A 途径引起的热力学能改变量 ΔU_A 和经由 B 途径引起的热力学能改变量 ΔU_B 就可能不等。

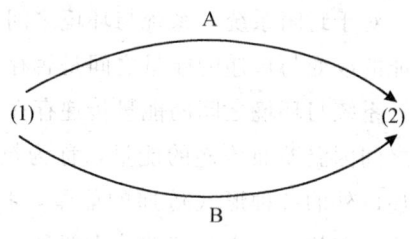

现令系统由状态(1)出发经由 A 途径到达状态(2),热力学能改变量为 ΔU_A；再由状态(2)经由 B 途径的逆过程回到状态(1),热力学能的改变量为 $-\Delta U_B$。如此循环一周系统回复原状,系统热力学能的变化 $\Delta U = \Delta U_A - \Delta U_B$ 就可能不等于零。也就是说,经过一周循环,系统恢复原状,系统的总能量有可能凭空增加或减少,这显然是违背能量守恒定律的。所以我们假设热力学能不是状态函数是错误的。

二、热化学

（一）热化学及热化学方程式

化学反应往往伴随着放热或吸热，这一现象与我们的日常生活和工农业生产密切相关，这当然引起人们的关注并对其加以研究。

如合成氨生产过程中，合成氨反应放热，而制造原料氢的水煤气反应要吸收热量，作化工设计时就要考虑如何把前者产生的热量传走，还要考虑如何供应后者所需的热量。这必然涉及到对这些反应热效应的计算，把热力学第一定律具体应用到化学反应上，讨论和计算化学反应的热量变化问题的学科称为热化学（thermochemistry）。

热化学涉及到的最基本的概念就是反应热。

在某温度下，在等压或等容而且不做其他功的条件下，反应发生后，系统放出或吸收的热量，称为该反应的反应热。

化学反应与热效应的关系可以用热化学方程式来表示。由于化学反应的热效应与反应进行时的条件（温度、压力、等压、等容）有关，也与物理状态及物质的量有关，所以，书写热化学方程式须注意以下几点。

1. 用 $\Delta_r H(Q_p)$ 和 $\Delta_r U(Q_V)$（$\Delta_r H$ 与 Q_p 及 $\Delta_r U$ 与 Q_V 的关系后面再介绍）分别表示等压和等容反应热。反应吸热，数值为正，反应放热，数值为负。

2. 标明反应的温度与压力。

许多热力学数据常常采用的条件是压力 10^5 Pa，温度 298.15 K。如果不特别注明压力、温度，就表示压力是 10^5 Pa，温度是 298.15 K。

3. 必须在化学式的右侧注明物质的物理状态或浓度。物理状态可分别用小写的 s、l、g 三个英文字母表示，如果物质有几种晶型，应注明是哪一种。

4. 化学式前的系数是化学计量系数，它是无量纲的，可以是整数或简单的分数。

5. 在各种教材、文献中常见到"$\ominus$"这样一个符号，它表示热力学的标准状态，如：$\Delta_r H^\ominus$ 就是标准状态下恒压反应热。就是说，反应物、产物都处于标准状态下的恒压反应热。

热力学规定物质（理想气体、纯固体、纯液体、活度为 1 mol/kg 的溶液）处于压力为 10^5 Pa 下的状态为标准态。[①]

[①] 热力学标准压力 $p^\ominus = 10^5$ Pa (100 kPa)，标准浓度 $b^\ominus = 1$ mol·kg^{-1}，稀溶液可近似为 $c^\ominus = 1$ mol·L^{-1}。

例：$H_2(g) + \dfrac{1}{2}O_2(g) = H_2O(l)$

$$\Delta_r H^{\ominus} = -285.8 \text{ kJ} \cdot \text{mol}^{-1}$$

反应热的单位是 $kJ \cdot mol^{-1}$。表示的是摩尔反应热，即按所给的反应式发生一摩尔反应时的热效应，完整的符号表示为 $\Delta_r H_m^{\ominus}$。

如果反应式写成

$$2H_2(g) + O_2(g) = 2H_2O(l)$$

则 $\Delta_r H_m^{\ominus} = -571.6 \text{ kJ} \cdot \text{mol}^{-1}$

所以 $\Delta_r H_m^{\ominus}$ 一定要与反应式相对应。

（二）盖斯定律

盖斯(Hess G. H. 1802~1850)根据一系列的实验事实于1840年提出了盖斯定律："不管化学过程是一步完成或几步完成，这个过程的热效应是相同的"。也就是说，若一个反应可以分为几步进行，则各分步反应的反应热之和与这个反应一步完成时的反应热相同。但必须指出的是，若该化学反应是在等压（或等容）条件下一步完成，则分步完成时也必须是在等压（或等容）条件下。这样盖斯定律才适用。

如：

$$\boxed{H_2(g) + \dfrac{1}{2}O_2(g)} \longrightarrow \boxed{H_2O(l)}$$
$$\downarrow \qquad\qquad\qquad\qquad \uparrow$$
$$\boxed{2H(g) + O(g)} \longrightarrow \boxed{H_2O(g)}$$

途径(1) $H_2(g) + \dfrac{1}{2}O_2(g) = H_2O(l)$ $\Delta_r H_m^{\ominus} = -285.8 \text{ kJ} \cdot \text{mol}^{-1}$

途径(2) $H_2(g) + \dfrac{1}{2}O_2(g) = 2H(g) + O(g)$ $\Delta_r H_{m_1}^{\ominus} = 676.1 \text{ kJ} \cdot \text{mol}^{-1}$

$\qquad\quad 2H(g) + O(g) = H_2O(g)$ $\Delta_r H_{m_2}^{\ominus} = -917.9 \text{ kJ} \cdot \text{mol}^{-1}$

$\qquad\quad H_2O(g) = H_2O(l)$ $\Delta_r H_{m_3}^{\ominus} = -44.0 \text{ kJ} \cdot \text{mol}^{-1}$

$\qquad\qquad\qquad$ ....

$\qquad\qquad\qquad \Delta_r H_m^{\ominus} = -285.8 \text{ kJ} \cdot \text{mol}^{-1}$

利用盖斯定律我们可以由一些反应热求另一些反应热,如有的反应进行的很慢,或其他的原因使反应热的测定很难,这样我们就可以利用盖斯定律来求算。

例如　　$C(石墨)+O_2(g)=CO_2(g)$

$$CO(g)+\frac{1}{2}O_2(g)=CO_2(g)$$

以上反应热可准确测定。

反应 $C(石墨)+\frac{1}{2}O_2(g)=CO(g)$ 其热效应就难以准确测定。

根据盖斯定律:

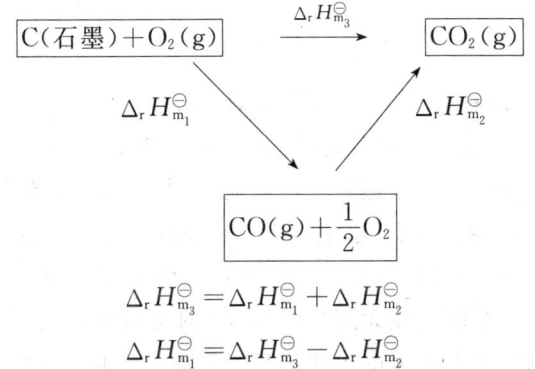

$\Delta_r H_{m_3}^{\ominus} = \Delta_r H_{m_1}^{\ominus} + \Delta_r H_{m_2}^{\ominus}$

$\Delta_r H_{m_1}^{\ominus} = \Delta_r H_{m_3}^{\ominus} - \Delta_r H_{m_2}^{\ominus}$

$\Delta_r H_{m_3}^{\ominus}$ 与 $\Delta_r H_{m_2}^{\ominus}$ 可测,分别为 $-393.5\ kJ \cdot mol^{-1}$ 和 $-283\ kJ \cdot mol^{-1}$

则:$\Delta_r H_{m_1}^{\ominus} = -110.5\ kJ \cdot mol^{-1}$

盖斯定律是根据大量实验事实总结出来的。由热力学第一定律也可直接推论出与盖斯定律同样的结论。

根据热力学第一定律:

$$\Delta U = Q + W$$

如果在等容条件下,系统不做非体积功则 $W=0$,$\Delta U=Q$

∴　等容反应热 $Q_V = \Delta_r U$

热力学是状态函数,所以内能的改变量只与始终态有关,而与途径无关,等容反应热也就与途径无关。

这个结论与盖斯定律是一致的。

等压条件下同样可以证明反应热与途径无关,后面有证明。

(三) 几种反应热

从以上讨论中可知,利用某些已知的反应热可以求算一些未知的反应热。有几种反应热在我们实际计算中用的比较多,分别介绍如下。

1. 生成热

物质的标准摩尔生成热是在标准状态和指定温度下,由参考态的元素生成一摩尔该物质时的等压热效应称为该物质的标准摩尔生成热(standard molar heat of formation),简称生成热。用符号 $\Delta_f H_m^\ominus$ 来表示。

例如:$H_2(g, 10^5 \text{ Pa}) + \frac{1}{2}O_2(g, 10^5 \text{ Pa}) = H_2O(l)$

$$\Delta_r H_m^\ominus(298) = -285.8 \text{ kJ} \cdot \text{mol}^{-1}$$

$H_2O(l)$ 的标准摩尔生成热 $\Delta_f H_m^\ominus = -285.8 \text{ kJ} \cdot \text{mol}^{-1}$

应该注意的是生成热定义中提到的"参考态的元素"。

如 $CO_2(g)$ 的 $\Delta_f H_m^\ominus$ 必须是下述反应的等压反应热

$$C(石墨) + O_2(g, 10^5 \text{ Pa}) = CO_2(g, 10^5 \text{ Pa})$$

不应该是金刚石或无定型碳与 O_2 的反应热。根据上述生成热的定义,则参考态元素的生成热都等于零。因此一个化合物的生成热是相对于合成它的单质的相对值。

生成热要注明温度、物质的化学式及物态。表 2-1 列出常见物质的标准生成热。利用生成热可以计算各种反应热。

如:求 $3CO(g) + Fe_2O_3(s) = 2Fe(s) + 3CO_2(g)$ 的反应热

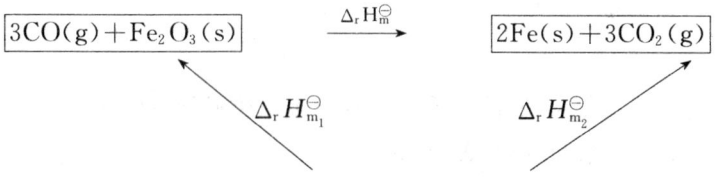

$$\Delta_r H_{m_1}^{\ominus} + \Delta_r H_{m_2}^{\ominus} = \Delta_r H_{m}^{\ominus}$$

$$\Delta_r H_{m}^{\ominus} = \Delta_r H_{m_2}^{\ominus} - \Delta_r H_{m_1}^{\ominus}$$

$$\Delta_r H_{m}^{\ominus} = 3\Delta_f H_{m}^{\ominus}(CO_2, g) - [3\Delta_f H_{m}^{\ominus}(CO, g) + \Delta_f H_{m}^{\ominus}(Fe_2O_3, g)]$$

代入数值可计算出结果。

可见反应热等于产物生成热之和减去反应物生成热之和。

表 2-1 常见物质的标准生成热(298 K)

化合物	$\dfrac{\Delta_f H_{m}^{\ominus}}{(kJ \cdot mol^{-1})}$	化合物	$\dfrac{\Delta_f H_{m}^{\ominus}}{(kJ \cdot mol^{-1})}$	化合物	$\dfrac{\Delta_f H_{m}^{\ominus}}{(kJ \cdot mol^{-1})}$
$AgCl(s)$	-127.07	$n-C_8H_{18}(g)$	-208.4	$MgO(s)$(方镁石)	-601.70
$AgBr(s)$	-100.4	$C_2H_5OH(l)$	-277.7	$Mg(OH)_2(s)$	-924.54
$AgI(s)$	-61.84	$Cr_2O_3(s)$	-1140	$MgSO_4(s)$	-1285
$AgNO_3(s)$	-124.4	$CuO(s)$	-157	$MnO_2(s)$	-520.03
$Ag_2O(s)$	-31.1	$Cu_2O(s)$	-169	$NaCl(s)$	-411.15
$AlCl_3(s)$	-704.2	$Cu_2S(s)(\alpha)$	-79.5	$NaOH(s)$	-425.61
$\alpha-Al_2O_3(s)$	-1676	$CuS(s)$	-53.1	$NH_3(g)$	-46.11
$B_2O_3(s)$	-1272.8	$CuSO_4(s)$	-771.36	$NH_4Cl(s)$	-314.4
$BaCl_2(s)$	-858.6	$CuSO_4 \cdot 5H_2O(s)$	-2279.7	$NH_4NO_3(s)$	-365.6
$BaCO_3(s)$	-1216	$Fe_2O_3(s)$(赤铁矿)	-824.2	$NO(g)$	$+90.25$
$Ba(OH)_2(s)$	-944.7	$Fe_3O_4(s)$(磁铁矿)	-1120.9	$NO_2(g)$	$+33.2$
$BaSO_4(s)$	-1473	$HF(g)$	-271	$N_2O_4(g)$	$+9.16$
$CaF_2(s)$	-1220	$HCl(g)$	-92.31	$N_2H_4(g)$	$+95.40$
$CaCl_2(s)$	-795.8	$HBr(g)$	-36.40	$N_2H_4(l)$	$+50.63$
$CaCO_3(s)$	-1206.9	$HI(g)$	$+25.9$	$NiO(s)$	-240
$CaO(s)$	-635.09	$HNO_3(l)$	-174.1	$PbCl_2(s)$	-359.4
$Ca(OH)_2(s)$	-986.09	$H_2O(g)$	-241.8	$PbO(s)$(黄)	-215.33
$CaSO_4(s)$	-1434.1	$H_2O(l)$	-285.84	$PbO_2(s)$	-227.40
$CCl_4(l)$	-135.4	$H_2O_2(l)$	-187.8	$Pb_3O_4(s)$	-718.39
$CH_4(g)$	-74.81	$H_2O_2(aq)$	-191.2	$PCl_3(g)$	-287
$CH_3OH(l)$	-238.7	$H_2S(g)$	-20.6	$PCl_5(g)$	-343
$CO(g)$	-110.52	$H_2SO_4(l)$	-813.99	$SiCl_4(l)$	-687.0
$CO_2(g)$	-393.51	$HgO(s)$(红)	-90.83	$SiF_4(g)$	-1614.9
$C_2H_2(g)$	$+226.75$	$HgS(s)$(红)	-58.2	$SiO_2(s)$(石英)	-910.94
$C_2H_4(g)$	$+52.26$	$KCl(s)$	-436.75	$SnCl_2(s)$	-325
$C_2H_6(g)$	-84.68	$KBr(s)$	-393.80	$SnO(s)$	-286
$C_3H_8(g)$	-103.85	$KI(s)$	-327.90	$SnO_2(s)$	-580.7
$n-C_4H_{10}(g)$	-124.73	$KClO_3(s)$	-397.7	$SO_2(g)$	-296.83
$C_6H_6(l)$	$+49.03$	$KOH(s)$	-424.76	$SO_3(g)$	-395.7
$C_6H_6(g)$	$+82.93$	$KMnO_4(s)$	-837.2	$ZnO(s)$	-348.3
$C_6H_{12}(g)$(环己烷)	-123.1	$MgCO_3(s)$(菱镁石)	-1096	$ZnS(s)$(纤锌矿)	-192.6
				$ZnS(s)$(闪锌矿)	-206.0

(摘自华彤文等:普通化学原理.第二版.北京:高等教育出版社.)

对于反应 $a\mathrm{A}+b\mathrm{B}=d\mathrm{D}+e\mathrm{E}$

A、B、D、E 代表物质化学式

a、b、d、e 代表化学式前系数

则 $\Delta_r H_m^\ominus = d\Delta_f H_m^\ominus(\mathrm{D}) + e\Delta_f H_m^\ominus(\mathrm{E}) - a\Delta_f H_m^\ominus(\mathrm{A}) - b\Delta_f H_m^\ominus(\mathrm{B})$

或 $\Delta_r H^\ominus = \sum\limits^{i} \nu_i \Delta_f H_m^\ominus(\mathrm{I})$

I 代表物质(A、B、D、E)

ν_i 代表物质 I 的化学计量数,对于产物为正值,对反应物为负值。

2. 燃烧热

在标准压力和指定温度下一摩尔物质完全燃烧所放出的热量,称为标准摩尔燃烧热(standard molar heat of combustion),简称燃烧热。用 $\Delta_C H_m^\ominus$ 表示。

完全燃烧是指物质中的 C 变成 CO_2 (g);H 变成 H_2O (l);S 变成 SO_2 (g);N 变成 N_2;Cl 变成 HCl(水溶液),对于燃烧的最终产物各种书中有时有不同的规定,所以查阅燃烧热的数据时应予以注意。

表 2-2 中列出一些有机物的标准摩尔燃烧热。

表 2-2 一些有机物的标准摩尔燃烧热值

物 质	M_r	$-\Delta_C H_m^\ominus$(298.15 K)/(kJ·mol^{-1})
CH_4(g)	16.04	890
C_2H_2(g)	26.04	1300
C_2H_4(g)	28.05	1411
C_2H_6(g)	30.07	1560
C_3H_6(g)	42.08	2091
C_3H_8(g)	44.10	2220
C_4H_{10}(g)	58.12	2877
C_5H_{12}(g)	72.15	3536
C_6H_{12}(l)	84.16	3920

续表

物　　质	M_r	$-\Delta_c H_m^\ominus$(298.15 K)/(kJ·mol^{-1})
C_6H_{14}(l)	86.18	4 163
C_6H_6(l)	78.12	3 268
C_7H_{16}(l)	100.21	4 854
C_8H_{18}(l)	114.23	5 471
$C_{10}H_8$(s)	128.18	5 157
CH_3OH(l)	32.04	726
CH_3CHO(g)	44.05	1 193
CH_3CH_2OH(l)	46.07	1 368
CH_3COOH(l)	60.05	874
$CH_3COOC_2H_5$(l)	88.11	2 231
C_6H_5OH(s)	94.11	3 054
$C_6H_5NH_2$(l)	93.13	3 393
C_6H_5COOH(s)	122.12	3 227
$(NH_2)_2CO$(s)	93.13	632
NH_2CH_2COOH(s)	75.07	964
$CH_3CH(OH)COOH$(s)	90.08	1 344
$C_6H_{12}O_6$(s),(α)	180.16	2 802
$C_6H_{12}O_6$(s),(β)	180.16	2 808
$C_{12}H_{22}O_{11}$(s)	342.30	5 645

(摘自 P. W. Atkins：*Physical Chemistry*. 3rd ed, 1986。)

利用燃烧热计算反应热。

例1：利用燃烧热求 298 K、10^5 Pa 时如下反应的反应热。

$$(COOH)_2(s) + 2CH_3OH(l) = (COOCH_3)_2(s) + 2H_2O(l)$$

解：设计下面的热力学循环：

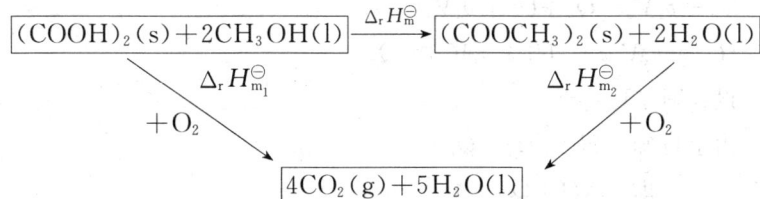

$$\Delta_r H_m^\ominus + \Delta_r H_{m_2}^\ominus = \Delta_r H_{m_1}^\ominus$$

$$\Delta_r H_m^\ominus = \Delta_r H_{m_1}^\ominus - \Delta_r H_{m_2}^\ominus$$

$$\Delta_r H_m^\ominus = \Delta_c H_m^\ominus [(COOH)_2(s)] + 2\Delta_c H_m^\ominus [CH_3OH(l)] - \Delta_c H_m^\ominus [(COOCH_3)_2(s)]$$

查燃烧值数据计算

$$\Delta_r H_m^\ominus = (-246.0) + 2(-726.5) - (-1678)$$
$$= -21.0 (kJ \cdot mol^{-1})$$

由上述计算可知:反应热等于反应物的燃烧热之和减去产物燃烧热之和。

对于反应 $aA + bB = dD + eE$

有 $\Delta_r H_m^\ominus = -\sum\limits^i \nu_i \Delta_c H_m^\ominus (I)$

该式中有关符号的规定与利用生成热计算反应热的通式中的规定相同。

三、标准摩尔生成焓

前面曾提到盖斯定律是热力学第一定律的必然推论,并在等容条件下进行了讨论,下面我们讨论在等压条件下的情况。

等压条件下,系统由状态(1)到状态(2)。

据热力学第一定律: $\Delta U = Q + W$

$$U_2 - U_1 = Q_p - p_{外}(V_2 - V_1)$$

等压条件下 $\quad p_{外} = p_1 = p_2$

$$U_2 - U_1 = Q_p - p_2 V_2 + p_1 V_1$$

$$U_2 + p_2 V_2 = Q_p + U_1 + p_1 V_1$$

$$(U_2 + p_2 V_2) - (U_1 + p_1 V_1) = Q_p$$

设: $U + pV = H$

由上可知 $\quad H_2 - H_1 = Q_p$

即 $\quad \Delta H = Q_p$

U、p、V 都是状态函数

H 也必定是状态函数

所以等压下的热效应也就与路径无关了。

这里引进了一个新的热力学状态函数,称其为焓(enthalpy),

$$H=U+pV$$

由 $\Delta H=Q_p$,可以说物质的生成热也就是物质的生成焓。

在标准状态和指定温度下,由参考态元素生成 1 mol 化合物(或不稳定单质或其他形式的物种)的焓变叫做该物质在指定温度下的标准摩尔生成焓(stardard molar enthalpy of formation)。同理,燃烧热又称燃烧焓。

第三节 熵

一、熵的初步概念

在研究化学反应时,注意的一个重要问题是反应能否自发进行,即反应的方向问题。最初用反应热 $\Delta_r H$ 来判断反应的方向,认为反应放热体系能量降低,反应能自发进行,而反应吸热体系能量升高,反应不会自发进行。

例如:

$$Na(s)+H_2O(l)\!=\!=\!NaOH(aq)+\frac{1}{2}H_2(g)$$

$$\Delta_r H_m^\ominus = -184 \text{ kJ} \cdot \text{mol}^{-1}$$

$$C(石墨)+O_2(g)\!=\!=\!CO_2(g)$$

$$\Delta_r H_m^\ominus = -393.5 \text{ kJ} \cdot \text{mol}^{-1}$$

反应可以自发进行。

相反:

$$N_2(g) + O_2(g) \Longrightarrow 2NO(g), \quad \Delta_r H_m^{\ominus} = 180 \text{ kJ} \cdot \text{mol}^{-1}$$

吸热,反应就不能自发进行。

但在以后的研究中却发现了许多吸热反应可以自发进行,例如:

$$Ba(OH)_2 \cdot 8H_2O(s) + 2NH_4SCN(s) \Longrightarrow Ba(SCN)_2 + 2NH_3(g) + 10H_2O(l)$$

$$2N_2O_5 \Longrightarrow 4NO_2 + O_2$$

$$3C(s) + 2Fe_2O_3(s) \xrightarrow{\text{高温}} 4Fe(s) + 3CO_2(g)$$

$$C(s) + SnO_2(s) \xrightarrow{\text{高温}} Sn(s) + CO_2(g)$$

$$CaCO_3(s) \xrightarrow{\text{高温}} CaO(s) + CO_2(g)$$

可见单从反应的热效应来判断反应的方向是不全面的,不准确的,应该还存在着其他因素影响反应的方向。

是什么因素呢?先看一个例子:一个绝热的刚性容器中间有一隔板,两边分别放置同温同压的两种不同气体,抽去隔板后,两种气体都会自动扩散,最后整个容器内均匀分布着这两种气体,而它们不会自动分离开。由于是刚性绝热容器,所以整个过程中,可以认为系统与环境间无能量交换,系统能量未变,变化的是系统的状态。由两种气体各自分离到两种气体均匀混合,即由较为有序的状态到较为无序的状态;由混乱程度较小的状态到混乱程度较大的状态。

另一个例子是,把两块不同的纯金属较长时间接触放置在一起,然后检测发现两种金属接触部分纯度下降,相互都溶有另一金属,接触放置前后的状态也是由混乱程度较小变到混乱程度较大。

可见系统似乎有由混乱程度较小的状态向混乱程度较大的状态自发进行的倾向。

分析大量自发进行的反应,尤其是反应吸热而又能自发进行的过程,发现有一共同特点:反应自发进行的结果,系统的混乱程度增大,有序度降低,即从较有序到较无序。从前面提到的五个反应可以很清楚地看到这一点。反应的结果或物质种类增加,或分子数增加,或有气体产生等,总之系统混乱程度增大。

还可以举出很多类似的例子:室温下冰自发熔化成水,水自发蒸发成水蒸气;一些盐,如 NH_4Cl,NH_4NO_3,KCl 等,可以自发溶于水同时吸热。自发进行的结果都是系统的混乱程度增大。

综上所述,可以说系统具有由混乱程度较小的状态向混乱程度较大的状态自发进行的倾向。除了能量是影响反应方向的因素之外,还存在另一因素影响反应的方向,即系统的混乱程度。

系统的混乱程度应该与系统所处的状态有关,对系统的混乱程度我们用一个新的状态函数来量度,这个热力学状态函数称为熵,用 S 来表示。

从微观上看,系统的混乱程度与系统可能存在的微观状态数目有关。可能存在的微观状态数目越多,系统的混乱度就越大。从水的三态中可以知道,冰中水分子排列有序,水分子在液态范围内无规则运动;水汽中水分子则在更大空间无规则运动。显然冰的微观状态数少于水的,水的微观状态数少于汽的。所以说,熵是系统微观状态数目的量度。如果用 Ω 表示微观状态数,熵可表达为 Ω 的函数。系统可能存在的微观状态数目越多说明系统的混乱程度越大,熵就越大。

$$S=f(\Omega)$$

据前面的讨论可以判断 $S_{冰} < S_{水} < S_{汽}$

可以说,系统有自发向熵增大的方向进行的倾向。

二、标准熵

熵是系统混乱度的量度。系统随温度降低,微粒运动速率变慢,自由活动的范围变小,混乱程度降低,有序度提高,熵变小。若温度降低到绝对零度,所有的微粒都位于理想晶体的晶格点上,这是理想的有序状态。任何理想晶体在绝对零度时,熵都等于零①。

随着温度的升高,熵逐步增大。熵的增加与该物质的比热、摩尔质量、温度、熔化热、汽化热等有关。所以各种物质在热力学标准态下的熵是可以根据实验数据按一定规律计算的,也可以按统计力学的方法计算。对一摩尔物质在标准态时所计算出的熵值,叫做标准摩尔熵,符号是 $S_m^{\ominus}$,单位是 $J \cdot mol^{-1} \cdot K^{-1}$。

表 2-3 中列出一些常见物质的 $S_m^{\ominus}$。

表 2-3 常见物质的标准熵 (298 K)

固体	$\dfrac{S_m^{\ominus}}{(J \cdot mol^{-1} \cdot K^{-1})}$	液体	$\dfrac{S_m^{\ominus}}{(J \cdot mol^{-1} \cdot K^{-1})}$	气体	$\dfrac{S_m^{\ominus}}{(J \cdot mol^{-1} \cdot K^{-1})}$
C(金刚石)	2.38	Hg	176.0	He	126.04
C(石墨)	5.74	Br_2	152.33	Ar	154.73
Si	18.8	H_2O	69.94	H_2	130.57
Fe	27.3	H_2O_2	110	N_2	191.5
Fe_2O_3(赤铁矿)	87.40	CH_3OH	127	O_2	205.03
Na	51.21	C_2H_5OH	161	F_2	202.7
NaCl	72.13	HCOOH	129.0	Cl_2	222.96
KCl	82.59	CH_3COOH	160	NO	210.65
CaO	39.75	C_6H_6	172.8	NO_2	240
$CaSO_4$	107	$n-C_8H_{18}$	357.7	N_2O_4	304.2
$CuSO_4$	109	CH_2Cl_2	178	CO	197.56
$CuSO_4 \cdot 5H_2O$	300	CCl_4	216.4	CO_2	213.6

(摘自华彤文等:普通化学原理.第二版.北京:北京大学出版社)

对同一种物质温度升高,熵值增大。因为温度升高,分子动能增加,运动加剧,运动的自由程度增大,混乱程度增大,所以熵增大。

压力对固态、液态物质的熵值影响不大,而对气态物质影响较大,压力越大,熵值越小。因为压力越大微粒运动的自由程度就越

---

① 由统计热力学证明:($S = K\ln\Omega = K\ln 1 = 0$)

小，混乱程度降低，所以熵值减小。

前面通过讨论曾判断 $S_{冰}<S_{水}<S_{汽}$。对同一种物质其熵值是气态的大于液态的，液态的大于固态的，下表中的标准熵的数值清楚地反映了这一规律。

物 质	H_2O	Br_2	Na	I_2
$S_m^{\ominus}$ (J·mol^{-1}·K^{-1})	188.7(g)	245.4(g)	57.9(l)	260.6(g)
	69.9(l)	152.2(l)	51.2(s)	116.1(s)

不同种物质的熵值是否存在一些规律呢？

以下摘引了一些 298 K 时的 $S_m^{\ominus}$ 值（J·mol^{-1}·K^{-1}），从中可以看到物质熵值的一些规律。

1. 同类物质摩尔质量 M 越大，$S_m^{\ominus}$ 值越大，因原子数、电子数越多，微观状态数目也越多，熵值就越大（如下表）。

物 质	$F_2(g)$	$Cl_2(g)$	$Br_2(g)$	$I_2(g)$
M(g·mol^{-1})	38.0	70.9	160.8	253.8
$S_m^{\ominus}$(J·mol^{-1}·K^{-1})	203	223	245	261
物 质	CH_4	C_2H_6	C_3H_8	C_4H_{10}
M(g·mol^{-1})	16.0	30.0	44.0	58.0
$S_m^{\ominus}$(J·mol^{-1}·K^{-1})	186	230	270	310

2. 气态多原子分子的 $S_m^{\ominus}$ 值比单原子的大，因为原子数多，微观状态数也多（如下表）。

物 质	O(g)	$O_2(g)$	$O_3(g)$	N(g)	NO(g)	$NO_2(g)$
$S_m^{\ominus}$(J·mol^{-1}·K^{-1})	161	205	238	153	210	240

3. 摩尔质量相同的不同物质结构越复杂 $S_m^\ominus$ 越大，对称性越好，熵值越低（如下表）。

物　质	$CH_3-CH_2-OH(l)$	$CH_3-O-CH_3(l)$
$S_m^\ominus(J\cdot mol^{-1}\cdot K^{-1})$	283	267

从以上对物质熵值一般规律的讨论，可以清楚地看到：熵这个状态函数，反映了体系混乱程度，是体系微观状态数的量度。熵值越大，说明体系可能存在的微观状态数越多，体系混乱程度就越大。

三、化学反应熵变的计算

知道了各种物质的标准摩尔熵（$S_m^\ominus$），我们很容易计算化学反应的标准摩尔熵变（$\Delta_r S_m^\ominus$）

$$\Delta_r S_m^\ominus = \sum_i^i \nu_i S_m^\ominus \qquad (2)$$

例 2：计算下面反应的标准熵变

$$3H_2(g)+N_2(g)=\!=\!=2NH_3(g)$$

解：在 298 K 时

$\Delta_r S_m^\ominus = 2\times S_m^\ominus(NH_3,g)-[3\times S_m^\ominus(H_2,g)+1\times S_m^\ominus(N_2,g)]$

$\qquad = 2\times 192.3-(3\times 130.6+191.5)$

$\qquad = -198.3(J\cdot mol^{-1}\cdot K^{-1})$

又如： $NH_4Cl(s)=\!=\!=NH_4^+(aq)+Cl^-(aq)$

在 298 K 时 $\Delta_r S_m^\ominus = S_m^\ominus(NH_4^+,aq)+S_m^\ominus(Cl^-,aq)-S_m^\ominus(NH_4Cl,s)$

$\qquad\qquad = 113.0+56.5-94.6$

$\qquad\qquad = 75.9(J\cdot mol^{-1}\cdot K^{-1})$

表 2-4 中列出若干反应的 $\Delta_r S_m^\ominus$。

表 2-4　若干反应的标准熵变

化 学 反 应	$\dfrac{\Delta_r S_m^{\ominus}}{(J \cdot mol^{-1} \cdot K^{-1})}$	$\Delta n_{气}$	$\Delta n_{总}$
$2Fe_2O_3(s) + 3C(s) \rightarrow 4Fe(s) + 3CO_2(g)$	+558	+3	—
$C(石墨) + O_2(g) \rightarrow CO_2(g)$	+3	0	—
$CaO(s) + CO_2(g) \rightarrow CaCO_3(s)$	−160	−1	—
$N_2(g) + 3H_2(g) \rightarrow 2NH_3(g)$	−198	−2	—
$N_2(g) + O_2(g) \rightarrow 2NO(g)$	+25	0	—
$2O_3(g) \rightarrow 3O_2(g)$	+140	+1	—
$ZnS(s) \rightarrow Zn(s) + S(s)$	+16	—	+1
$NH_4Cl(s) \rightarrow NH_4^+(aq) + Cl^-(aq)$	+75	—	+1
$CuSO_4 \cdot 5H_2O \rightarrow CuSO_4(s) + 5H_2O(l)$	+159	—	+5

从表中的数据我们看到一些规律性的东西。

气体分子数增加的反应　$\Delta_r S_m^{\ominus} > 0$

气体分子数减少的反应　$\Delta_r S_m^{\ominus} < 0$

无气体参加的反应，分子数增加的　$\Delta_r S_m^{\ominus} > 0$

无气体参加的反应，分子数减少的　$\Delta_r S_m^{\ominus} < 0$

第四节　吉布斯函数

一、吉布斯自由能

化学反应的 ΔH 和 ΔS 是考虑化学反应自发性的两个方面。单从一方面考虑不可能做出正确的判断，必须综合考虑两种因素，才能得出正确的结论。经过大量的研究，1876 年吉布斯（J. W. Gibbs，1839～1903）提出一个把焓和熵归并在一起的热力学函数——吉布斯函数，又称吉布斯自由能（Gibbs free energy）。

用 G 表示，其定义为：

$$G = H - TS$$

根据以上定义，等温过程的吉布斯自由能变化

$$\Delta G = \Delta H - T\Delta S$$

该式称为 Gibbs—Helmholtz 方程，在化学研究工作中有重要的应用。

在等温、等压条件下，利用 $\Delta G = \Delta H - T\Delta S$ 分析下面几种情况：

	ΔH	ΔS	$\Delta G = \Delta H - T\Delta S$
(1)	−	+	−
(2)	+	−	+
(3)	−	−	?
(4)	+	+	?

情况（1）是焓减、熵增，两方面都显示出自发倾向，反应能自发进行。

情况（2）是焓增、熵减，两方面都显示不具有自发倾向，反应不能自发进行。

情况（3）（4）经过计算，如果 $\Delta G < 0$，则说明自发倾向起主导作用，反应能自发进行。如果 $\Delta G > 0$，则恰好相反，反应不能自发进行。

如果 $\Delta G = 0$，说明两种倾向相抵，处于平衡情况，应该说体系处于平衡态。

通过定性分析的方法，我们得出判断反应自发进行的判据：

$\Delta G < 0$ 反应自发进行。

$\Delta G > 0$ 反应不能自发进行

$\Delta G = 0$ 反应处于平衡状态

但需说明：此判据是在等温等压不做非体积功条件下成立的。（在物理化学课程中有严格的推证）。

利用 ΔG 可判断反应的自发性，可见 ΔG 的计算就很重要了，利用 $\Delta G = \Delta H - T\Delta S$ 可以计算。

二、标准摩尔生成吉布斯自由能

与标准摩尔生成焓类似,我们可以定义标准摩尔生成吉布斯自由能。

在标准状态及指定温度下,由参考态元素生成 1 mol 化合物(或非稳定态单质或其他形式物种)时的 Gibbs 自由能变,称为化合物的标准摩尔生成吉布斯自由能(standard molar free energy of formation)。用符号 $\Delta_f G_m^\ominus (T)$ 表示,单位为 $kJ \cdot mol^{-1}$。参考态元素的标准摩尔生成吉布斯自由能为零。表 2-5 列出常见物质在 298 K 时的 $\Delta_f G_m^\ominus$ 值。

表 2-5 常见物质的标准生成 Gibbs 自由能 (298 K)

化合物	$\dfrac{\Delta_f G_m^\ominus}{(kJ \cdot mol^{-1})}$	化合物	$\dfrac{\Delta_f G_m^\ominus}{(kJ \cdot mol^{-1})}$	化合物	$\dfrac{\Delta_f G_m^\ominus}{(kJ \cdot mol^{-1})}$
$AgBr(s)$	−96.9	$CuO(s)$	−130	$MnO_2(s)$	−465.18
$AgCl(s)$	−109.80	$Cu_2O(s)$	−146	$NaCl(s)$	−384.15
$Ag_2O(s)$	−11.2	$CuS(s)(\alpha)$	−53.6	$NaOH(s)$	−379.53
$AgNO_3(s)$	−33.47	$CuSO_4(s)$	−661.9	$NH_3(g)$	−16.5
$AlCl_3(s)$	−628.9	$CuSO_4 \cdot 5H_2O(s)$	−1880.06	$NH_4NO_3(s)$	−184.0
$Al_2O_3(s)(\alpha)$	−1582	$Fe_2O_3(s)$(赤铁矿)	−742.2	$NO(g)$	+86.57
$BaCl_2(s)$	−810.4	$Fe_3O_4(s)$(磁铁矿)	−1015.46	$NO_2(g)$	+51.30
$BaCO_3(s)$	−1138	$HCl(g)$	−95.30	$N_2H_4(g)$	+159.3
$BaSO_4(s)$	−1362	$HF(g)$	−273	$N_2H_4(l)$	+149.2
$CaCO_3(s)$	−1128.8	$HI(g)$	+1.30	$NiO(s)$	−212
$CaO(s)$	−604.04	$HNO_3(l)$	−80.79	$PbCl_2(s)$	−317.9
$Ca(OH)_2(s)$	−898	$H_2O(g)$	−228.59	$PbO(s)$(黄)	−187.90
$CaSO_4(s)$	−1321.9	$H_2O(l)$	−237.19	$PbO_2(s)$	−217.36
$CH_4(g)$	−50.75	$H_2O_2(l)$	−120.4	$PCl_3(g)$	−268.0
$CH_3CHO(l)$	−128.2	$H_2S(g)$	−33.6	$PCl_5(g)$	−278
$C_2H_5OH(l)$	−174.9	$HgO(s)$(红)	−58.56	$SiO_2(s)$(石英)	−856.67
$CH_3OCH_3(l)$	−156	$HgS(s)$(红)	−50.6	$SiF_4(g)$	−1572.7
$CO(g)$	−137.15	$KCl(s)$	−409.2	$SiCl_4(l)$	−619.90
$CO_2(g)$	−394.36	$KClO_3(s)$	−296.3	$SnO(g)$	−257
$C_2H_2(g)$	+209.20	$KMnO_4(s)$	−737.6	$SnO_2(g)$	−519.7
$C_2H_4(g)$	+68.12	$MgCl_2(s)$	−591.83	$SO_2(g)$	−300.19
$C_6H_6(g)$	+129.66	$MgCO_3(s)$(菱镁石)	−1012	$SO_3(g)$	−371.1
$C_6H_6(l)$	+124.50	$MgO(s)$(方镁石)	−569.44	$TiO_2(s)$	−852.7
$n-C_8H_{18}(g)$	+17.3	$Mg(OH)_2(s)$	−833.58	$ZnO(s)$(纤锌矿)	−318.3
$Cr_2O_3(s)$	−1058	$MgSO_4(s)$	−1171	$ZnS(s)$(闪锌矿)	−201.3

(摘自华彤文等.普通化学原理.第二版.北京:北京大学出版社)

利用 $\Delta_f G_m^\ominus$ 可以计算反应的 $\Delta_r G_m^\ominus$。与 $\Delta_r H_m^\ominus$ 的计算类似,有

$$\Delta_r G_m^\ominus = \sum_i \nu_i \Delta_f G_m^\ominus \quad (\text{I})$$

例 3:计算在标准状态和 298 K 下,1 mol 甲烷燃烧时的 $\Delta_r G_m^\ominus$

解:$CH_4(g) + 2O_2(g) = CO_2(g) + 2H_2O(l)$

$$\begin{aligned}\Delta_r G_m^\ominus &= \Delta_f G_m^\ominus(CO_2,g) + 2\Delta_f G_m^\ominus(H_2O,l) \\ &\quad - [\Delta_f G_m^\ominus(CH_4,g) + 2\Delta_f G_m^\ominus(O_2,g)] \\ &= -394.2 + 2\times(-237.2) - (-50.8) + 0 \\ &= -818.0(kJ \cdot mol^{-1})\end{aligned}$$

例 4:在标准状态和 298 K 下,反应

$$CaCO_3(s) = CaO(s) + CO_2(g) \text{ 的 } \Delta_r G_m^\ominus \text{ 值}$$

解:$\Delta_r G_m^\ominus = \Delta_f G_m^\ominus(CaO,s) + \Delta_f G_m^\ominus(CO_2,g) - \Delta_f G_m^\ominus(CaCO_3,s)$

$$= -604 - 394 - (-1129)$$
$$= 131(kJ \cdot mol^{-1})$$

由计算可知在标准状态和 298 K 下反应不能自发进行。

如果要自发进行必须 $\Delta G < 0$,由 $\Delta G = \Delta H - T\Delta S$ 式看,改变 T 可改变 ΔG。由于化学反应的 ΔH 和 ΔS 随温度变化不大,可近似看成常数,所以

$$\Delta G = \Delta H - T\Delta S < 0$$
$$\Delta H < T\Delta S$$

查表可计算例 4 反应的 $\Delta_r H_m^\ominus = 1.78 \text{ kJ} \cdot mol^{-1}$

$$\Delta_r S_m^\ominus = 0.16 \text{ kJ} \cdot mol^{-1}$$

$$T > \frac{\Delta_f H_m^\ominus}{\Delta_f S_m^\ominus}$$

$$T > \frac{178}{0.16} \quad \text{即 } 1\,112.5 \text{ K}(839.5 \text{ °C})$$

石灰石在常温下不会分解,但加热到高温(839.5 °C)时就会分解。但请注意这只是近似计算。准确的分解温度是 900 °C。

第五节 能　　源

能源是指能够提供能量的自然资源。能源根据来源可分为化石燃料(煤、石油、天然气)、核能、太阳能、水能、风能、地热能、潮汐能等。目前全世界的能源仍以煤、石油和天然气等化石燃料为主。

一、煤

煤是最重要的能源之一。煤通常指天然存在的泥煤、褐煤、烟煤和无烟煤。煤的主要成分是碳、氢、氧三种元素，还有少量氮、硫、磷和一些稀有元素。煤中还含有少量泥、沙等杂质和水分。

硫、磷等是煤中的有害成分，其燃烧的产物可造成环境污染。含有硫、磷的焦碳用于冶炼钢铁时会影响钢铁的品质。

煤是固体燃料，燃烧反应速率慢，利用效率低，且不适用于多数运输业的要求。此外，煤燃烧会产生二氧化硫，造成严重的大气污染。解决的办法是将煤转化成气化燃料或液化燃料，如制成水煤气、合成气，在适当温度和催化剂存在下使 CO 和 H_2 生成烷烃、烯烃等。目前这些方法或因方法本身的缺陷或因成本等问题尚未全面推广，仍在实验研究、改进中。

二、石油和天然气

石油又称原油，是多种碳氢化合物(简称烃)的混合物。其中含有链烃、环烷烃、芳香烃和少量含氧和含硫的有机物质。石油经过分馏和裂化等加工过程可得石油气、汽油、煤油、柴油、润滑油等一系列的产品。石油加工产品中最重要的燃料是汽油。天然气是一种低级烷烃的混合物，主要组分是甲烷(CH_4)，还含有乙烷(C_2H_4)，丙烷(C_3H_8)等。

汽油和天然气使用方便,燃烧反应热也大。由于世界能源消耗急剧增长,蕴藏量有限,有人估计按目前消耗速率,不过几十年,这些已发现的燃料将消耗尽。

三、新能源的开发和应用*

煤、石油、天然气这些化石燃料作为当前世界的主要能源,消耗量极大,又加上它们同时又是宝贵的化工原料,所以人类面临这些化石燃料枯竭的境地。因此,人们必须去开发和利用新的能源。目前人们研究开发新的能源主要有以下几种。

(一) 核能

原子核裂变和聚变时都释放出巨大的能量。原子核能是比较理想的能源。

1. 核裂变能

原子核裂变过程相当复杂,已发现的裂变产物有 35 种元素,放射性核素有 200 种以上,下面是 ^{235}U 裂变中的一种方式:

$$^{235}_{92}U + ^{1}_{0}n \rightarrow ^{139}_{56}Ba + ^{94}_{36}Kr + 3^{1}_{0}n$$

同时释放出大量的能量,达 8.32×10^{13} J,约相当于 2 800 吨煤或 1 700 吨汽油完全燃烧所释放的能量。核能的成本比火电低 1/3 到 1/2,核电厂不会排放大量硫、氮的氧化物,污染环境。

目前世界上已建成多座裂变核电站。我国已建成秦山、大亚湾核电站并投入运行。两核电站的二期工程及其他地区核电站正在筹建中。

由于裂变产生的放射性废料的处理比较困难,主要燃料——铀的储量不丰富,开采和提炼又十分困难,因此原子核裂变能还不是人类最理想的能源。

2. 原子核聚变能

核聚变是氢的同位素氘和氚在异常高的温度下结合生成较重的原子核的过程:

$$_1^2H + _1^3H \rightarrow _2^4He + _0^1n$$
$$\Delta E = -3.37 \times 10^8 \text{ kJ} \cdot \text{g}^{-1}$$

核聚变释放能量巨大,聚变产物无放射性。核聚变的主要原料重水来源于海水中,普通海水中含摩尔分数约为 0.000 15 的重水,海水总质量 1.3×10^{27} g,只需海水中质量分数约为 2×10^{-15} 的重水所获的氘的聚变产生的能量就可满足目前全世界一年对能量的需求。因此海水中的重水足够人类几百亿年的需求,可以说是取之不尽,用之不竭的。

核聚变反应需要异常的高温(几千万度),氢弹爆炸(核聚变反应)所需的高温是由核裂变触发核聚变而产生的。但欲将核聚变用于发电就需提供一种设备,能使异常高温在受控条件下维持足够长的时间,以导致聚变反应的进行。目前这方面的研究工作已向较低温度下核聚变反应发展。

(二) 太阳能

太阳每年辐射到地球表面的能量约 5×10^{22} J,相当于目前世界年消耗能量的 1.3 万倍。所以,如何收集和利用太阳能是当代科学家十分感兴趣的问题。

目前利用太阳能主要有三种形式。

1. 直接利用太阳的热辐射——光热转换。如建太阳灶、太阳能热水器、太阳房(用于采暖)和塑料大棚,或太阳能发电——建太阳能电站。

2. 光电转换

利用太阳能电池将太阳能转变成电能,主要有单晶硅电池、砷化镓电池、磷化铟电池、多晶硅电池等。目前太阳能电池效率比较低、成本高,尚无法大量应用。

3. 光化学转换

将太阳能转化成化学能。绿色植物的光合作用就是光化学转换。只是它不完全受人控制。目前人们正进行各种可控的光化学转换方法的研究。比如在催化剂存在的情况下用太阳光直接分解水，得到氢和氧，是光化学转换利用太阳能的很有前途的途径。氢是很好的二次能源。（由自然界取得未经加工的能源称为一次能源，由一次能源经加工而取得的能源称为二次能源）。首先氢的原料是水，极为丰富，其次氢的热值较高，是煤的 4～5 倍、汽油的 3 倍，还有氢燃烧不会造成环境污染，不会打乱自然界的平衡。

地球接受太阳总能量很大，但能量密度低，转换效率有待提高，投资较大。

（三）其他形式的新能源

1. 地热能

可利用的地热资源是地下热水、地热蒸汽和热岩层，建地热电站。

2. 海洋能

在波涛滚滚的海洋蕴藏着潮汐能、波浪能、海流能、温差能等，这些统称为海洋能。利用海水涨落造成的水位差建立的潮汐电站已运行，只是潮汐电站技术有很多困难，成本较高。另外，利用波浪能、温差能发电的装置也已面世。

3. 风能

在多风地区建风力发电站。

阅读材料

吉布斯（J. W. Gibbs）对化学热力学的贡献

对化学热力学的初步学习，可以体会到化学热力学对解决化学方面一系列重要问题所起的决定性作用。化学热力学的一些重要原理、规则的建立，J. W. Gibbs 作出了重大贡献。应该说，J. W. Gibbs

对化学热力学作为一门学科的建立起了奠基作用。

Josiah Willard Gibbs 祖籍英格兰的霍灵顿，其先辈于 17 世纪中叶来到美国波士顿。他生于 1839 年 2 月 11 日，1854 年进入耶鲁学院学习，1858 年毕业，其后五年继续在耶鲁学习。1863 年以一篇关于传动装置设计的论文获得耶鲁学院的工程博士学位，这是美国工程学界最早被授予的博士学位。此时他被耶鲁学院聘为期限三年的助教。

1866 年冬，Gibbs 来到当时先进的欧洲，先后到了巴黎、柏林及德国的海德堡，听了一些名家的讲课。在此期间，他广泛地关心物理学的发展，并自修数学，为他后来的理论研究打下了坚实的基础，准备了必要的条件。

1869 年 6 月，Gibbs 返美，1871 年被任命为耶鲁学院没有薪金的数学物理教授。1903 年 4 月 28 日去世。

谈到 Gibbs 对化学热力学的贡献，就有必要回顾一下当时的一些情况。19 世纪 50～60 年代，焦尔(Joule)等人的工作揭示出了热力学第一定律的普遍性；卡诺原理已为科学界所接受，并被转述为热力学第二定律；开尔文(Kelvin)提出了绝对温度的概念及其温标；克劳修斯(Clausius)定义了熵函数。可以说，这时热力学的基本骨架已经建立起来了。但是有关的热力学文献还处在混乱状态，概念不清，对物理体系的热力学问题还不能作较普遍的数学处理，当然就更谈不上处理化学问题了。总而言之，热力学还没有形成一个有效的理论体系。

当时，大部分化学家正致力于有机化学的研究。一部分人也在探讨化学反应的方向问题，但他们更多地是从自己的实验工作中总结出一些经验规律。如果沿着这条道路走下去，化学家们也是很难建立起一个完整的理论体系的。

Gibbs 十分熟悉当时的热力学文献。上述热力学的发展状况既为他准备了必要的条件，又对他提出了严峻的挑战。

Gibbs 在热力学方面的工作与贡献,主要集中在他的三篇热力学论文中。前两篇论文发表于 1873 年,题目分别是《流体的热力学图解法》、《物质的热力学性质的曲面(几何)表示法》。1876 年与 1878 年分两部分发表了《论复相物质的平衡》一文,这是第三篇。1878 年底,他还发表了共计 18 页的第三篇论文的摘要。他生前曾计划再版他的这些热力学论文,整理为一卷出版,并拟增写一些附加章节。但十分可惜,疾病夺去了他的生命,留下的只是一部分不完整的手稿。

    根据这几篇论文,我们大体上可将 Gibbs 在热力学上的成就归纳为四个方面。

    1. 发表了热力学第二定律,提出平衡稳定性判据。

    2. 在一般平衡理论的基础上,导出了相律。

    3. 引入 Gibbs 函数与化学势,提出热力学基本方程,创建了化学热力学这个分支学科。

    4. 开创了表面热力学的研究。

    可以说,J. W. Gibbs 做为化学热力学的奠基人是当之无愧的。

        (注:本文摘选自郑克祥、赵洁:大学化学.1987.第二卷.第 6 期)

本 章 小 结

    1. 化学热力学的一些基本概念及术语:系统(敞开系统、封闭系统、孤立系统)、环境、过程、途径、状态函数、系统性质(广度性质、强度性质)、热量、功。

    2. 主要的热力学状态函数:热力学能(U)、焓(H)、熵(S)、自由能(G);它们之间的相互关系:$H=U+pV$ 或 $\Delta H=\Delta U+p\Delta V$;
$$G=H-TS \text{ 或 } \Delta G=\Delta H-T\Delta S$$

    3. 主要定律:热力学第一定律、热化学定律。

4. 主要计算：利用热力学第一定律的计算；利用热化学定律的计算；ΔH、ΔS、ΔG 的计算。

5. 利用 ΔG 判断反应的自发性。

6. 在书写热化学方程式时应注明温度、压力，并注意 ΔH 的正负号及反应物、生成物的计量系数及物态。

习　题

1. 在恒压条件下，下列三种变化过程的 ΔU、Q、W 是否相等？

   ① $H_2O(l, 25\ ℃) \xrightarrow{电解} H_2(g) + \frac{1}{2}O_2(g)(25\ ℃) \longrightarrow H_2O(l, 100\ ℃)$

   ② $H_2O(l, 25\ ℃) = H_2O(l, 100\ ℃)$

   ③ $H_2O(l, 25\ ℃) = H_2O(g, 100\ ℃)$

2. 石墨和金刚石的摩尔燃烧热是否相等？为什么？

3. 已知：$H_2O_2(l) = H_2O(l) + \frac{1}{2}O_2(g)$　$\Delta_r H_m^\ominus = -98.0\ kJ \cdot mol^{-1}$

   $H_2O(l) = H_2O(g)$　$\Delta_r H_m^\ominus = +44.0\ kJ \cdot mol^{-1}$

   问：① 标准状态下 100 g $H_2O_2(l)$ 分解时放热多少？

   ② $H_2O(g) + \frac{1}{2}O_2(g) = H_2O_2(l)$　　　　　$\Delta_r H_m^\ominus = ?$

   ③ $2H_2O_2(l) = 2H_2O(l) + O_2(g)$　　　　　　　$\Delta_r H_m^\ominus = ?$

   ④ $H_2O_2(l) = H_2O(g) + \frac{1}{2}O_2(g)$　　　　　$\Delta_r H_m^\ominus = ?$

4. 由以下两个标准摩尔反应热求 NO 的标准摩尔生成焓

   ① $4NH_3(g) + 5O_2(g) = 4NO(g) + 6H_2O(l)$

   　　$\Delta_r H_m^\ominus = -1\ 170\ kJ \cdot mol^{-1}$

   ② $4NH_3(g) + 3O_2(g) = 2N_2(g) + 6H_2O(l)$

   　　$\Delta_r H_m^\ominus = -1\ 530\ kJ \cdot mol^{-1}$

5. 阿波罗登月火箭用 $N_2H_4(l)$ 作燃料，用 $N_2O_4(g)$ 作氧化剂，燃烧后产生 $N_2(g)$ 和 $H_2O(l)$，写出配平的化学方程式，利用 $\Delta_f H_m^\ominus$ 计算 $N_2H_4(l)$ 的摩尔燃烧热。

6. 利用以下各反应热，计算 $N_2H_4(l)$ 的标准摩尔生成焓和标准摩尔燃烧热。

   ① $2NH_3(g) + 3N_2O(g) = 4N_2(g) + 3H_2O(l)$
   $$\Delta_r H_{m_1}^\ominus = -1010 \text{ kJ} \cdot \text{mol}^{-1}$$

   ② $N_2O(g) + 3H_2(g) = N_2H_4(l) + H_2O(l)$
   $$\Delta_r H_{m_2}^\ominus = -317 \text{ kJ} \cdot \text{mol}^{-1}$$

   ③ $2NH_3(g) + \frac{1}{2}O_2(g) = N_2H_4(l) + H_2O(l)$
   $$\Delta_r H_{m_3}^\ominus = -143 \text{ kJ} \cdot \text{mol}^{-1}$$

   ④ $H_2(g) + \frac{1}{2}O_2(g) = H_2O(l)$ $\Delta_r H_{m_4}^\ominus = -143 \text{ kJ} \cdot \text{mol}^{-1}$

7. 利用燃烧热计算乙酸与乙醇的酯化反应的反应热。

8. 比较下列各对物质的熵值，哪个大些？

   ① 1 mol O_2(298 K, 1×10^5 Pa)　　1 mol O_2(373 K, 1×10^5 Pa)

   ② 0.1 mol H_2O(s, 273 K, 10×10^5 Pa)

   　　0.1 mol H_2O(l, 273 K, 10×10^5 Pa)

   ③ 1g He(298 K, 1×10^5 Pa)　　1 mol He(298 K, 1×10^5 Pa)

   ④ n mol C_2H_4(293 K, 1×10^5 Pa)

   　　2 mol $\{CH_2\}_n$(293 K, 1×10^5 Pa)

   ⑤ 1 mol Li(323 K, 2×10^5 Pa)　　1 mol K(323 K, 2×10^5 Pa)

9. 估计下列各变化过程是熵增，还是熵减？

   ① NH_4NO_3 爆炸　　$2NH_4NO_3 = 2N_2(g) + 4H_2O(g) + O_2(g)$

   ② 水煤气转化　　$CO(g) + H_2O(g) = CO_2(g) + H_2(g)$

   ③ 臭氧生成　　$3O_2(g) = 2O_3(g)$

10. 已知 $Cu_2O(s) + \frac{1}{2}O_2(g) = 2CuO(s)$

$\Delta_r G_m^{\ominus}(400) = -95.4 \text{ kJ} \cdot \text{mol}^{-1}$

$\Delta_r G_m^{\ominus}(300) = -107.9 \text{ kJ} \cdot \text{mol}^{-1}$

求该反应的 $\Delta_r H_m^{\ominus}$ 和 $\Delta_r S_m^{\ominus}$。

11. 白云石的化学式可写作 $CaCO_3 \cdot MgCO_3$，其性质也可看作是 $CaCO_3$ 与 $MgCO_3$ 的混合物，遇热分解出 CO_2，试用热力学数据推论在 600 K 和 1200 K 分解产物各是什么？

12. 碘钨灯泡是用石英(SiO_2)制作的。试用热力学数据论证"用玻璃取代石英的设想是不能实现的"。已知灯泡内局部高温可达 623 K，玻璃主要成分之一是 Na_2O，它能和碘蒸汽起反应生成 NaI。

13. 求下列两个反应的 $\Delta_r G_m^{\ominus}(298)$，并说明"$SiO_2(s)$ 和 HF(g) 能起反应，而 SiO_2(石英)和 HCl(g)不能起反应"。

$SiO_2(石英) + 4 HF(g) = SiF_4(g) + 2H_2O(l)$

$SiO_2(石英) + 4 HCl(g) = SiCl_4(g) + 2H_2O(l)$

14. 求下列反应的 $\Delta_r H_m^{\ominus}$、$\Delta_r G_m^{\ominus}$ 和 $\Delta_r S_m^{\ominus}$ 并用这些数据讨论利用此反应净化汽车尾气中 NO 和 CO 的可能性。

$CO(g) + NO(g) = CO_2(g) + \frac{1}{2} N_2(g)$

15. 由锡石(SnO_2)炼制金属锡(白锡)可以有以下三种办法，按热力学原理应推荐哪一种办法？

① $SnO_2(s) = Sn(s) + O_2(g)$

② $SnO_2(s) + C(s) = Sn(s) + CO_2(g)$

③ $SnO_2(s) + 2H_2(g) = Sn(s) + 2H_2O(g)$

16. 计算下列三个反应的 $\Delta_r H_m^{\ominus}$、$\Delta_r G_m^{\ominus}$ 和 $\Delta_r S_m^{\ominus}$，从中选择制造丁二烯的反应。

① 丁烷脱氢 $C_4H_{10}(g) = C_4H_6(g) + 2H_2(g)$

② 丁烯脱氢 $C_4H_8(g) = C_4H_6(g) + H_2(g)$

③ 丁烯氧化脱氢 $C_4H_8(g) + \frac{1}{2} O_2(g) = C_4H_6(g) + H_2O(g)$

17. 评论下列各种陈述：
    ① 放热反应是自发的。
    ② 纯单质的 $\Delta_f H_m^\ominus$、$\Delta_f G_m^\ominus$ 和 $S_m^\ominus$ 皆为零。
    ③ 反应的 $\Delta_r G_m^\ominus > 0$，该反应是不能自发进行的。
    ④ 如反应的 $\Delta_r H_m^\ominus$ 和 $\Delta_r S_m^\ominus$ 皆为正值，室温下 $\Delta_r G_m^\ominus$ 也必定为正值。
18. 反应 $CaO(s) + H_2O(l) == Ca(OH)_2(s)$ 在室温下自发，在高温下逆反应自发。判断该反应 ΔH 和 ΔS 的正负号。
19. 估计干冰升华过程 ΔH 和 ΔS 的正负号。

参 考 资 料

[1] 傅献彩等：物理化学. 第四版. 北京：高等教育出版社，1990
[2] 华彤文等：普通化学原理. 第二版. 北京：北京大学出版社，1993
[3] 北京师范大学等校无机化学教研室：无机化学. 第三版. 北京：高等教育出版社，1993
[4] 浙江大学普通化学教研组：普通化学. 第四版. 北京：高等教育出版社，1996
[5] 沈光球等：现代化学基础. 第一版. 北京：清华大学出版社，1999

第三章 化学平衡与化学反应速率

研究化学反应及其实际应用时，必须解决以下几个问题。

1. 化学反应在给定条件下是否可以进行？如果在给定条件下不能进行，在什么条件下才可以进行？
2. 可以自发进行的反应，它进行的程度如何？
3. 可以进行的反应，其反应速率如何？

当然，化学反应及其实际应用，必须首先判断反应是否可以进行。但是，可以进行的反应，如果其进行的程度很低或反应的速率很小，都无实用意义，所以对以上三个问题的研究缺一不可。

前面两个问题属于化学热力学问题。其中第一个问题在第二章的讨论中已得到初步解决，利用 ΔG 可以对反应的自发性做出判断。

例如：$CaCO_3$ 的分解，在常温时由于 $\Delta G>0$，反应不能进行，但温度提高到近 900 ℃时 $\Delta G<0$ 反应就可以进行。

第二个问题将在本章化学平衡部分解决。

第三个问题属于化学动力学研究的问题，将在本章化学反应速率部分解决。

第一节 化学平衡

一、可逆反应、化学平衡

在同一条件下既能向正反应方向进行，又能向逆反应方向进行的反应称为可逆反应（reversible reaction）。

一般化学反应都具有可逆性，只是有的反应的逆反应倾向比较弱，从整体看反应实际上朝一个方向进行。例如，$BaSO_4$ 与 $AgCl$ 的沉淀反应，习惯上认为是不可逆反应。但许多反应其逆性比较显著，反应通常不能向任何一个方向进行到底。例如，在 373 K 时，将 0.100 mol 无色的 N_2O_4 气体放入体积为 1 升抽空的密闭容器中，立刻出现红棕色，且红棕色逐渐加深，显然容器中发生了如下反应：

$$N_2O_4 \rightleftharpoons 2NO_2$$
（无色）（红棕色）

经过一段时间，颜色稳定下来，对体系进行跟踪检测，结果发现：在反应进行到 60 秒之前，体系中 N_2O_4 浓度不断减少，NO_2 浓度不断增加；60 秒之后体系组成不再变化，N_2O_4 浓度稳定在 $0.040\ mol \cdot L^{-1}$，NO_2 浓度稳定在 $0.120\ mol \cdot L^{-1}$。

由以上现象可以说明，反应开始的时候容器中仅有 N_2O_4 的分解反应。NO_2 一旦产生，逆反应 $2NO_2 \longrightarrow N_2O_4$ 便立即发生，只是开始时由于 NO_2 的量很少，浓度很低，逆反应的速率大大低于 N_2O_4 分解的速率，所以开始一段时间（60 秒之前）宏观表现出来的是 N_2O_4 不断进行分解，NO_2 不断增加，容器内物质颜色不断加深。但随着 N_2O_4 不断减少，NO_2 不断增加，N_2O_4 的分解速率不断下降，NO_2 合成 N_2O_4 的速率不断增加，总有一时刻（约 60 秒）两者的速率相等。此时 N_2O_4 和 NO_2 的浓度都不再变化了，这时建立了化学平衡（chemical equilibrium）：

$$N_2O_4 \rightleftharpoons 2NO_2$$

正逆反应速率相等时，体系的组成不再随时间变化，此时体系处于化学平衡状态（chemical equilibrium state）。

化学平衡状态有以下几个重要特点。

1. 反应体系处于化学平衡状态时体系组成不再随时间变化，

是可逆反应在此条件下进行的最大限度。

2. 化学平衡状态是动态的平衡。处于化学平衡状态下化学反应并没有停止，只是正逆两个方向的反应速率相等而已。

3. 化学平衡状态是在一定条件下存在的。外界条件改变时，正逆反应速率可能会发生不同步的改变，原有的化学平衡将受到破坏，在新的条件下重新建立新的化学平衡状态。

二、化学实验平衡常数

（一）化学平衡定律

在一定条件下，当系统处于化学平衡状态时，系统内各组成不再随时间变化，各相关物质浓度不再随时间变化。它们之间是否存在一定关系？

前面讨论了在 373 K 时 0.100 mol·L^{-1} 的 N_2O_4 建立了 $N_2O_4 \rightleftharpoons NO_2$ 平衡体系，反应物和产物浓度分别是：

$$c(N_2O_4) = 0.040 \text{ mol·L}^{-1}$$
$$c(NO_2) = 0.120 \text{ mol·L}^{-1}$$

我们可以用不同方法建立平衡体系，下表中给出了三组数据。

		初始浓度 (mol·L^{-1})	平衡浓度 (mol·L^{-1})	$\{c^{eq}(NO_2)\}^2 / c^{eq}(N_2O_4)$
实验 1	NO_2	0	0.120	$\dfrac{(0.120)^2}{0.04} = 0.36$
	N_2O_4	0.100	0.040	
实验 2	NO_2	0.100	0.072	$\dfrac{(0.072)^2}{0.014} = 0.37$
	N_2O_4	0	0.014	
实验 3	NO_2	0.100	0.160	$\dfrac{(0.160)^2}{0.070} = 0.36$
	N_2O_4	0.100	0.070	

从以上数据我们看到，不论各物质初始浓度如何，达到平衡时 $\{c^{eq}(NO_2)\}^2$ 与 $c^{eq}(N_2O_4)$ 之比为常数 K_c。

进一步研究发现，K_c 随温度变化而变化，如下面一组数据：

$T(K)$	273	323	373
K_c	0.005	0.022	0.36

对于可逆反应

$$aA+bB \rightleftharpoons dD+eE$$

在一定温度下达到平衡时，都有如下关系：

$$\frac{\{c^{eq}(D)\}^d\{c^{eq}(E)\}^e}{\{c^{eq}(A)\}^a\{c^{eq}(B)\}^b}=K_c$$

K_c 称为化学实验平衡常数（chemical equilibrium constant）（又称平衡常数）上式表示，在一定温度下，某个可逆反应达到平衡时，产物浓度系数次方的乘积与反应物浓度系数次方的乘积之比是一个常数，这就是化学平衡定律。

化学平衡常数与温度有关，与各相关物质的浓度无关。

利用化学平衡定律关系式可进行有关的计算。

例：合成氨反应 $N_2+3H_2 \rightleftharpoons 2NH_3$

在某温度下达到平衡时，各物质的浓度是：

$c^{eq}(N_2)=3$ mol·L^{-1}，$c^{eq}(H_2)=9$ mol·L^{-1}，$c^{eq}(NH_3)=4$ mol·L^{-1}。

求：该温度时的平衡常数和 N_2、H_2 的初始浓度。

（1）求 K_c

$$K_c=\frac{\{c^{eq}(NH_3)\}^2}{c^{eq}(N_2)\{c^{eq}(H_2)\}^3}=\frac{4^2}{3\times 9^3}=7.32\times 10^3$$

（2）求 N_2、H_2 的初始浓度。

由反应式的计量系数可知各物质消耗量、生成量之间的比例关系，利用这些关系来进行计算。

合成氨反应 NH_3 的初始浓度为 0，

生成 2 mol NH_3，消耗 1 mol N_2、3 mol H_2

生成 4 mol NH_3，消耗 x mol N_2、y mol H_2

因此有 $\dfrac{2}{4}=\dfrac{1}{x}$ $\qquad \dfrac{2}{4}=\dfrac{3}{y}$

得 　　$x=2$ 　　　　$y=6$

初始浓度　N_2 为 　$3+2=5$（$mol \cdot L^{-1}$）

　　　　　H_2 为 　$9+6=15$（$mol \cdot L^{-1}$）

（二）书写化学平衡常数的规则

1. 如果反应中有固体和纯液体参加，它们的浓度不写在平衡关系式中，因为它们的浓度是固定不变的，化学平衡关系式中只包括气态物质和溶液中各溶质的浓度。例如：

$$CaCO_3(s) \rightleftharpoons CaO(s) + CO_2(g)$$

$$K_c = c^{eq}(CO_2)$$

$$CO_2(g) + H_2(g) \rightleftharpoons CO(g) + H_2O(l)$$

$$K_c = \frac{c^{eq}(CO)}{c^{eq}(CO_2) c^{eq}(H_2)}$$

$$NH_3 H_2O + HAc \rightleftharpoons NH_4Ac + H_2O$$

$$K_c = \frac{c^{eq}(NH_4Ac)}{c^{eq}(NH_3H_2O) c^{eq}(HAc)}$$

2. 稀溶液中进行的反应，如果有水参加，水的浓度不必写在平衡关系式中。例如：

$$Cr_2O_7^{2-} + H_2O \rightleftharpoons 2CrO_4^{2-} + 2H^+$$

$$K_c = \frac{\{c^{eq}(CrO_4^{2-})\}^2 \{c^{eq}(H^+)\}^2}{c^{eq}(Cr_2O_7^{2-})} = 2.3 \times 10^{-15}$$

但非水溶液中的反应，如有水参加或生成，此时水的浓度不可视为常数，必须表示在关系式中。如乙醇和乙酸的液相反应：

$$C_2H_5OH + CH_3COOH \rightleftharpoons CH_3COOC_2H_5 + H_2O$$

$$K_c = \frac{c^{eq}(CH_3COOC_2H_5) c^{eq}(H_2O)}{c^{eq}(C_2H_5OH) c^{eq}(CH_3COOH)}$$

3. 同一化学反应可以用不同的化学反应方程式表示，每个化学反应方程式有自己不同的平衡常数关系式及相应的平衡常数。例如 373 K 时，N_2O_4 和 NO_2 的平衡体系：

$$N_2O_4(g) \rightleftharpoons 2NO_2(g) \qquad K_{c_1} = \frac{\{c^{eq}(NO_2)\}^2}{c^{eq}(N_2O_4)} = 0.36$$

$$\frac{1}{2}N_2O_4(g) \rightleftharpoons NO_2(g) \qquad K_{c_2} = \frac{c^{eq}(NO_2)}{\{c^{eq}(N_2O_4)\}^{1/2}} = 0.60$$

$$2NO_2(g) \rightleftharpoons N_2O_4(g) \qquad K_{c_3} = \frac{c^{eq}(N_2O_4)}{\{c^{eq}(NO_2)\}^2} = 2.78$$

显然 $K_{c_1} = K_{c_2}{}^2 = \dfrac{1}{K_{c_3}}$，因此要注意平衡常数与化学反应方程式的对应。

4. 对于气体反应，写平衡常数关系式时，除可用平衡时物质的浓度来表示以外，也可用平衡时各气体的分压来表示。

对于一般的气体反应，

$$aA + bB \rightleftharpoons dD + eE \text{ 达平衡时，有}$$

$$K_c = \frac{\{c^{eq}(D)\}^d \{c^{eq}(E)\}^e}{\{c^{eq}(A)\}^a \{c^{eq}(B)\}^b}$$

按理想气体状态方程：$pV = nRT$

$\dfrac{p}{RT} = \dfrac{n}{V}$ \qquad $\dfrac{n}{V}$ 为浓度 c \qquad 因此

$$c^{eq}(A) = \frac{p(A)}{RT}, \quad c^{eq}(B) = \frac{p(B)}{RT}, \quad c^{eq}(D) = \frac{p(D)}{RT}, \quad c^{eq}(E) = \frac{p(E)}{RT}$$

$$K_c = \frac{\{p^{eq}(D)\}^d \{p^{eq}(E)\}^e}{\{p^{eq}(A)\}^a \{p^{eq}(B)\}^b} (RT)^{(a+b)-(d+e)}$$

$$\frac{\{p^{eq}(D)\}^d \{p^{eq}(E)\}^e}{\{p^{eq}(A)\}^a \{p^{eq}(B)\}^b} = K_c (RT)^{(d+e)-(a+b)}$$

可见，一定温度下达化学平衡时 $\dfrac{\{p^{eq}(D)\}^d \{p^{eq}(E)\}^e}{\{p^{eq}(A)\}^a \{p^{eq}(B)\}^b}$ 为常数，用 K_p 表示，即 $K_p = \dfrac{\{p^{eq}(D)\}^d \{p^{eq}(E)\}^e}{\{p^{eq}(A)\}^a \{p^{eq}(B)\}^b}$。这是气体反应平衡常数的另一种表示方法。

5. 平衡常数随温度变化，应注明温度，如果未注明，则认为温度是 298 K。

（三）平衡常数的单位

由平衡常数关系式可知平衡常数的单位与浓度、压力的单位及化学反应方程式的写法有关。随着单位的不同及化学反应方程式的写法不同，平衡常数的数值会发生变化，应予以注意。

（四）平衡常数的意义

1. 由平衡常数数值的大小可以判断反应可能进行的程度。

K_c 值很小的平衡体系，说明平衡时产物的浓度很小。例如：

$$N_2(g) + O_2(g) = 2NO(g)$$

$$K_c = \frac{\{c^{eq}(NO)\}^2}{c^{eq}(N_2)c^{eq}(O_2)} = 1 \times 10^{-30}$$

这意味反应平衡时生成 NO 极少，可以认为 N_2 与 O_2 的化学反应基本上没进行。

K_c 值很大的反应，例如：

$$2Cl(g) \rightleftharpoons Cl_2(g)$$

$$K_c = \frac{c^{eq}(Cl_2)}{\{c^{eq}(Cl)\}^2} = 1 \times 10^{38}$$

这意味反应平衡时，Cl 几乎全部生成 Cl_2，可以认为此反应进行到底了。

K_c 值不是很大又不是很小的反应，例如：

$$N_2O_4(g) \rightleftharpoons 2NO_2(g)$$

$$K_c = \frac{\{c^{eq}(NO_2)\}^2}{c^{eq}(N_2O_4)} = 0.36$$

这意味着平衡体系中反应物、产物的浓度都不可忽略，这是典型的可逆反应。

2. 利用体系中有关物质的浓度商与 K_c 比较可以判断反应方向。

某一化学反应产物浓度系数次方的乘积与反应物浓度系数次方的乘积之比称浓度商，用符号 Q_c 表示。

$$\frac{\{c(D)\}^d \cdot \{c(E)\}^e}{\{c(A)\}^a \cdot \{c(B)\}^b} = Q_c$$

如果 $Q_c = K_c$　　说明反应达到平衡。

$Q_c > K_c$　　反应不处于平衡状态,正在逆向进行。

$Q_c < K_c$　　反应不处于平衡状态,正在正向进行。

对于气体反应用 Q_p 与 K_p 比较,方法是同样的。

3. 利用 K_c 可以计算平衡转化率。平衡转化率是指平衡时已转化了的某反应物的量与转化前该反应物的量之比。在某条件下,反应体系达到平衡,意味着该反应在此条件下,可以进行的最大限度。所以,平衡转化率可以认为是在此条件下的最大转化率。

例:反应　$CO + H_2O \rightleftharpoons H_2 + CO_2$ 在 773 K 时平衡常数 $K_c = 9$,如果反应开始时 CO 和 H_2O 的浓度都是 0.020 mol·L^{-1} 计算在这条件下 CO 的转化率最大是多少?

设达平衡时生成的 CO_2、H_2 各为 x mol·L^{-1}

$$CO(g) + H_2O(g) \rightleftharpoons H_2(g) + CO_2(g)$$

初始　　0.020　　　0.020　　　0　　　0

平衡　　$0.020 - x$　　$0.020 - x$　　x　　x

$$\frac{c^{eq}(H_2) c^{eq}(CO_2)}{c^{eq}(CO) c^{eq}(H_2O)} = K_c$$

$$\frac{x^2}{(0.020 - x)^2} = 9 \qquad x = 0.015$$

$$\frac{0.015}{0.020} = 75\%$$

转化率为 75%

4. 由已知的反应平衡常数求相关反应平衡常数

如果某个反应可以表示为两个或多个反应的总和,则总反应的平衡常数等于各分步反应平衡常数之积。这个关系称为多重平衡规则。

$K_总 = K_1 \cdot K_2 \cdots\cdots$　　可以自己证明一下(写出各反应平衡定

律表达式，比较后即可证明)。

利用多重平衡规则可以求算未知的反应平衡常数。

例：已知 973 K 时下述反应的 K_c

$$SO_2(g) + \frac{1}{2}O_2(g) \rightleftharpoons SO_3(g) \quad K_1 = 20$$

$$NO_2(g) \rightleftharpoons NO(g) + \frac{1}{2}O_2(g) \quad K_2 = 0.012$$

求反应 $SO_2(g) + NO_2(g) \rightleftharpoons SO_3(g) + NO(g)$ 的 K_c

据多重平衡规则

$$K_c = K_1 \cdot K_2 = 20 \times 0.012 = 0.24$$

三、标准平衡常数

将实验平衡常数表达式中各物质的浓度或分压分别用相对浓度或相对分压代入就得到化学反应的标准平衡常数，用 $K^\ominus$ 表示。对于反应 $aA(aq) + bB(s) = dD(g) + eE(l)$，其标准平衡常数的表达式如下：

$$K^\ominus = \frac{\{p(D)/p^\ominus\}^d}{\{c(A)/c^\ominus\}^a}$$

式中：

$K^\ominus$ 为反应的标准平衡常数，单位为 1。与实验平衡常数一样，$K^\ominus$ 的数值与反应的本性及反应温度有关，与反应系统内各物质的数量无关。$K^\ominus$ 大小反映了化学反应可能进行的程度，$K^\ominus$ 大，化学反应正向进行程度可能大；$K^\ominus$ 小，表示化学反应正向进行的程度可能小。

$c^\ominus$ 为热力学的标准浓度，$c^\ominus = 1.0 \text{ mol} \cdot \text{L}^{-1}$；$p^\ominus$ 是热力学的标准压力，$p^\ominus = 10^5 \text{Pa}(100\text{kPa})$；$p(D)$ 为气体 D 的分压，单位为 Pa(kPa)；$c(A)$ 为物质 A 的浓度，单位为 $\text{mol} \cdot \text{L}^{-1}$；$p(D)/p^\ominus$ 称气体 D 的相对分压，单位为 1；$c(A)/c^\ominus$ 为物质 A 的相对浓度，单位为 1。

标准平衡常数与实验平衡常数遵循同样的书写规定和多重平衡

原则。如下面反应及标准平衡常数的关系如下：

(1) $CaCO_3(s) = Ca^{2+}(aq) + CO_3^{2-}(aq)$

$$K_1^\ominus = \{c(Ca^{2+})/c^\ominus\}\{c(CO_3^{2-})/c^\ominus\}$$

(2) $CO_3^{2-}(aq) + 2H^+(aq) = CO_2(g) + H_2O(l)$

$$K_2^\ominus = \frac{\{p(CO_2)/p^\ominus\}}{\{c(CO_3^{2-})/c^\ominus\}\{c(H^+)/c^\ominus\}^2}$$

(3) $CaCO_3(s) + 2H^+(aq) = Ca^{2+}(aq) + CO_2(g) + H_2O(l)$

$$K_3^\ominus = \frac{\{p(CO_2)/p^\ominus\}\{c(Ca^{2+})/c^\ominus\}}{\{c(H^+)/c^\ominus\}^2}$$

反应式(3) = 反应(1) + 反应(2)　　　$K_3^\ominus = K_1^\ominus K_2^\ominus$

由标准平衡常数表达式可知，$K^\ominus$ 能方便地说明反应的程度，消除了使用实验平衡常数中 K_c、K_p 之间的换算等问题。因此，现在普遍使用的是标准平衡常数。有时为了简化，对溶液中的反应，在标准平衡常数表达式时直接用相对浓度。如醋酸在水溶液中的离解反应：

$$HAc(aq) = H^+(aq) + Ac^-(aq)$$

$$K^\ominus = \frac{\{c(H^+)/c^\ominus\}\{c(Ac^-)/c^\ominus\}}{c(HAc)/c^\ominus} \cdots (1)$$

可简写为 $K^\ominus = \dfrac{c(H^+)c(Ac^-)}{c(HAc)} \cdots (2)$

在使用(2)计算时，各 $c(H^+)$、$c(Ac^-)$、$c(HAc)$ 等为相对浓度，单位为 1。本书在后面的章节中一般使用简写形式。

第二节　化学反应的自由能变化与化学平衡

在化学热力学一章中，讨论了反应的标准吉布斯自由能，进一步又讨论了在等温等压条件下利用化学反应的标准吉布斯自由能变来判断标准状态下化学反应的方向。实际反应中，各物质不会总处于标准状态，而更多地是处于非标准状态，这时 ΔG 与 $\Delta G^{\ominus}$ 有什么关系？化学反应等温方程式表达他们之间的关系。对于反应
$$aA(aq)+bB(s)=dD(g)+eE(l)$$
化学反应等温方程式为：
$$\Delta_r G_m(T) = \Delta_r G_m^{\ominus}(T) + RT\ln\frac{\{p(D)/p^{\ominus}\}^d}{\{c(A)/c^{\ominus}\}^a}$$
式中，$\Delta_r G_m$ 为任意状态下的自由能变，$\Delta_r G_m^{\ominus}$ 为标准自由能变。$\frac{\{p(D)/p^{\ominus}\}^d}{\{c(A)/c^{\ominus}\}^a}$ 为反应商，用 Q 表示。

Q 与 $K^{\ominus}$ 的书写形式及注意事项一样，所不同的是 Q 代表反应进行到任意时刻时，系统内各物质数量之间的关系；$K^{\ominus}$ 仅代表反应达到平衡时，系统内各物质数量之间的关系。化学反应等温方程式可写为：
$$\Delta_r G_m(T) = \Delta_r G_m^{\ominus}(T) + RT\ln Q$$
当反应达到平衡时，$\Delta_r G_m(T)=0$，$Q=K^{\ominus}$，由等温方程式可知，
$$\Delta_r G_m^{\ominus}(T) = -RT\ln K^{\ominus}$$
化学反应等温方程式也可写为：$\Delta_r G_m(T) = RT\ln\dfrac{Q}{K^{\ominus}}$

由此可见，Q 与 $K^{\ominus}$ 的相对大小，决定 $\Delta_r G_m(T)$，即决定化学反应自发进行的方向，它们的关系如下：

$Q<K^{\ominus}$，$\Delta_r G_m(T)<0$，化学反应正向自发进行；

$Q>K^{\ominus}$，$\Delta_r G_m(T)>0$，化学反应不能正向自发进行，逆向可自发进行；

$Q=K^{\ominus}$，$\Delta_r G_m(T)=0$，化学反应系统处于平衡状态。

例1：某反应 $A(s) \longrightarrow B(s)+C(g)$，已知：
$\Delta_r G_m^{\ominus}(298K) = 40 \text{ kJ}\cdot\text{mol}^{-1}$　试问：

(1) 该反应在 298 K 时的 $K_p^{\ominus}=$？

(2) 当 $p_c=1.0\text{P}_a$ 时，该反应是否正方向自发进行？

解：(1) $\ln K^\ominus = -\dfrac{\Delta_r G_m^\ominus}{RT}$

$= -\dfrac{4.0\times 10^{-3}}{8.314\times 298}$

$K^\ominus = 9.5\times 10^{-8}$

(2) $\Delta_r G_m = RT \ln \dfrac{Q}{K^\ominus}$

$= 8.31\times 298 \ln \dfrac{1.0/10^5}{9.5\times 10^{-8}}$

$= 12\times 10^3 (\text{J}\cdot\text{mol}^{-1})$　　该反应不能自发进行。

例 2：利用 $\Delta_f G_m^\ominus$ 求下述反应的 $K^\ominus$

$NH_3(aq) + H_2O(l) = NH_4^+(aq) + OH^-(aq)$

$\Delta_r G_m^\ominus(298K) = \Delta_f G_m^\ominus(NH_4^+, aq) + \Delta_f G_m^\ominus(OH^-, aq) -$

$\Delta_f G_m^\ominus(NH_3, aq) - \Delta_f G_m^\ominus(H_2O, l)$

$= -79.4 - 157.3 + 26.6 + 237.2$

$= 27.1\ \text{kJ}\cdot\text{mol}^{-1}$

$\ln K^\ominus = -\dfrac{\Delta_r G_m^\ominus}{\Delta RT}$

$= -\dfrac{27.1\times 10^3}{8.314\times 298}$

$K^\ominus = 1.8\times 10^{-5}$

第三节　化学平衡的移动

化学平衡是动态的、相对的、有条件的、暂时的平衡，如果外界条件变化，平衡会破坏，在新的条件下重新达到平衡，平衡发生了移动。

下面具体讨论各种条件对平衡的影响。

一、浓度对化学平衡的影响

由化学反应等温式 $\Delta_r G_m = \Delta_r G_m^{\ominus} + RT \ln Q$

$$\Delta_r G_m = RT \ln \frac{Q}{K^{\ominus}}$$

体系平衡时 $\Delta_r G_m = 0$ $Q = K^{\ominus}$

当增加反应物浓度或减少产物浓度，使 $Q < K^{\ominus}$，$\Delta_r G_m < 0$ 反应正向进行。

当增加产物浓度或减少反应物浓度，使 $Q > K^{\ominus}$，$\Delta_r G_m > 0$ 反应正向不能进行，逆向进行。

在实际生产和生活中有许多这样平衡移动的例子。如为了使煤炭燃烧完全，通过鼓风提供充足的氧，实际上加大廉价反应物的浓度，促进生成 CO_2 的反应。又如合成氨 $N_2(g) + 3H_2(g) = 2NH_3(g)$ 反应，为使平衡向生成氨的方向移动，就采取不断取走氨的办法，也就是减少体系中产物的浓度。

二、压力对化学平衡的影响

压力对固相反应和液相反应的平衡没什么影响（严格地说：影响可以忽略）。

从化学反应等温式 $\Delta_r G_m = \Delta_r G_m^{\ominus} + RT \ln Q$ 可以看出，在固相和液相情况下，压力对式中右边各项没什么影响，所以压力的改变不会影响 ΔG，也就不会对平衡产生什么影响。

对气相反应，压力会产生影响。

由前面讨论中已知   当 $Q = K^{\ominus}$ 时，体系处于平衡态。

对于气相反应 $aA + Bb \rightleftharpoons dD + eE$

平衡：$Q = K^{\ominus}$

若压力加大一倍，$Q' = \dfrac{\{p(D)\}^d \cdot \{p(E)\}^e}{\{p(A)\}^a \cdot \{p(B)\}^b} \times 2^{d+e-a-b}$

如果 $d+e=a+b$　$Q'=Q=K^{\ominus}$ 平衡不移动。

如果 $d+e>a+b$　$Q'>Q,Q'>K^{\ominus}$ 平衡逆向移动,向气体分子数减少方向移动。

如果 $d+e<a+b$　$Q'<Q,Q'<K^{\ominus}$ 平衡正向移动,向气体分子数减少方向移动。

若压力减一半,$Q'=\dfrac{\{p(D)\}^d \cdot \{p(E)\}^e}{\{p(A)\}^a \cdot \{p(B)\}^b} \times \left(\dfrac{1}{2}\right)^{d+e-a-b}$

如果 $d+e=a+b$　$Q'=Q=K^{\ominus}$ 平衡不移动。

如果 $d+e>a+b$　$Q'<Q,\ Q'<K^{\ominus}$ 平衡正向移动,向气体分子数增加的方向移动。

如果 $d+e<a+b$　$Q'>Q,\ Q'>K^{\ominus}$ 平衡逆向移动,向气体分子数增加的方向移动。

综合以上讨论,对于气相反应,如果反应前后气体分子数相等,则改变压力对平衡没有影响。如果反应前后气体分子数不等,则增大压力总是使平衡向气体分子数减少的方向移动,减小压力总是使平衡向气体分子数增加的方向移动。

例3:已知在 325 K 与 100 kPa 时

$N_2O_4(g)=2NO_2(g)$　反应中 N_2O_4 平衡摩尔分解率为 50.2%,若保持温度不变,压力增大到 1 000 kPa N_2O_4 的平衡分解率是多少?

解:设平衡分解率为 α　则

$$N_2O_4(g) \rightleftharpoons 2NO_2(g)$$

起始 n	1.0	0
平衡 n	$1.0-\alpha$	2α
平衡时	$n_{总}$	$=1+\alpha$

$$p_{(N_2O_4)} = p_{总} \cdot \dfrac{1-\alpha}{1+\alpha}$$

$$p_{(NO_2)} = p_{总} \cdot \dfrac{2\alpha}{1+\alpha}$$

$$K^{\ominus} = \frac{\{p_{(NO_2)}\}^2}{p_{(N_2O_4)}} = p_{总} \cdot \frac{4\alpha^2}{1-\alpha^2}$$

325 K 时 $p_{总} = 100$ kPa $\alpha = 0.502$

可以求出 $K^{\ominus} = \frac{10^5}{10^5} \cdot \frac{4 \times (0.502)^2}{1-(0.502)^2} = 1.35$

当 $p_{总} = 1\,000$ kPa 时，由前式同样可求

$$1.35 = \frac{10^6}{10^5} \cdot \frac{4\alpha^2}{1-\alpha^2}$$

$$\alpha = 0.181$$

压力由 100 kPa 增至 1 000 kPa N_2O_4 平衡分解率由 50.2% 降到 18.1%。

三、温度对化学平衡的影响

在前面的讨论中，我们知道当 $Q = K^{\ominus}$ 时体系处于化学平衡状态。温度如果改变，平衡就会破坏，因为 $K^{\ominus}$ 会发生变化，致使 $Q \neq K^{\ominus}$。

$$\Delta_r G_m^{\ominus} = -RT \ln K^{\ominus}$$

$$\ln K^{\ominus} = -\frac{\Delta_r G_m^{\ominus}}{RT}$$

$$\ln K^{\ominus} = -\frac{\Delta_r H_m^{\ominus} - T\Delta_r S_m^{\ominus}}{RT}$$

$$\ln K^{\ominus} = -\frac{\Delta_r H_m^{\ominus}}{RT} + \frac{\Delta_r S_m^{\ominus}}{R}$$

对温度变化范围不是非常大的情况下，$\Delta_r H_m^{\ominus}$、$\Delta_r S_m^{\ominus}$ 受温度影响不大，近似看成常数。因此将上式两边同时对温度求导得

$$\frac{d\ln K^{\ominus}}{dT} = \frac{\Delta_r H_m^{\ominus}}{RT^2}$$（此式在物理化学课程中可以严格推证）

正方向反应为吸热反应 $\Delta_r H_m^{\ominus} > 0$

$\frac{d\ln K^{\ominus}}{dT} > 0$ $K^{\ominus}$ 随温度升高而变大

升温，平衡向正方向——吸热方向移动；降温，平衡向逆方向——放热方向移动。

正方向反应为放热反应　$\Delta_r H_m^\ominus < 0$

$\dfrac{d\ln K^\ominus}{dT} < 0$　　$K^\ominus$ 随温度升高而变小。

升温，平衡向逆方向——吸热方向移动；降温，平衡向正方向——放热方向移动。

总结以上的讨论，我们看到温度对平衡的影响，是因为温度的变化改变了平衡常数，从而使原有平衡发生了移动，其遵循的规律是：升高温度，化学平衡向吸热方向移动；降低温度，化学平衡向放热方向移动。

利用 $\ln K^\ominus = -\dfrac{\Delta_r H_m^\ominus}{RT} + \dfrac{\Delta_r S_m^\ominus}{R}$ 可由某温度下 $K_1^\ominus$ 求算另一温度下 $K_2^\ominus$。

例4：已知 $N_2(g) + 3H_2(g) = 2NH_3(g)$

$$\Delta_r H_m^\ominus = -92.2 \text{ kJ} \cdot \text{mol}^{-1}$$

$K_1^\ominus = 6.2 \times 10^5$（298K）求该反应在 473 K 时的 $K_2^\ominus$。

$$\ln K_1^\ominus = -\dfrac{\Delta_r H_m^\ominus}{RT_1} + \dfrac{\Delta_r S_m^\ominus}{R}$$

$$\ln K_2^\ominus = -\dfrac{\Delta_r H_m^\ominus}{RT_2} + \dfrac{\Delta_r S_m^\ominus}{R}$$

以上两式相减得　　$\ln \dfrac{K_1^\ominus}{K_2^\ominus} = \dfrac{\Delta_r H_m^\ominus}{R} \left(\dfrac{1}{T_2} - \dfrac{1}{T_1} \right)$

$$\ln \dfrac{6.2 \times 10^5}{K_2^\ominus} = \dfrac{-92.2 \times 10^3}{8.314} \cdot \left(\dfrac{298 - 473}{473 \times 298} \right)$$

$$K_2^\ominus = 6.2 \times 10^{-1}$$

前面讨论了各种因素对化学平衡的影响，这对于选择反应条件可以提供很好的帮助。如合成氨反应在什么条件下进行最好？

从化学平衡的角度看，应该在高压低温条件下较好，因为增大压力平衡向气体分子数减少的方向移动，降低温度平衡向放热方向移动，都有利于氨的合成，同时不断取走氨，也有利于氨的合成。

实际生产中,就是采取了不断取走氨,余下气体循环使用,同时合成塔控制了较高的压力,但温度并不很低,因为低温度时反应速率太慢,没有实际生产价值,所以生产中合成氨反应温度控制在 500 ℃左右。可见反应条件的选择除了考虑平衡因素之外还要考虑化学反应速率。化学反应速率受哪些因素影响,我们将在后面进行讨论。

第四节　反应速率的表示方法

利用化学热力学的方法,人们解决了对化学反应方向和化学反应的限度判断问题。但是,化学热力学证明可以自发进行的反应,在实践中能否实现,还涉及化学反应速率。有的反应在给定条件下,由于反应速率太慢,以致反应实际无法进行。如 H_2 和 O_2 合成水,N_2 和 H_2 合成氨,其标准自由能变均为较大负值,但在常温下,它们合成反应的速率太慢,以致没有实际意义。

化学反应速率,不同的反应相差极大,爆炸反应瞬间完成,橡胶的老化很缓慢。同一个反应,不同条件时,反应速率会有很大的变化。如前面提到的 H_2 和 O_2 合成水、N_2 和 H_2 合成氨的反应,在高温时就会以较快的速率进行。

化学反应速率(chemical reaction rate)是表示化学反应进行快慢的物理量。用单位时间内反应物或生成物浓度的改变量的正值来表示。例如过氧化氢(H_2O_2)水溶液中若含少量 I^-,它将很快分解而放出氧气。

$$H_2O_2(aq) \xrightarrow{I^-} H_2O(l) + \frac{1}{2}O_2(g)$$

由实验测定氧气放出的量,便可计算 H_2O_2 浓度的变化。若一份浓度为 $0.80\ mol \cdot L^{-1}$ 的 H_2O_2 溶液(含少量 I^-)在分解过程中浓度如表 3-1 所示。

表 3-1　H_2O_2 水溶液在室温的分解

t (min)	$c(H_2O_2)$ (mol·L^{-1})	$\dfrac{\Delta c(H_2O_2)}{\Delta t}$ (mol·L^{-1}·min^{-1})
0	0.80	$\dfrac{0.40}{20}=0.020$
20	0.40	$\dfrac{0.20}{20}=0.010$
40	0.20	$\dfrac{0.10}{20}=0.0050$
60	0.10	$\dfrac{0.050}{20}=0.00 25$
80	0.050	

从表中列出的数据我们清楚的看到，不同时间间隔化学反应速率是不同的，由此可推断不同时刻化学反应速率不同。表中计算出的反应速率只是在不同的 20 分钟间隔内的平均速率，决不是某时刻反应速率。我们称某时刻化学反应速率为瞬时速率。显然它应该是：

$$\lim_{\Delta t \to 0}\frac{-\Delta c(H_2O_2)}{\Delta t}=-\frac{dc(H_2O_2)}{dt}$$

利用表 3-1 的数据做出浓度时间曲线如图 3-1：

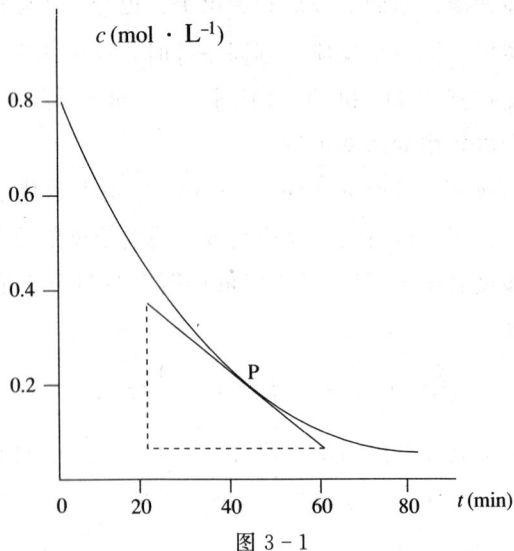

图 3-1

如果求某时刻的反应速率,首先确定某时刻曲线上所对应的点,过该点做该曲线的切线,此曲线的斜率的负值即为该时刻的反应速率。

有一点需要注意,从反应式可知,每分解一个 H_2O_2 可产生 $\frac{1}{2}O_2$,如果以不同的物质浓度变化来表示反应速率的话,反应速率的数值可能会不一致,但其含义是一样的。因此,应注明反应速率是用哪种物质的浓度的变化来表示。

为了避免混淆,现行国际单位制建议将 dc/dt 值除以化学反应式的计量系数。例如,反应通式

$$aA + bB \longrightarrow dD + eE$$

$$v = -\frac{1}{a}\frac{dc(A)}{dt} = -\frac{1}{b}\frac{dc(B)}{dt} = \frac{1}{d}\frac{dc(D)}{dt} = \frac{1}{e}\frac{dc(E)}{dt}$$

还有一点需要注意,实验测定的反应速率实际是正向反应速率与逆向反应速率之差,即净反应速率。有的反应逆向反应速率很小,近似看成单向反应。当净反应速率为零时,说明正向反应速率与逆向反应速率相等,反应体系处于化学平衡状态。

最后有一点需要说明的是,可利用单位时间内气体分压的变化来表示反应速率(恒容条件下)。

因为在某温度下,根据理想气体状态方程有 $p = cRT \quad c = \dfrac{p}{RT}$

因此 $v = \dfrac{dc}{dt} = \dfrac{d\left(\dfrac{p}{RT}\right)}{dt} = \dfrac{1}{RT}\dfrac{dp}{dt}$

由上式可以看出,用 $\dfrac{dc}{dt}$ 表示化学反应速率和用 $\dfrac{dp}{dt}$ 表示化学反应速率,差常数 RT。

第五节 浓度对反应速率的影响

化学反应速率首先取决于反应物内部因素,不同的反应,其反应速率差别很大。对于同一反应,其反应速率受到外部因素(温度、浓度等)的影响如何?首先讨论浓度对反应速率的影响。

一、速率方程与反应级数

(一)速率方程

讨论 H_2O_2 分解反应,已经看到随反应进行 H_2O_2 浓度逐渐减少,反应速率逐渐变小,利用图 3-1 求出 H_2O_2 不同浓度的反应速率列入下表。

$c(H_2O_2)(mol \cdot L^{-1})$	0.40	0.20	0.10
$v = -\dfrac{dc(H_2O_2)}{dt}(mol \cdot L^{-1} \cdot min^{-1})$	0.014	0.0075	0.0038

以上数据表明 H_2O_2 浓度减小一半,反应速率减慢一半,也就是说,反应速率与反应物浓度成正比。即:

$$v = -\frac{dc(H_2O_2)}{dt} = k(H_2O_2)$$

该式称为反应速率方程(rate equation)。它表达了反应速率和反应物浓度间的定量关系。式中的比例常数 k 叫做反应速率常数(rate constant)。可以看作 $(H_2O_2) = 1\ mol \cdot L^{-1}$ 时的反应速率。k 与浓度无关而与温度及反应自身内部因素有关。

从以上实例可知,通过实验数据的分析处理可以推断出反应速率方程。表 3-2 中列出一些化学反应的速率方程。

对于一般的化学反应:

$$aA + bB \longrightarrow dD + eE$$

化学反应速率方程式一般情况下可表示为:

$$v = kc^m(A)c^n(B)$$

m 与 n 的数值大多数是由实验确定，可以是整数，也可以是分数、零，甚至负数。

表 3-2 某些化学反应的速率方程

化学反应	速率方程	反应物系数	反应级数
$2H_2O_2 = 2H_2O + O_2$	$v = k(H_2O_2)$	2	1
$S_2O_8^{2-} + 3I^- = 2SO_4^{2-} + I_3^-$	$v = k(S_2O_8^{2-})(I^-)$	1+3=4	1+1=2
$4HBr + O_2 = 2H_2O + 2Br_2$	$v = k(HBr)(O_2)$	4+1=5	1+1=2
$2NO + 2H_2 = N_2 + 2H_2O$	$v = k(NO)^2(H_2)$	2+2=4	2+1=3
$CH_3CHO = CH_4 + CO$	$v = k(CH_3CHO)^{3/2}$	1	3/2
$NO_2 + CO = NO + CO_2$ (高于 523K)	$v = (NO_2)(CO)$	1+1=2	1+1=2
$2NO_2 = 2NO + O_2$	$v = k(NO_2)^2$	2	2

（二）反应级数

从反应速率方程的一般表达式

$$v = kc^m(A)c^n(B)$$

可以明显看出浓度对化学反应速率的影响，m、n 越大，浓度对化学反应速率的影响越大。

m、n 分别称为反应物 A 和反应物 B 的反应级数，各组分反应级数的代数和称该反应的总反应级数（order of reaction）。

反应级数 = $m + n$

化学反应的反应级数越大，反应速度受浓度影响越大。反应级数可以是零，这就意味着反应物浓度对反应速率无影响。也就是说，反应物浓度变化，化学反应速率不变。某些表面催化反应，有时会出现这种情况。例如，氨在金属钨表面的分解反应就属于零级反应。金属钨的表面积起了决定作用。

二、反应机理

化学反应速率受浓度的影响，由化学反应速率方程得以明确的表示。反应速率方程是实验测定的,为什么不同反应具有不同的速率方程,可以从反应机理入手进行探讨。

化学方程式能说明什么物质参加了反应,结果生成了什么物质,以及反应物、产物间量的关系,但它不能说明反应所经历的途径。要弄清这个问题先介绍几个重要概念。

(一) 基元反应、非基元反应

化学反应可分成两种情况:一种情况是由反应物一步生成产物;另一种情况是由反应物经过几步生成产物。

由反应物一步生成产物,这样的反应称为基元反应(elemenyary reactions),或简单反应。在通常的化学反应中一步完成的很少,绝大多数化学反应都是分步完成的。经两步或两步以上完成的反应称非基元反应,或复杂反应。也可以说两个或两个以上基元反应构成的化学反应称为复杂反应。

例如:$H_2O_2 + 2H^+ + 2Br^- = Br_2 + 2H_2O$

是由四个基元反应构成:

(1) $H^+ + H_2O_2 \longrightarrow H_3O_2^+$ (快)

(2) $H_3O_2^+ \longrightarrow H^+ + H_2O_2$ (快)

(3) $H_3O_2^+ + Br^- \longrightarrow H_2O + HOBr$ (快)

(4) $HOBr + H^+ + Br^- \longrightarrow H_2O + Br_2$ (慢)

(二) 反应机理

复杂反应所经历的若干个基元反应称为反应机理或反应历程(reaction menchanism)。

(三) 反应分子数

反应分子数是从微观上用来说明各反应物分子经碰撞而发生反应的过程中所包括的分子数。也就是说,反应分子数(molecularity)是基元反应中物种的分子数目。

按反应分子数,基元反应可以分成三类。

1. 单分子反应(unimolecular reations):主要包括一些分解

反应和异构化反应，如 $H_2O_2 + Br^-$ 反应中的第二个基元反应就是单分子反应。

2. 双分子反应（dimolecular reations）：多数基元反应属于双分子反应，如 $H_2O_2 + Br^-$ 反应中的第一个和第三个基元反应就是双分子反应。

3. 三分子反应（termolecular reations）：属于三分子反应的极少，因为三个分子同时相碰的几率很小。如 $H_2O_2 + Br^-$ 反应中的第四个基元反应就是三分子反应。

是否存在四分子反应，目前尚未发现，而且理论分析也认为不可能存在四分子反应，因为四分子同时相碰实际上是不可能的。

三、质量作用定律

一般化学反应的反应速率方程，必须通过实验测得，不能直接由反应式导出，然而基元反应是通过分子的直接碰撞一步转化成产物的，因此基元反应的速率方程可以直接由反应方程式导出。

先看一些实验结果：

基元反应	速率方程	反应分子数	反应级数
$H^+ + H_2O_2 \longrightarrow H_3O_2^+$	$v = kc(H^+)c(H_2O_2)$	2	2
$H_3O_2^+ \longrightarrow H^+ + H_2O_2$	$v = kc(H_3O_2^+)$	1	1
$H_3O_2^+ + Br^- \longrightarrow H_2O + HBrO$	$v = kc(H_3O_2^+)c(Br^-)$	2	2
$HBrO + H^+ + Br^- \longrightarrow H_2O + Br_2$	$v = kc(HBrO)c(H^+)c(Br^-)$	3	3
$2I^- + H_2 \longrightarrow 2HI$	$v = kc^2(I^-)c(H_2)$	3	3

从实验结果可以看出：在恒温下基元反应的反应速率与各反应物浓度系数次方的乘积成正比。此定量关系称为基元反应的质量作用定律（law of mass action）。此定律是 1867 年由挪威学者古德贝格（Guldberg. C. M. 1836—1902）和瓦格（Waage. P. 1833—1900）提出的。

根据质量作用定律，就可以由基元反应的反应式直接写出反应速率方程。

从微观分析也可以得出同样的结论。反应发生的前提条件是反应物分子间发生碰撞，单位时间内碰撞次数越多，可能发生反应的机会就越多，速率就越快。单位时间内分子碰撞次数的多少，在恒温条件下，显然取决反应物浓度，浓度越大，单位时间内碰撞次数越多。

化学动力学研究的一个重要部分，就是化学反应机理，它涉及多方面的工作，要考虑多方面的因素，反应速率方程的测定在化学反应机理的研究中有着重要作用。

从前面的讨论中已经清楚地看到，如果实验测得的反应速率方程，各反应物的反应级数与其化学方程式的计量系数不一致，该反应就不应是基元反应，而应该是复杂反应。因为基元反应符合质量作用定律，可以直接由反应式写出反应速率方程。

例如 NO_2 和 CO 的反应：

$$NO_2 + CO \longrightarrow NO + CO_2$$

当温度高于 523 K 时，实验测得的速率方程：$v = kc(NO_2)c(CO)$ 此式与假定该反应是基元反应而利用质量作用定律直接写出的反应速率方程是同样的，该反应可能是基元反应，又经其他方面证明，该反应在高于 523 K 时确是基元反应。

当温度低于 523 K 时，实验测的反应速率方程：$v = kc^2(NO_2)$ 显然，此时反应不应是基元反应，而应是复杂反应。具体的反应机理可能是：

$$NO_2 + NO_2 \longrightarrow NO_3 + NO \quad (慢反应)$$
$$NO_3 + CO \longrightarrow NO_2 + CO_2 \quad (快反应)$$

由于第一个反应慢，所以整个反应的反应速率取决于第一步反应。根据质量作用定律 $v = kc^2(NO_2)$

这样就与实验测得的速率方程一致了。

但是否由实验测得的速率方程与根据反应机理直接由质量作用

定律推得的速率方程一致,反应机理就一定正确呢?不一定。还要有多方面的验证,诸如还要考虑能量因素等等。

例如反应:
$$H_2 + I_2 \longrightarrow 2HI$$

实验测得反应速率方程　　$v = kc(H_2)c(I_2)$

多年来人们认为该反应是基元反应,根据质量作用定律也得 $v = kc(H_2)c(I_2)$,由其他方面也得到验证。后来随着结构化学理论的发展,发现如果该反应是基元反应的话,它违反了结构化学中的对称守衡原理。经进一步研究认为该反应的反应机理应是:

$$I_2 \underset{}{\overset{k''}{\rightleftharpoons}} 2I \quad (平衡)$$

$$2I + H_2 \xrightarrow{k'} 2HI \quad (慢)$$

根据上述机理,应该有　　$v = k'c^2(I)c(H_2)$

因为 $\dfrac{c^2(I)}{c(I_2)} = k''$　所以 $v = k'k''c(I_2)c(H_2)$　令 $k = k'k''$

则:$v = kc(I_2)c(H_2)$

反应速率方程为研究反应机理提供了重要手段,它是确定反应机理的必要条件,但不是充分条件。要确定一个反应的合理的机理,需要多方面繁重而细致的工作,需要多方面的验证。

第六节　温度对反应速率的影响

反应速率常数 k,取决于反应自身的内部因素及反应所处的温度。不同温度时速率常数 k 不同,可见温度是影响反应速率的外部条件之一。一般的化学反应随温度升高化学反应速率加快。

一、范霍夫近似规则

范霍夫(van't Hoff)根据大量实验事实总结出一条近似规律:

温度每升高 10 K 反应速率大约是原来的 2～4 倍。即

$$\frac{k_T+10}{k_T}=2\sim 4$$

如果不需要精确的数据或手边数据不全,则可根据这个规律大致估计出温度对反应速率的影响。

并不是所有的反应都符合这一规则,也有一些特殊情况。

二、阿累尼乌斯公式

温度对化学反应速率的影响体现在温度对速率常数 k 的影响上。化学家们系统地研究了许多化学反应的反应速率与温度的关系之后发现,$\ln k$ 和 $\frac{1}{T}$ 呈直线关系,即 $\ln k=A'+\frac{B}{T}$ A',B 都是常数

把此式做一下数学的变形处理得

$$k=A\exp\left(\frac{-E_a}{RT}\right)$$

这就是阿累尼乌斯公式,是阿累尼乌斯(Arrhenis)于 1889 年提出的。式中 k 是速率常数。$\exp\left(\frac{-E_a}{RT}\right)$ 表示 $\frac{-E_a}{RT}$ 是 e 的指数,e 为自然对数的底(e=2.718),A 和 E_a 是经验常数。后来经理论研究,它们都有一定的物理意义,A 称为指前因子或频率因子,E_a 是一个能量项,称活化能(activation energy),R 是气体常数(8.314 J·mol^{-1}·K^{-1}),T 是热力学温度。A 的单位与 k 的单位相同。

A 与 E_a 都可通过实验求出:

把阿累尼乌斯公式做一下变形处理得

$$\lg k=-\frac{E_a}{2.303R}\cdot\frac{1}{T}+\lg A$$

通过实验先测出不同温度下的 k 值,然后用 $\lg k$ 对 $\frac{1}{T}$ 做图,得

一直线，其斜率 $= -\dfrac{E_a}{2.303R}$ $E_a = -2.303R \times 斜率$ 由此求出 E_a

如反应： $A + B \longrightarrow P$

经实验测得如下数据：

T（K）	550	600	650	700	750	800
$k(\text{L}^{-1} \cdot \text{mol} \cdot \text{s}^{-1})$	0.0041	0.028	0.22	1.3	6.0	23

根据以上数据用 $\lg k$ 对 $\dfrac{1}{T}$ 做图，可得图 3-2

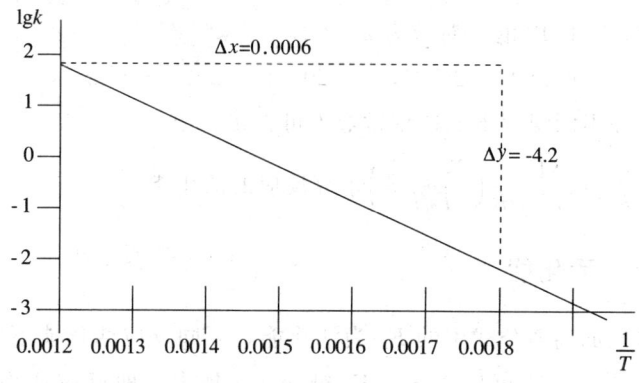

图 3-2

斜率 $= \dfrac{-4.2}{0.0006}$

$\qquad = -7.0 \times 10^3$

由图中得到的数据可求得

$E_a = -2.303 R \times 斜率$

$\qquad = -2.303 \times 8.314 \times (-7.0 \times 10^3)$

$\qquad = 1.34 \times 10^5 \; (\text{J} \cdot \text{mol}^{-1})$

不同反应有不同的活化能 E_a。如果已知某反应的活化能及某一温度时的 k，可以求另一温度下的 k。

$$\lg k_1 = -\dfrac{E_a}{2.303RT_1} + \lg A \qquad (1)$$

$$\lg k_2 = -\frac{E_a}{2.303RT_2} + \lg A \qquad (2)$$

用（2）式减（1）式得

$$\lg \frac{k_2}{k_1} = \frac{E_a}{2.303R}\left(\frac{T_2-T_1}{T_2 T_1}\right)$$

例5：某反应的活化能 $E_a = 1.14 \times 10^5$ J·mol^{-1}，600 K 时 $k_1 = 0.75$ L·mol^{-1}·s^{-1} 计算 700 K 时的 k_2

解： $\lg \dfrac{k_{700}}{k_{600}} = \dfrac{1.14 \times 10^5}{2.303 \times 8.314}\left(\dfrac{700-600}{700 \times 600}\right) = 1.42$

1.42 的反对数为 26

所以 $k_2 = 26 \times 0.75 = 20$ （L·mol^{-1}·s^{-1}）

已知不同温度下的速率常数 k 可直接利用

$\lg \dfrac{k_2}{k_1} = \dfrac{E_a}{2.303R}\left(\dfrac{T_2-T_1}{T_2 T_1}\right)$ 求算反应的活化能。

三、活化能

阿累尼乌斯公式中的 E_a 为活化能，不同反应活化能不同。由阿累尼乌斯公式可以看出，E_a 越小，k 越大，即反应速率越快。由于 E_a 在指数项上，所以其对 k 的影响就很大。为什么活化能越小反应速率越快，为什么活化能对反应速率影响如此之大，它的物理意义是什么？这里做一初步介绍。

化学反应的发生实际上是物质内部原子重新组合的过程，在这一过程中发生旧化学键的破坏和新化学键的形成，化学键重组。要发生化学键的重组，前提条件是反应物分子间要发生接触——碰撞，是否每一次碰撞都能发生反应呢？实际证明是不可能的。必须有足够能量的分子间的碰撞才能发生反应。

阿累尼乌斯认为，反应物分子 R 先须经过中间活化状态 R*（能量较高），才能转变成产物 P

$$R \rightleftharpoons R^* \longrightarrow P$$

R 与 R^* 处于动态平衡。由 $R \longrightarrow R^*$ 需吸收的能量即为活化能 E_a。对于基元反应，活化能等于活化分子的平均能量与反应物分子的平均能量之差，见图 3-3。

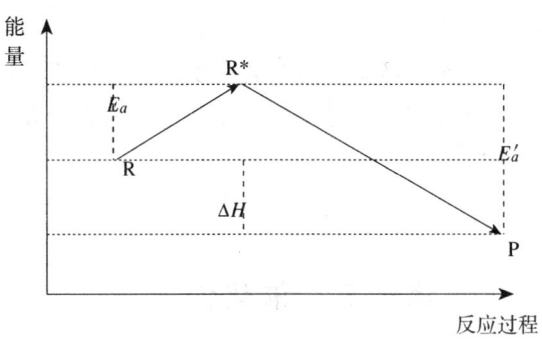

图 3-3

图中 E_a 为正向反应活化能；E_a' 为逆向反应活化能。

$$E_a = E(R^*) - E(R)$$
$$E_a' = E(R^*) - E(P)$$
$$E_a - E_a' = E(P) - E(R) = \Delta H$$

活化能大说明反应越过的能峰高，活化需要吸收的能量多。

不同的反应活化能不同，是因为不同物质化学键能不同，改组化学键所需能量不同。一定温度下，反应活化能越大、活化分子数就越少，反应就越慢，活化能越小、活化分子数就越多，反应就越快。

可见活化能是决定化学反应速率的内因，一般的化学反应其活化能在 60 kJ·mol^{-1}~250 kJ·mol^{-1} 之间；活化能小于 40 kJ·mol^{-1} 反应极快；活化能大于 400 kJ·mol^{-1} 反应极慢。

了解了活化能的物理意义后，对温度对反应速率的影响应有进一步的认识。升高温度，除了使单位时间内反应物分子碰撞次数增多以外同时使活化分子的百分率增多，从而使化学反应速率明显提高。

图 3-3 所示能量关系图，只适用于基元反应。阿累尼乌斯公式不仅适用于基元反应，也适用于复杂反应。前面所讨论的活化能的物理意义是对基元反应而言的，对复杂反应的活化能物理意义就不是很明确。

对于活化能的理论解释，至今各家说法不尽相同，各教科书阐述也不一致。现在流行的基元反应速率理论，主要是碰撞理论和过渡状态理论。

第七节 催化作用[*]

许多化学反应根据热力学的计算是可能反应的，而实际上却不发生。例如，298 K 时气态水的标准生成自由能 $\Delta_r G_m^{\ominus} = -228.6$ kJ·mol^{-1} 小于零，实际上在室温下氢和氧几乎不发生反应，原因是在此条件下反应极慢，以致于我们观察不到反应。但是，在氢氧混合气中加入微量细铂粉，反应便立即发生，而且反应后铂粉并没减少。

凡能改变反应速率，而它本身的组成和质量在反应前后保持不变的物质称为催化剂（catalyst）。催化剂能改变化学反应速率的作用称为催化作用（catalysis）。

铂粉就是氢和氧化合反应的催化剂，$KClO_3$ 分解反应的催化剂是 MnO_2。这些催化剂都是加快反应速率的。凡是能加快反应速率的催化剂称为正催化剂，一般就称催化剂。相反，凡是能减慢反应速率的催化剂称为负催化剂。在实际工作中并非所有的反应速率都要加快，如防止塑料、橡胶的老化，过氧化氢的保存，都需要添加某种物质以减慢反应速率，这种添加的物质就是负催化剂，一般称抑制剂。这里主要讨论正催化剂。

催化剂是如何起到催化作用，即催化剂的催化机理是什么？目前一般公认的说法是：催化剂之所以能加快反应速率，是因为它参与了变化过程，改变了原来的反应历程，降低了反应的活化能。

例如 A+B ──→P 这个化学反应无催化剂存在时是按图 3-4 中的历程 I 进行的，它的活化能是 E_a。当有催化剂 K 存在时，其反应历程发生变化，反应按历程 II 进行。

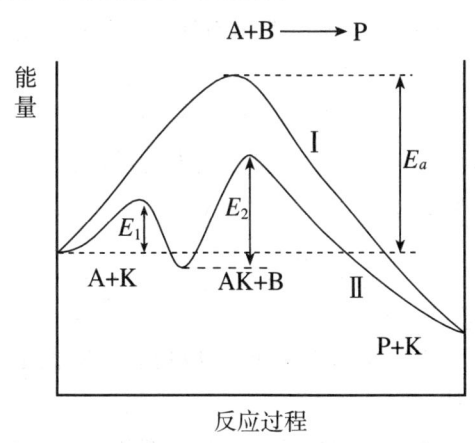

图 3-4

A+K ──→AK 活化能 E_1

AK+B ──→P+K 活化能 E_2

由于 E_1、E_2 均小于 E_a，所以反应速率大大提高。

通过以上的讨论，应该明确几点：

1. 催化剂对反应速率的影响是通过改变反应机理来实现的。

2. 催化剂的存在并没有改变反应的始态和终态，因而反应的 $\Delta_r G_m$ 就不会变化。$\Delta_r G_m^\ominus = -RT \ln K^\ominus$，所以平衡常数和平衡状态也不会因为催化剂的存在而改变，只是催化剂缩短了达到平衡的时间。

3. 既然催化剂对平衡没有影响，它能加快正反应的反应速率，它必然会同等程度地加快逆反应的反应速率。合成氨用铁做催化剂，铁又必然是氨分解的催化剂。

4. 催化剂只是能改变反应速率,但决不能改变反应方向,决不能使热力学认为不可能发生的反应发生。

催化作用可分为多种类型,现简单介绍一下化学催化(分为均相催化、多相催化)和酶催化。

(一) 化学催化

1. 均相催化:反应物与催化剂处于同相中,有气相催化和液相催化之分。例如,NO 催化

$$2SO_2 + O_2 \longrightarrow 2SO_3$$

催化剂与反应物、生成物都是气态物质,属于气相催化。

其反应历程如下:

$$\begin{array}{r}2NO + O_2 = 2NO_2 \\ \underline{2NO_2 + 2SO_2 = 2NO + 2SO_3} \\ 2SO_2 + O_2 = 2SO_3\end{array}$$

NO 改变了 SO_2 变为 SO_3 的反应历程,降低了活化能,从而使反应大大加速。

酯类水解需加酸做催化剂,这是典型的液相催化。

2. 多相催化:反应物与催化剂不处于同一相中。

多相催化在有机化工、无机化工、石油化工、石油炼制等生产中有大量应用。催化剂是固态的,反应物是气态或液态。这类催化剂之所以能降低活化能,主要因为催化剂的吸附作用(在催化剂表面形成中间产物),削弱了反应物的化学键。

例如,N_2O 分解为 N_2 和 $\frac{1}{2}O_2$,用 Au 做催化剂,当 N_2O 被 Au 吸附后,在 Au 表面形成 $\mathrm{N}\!\equiv\!\mathrm{N}\!-\!\underset{|}{\mathrm{O}}$ 结果削弱 N—O 键,使
$\quad\quad\quad\quad\quad\quad\quad\quad\quad\quad\quad\quad\quad\quad\quad\;\;\mathrm{Au}$
活化能由 $250 \text{ kJ} \cdot \text{mol}^{-1}$ 降低至 $120 \text{ kJ} \cdot \text{mol}^{-1}$。

(二) 酶催化

酶催化是生物体内普遍存在的催化反应。酶是蛋白类化合物,被酶催化的那些物质称做底物,当底物与酶的活性基团处于一定相

应的空间位置时,两者形成中间活化物,反应历程变化了,降低了活化能,加快了反应速率。酶催化具有高度的选择性,一种酶只能催化一种反应;酶催化效率非常高,比一般有机或无机催化剂高出$10^8 \sim 10^{12}$倍;酶催化反应,所需条件温和,一般常温常压即可进行;酶催化历程复杂,受 pH 及离子强度影响较大,增大了酶催化研究的困难。

催化剂的性能评价一般包括活性、选择性、稳定性、再生性。人们希望采用活性高、选择性强、稳定性好、再生性好的催化剂。

阅 读 材 料

用化学反应进度来表示化学反应速率

化学反应速率是表示化学反应进行快慢的物理量。在本章讨论中是用反应物或生成物的浓度随时间的变化率来表示反应速率的。在讨论过程中可以看到当选用不同物质作为化学反应速率测定的跟踪物时,化学反应速率的数值可能不同。

既然是化学反应速率,是否可以用化学反应进度随时间的变化率来表示呢?

即 $v = \dfrac{d\xi}{dt}$

式中 ξ 为化学反应进度,对于化学反应:aA+bB $\longrightarrow$ cC+dD 反应进度 ξ 定义为:

$$\xi = \frac{n_A - n_A^0}{-a} = \frac{n_B - n_B^0}{-b} = \frac{n_C - n_C^0}{c} = \frac{n_D - n_D^0}{d}$$

n_A^0、n_B^0、n_C^0、n_D^0 为反应起始时反应体系中各有关物质的量;
n_A、n_B、n_C、n_D 为反应至某时刻反应体系中各有关物质的量。

显然这种表示方法所得到的数值与反应体系的大小有关。IUPAC 推荐用 $v=\dfrac{1}{v}\dfrac{\mathrm{d}\xi}{\mathrm{d}t}$ 做为化学反应速率的另一种表示方法。式中 ξ 为化学反应进度，V 为化学反应体系的体积。

根据反应进度的定义：$v=\dfrac{1}{v}\dfrac{\mathrm{d}\xi}{\mathrm{d}t}=\dfrac{1}{-a}\dfrac{\mathrm{d}n_A}{\mathrm{d}t}$

对于定容体系 $\dfrac{n_A}{v}=c_A$

所以 $v=\dfrac{1}{-a}\dfrac{\mathrm{d}c_A}{\mathrm{d}t}$

同理有 $v=\dfrac{1}{-b}\dfrac{\mathrm{d}c_B}{\mathrm{d}t}=\dfrac{1}{c}\dfrac{\mathrm{d}c_C}{\mathrm{d}t}=\dfrac{1}{d}\dfrac{\mathrm{d}c_D}{\mathrm{d}t}$

可见用 $v=\dfrac{1}{v}\dfrac{\mathrm{d}\xi}{\mathrm{d}t}$ 表示化学反应速率，其数值只有一个，它与反应体系中选用何种物质用于测定化学反应速率的跟踪物无关。但应该注意到，由于化学反应进度与化学反应式的书写方式有关，所以这种表示方法其数值与化学反应式的书写方式有关。

本 章 小 结

一、化学平衡

1. 化学平衡定律及其计算。
2. 标准平衡常数与实验平衡常数的区别与联系。
3. 化学反应等温式：

$$\Delta_r G_m = \Delta_r G_m^\ominus + RT \ln Q$$

利用化学反应等温式讨论浓度、压力、温度对化学平衡移动的影响（主要通过利用由化学反应等温式推证出的下述两式进行讨论）。

第三章　化学平衡与化学反应速率

$$\Delta_r G_m^\ominus = RT \ln \frac{Q}{K^\ominus} \text{ 及 } \frac{\mathrm{d}\ln K^\ominus}{\mathrm{d}T} = \frac{\Delta_r H_m^\ominus}{RT^2}$$

二、化学反应速率

1. 化学反应速率的表示方法，注意采用不同物质浓度随时间的变化率来表示化学反应速率时数值上的区别。

2. 化学反应速率方程：$v = kc^m(A)c^n(B)$

反应级数：$m+n$ 反映了浓度（压力）对化学反应速率影响的程度。

3. 温度对化学反应速率的影响——阿累尼乌斯公式：

$$k = A\exp\left(-\frac{E_a}{RT}\right)$$

正确理解活化分子、活化能的概念，利用阿累尼乌斯公式进行计算。

4. 反应机理的讨论，涉及的基本概念（基元反应、非基元反应、反应分子数、反应机理）及主要定律：质量作用定律。通过讨论应认识到，化学反应机理的研究是以实验为基础的。

5. 催化剂的概念，催化作用的机理，催化剂的分类：化学催化（均相催化、多相催化）、酶催化。

习　题

1. 回答下列问题：

(1) 平衡浓度是否随时间变化？是否随起始浓度变化？是否随温度变化？

(2) 平衡常数是否随起始浓度变化？转化率是否随起始浓度变化？

(3) 气固两相平衡体系的平衡常数与固相存在的量是否有关？

(4) 经验平衡常数与标准平衡常数有何区别？有何联系？

(5) 当化学反应的 $\Delta G_T^{\ominus} = (+)$ 值时，是不是任何状态的正向反应都不能自发进行？

(6) K 值变了平衡位置是否移动？平衡位置移动了 K 值是否改变？催化剂是否能改变平衡位置？

(7) 向下列各平衡体系加入一定量不参与反应的气体（保持总体积不变），平衡如何移动？

$$CO(g) + N_2O(g) \underset{\triangle}{\rightleftharpoons} CO_2(g) + N_2(g)$$

$$4NH_3(g) + 5O_2(g) \underset{\triangle}{\rightleftharpoons} 4NO(g) + 6H_2O(g)$$

$$SbCl_5(g) = SbCl_3(g) + Cl_2(g)$$

2. 写出下列反应的平衡常数表达式

$$CH_4(g) + 2O_2(g) = CO_2(g) + 2H_2O(l)$$

$$2H_2S(g) = 2H_2(g) + 2S(s)$$

$$PbI_2(s) = Pb^{2+}(aq) + 2I^-(aq)$$

$$AgCl(s) + 2NH_3(aq) = Ag(NH_3)_2^+(aq) + Cl^-(aq)$$

3. 已知 $N_2 + 3H_2 = 2NH_3$ 的 $K^{\ominus} = 6.2 \times 10^{-4}$ (673 K)，问：

$$\frac{1}{2}N_2 + \frac{3}{2}H_2 = NH_3 \quad K^{\ominus} = ?$$

$$\frac{1}{3}N_2 + H_2 = \frac{2}{3}NH_3 \quad K^{\ominus} = ?$$

$$2NH_3 = N_2 + 3H_2 \quad K^{\ominus} = ?$$

这四个 $K^{\ominus}$ 值的意义是否相同？讨论合成氨反应时，是否可用任意一种 $K^{\ominus}$ 值？

4. 在 698 K，在 10 L³ 真空容器中注入 0.10 mol $H_2(g)$ 和 0.10 mol $I_2(g)$，反应平衡后 $I_2(g)$ 的浓度为 0.0021 mol·L^{-1}。试求：

①在 698 K 时，$H_2 + I_2 = 2HI$ 的平衡常数。

②平衡时各物质的分压力。

5. 已知 $FeO(s)+CO(g)=Fe(s)+CO_2(g)$ 的 $K_c=0.5(1273\ K)$。若起始浓度 $c(CO)=0.005\ mol\cdot L^{-1}$,$c(CO_2)=0.01\ mol\cdot L^{-1}$,问:

①反应物、生成物的平衡浓度各是多少?

②CO 的转化率是多少?

③增加 FeO 的量,对平衡有何影响?

6. 已知下列反应的平衡常数,试求 298 K 时 $2N_2O(g)+3O_2(g)=2N_2O_4(g) K_c=? \ K_p=?$

① $N_2(g)+\frac{1}{2}O_2(g)=N_2O(g)$　　$K_{c_1}=3.4\times10^{-18}(298\ K)$

② $N_2O_4(g)=2NO_2(g)$　　$K_{c_2}=4.6\times10^{-3}(298\ K)$

③ $\frac{1}{2}N_2(g)+O_2(g)=NO_2(g)$　　$K_{c_3}=4.1\times10^{-9}(298\ K)$

7. 根据以下数据计算甲醇和一氧化碳化合生成醋酸反应的 $K^{\ominus}$ (298 K)。

	$CH_3OH(g)$	$CO(g)$	$CH_3COOH(g)$
$\Delta_f H_m^{\ominus}(kJ\cdot mol^{-1})$	−200.8	−110	−435
$S_m^{\ominus}(J\cdot mol^{-1}\cdot K^{-1})$	+238	+198	+293

8. 氧化银遇热分解:$2Ag_2O(s)=4Ag(s)+O_2(g)$。已知(298 K)$Ag_2O(s)$ 的 $\Delta_f H_m^{\ominus}=-31.1\ kJ\cdot mol^{-1}$,$\Delta_f G_m^{\ominus}=-11.2\ kJ\cdot mol^{-1}$。求:

①在 298 K 时 Ag_2O—Ag 体系的 $p(O_2)=?$

②Ag_2O 的热分解温度是多少(在分解温度,$p(O_2)=100\ kPa$)?

9. 已知反应 $C(s)+CO_2(g)=2CO(g)$ 　$K^{\ominus}=4.6(1040\ K)$,$K^{\ominus}=0.50(940\ K)$。问:

①上述反应是吸热还是放热?$\Delta_r H_m^{\ominus}=?$

②在 940 K 的 $\Delta_r G_m^{\ominus} = ?$

③该反应的 $\Delta_r S_m^{\ominus} = ?$

10. 将空气中的单质氮变成各种含氮的化合物的反应叫做固氮反应。根据 $\Delta_f G_m^{\ominus}$，计算下列三种固氮反应的 $\Delta_r G_m^{\ominus}$ 及 $K^{\ominus}$。从热力学的角度看选择哪个反应为最好？

$$N_2 + O_2 = 2NO$$
$$2N_2 + O_2 = 2N_2O$$
$$N_2 + 3H_2 = 2NH_3$$

11. $CuSO_4 \cdot 5H_2O$ 的风化若用式
$CuSO_4 \cdot 5H_2O(s) \rightleftharpoons CuSO_4(s) + 5H_2O(g)$ 表示。

①求 25°C 时的 $\Delta_r G_m^{\ominus}$ 及 $K^{\ominus}$。

②在 25°C，若空气中水蒸汽相对湿度为 60%，在敞口容器中上述反应的 $\Delta_r G_m^{\ominus}$ 是多少？此时 $CuSO_4 \cdot 5H_2O$ 是否会风化成 $CuSO_4$？

12. 已知反应 $N_2 + O_2 = 2NO$ 的 $K_c = 0.100(2273\ K)$。判断在 2273 K 时，下列各种起始状态反应自发进行的方向。

状态	起始浓度 $c(mol \cdot L^{-1})$		
	N_2	O_2	NO
I	0.81	0.81	0
II	0.98	0.68	0.26
III	1.0	1.0	1.0

13. PCl_5 遇热按 $PCl_5(g) = PCl_3(g) + Cl_2(g)$ 式分解。2.695 g PCl_5 装在 1.00 L 的密闭容器中，在 523 K 达平衡时总压力为 100 kPa。求：

①PCl_5 的摩尔分解率

②平衡常数 K_p、K_c

③当总压力为 1000 kPa 时，PCl_5 的摩尔分解率？

④要摩尔分解率低于 10%，总压力是多少？

14. 已知 $CaCO_3(s) = CaO(s) + CO_2(g)$ 的 $K_c = 0.50(1\,500\,K)$，在此温度下 CO_2 又有部分分解成 CO，即 $CO_2 = CO + \frac{1}{2}O_2$。若将 1.0 mol $CaCO_3$ 装入 1.0 L 真空容器中，加热到 1 500 K 达平衡时，气体混合物中 O_2 的摩尔分数为 0.15。计算容器中 $CaCO_3$ 的摩尔数。

15. 回答下列问题：

    ① 一个反应在相同温度及不同起始浓度下的反应速率是否相同？速率常数是否相同？转化率是否相同？平衡常数是否相同？

    ② 一个反应在不同温度及相同的起始浓度时，反应速率是否相同？速率常数是否相同？反应级数是否相同？活化能是否相同？

    ③ 什么反应的反应速率与浓度无关？

    ④ 催化剂对速率常数、平衡常数是否都有影响？

16. 现有化学反应 $S_2O_8^{2-} + 3I^- \longrightarrow 2SO_4^{2-} + I_3^-$

    当反应速率 $-\dfrac{dc(S_2O_8^{2-})}{dt} = 2.0 \times 10^{-3}\,mol \cdot L^{-1} \cdot s^{-1}$

    时，$-\dfrac{dc(I^-)}{dt} = ?$ $+\dfrac{dc(SO_4^{2-})}{dt} = ?$

17. N_2O_5 的分解反应是 $2N_2O_5 \longrightarrow 4NO_2 + O_2$，由实验测得在 67°C 时 N_2O_5 的浓度随时间的变化如下：

$t(min)$	0	1	2	3	4	5
$N_2O_5 (mol \cdot L^{-1})$	1.00	0.71	0.50	0.35	0.25	0.17

试计算：

① 在 0～2 分钟内的平均反应速率。

② 在第二分钟的瞬时速率。

③ N_2O_5 浓度为 1.00 $mol \cdot L^{-1}$ 时的初速率。

18. 已知在 320 ℃ 反应 $SO_2Cl_2(g) \longrightarrow SO_2(g)+Cl_2(g)$ 是一级反应,速率常数为 $2.2\times10^{-5}\,s^{-1}$。问:
    ① 10.0g SO_2Cl_2 分解一半需多少时间?
    ② 2.00g SO_2Cl_2 经 2 小时之后还剩多少?

19. $A(g) \longrightarrow B(g)$ 为二级反应。当 A 的浓度为 $0.050\,mol\cdot L^{-1}$ 时,其反应速率为 $1.2\,mol\cdot L^{-1}\cdot min^{-1}$。
    ① 写出该反应的速率方程。
    ② 计算速率常数。
    ③ 温度不变时,欲使反应速率加倍,A 的浓度应是多大?

20. 实验测定下列反应
    $$Br_2(g)+2NO(g)\longrightarrow 2NOBr(g)$$
    对 Br_2 为一级反应,对 NO 是二级反应,某温度下速率常数等于 $0.050\,L^2\cdot mol^{-2}\cdot s^{-1}$,求:① 反应的总反应级数。
    ② 温度不变,当 Br_2 浓度为 $0.10\,mol\cdot L^{-1}$;NO 浓度为 $0.050\,mol\cdot L^{-1}$ 时的反应速率。

21. 反应 $D(g)\longrightarrow$ 产物,当 D 浓度为 $0.150\,mol\cdot L^{-1}$,反应速率是 $0.030\,mol\cdot L^{-1}\cdot min^{-1}$,如该反应为:① 零级反应 ② 一级反应 ③ 二级反应,反应速率常数分别是多少?

22. 气体 A 的分解反应 $A(g)\longrightarrow$ 产物,当 A 的浓度等于 $0.50\,mol\cdot L^{-1}$ 时,反应速率为 $0.014\,mol\cdot L^{-1}\cdot s^{-1}$。如该反应为:① 零级反应 ② 一级反应 ③ 二级反应
    当 A 的浓度等于 $1.0\,mol\cdot L^{-1}$ 时,反应速率又分别是多少?

23. 某反应 $A\longrightarrow$ 产物,当 A 的浓度等于 $0.10\,mol\cdot L^{-1}$ 及 $0.050\,mol\cdot L^{-1}$ 时,测得其反应速率,如果前后两次速率的比值为:① 0.400 ② 1.0 ③ 0.25
    求:上述三种情况下反应的级数。

24. 假定某一反应的决速步骤是

$$2A(g) + B(g) \longrightarrow C(g)$$

将 2 mol A(g) 和 1 mol B(g) 放在一只 1 升的容器中混合,将下列的速率同此时反应的初始速率相比较:

① A 和 B 都用掉一半时的速率;

② A 和 B 各用掉 $\frac{2}{3}$ 时的速率;

③ 在一只 1L 容器里装入了 2 mol A 和 2 mol B 时的初速率;

④ 在一只 1L 容器里装入了 4 mol A 和 2 mol B 时的初速率。

25. 高层大气中微量臭氧 O_3 吸收紫外线而分解,使地球上的动物免遭辐射之害,但低层 O_3 却是造成光化学烟雾的主要成分之一,低层 O_3 可由以下过程形成

① $NO_2 \longrightarrow NO + O$ (一级反应) $k_1 = 6.0 \times 10^{-3} \, s^{-1}$

② $O + O_2 \longrightarrow O_3$ (二级反应) $k_2 = 1.0 \times 10^6 \, mol^{-1} \cdot L \cdot s^{-1}$

假设由反应①产生原子氧的速率等于反应②消耗原子氧的速率。当空气中 NO_2 浓度为 $3.0 \times 10^{-9} \, mol \cdot L^{-1}$ 时,污染空气中 O_3 生成的速率是多少?

26. 若基元反应 $A \longrightarrow 2B$ 的活化能为 E_a,而 $2B \longrightarrow A$ 的活化能为 E_a'。问:

① 加催化剂后 E_a 和 E_a',各有何变化?

② 加不同的催化剂对 E_a 的影响是否相同?

③ 提高反应温度 E_a 和 E_a' 各有何变化?

④ 改变起始浓度后 E_a 有何变化?

27. 已知基元反应 $A \longrightarrow B$ 的 $\Delta H = 67 \, kJ \cdot mol^{-1}$,$E_a = 90 \, kJ \cdot mol^{-1}$。问:

① $A \longrightarrow B$ 的 $E_a' = ?$

② 若在 0 ℃,$k = 1.1 \times 10^{-5} \, min^{-1}$,那么在 45 ℃ 时 $k = ?$

28. 在不同温度测定 $H_2+I_2 \longrightarrow 2HI$ 的反应速率常数如下表：

$T(K)$	556	629	666	700	781
$k(\text{mol}^{-1}\cdot L\cdot s^{-1})$	4.45×10^{-5}	2.52×10^{-3}	1.41×10^{-2}	6.43×10^{-2}	1.24

试用作图法求反应活化能，并求在 300°C 和 400°C 的速率常数各是多少？

29. $2ICl+H_2 \longrightarrow 2HCl+I_2$ 的反应历程若是

① $H_2+ICl \longrightarrow HI+HCl$ 慢

② $ICl+HI \longrightarrow HCl+I_2$ 快

试推导速率方程式。

30. 臭氧热分解反应机理是

① $O_3 \rightleftharpoons O_2+O$ 快

② $O+O_3 \longrightarrow 2O_2$ 慢

试证明 $-\dfrac{dc(O_3)}{dt}=k\dfrac{c^2(O_3)}{c(O_2)}$.

31. N_2O_5 分解的反应，400 K 时，$k=1.4\ s^{-1}$，450 K 时，$k=43\ s^{-1}$，求该反应的活化能。

32. 某反应 $E_a=82\ kJ\cdot mol^{-1}$，速率常数 $k=1.2\times 10^{-2}\ mol^{-1}\cdot L\cdot s^{-1}$（300 K 时），求 400 K 时的 k。

33. 温度相同时，三个基元反应的活化能数据如下：

反应	$E_a(kJ\cdot mol^{-1})$	$E_a'(kJ\cdot mol^{-1})$
1	30	55
2	70	20
3	16	35

①哪个反应的正反应速率最大？

②反应 1 的 $\Delta_r H_m$ 是多大？

③哪个反应的正反应是吸热反应？

34. 对于下列反应

$C(s)+CO_2(g) \rightleftharpoons 2CO(g)$；$\Delta_r H_m^{\ominus}=+172.5\ kJ\cdot mol^{-1}$

若增加总压力,或升高温度,或加入催化剂,反应速率常数 $k_正$、$k_逆$,反应速率 $v_正$、$v_逆$ 及平衡常数 $K^\ominus$ 将如何变化?平衡将怎样移动?分别填入下表中。

	$k_正$	$k_逆$	$v_正$	$v_逆$	$K^\ominus$	平衡移动方向
增加总压力						
升高温度						
加入催化剂						

参 考 资 料

[1] 华彤文等. 普通化学原理. 第二版. 北京:北京大学出版社,1993
[2] 北京师大等校无机化学教研室. 无机化学. 第三版. 北京:高等教育出版社,1993
[3] 傅献彩等. 大学化学. 第一版. 北京:高等教育出版社,1999
[4] 韩德刚,高盘良. 化学动力学基础. 第一版. 北京:北京大学出版社,1985
[5] 傅献彩等. 物理化学. 第四版. 北京:高等教育出版社,1990

第四章 电解质溶液和电离平衡

许多化学反应是在水溶液中进行的，根据化合物在水中溶解（或熔融状态下）后能否导电，可分为电解质和非电解质。在溶解或熔融状态下能够导电的化合物称为电解质，如酸、碱、盐等，不能导电的化合物称为非电解质，如苯、酒精等大部分有机物。

电解质按溶于水后电离情况可分为强电解质和弱电解质，从结构上看强电解质包括离子型化合物和强极性共价化合物，如强酸：H_2SO_4、HNO_3、HCl，强碱：$NaOH$、KOH、$Ba(OH)_2$，大多数的盐类：$NaCl$、K_2SO_4、NH_4NO_3 等；弱电解质是弱极性共价化合物，如弱酸（HAc、H_2CO_3）、弱碱（如氨水）和少数盐类（如 $HgCl_2$ 等）。电解质在水溶液中的某些行为服从化学平衡的一般原理。本章就是利用化学平衡原理研究弱酸、弱碱及其盐水溶液中各种分子和离子的定量关系。

第一节 稀溶液的依数性

稀溶液一般指溶液中溶质的分子总数不超过溶液分子总数的 2% 的溶液。物质的溶解过程是一个物理化学过程，溶液的性质既不同于溶质，也不同于溶剂。对稀溶液来说，其性质变化可分为两类：一类取决于溶质的本性，如溶液的颜色、密度、导电性等；还有一类性质的变化与溶质的本性无关,而与溶液中溶质的粒子数有关,即取决于溶液中所含溶质的数量的多少,由于这类性质变化只适用于稀溶液,所以称为稀溶液的依数性(colligative properties)。

稀溶液的依数性包括溶液的蒸气压下降(vapor pressure lowing)、沸点升高(boiling point elevation)、凝固点降低(freezing point lowing)和渗透压(osmotic pressure)等。下面主要讨论难挥发的非电解质稀溶液的依数性。

一、溶液的蒸气压下降

(一)纯水的蒸气压、沸点和凝固点

由于分子的运动,物质有气、液、固三种存在状态,并且在一定条件下相互转化。在一定温度下,如果将纯水放在一密闭的容器中,水面上一部分能量较高的水分子从水面逸出,扩散到容器的空间成为水蒸气,该过程称为蒸发。在蒸发的同时,部分水蒸气分子碰到水面成为液态水,这种过程称为凝聚。最初,蒸发速度大于凝聚速度,但是随着容器中蒸气分子的增多,凝聚速度增大。当温度不变时,经过一段时间后,蒸发速度和凝聚速度相等,液态和蒸气之间处于如下动态平衡:

$$水(液态) \underset{凝聚}{\overset{蒸发}{\rightleftharpoons}} 水(气态)$$

平衡时,水蒸气所具有的压力称为水的饱和蒸气压,简称蒸气压。在一定温度下,水的蒸气压一定,不同温度时,水的蒸气压不同。温度升高,水分子动能增大,水的蒸气压也随之增大。水在不同温度下的饱和蒸气压见表 4-1。

液体蒸气压随温度升高而增大,当液体蒸气压等于外界大气压时,液体就不仅由表面而且在其内部急剧转变成蒸气,因而出现沸腾现象。把液体蒸气压等于外界大气压时的温度称为液体的沸点。

表 4-1 水在不同温度下的饱和蒸气压

温度（K）	蒸气压（kPa）	温度（K）	蒸气压（kPa）
273	0.61	353	47.34
283	1.23	363	70.10
293	2.43	373	101.3
303	4.18	383	143.3
313	7.38	393	198.6
323	12.33	403	270.1
333	19.92	413	361.4
343	31.16		

液体的沸点随外界大气压的改变而改变，外界压力大，沸点就高，反之亦然，例如水的沸点随外界压力变化的情况如下：

外界压力（kPa）	101.3	202.6	405.2	810.4
沸点（K）	373	393	416	443

不仅液体能进行蒸发，固体也或多或少地蒸发，因此也具有一定的蒸气压，在一般情况下，固体的蒸气压都很小，下面是不同温度时冰的蒸气压：

温度（K）	273	271	269	267	265
蒸气压（kPa）	0.61	0.52	0.44	0.37	0.31

由冰的蒸气压和水的蒸气压对比可知，273 K 时，冰的蒸气压与液态水的蒸气压相等，这时，水分子凝固成冰的速度与冰融化成水的速度相等，水与冰达到平衡共存。把水和冰达到平衡共存时的温度（273 K）称为水的凝固点。因此，凝固点是某物质液相蒸气压与固相蒸气压相等时的温度，即液相与固相平衡时的温度。

（二）溶液的蒸气压下降

在溶剂（如水）中，加入难挥发的非电解质（如蔗糖）而形成稀溶液，这对液体的蒸气压有何影响呢？不难理解，由于把难挥发的物质加入溶剂后，溶剂表面或多或少地被溶质的粒子占据，使单位液面的溶剂分子数减少，单位时间内逸出液面的溶剂分子数便相应地比纯溶剂时的少，结果达到蒸发－凝聚平衡时溶液的蒸气压就低于纯溶剂的蒸气压。在同一温度下，溶液的蒸气压总是低于纯溶剂的蒸气压，这里所指的溶液蒸气压实际上是指溶液中溶剂的蒸气压。将纯溶剂的蒸气压与溶液的蒸气压之差称为溶液的蒸气压下降（Δp）。溶液的浓度越大，蒸气压下降得越多。

1887 年法国物理学家拉乌尔（F. M. Raoult）根据实验结果总结出一条规律，即在一定温度下，稀溶液的蒸气压下降（Δp）等于同温度下纯溶剂的饱和蒸气压 $p^°_A$ 与溶液中溶质的摩尔分数 x_B 的乘积。可用数学式表达为：

$$\Delta p = p^°_A x_B \qquad (4-1)$$

$p^°_A$ 为纯溶剂的饱和蒸气压。

x_B 为溶液中溶质的物质的量分数，即溶质的物质的量与溶质的物质的量和溶剂的物质的量之和之比（$x_B = \dfrac{n_B}{n_B + n_A}$）。

二、溶液的沸点升高和凝固点降低

一切纯净物都有一定的沸点和凝固点，溶液则不同。根据拉乌尔定律，溶液的沸点要比纯溶剂的高，凝固点要比纯溶剂的低。

如果在纯水中加入难挥发的非电解质，由于溶液的蒸气压下降，在 373.15 K 时，溶液的蒸气压低于 101.325 kPa。也就是说在 373.15 K 时，纯水因其蒸气压等于外界压力，可以沸腾，而溶液则不能沸腾。只有将溶液的温度升高，使溶液的蒸气压达到 101.325 kPa 时，溶液才会沸腾。因此溶液的沸点（T_b）要比纯溶剂的沸点（T_b^*）高，这种现象称为溶液的沸点上升。溶液的浓度越大，溶液的沸点升高值就越大。

从图 4-1 中可以看出这种关系。

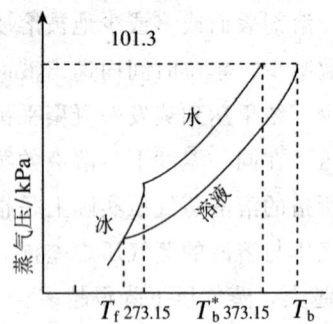

图 4-1 水溶液的沸点升高和凝固点降低

（图中 $T_b - T_b^* = \Delta T_b$）

显然，溶液的沸点比纯溶剂的沸点高 ΔT_b。

由于溶液的蒸气压比同温度下纯溶剂的蒸气压低，所以在纯溶剂（如纯水）凝固点的温度下，溶液的蒸气压必定比纯溶剂固相（如冰）的蒸气压低。这时，如果将冰投入溶液中，因冰的蒸气压高于溶液的蒸气压，冰将融化。只有温度继续降低，直至降到溶液的蒸气压和冰的蒸气压相等时，溶液才能结冰，此时溶液与冰共存。这种溶液的凝固点（T_f）比纯溶剂的凝固点（T_f^*）降低的现象称为溶液的凝固点下降。

由图 4-1 可见，溶液的凝固点为 T_f，比纯水的凝固点下降了 $(T_f^* - T_f) = \Delta T_f$，把 ΔT_f 称为溶液的凝固点下降值。

如上所述，溶液的沸点上升（ΔT_b）和凝固点下降（ΔT_f）的根本原因是蒸气压下降，而蒸气压下降又和溶液的浓度成正比。拉乌尔用实验确立了下面的关系：溶液的沸点上升和凝固点下降与溶液的质量摩尔分数成正比，而和溶质的本性无关。这就是拉乌尔定律。它的数学表达式为：

$$\Delta T_b = K_b m \qquad (4-2)$$

$$\Delta T_f = K_f m \qquad (4-2)$$

式中：m 是溶液的质量摩尔浓度。（质量摩尔浓度是指 1 000

克溶剂中溶解溶质的物质的量）

K_b 为沸点升高常数（即 1 mol 溶质溶于 1000 g 溶剂中所引起沸点升高的数值）

K_f 为凝固点降低常数（即 1 mol 溶质溶于 1000 g 溶剂中所引起的凝固点降低值）

K_b、K_f 值取决于溶剂的性质，与溶质的性质无关。几种溶剂的 K_b、K_f 值列于表（4-2）。

表 4-2　几种溶剂的 K_b、K_f

溶剂	K_b (mol^{-1}·kg·K)	K_f (mol^{-1}·kg·K)
水	0.512	1.86
四氯化碳	4.48	29.8
苯	2.53	5.12
醋酸	2.53	3.90

例1：将 3.0 g 甘油（$C_3H_8O_3$）溶于 60 g 水中，求算该溶液的沸点。（$K_b=0.52$ mol^{-1}·kg·K）

解：已知甘油的摩尔质量为 92 g·mol^{-1}

溶液的质量摩尔浓度为 $m=\dfrac{3.0\times1000}{60\times92}=0.54$（mol·kg^{-1}）

$\Delta T_b=K_b\,m=0.52\times0.54=0.28$（K）

该溶液的沸点　$T_b=373.15+0.28=373.43$（K）

利用溶液沸点升高值（ΔT_b）或凝固点降低值（ΔT_f）与其质量摩尔浓度之间的关系，通过实验的方法可测得 ΔT_b 或 ΔT_f，进而求得难挥发电解质的摩尔质量（或相对分子质量）。

例2：在 298 克水中溶解 25 克某溶质，测得其凝固点为 270.15 K，求该溶质的相对分子质量(已知水的 $K_f=1.86$ mol^{-1}·kg·K)。

解：设该物质的相对分子质量为 M，根据

$$\Delta T_f = K_f m$$

$$\Delta T_f = (273.15 - 270.15) = 3 \text{ K}$$

$$m = \frac{1000 \times 25}{M \times 298}$$

$$m = \frac{25 \times 1.86 \times 1000}{3 \times 298} = 52 \text{ (kg} \cdot \text{mol}^{-1})$$

答：该溶质的相对分子质量为52。

溶液沸点升高和凝固点降低原理具有广泛的应用。例如利用沸点升高原理，在实验工作中，常用较浓的溶液来做高温热浴；利用溶液凝固点降低原理可以获得低温。在严寒的冬季，在汽车水箱中加入甘油，可以防止水结冰。植物的防寒抗旱功能可利用溶液的凝固点下降和蒸气压下降来解释。通过研究表明，当外界气温变化时，植物细胞内可产生大量的可溶性碳水化合物，从而使细胞液浓度增大，凝固点降低，保证了在一定的低温条件下，细胞液不致结冰，表现了植物的防寒功能。另外细胞液浓度的增大，有利于其蒸气压的降低，从而使细胞内水分的蒸发量减少，蒸发过程变慢，因此植物在较高的温度下能保持一定的水分而不枯萎，表现了一定的抗旱功能。用盐类和冰可做制冰剂，例如，把33克食盐和100克冰混合可以使温度降低至252 K，这是因为冰吸收周围热量而稍有融化时，食盐便溶解在其中，成为浓溶液，凝固点降低；而冰融化使周围环境温度降低，达到制冷作用。纯物质中混有杂质时，其溶液的凝固点降低，在有机物分析中常利用测定凝固点方法来测定物质的纯度。

三、溶液的渗透压

溶液的渗透压也是溶液的一种十分重要的性质。通过一个实验来说明溶液的渗透现象及渗透压。用半透膜（只允许溶剂分子通过，而不允许溶质分子通过的薄膜）将蔗糖和水分开，见图（4-

2)。由于半透膜只允许水分子通过,而蔗糖分子却不能通过,这样,一段时间后就可以看到,蔗糖溶液的液面会慢慢上升。我们把水透过半透膜进入蔗糖溶液中,使液面上升的现象称为渗透(osmosis)。

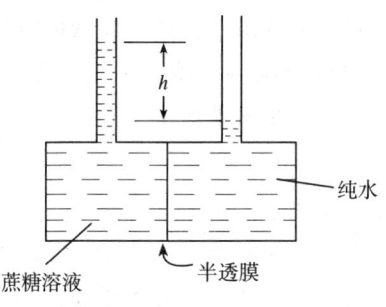

图 4-2

为什么会产生渗透现象呢?

由于糖水中水的浓度低于纯水的浓度,所以单位时间内从水的一侧穿过半透膜的水分子比从糖水一侧穿过半透膜的水分子要多一些。结果靠水一侧的液面降低,而蔗糖一侧的液面升高,这就是渗透的结果。随着蔗糖一侧液面不断上升,受到水柱静压作用,使水从溶液渗入纯水中的速度增加,当单位时间内水分子由纯水进入蔗糖溶液和由蔗糖溶液进入纯水中的数目相等时,便达到了渗透平衡,此时溶液液面不再上升。液面高度 h 所产生的压力或者说维持溶液与溶剂之间渗透平衡而需要的超额的压力称为渗透压(osmotic pressure)。必须注意,渗透只是当溶液与溶剂被半透膜隔开时才显示出来。如果半透膜两边是两种浓度不同的稀溶液时,也能产生渗透现象。

渗透压在生命过程中起着重要作用,有机体的细胞膜大多具有半透膜的性质,因此渗透压是引起水在动植物中运动的主要力量。植物细胞质的渗透压可达 2026 kPa,所以水分从植物根部可被运送到高达数十米的顶端。施肥过多或过浓会使作物"烧死",这是因为施肥过多或过浓，使土壤溶液的渗透压高于植物细胞的渗透压，使植物细胞内水分向外渗透，导致植物枯萎。由于人体有保持渗透压在正常范围（773.9 kPa）的要求，注射或静脉输液时，必须使用 0.9%NaCl 溶液或 5%葡萄糖溶液，这是因为这种浓度的溶液是与体液渗透压相等的等渗液。如果输液的溶液浓度过高，水分从红细胞中渗出，导致红细胞干瘪；浓度过低，水分子渗入红细胞，导致红细胞胀裂，产生严重后果。同样的原因，淡水鱼不能在海水中养殖。

工业上常利用"反渗透"（reverse osmosis）技术进行海水的淡化或水的净化和各种废水处理。"反渗透"是在溶液一方加上比其渗透压还要大的压力，迫使溶剂分子反向流动，从高浓度溶液中渗出的过程。例如，只要对海水施加的压力超过海水的渗透压，海水便通过半透膜反渗透而流出纯水。海水资源相当丰富，通过反渗透进行海水淡化是一项十分有意义的技术，它可以快速生产淡水，而成本约为目前自来水成本的 3 倍左右，但在海水淡化技术中，关键是找到性能优良且能长期经受高压而不破坏的半透膜。"反渗透"法也可用于工业废水的处理，除去水中有害物质，解决水污染问题。

第二节　水的电离

水是最重要的溶剂，水溶液的酸碱性取决于溶质和水的电离平衡，在这里我们将讨论水的电离。

一、水的电离和水的离子积

通过精密的仪器测定，纯水有微弱的导电能力，说明水分子能够电离。

$$H_2O + H_2O \rightleftharpoons H_3O^+ + OH^-$$

上式可以简写为：

$$H_2O \rightleftharpoons H^+ + OH^-$$

实验测定得知，25 ℃时 1 L 纯水仅有 10^{-7} mol 水分子发生电离，所以纯水中

$$c(H^+) = c(OH^-) = 1 \times 10^{-7} \text{ mol} \cdot \text{L}^{-1}$$

根据化学平衡原理：

$$c(H^+) \cdot c(OH^-) = (1 \times 10^{-7}) \times (1 \times 10^{-7}) = 1 \times 10^{-14} = K_W^{\ominus}$$

$K_W^{\ominus}$ 称为水的离子积常数，简称水的离子积。

水的离子积 $K_W^{\ominus}$ 的意义为：在一定温度时，水溶液中 H^+ 浓度和 OH^- 浓度之积是一个常数。

因为水的电离是吸热反应，温度升高时，$K_W^{\ominus}$ 值增大，见表 4-3。但常温时，其数值变化不大，故在常温下可以认为 $K_W^{\ominus}$ 等于 1×10^{-14}。

表 4-3 水的离子积与温度的关系

T (K)	K_W	T (K)	K_W
273	1.3×10^{-15}	298	1.27×10^{-14}
291	7.4×10^{-15}	323	5.6×10^{-14}
295	1×10^{-14}	373	7.4×10^{-13}

二、溶液的酸碱性及 pH

在水中加入酸(或碱)，由于 H^+(或 OH^-)浓度增大，使水的电离平衡向左移动。但达到新的平衡状态时，仍然会保持 $K_W^{\ominus} = c(H^+)c(OH^-)$ 的关系。若 H^+ 浓度增大，意味着 OH^- 浓度减少，即任何物质的水溶液，不论是酸性、碱性、还是中性都同时含有 H^+ 和 OH^-，只不过它们的相对浓度不同而已。

当溶液呈中性时　$c(H^+)=c(OH^-)=1\times 10^{-7}\,mol\cdot L^{-1}$

当溶液呈酸性时　$c(H^+)>c(OH^-)$　$c(H^+)>1\times 10^{-7}\,mol\cdot L^{-1}$

当溶液呈碱性时　$c(H^+)<c(OH^-)$　$c(H^+)<1\times 10^{-7}\,mol\cdot L^{-1}$

根据水的离子积,可以计算溶液中 H^+ 离子或 OH^- 离子的浓度。

例3：求 $0.1\,mol\cdot L^{-1}$ 的盐酸溶液中 OH^- 离子浓度？

解：盐酸在水中完全电离,$c(H^+)=0.1\,mol\cdot L^{-1}$

由于同离子效应,水电离出的 H^+ 可忽略不计

按　$K_W^{\ominus}=c(H^+)c(OH^-)=1\times 10^{-14}$

所以　$c(OH^-)=\dfrac{K_W^{\ominus}}{c(H^+)}=\dfrac{1\times 10^{-14}}{0.1}=1\times 10^{-13}\,(mol\cdot L^{-1})$

我们通常用 H^+ 浓度表示溶液的酸度,用 OH^- 浓度表示溶液的碱度。根据水的离子积的关系,溶液的酸度和碱度可以统一用 H^+ 浓度来表示。

溶液中 H^+ 浓度的变化往往很大,浓溶液的可大于 $10\,mol\cdot L^{-1}$,稀溶液的可达到 $10^{-15}\,mol\cdot L^{-1}$。在 $c(H^+)<1\,mol\cdot L^{-1}$ 时,我们常采用另一种简便方法——用 pH 来表示溶液的酸碱性。它的定义为：

$$pH=-\lg c(H^+)$$

例如：$0.01\,mol\cdot L^{-1}\,HCl$ 溶液中,$c(H^+)=10^{-2}\,mol\cdot L^{-1}$,$pH=-\lg 10^{-2}=2$

$0.01\,mol\cdot L^{-1}\,NaOH$ 溶液中,$c(OH^-)=10^{-2}\,mol\cdot L^{-1}$,$pH=-\lg 10^{-12}=12$

同理：$pOH=-\lg c(OH^-)$

室温下,水溶液中 $c(H^+)c(OH^-)=1\times 10^{-14}$

两边同取负对数：$(-\lg c(H^+))+(-\lg c(OH^-))=-\lg 1\times 10^{-14}$

则：$pH+pOH=14$

pH 和 pOH 都可以作为溶液的酸碱性的量度,但通常习惯用 pH 来表示。

$c(H^+)$ 与 pH、$c(OH^-)$ 与 pOH 的关系见表 4-4。

表 4-4 pH、pOH、$c(H^+)$、$c(OH^-)$ 与溶液酸碱性的关系

	← 酸性增强				中性		碱性增强 →		
pH	0	2	4	6	7	8	10	12	14
$c(H^+)$	10^0	10^{-2}	10^{-4}	10^{-6}	10^{-7}	10^{-8}	10^{-10}	10^{-12}	10^{-14}
$c(OH^-)$	10^{-14}	10^{-12}	10^{-10}	10^{-8}	10^{-7}	10^{-6}	10^{-4}	10^{-2}	10^0
pOH	14	12	10	8	7	6	4	2	0

应该注意,当溶液中 H^+ 浓度或 OH^- 浓度大于 $1\ mol·L^{-1}$ 时,溶液的酸碱度不再用 pH 或 pOH 来表示,而常用物质的量浓度来表示。

第三节 弱电解质的电离平衡

电解质在水溶液中都能导电,这是众所周知的,不同电解质导电能力相差很大,其主要原因是它们在水中电离程度有很大差别。强电解质在水中完全电离,弱电解质在水中则部分电离。现讨论弱电解质在水溶液中的情况。

一、一元弱酸、弱碱的电离平衡

(一)电离常数及电离常数表达式

醋酸是典型的一元弱酸,它在水溶液中的电离过程如下:

$$HAc \underset{\text{分子化}}{\overset{\text{电 离}}{\rightleftharpoons}} H^+ + Ac^-$$

在一定温度下，当正、逆两过程的速度相等时，分子和离子之间达到了平衡，这种平衡即电离平衡。电离平衡是化学平衡的一种，根据化学平衡定律，可以写出：

$$K_a^\ominus = \frac{c(\mathrm{H}^+)c(\mathrm{Ac}^-)}{c(\mathrm{HAc})}$$

$K_a^\ominus$ 为 HAc 的电离常数(ionization constant)，$c(\mathrm{H}^+)$、$c(\mathrm{Ac}^-)$、$c(\mathrm{HAc})$ 分别表示 H^+、Ac^-、HAc 的相对平衡浓度①。

一元弱碱的电离过程与此类似，例如氨水的电离过程为：

$$\mathrm{NH_3 + H_2O \rightleftharpoons NH_4^+ + OH^-}$$

其平衡常数表达式为：

$$K_b^\ominus = \frac{c(\mathrm{NH_4^+})c(\mathrm{OH}^-)}{c(\mathrm{NH_3})}$$

$K_b^\ominus$ 为氨水的电离常数，简称碱常数。

弱电解质的电离常数（$K_a^\ominus$ 或 $K_b^\ominus$）是电离平衡体系的特征常数，它表示弱电解质电离成离子的能力。对于同类型的弱酸（或弱碱），可以用它们的 $K_a^\ominus$（或 $K_b^\ominus$）值的大小来衡量酸（碱）性的相对强弱。例如，虽然 HAc 和 HCN 都是弱酸，但是在相同温度下，后者的电离常数（$K_a^\ominus$（HCN）$=4.93\times10^{-10}$ 远小于前者（$K_a^\ominus$（HAc）$=1.76\times10^{-5}$），故 HCN 的酸性比 HAc 的酸性更弱。

电离常数的大小与电解质的本质有关，同时也随温度而改变。但由于弱电解质电离的热效应不大，温度变化对电离常数的影响并不显著，一般不改变数量级。室温范围内，可忽略温度对电离常数的影响，见表 4-5。

---

① 溶液中物质量的浓度与其相对平衡浓度，数值相等，只是单位不同。在一些计算中，经常不特别指出。

表 4-5 不同浓度醋酸溶液的电离度和电离常数 (298K)

浓度 (mol·L^{-1})	电离度 α (%)	电离常数 $K_a^{\ominus}$
0.2	0.934	1.76×10^{-5}
0.1	1.33	1.76×10^{-5}
0.02	2.96	1.80×10^{-5}
0.01	12.4	1.76×10^{-5}

从表 4-5 可以看出，在同一温度下，不论 HAc 的浓度如何变化，其电离常数都稳定在 1.76×10^{-5} 左右，这说明 $K_a^{\ominus}$ 值与浓度无关。

常见弱酸弱碱的电离常数见附录一。

(二) 电离常数与电离度的关系

当弱电解质在溶液中达到电离平衡时，已电离的分子数占溶质分子总数的百分比称为电离度 (degree of ionization)。电离度通常用 α 表示。

$$\alpha = \frac{\text{已电离的分子数}}{\text{分子总数}} \times 100\% \quad (4-3)$$

电离度和电离常数都能表示弱电解质离解成离子的能力，都可以比较弱电解质的相对强弱。但是，电离度与浓度有关，而电离常数与浓度无关。

电离度与平衡常数之间有何关系呢？现以 HAc 的电离为例来讨论：

设 HAc 的总浓度为 c，电离度为 α，则

$$\text{HAc} \rightleftharpoons \text{H}^+ + \text{Ac}^-$$

起始浓度　　　c　　　0　　　0
平衡浓度　　$c-c\alpha$　　$c\alpha$　　$c\alpha$

$$K_a^{\ominus} = \frac{(c\alpha)^2}{c-c\alpha} = \frac{c\alpha^2}{1-\alpha}$$

当 $\alpha < 5\%$ 时，$1-\alpha \approx 1$

$$K_a^\ominus = c\alpha^2 \text{ 或 } \alpha = \sqrt{\frac{K_a^\ominus}{c}} \qquad (4-4)$$

该公式称为稀释定律。该公式表明：在一定温度下，弱电解质的电离度与浓度的平方根成反比，与电离常数的平方根成正比，即浓度越稀，电离度越大；电离常数越大，电离度越大。但是必须注意，弱酸、弱碱经稀释后，虽然电离度增大了，但溶液中 H^+ 或 OH^- 离子的浓度却不是升高了，而是降低了。其原因是：稀释时，电离度增大的倍数总是小于溶液稀释的倍数。

使用稀释定律可以进行有关计算，但是应注意，计算时要具备以下两个条件。

(1) 电解质必须是一元弱酸或弱碱

(2) $\alpha < 5\%$ 或 $\dfrac{c}{K_a^\ominus} \geqslant 400$，$(\dfrac{c}{K_b^\ominus} \geqslant 400)$

例4：在 25℃ 下，测得 $0.1 \text{ mol} \cdot L^{-1}$ HAc 溶液的电离度为 1.33%，试求 HAc 的电离常数。

解：HAc 为一元弱酸，且 $\alpha = 1.33\% < 5\%$

故可用简化公式 (4-4)

则 $K_a^\ominus = c\alpha^2 = 0.1 \times (1.33\%)^2 = 1.77 \times 10^{-5}$

答：HAc 的电离常数为 1.77×10^{-5}。

(三) 电离常数的应用

对于弱酸、弱碱的水溶液，人们最关心的是酸度（H^+ 的浓度）和碱度（OH^- 的浓度）。利用电离常数，便可以计算出弱酸、弱碱溶液中 pH、$c(H^+)$ 或 $c(OH^-)$。

例5： 已知常温下 HAc 的 $K_a^\ominus = 1.76 \times 10^{-5}$

计算 $0.1 \text{ mol} \cdot L^{-1}$ HAc 溶液中 H^+ 的浓度及 HAc 的电离度 α。

解：忽略水的电离，则溶液中的 H^+ 只来源于 HAc 的电离，且 $c(H^+) = c(Ac^-)$

$$HAc \rightleftharpoons H^+ + Ac^-$$

起始浓度　　　0.1　　　　0　　　0

平衡浓度　0.1−$c(H^+)$　　$c(H^+)$　$c(Ac^-)$

$$K_a^\ominus = \frac{c(H^+)c(Ac^-)}{c(1+Ac)} = \frac{\{c(H^+)\}^2}{0.1-c(H^+)}$$

若电离度较小,则 $0.1-c(H^+) \approx 0.1$

$$K_a^\ominus = \frac{\{c(H^+)\}^2}{0.1}$$

$c(H^+) = \sqrt{0.1 K_a^\ominus}$

$c(H^+) = \sqrt{0.1 \times 1.76 \times 10^{-5}}$

$\quad\quad\quad = 1.33 \times 10^{-3} (mol \cdot L^{-1})$

$\alpha = \dfrac{c(H^+)}{c} \times 100\% = \dfrac{1.33 \times 10^{-3}}{0.1} \times 100\% = 1.33\%$

答:溶液中 H^+ 的浓度为 1.33×10^{-3} mol·L^{-1},HAc 的电离度 α 为 1.33%。

将上述近似计算推广到浓度为 c 的一般一元弱酸溶液中:

$$c(H^+) = \sqrt{K_a^\ominus c_{酸}} \quad\quad (4-5)$$

对于一元弱碱,同理可以得到:

$$c(OH^-) = \sqrt{K_b^\ominus c} \quad\quad (4-6)$$

在使用 4-5 和 4-6 两个计算公式时,应该注意:只有弱电解质的 $\alpha < 5\%$ 即 $c/K_i^\ominus \geqslant 400$ 时,才可以使用这两个公式计算,否则将会造成很大的误差。当 $\alpha > 5\%$ 时,必须通过解一元二次方程来求算 $c(H^+)$ 或 $c(OH^-)$。

另外,溶液中的酸度和酸的浓度是两个不同的概念,要正确理解。酸度是指溶液中氢离子的浓度,而酸的浓度则是酸的初始浓度,是已电离的酸的浓度和未电离的酸的浓度之和。在弱酸溶液中,两者相差很大,氢离子浓度要小于酸的浓度。

(四) 影响电离平衡的因素

1. 同离子效应

在 HAc 溶液中加入少量 NaAc，由于溶液中 Ac^- 离子浓度增大，使 HAc 的电离平衡向左移动，从而降低了 HAc 的电离度。

$$HAc \rightleftharpoons H^+ + Ac^-$$
$$NaAc \rightleftharpoons Na^+ + Ac^-$$

这种在弱电解质溶液中加入含有相同离子的强电解质，导致弱电解质的电离度降低的现象称为同离子效应（common ion effect）。

例6：在 $0.1\ mol \cdot L^{-1}$ HAc 溶液中加入适量的 NaAc 晶体，使其浓度为 $0.1\ mol \cdot L^{-1}$，试计算此溶液中 H^+ 的浓度和 HAc 的电离度，并与不加 NaAc 时作比较。

解：忽略水的电离，设溶液中 H^+ 为 $x\ mol \cdot L^{-1}$

$$HAc \rightleftharpoons H^+ + Ac^-$$

起始浓度　　　0.1　　0　　0.1

平衡浓度　　0.1−x　x　0.1+x

由于同离子效应，$0.1\ mol \cdot L^{-1}$ HAc 电离度更小，故

$$c(HAc) = 0.1 − x \approx 0.1$$
$$c(Ac) = 0.1 + x \approx 0.1$$

代入平衡关系式：

$$K_a^\ominus = \frac{c(H^+)c(Ac^-)}{c(HAc)}$$

$$\frac{0.1x}{0.1} = 1.76 \times 10^{-5}$$

$$c(H^+) = x = 1.76 \times 10^{-5}\ mol \cdot L^{-1}$$

$$\alpha = \frac{c(H^+)}{c} \times 100\% = \frac{1.76 \times 10^{-5}}{0.1} \times 100\% = 0.0176\%$$

未加 NaAc 时（见例5），$c(H^+) = 1.33 \times 10^{-3}\ mol \cdot L^{-1}$，$\alpha = 1.33\%$，说明同离子效应使弱电解质的电离度降低了。

答：在 $0.1\ mol \cdot L^{-1}$ HAc 溶液中加入 NaAc 后，H^+ 的浓度为

$1.76×10^{-5}$ mol·L^{-1},HAc 的电离度 $α$ 为 0.0176%。

计算结果表明:加入 NaAc 之后,HAc 溶液中 H$^+$ 的浓度由 $1.33×10^{-3}$ mol·L^{-1} 降低到 $1.76×10^{-5}$ mol·L^{-1},HAc 的电离度由 1.33% 降至 0.0176%。

同样,向氨水中加入某种铵盐(如 NH$_4$Cl 等)可以降低氨的电离度,这也是同离子效应的结果。

$$NH_3 + H_2O \rightleftharpoons \boxed{NH_4^+} + OH^-$$
$$NH_4Cl \rightleftharpoons \boxed{NH_4^+} + Cl^-$$

通过例 6 的计算,可以推导出一元弱酸及其盐共存的溶液中 H$^+$ 浓度的一般计算公式:

例 7:设弱酸(HA)的浓度为 $c_{酸}$,弱酸盐(A$^-$)的浓度为 $c_{盐}$,则:

$$HA \rightleftharpoons H^+ + A^-$$

起始浓度　　$c_{酸}$　　　　$c_{盐}$
平衡浓度　$c_{酸}-x$　x　$c_{盐}+x$
因为:　$c_{酸}-x≈c_{酸}$　$c_{盐}+x≈c_{盐}$

则由　$K_a^{\ominus} = \dfrac{c(H^+)c(A^-)}{c(HA)} = \dfrac{x(c_{盐}+x)}{c_{酸}+x}$

可得:

$$K_a^{\ominus} = \dfrac{xc_{盐}}{c_{酸}}$$

$$c(H^+) \approx x = K_a^{\ominus} \dfrac{c_{酸}}{c_{盐}} \quad (4-7)$$

同理可以推出一元弱酸及其盐共存溶液中(OH$^-$)的计算公式为:

$$c(OH^-) = K_b^{\ominus} \dfrac{c_{碱}}{c_{盐}} \quad (4-8)$$

2. 盐效应

如果在 HAc 溶液中加入不含相同离子的强电解质,如 NaCl,由于溶液中离子浓度增大,离子间相互吸引、牵制作用加强,使 H^+ 和 Ac^- 结合成 HAc 分子的机会减少,从而导致 HAc 电离度略有增大,这种现象叫盐效应(salt effect)。

例如,$0.1\ mol \cdot L^{-1}$ HAc 溶液电离度 $\alpha = 1.33\%$,若加入 NaCl 使其浓度达到 $0.1\ mol \cdot L^{-1}$ 时,HAc 的电离度 $\alpha = 1.68\%$。

应该指出,发生同离子效应的同时,必然存在着盐效应。但对弱电解质来说,盐效应产生的影响远远比同离子效应小,因此,一般不予考虑。

二、多元弱酸的电离平衡

在溶液中,一个酸分子能电离出两个或多个 H^+ 的酸叫多元酸。如 H_2S、H_2CO_3 是二元酸,H_3PO_4、H_3AsO_3 等是三元酸。多元弱酸在水溶液中的电离是分步进行的。例如氢硫酸(H_2S 的水溶液)是二元酸,它分两步电离,同时存在两个电离平衡:

$$H_2S \rightleftharpoons H^+ + HS^-$$

$$K_{a1}^{\ominus} = \frac{c(H^+)c(HS^-)}{c(H_2S)} = 9.1 \times 10^{-8}$$

$$HS^- \rightleftharpoons H^+ + S^{2-}$$

$$K_{a2}^{\ominus} = \frac{c(H^+)c(S^{2-})}{c(HS)} = 1.1 \times 10^{-12}$$

$K_{a1}^{\ominus}$、$K_{a2}^{\ominus}$ 分别称为第一、第二级电离常数,$K_{a1}^{\ominus}$ 远大于 $K_{a2}^{\ominus}$,这说明 H_2S 的第二级电离要比第一级电离困难得多。原因有两个:(1) 带两个负电荷 S^{2-} 的对 H^+ 的吸引力要大于带一个负电荷的 HS^- 对 H^+ 的吸引力;(2) 第一步电离出的 H^+ 对第二步电离产生同离子效应,因此 HS^- 是一种比 H_2S 更弱的酸。

另外,多元弱酸溶液中,同时存在着几个平衡。如在 H_2S 水溶液中,有 H_2O 电离平衡、H_2S 的一级、二级电离平衡,H^+ 有三个来源，即水的电离、H_2S 一级电离和二级电离。但由于在酸性溶液中，水的电离程度很小，所以由水电离产生的 H^+ 可以忽略不计，又因为二级电离比一级电离困难得多，$K_{a1}^{\ominus}$ 比 $K_{a2}^{\ominus}$ 大了约 10 000 倍，因此溶液中 H^+ 主要来源于一级电离，计算时可以忽略二级电离，利用公式（4-5）将二元弱酸当作一元弱酸来处理。但必须注意：溶液中 H^+ 浓度只有一个，它应同时满足二个平衡关系式的要求。

多元弱酸溶液中各种离子浓度的大小可以通过计算得出。

例8：室温下，H_2S 饱和水溶液的浓度为 $0.1\ mol \cdot L^{-1}$，计算该溶液中 H^+ 浓度。（$K_{a1}^{\ominus}=9.1\times 10^{-8}$，$K_{a2}^{\ominus}=1.1\times 10^{-12}$）

解：因为 $\dfrac{c}{K_{a1}^{\ominus}}>400$，所以

$$c(H^+)=\sqrt{K_{a1}^{\ominus}c}=\sqrt{9.1\times 10^{-8}\times 0.1}$$
$$=9.5\times 10^{-5}\ (mol\cdot L^{-1})$$

三、强电解质溶液

强电解质在水溶液中是完全电离的，在溶液中不存在电离平衡，因此电离平衡只适于弱电解质溶液。强电解质的电离度应该是 100%，但根据溶液导电性实验所测得的强电解质的电离度却都小于 100%，见表 4-4：

表 4-5 一些强电解质的实测电离度（$0.1\ mol\cdot L^{-1}$, 298 K）

电解质	HCl	HNO_3	H_2SO_4	KOH	$Ba(OH)_2$	KCl	$CuSO_4$
$\alpha\%$	92	92	58	89	81	86	40

是什么原因造成了强电解质在溶液中电离不完全的假象呢？1923 年德拜（J. W. Debye）和休克尔（E. Hükel）提出了离子互吸理论和有关理论计算，初步解决了强电解质问题。

离子互吸理论认为：强电解质在水溶液中是完全电离的，溶液

中离子浓度很大,正负离子由于静电引力的作用,相互吸引,相互牵制,使每个离子都处于异号电荷离子的包围中。离子周围异号电荷形成的包围圈叫做"离子氛"(见图4-3)。由于离子氛的存在,使离子相互制约,不能完全自由运动,离子的迁移速度变慢,总体来看相当于离子数减少,造成导电能力降低,由此计算出来的电离度都小于100%。这种电离度不是真正的电离度,我们称这种电离度为表观电离度。它反映了溶液中离子之间相互牵制的强弱程度。

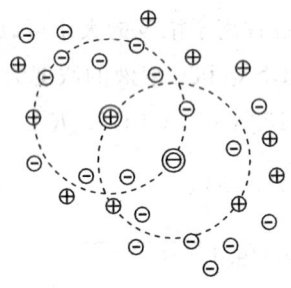

图4-3 离子氛示意图

为了定量描述强电解质溶液中离子之间的相互牵制作用的大小,引入了"活度"的概念。单位体积电解质溶液中,表观上含有离子的浓度称为有效浓度,即活度。活度与实际浓度之间的关系为:

$$a = fc$$

a -活度　　c -溶液中离子的实际浓度　　f 称为活度系数

它反映了电解质溶液中离子相互牵制作用的大小。若离子之间的相互牵制小,则 f 大;若离子之间的相互牵制作用大,则 f 小。活度系数 f 不仅取决于离子所带电荷数,还和溶液的浓度有关。对于弱电解质和难溶性强电解质溶液来说,由于溶液浓度小,离子之间相对距离较远,彼此牵制作用很弱, f 接近于1,因此可用浓度代替活度。

第四节 缓冲溶液

一、缓冲溶液的定义

什么是缓冲溶液？让我们来看一看下面的实验。纯水的 pH 为 7，在 1 L 纯水中加入 2 滴（约 0.1 ml）1 mol·L^{-1} HCl，H$^+$ 浓度由 10^{-7} mol·L^{-1} 增加到 10^{-4} mol·L^{-1}，pH 由 7 降至 4。减少了 3 个 pH 单位；若在 1 L 纯水中加入 2 滴 1 mol·L^{-1} NaOH，$c(OH^-)=10^{-4}$ mol·L^{-1}，H$^+$ 浓度由 10^{-7} mol·L^{-1} 降至到 10^{-10} mol·L^{-1}，pH 由 7 上升至 10，增加了三个 pH 单位。但是，在 HAc 和 NaAc 组成的混合溶液中，重复上述实验时，溶液的 pH 却几乎不变。

能够抵抗外加的少量强酸、强碱而保持溶液的 pH 基本不变的作用叫缓冲作用（buffer action）。具有缓冲作用的溶液叫缓冲溶液（buffer solution）。

缓冲溶液的组成通常有以下几种：
(1) 弱酸及其盐，如 HAc—NaAc；
(2) 弱碱及其盐，如 NH$_3$—NH$_4$Cl；
(3) 多元弱酸酸式盐及次级盐（NaHCO$_3$—Na$_2$CO$_3$）。

一般缓冲溶液总是由两种组分构成，这两种组分称为缓冲对或缓冲系。

如 HAc—Ac$^-$、NH$_3$—NH$_4^+$、HCO$_3^-$—CO$_3^{2-}$ 都为缓冲对。

二、缓冲作用原理

缓冲溶液为什么会有缓冲作用呢？这是由缓冲溶液的组成决定的。现以 HAc—NaAc 体系为例来讨论。

在 HAc—NaAc 溶液中，HAc 为弱电解质，只能部分电离成 H$^+$ 和 Ac$^-$ 离子；NaAc 为强电解质，可全部电离成 Na$^+$ 和 Ac$^-$ 离子，使溶液中 Ac^- 离子浓度大量增高。

$$HAc \rightleftharpoons H^+ + Ac^- \qquad (1)$$
$$NaAc \rightleftharpoons Na^+ + Ac^- \qquad (2)$$

由于同离子效应，抑制了 HAc 的电离，使 HAc 的电离度更小，所以这种溶液的特点是（HAc）和（Ac^-）都很高，而（H^+）却很低。

如果向此溶液中加入少量强酸（如 HCl）就相当于向溶液中加入 H^+，由于溶液中存有大量的 Ac^-，它立即和外加的 H^+ 结合成 HAc，平衡 (1) 向左移动，即：

$$H^+ + Ac^- \longrightarrow HAc$$

达到新平衡时溶液的 pH 没有明显降低，因此 Ac^- 为此缓冲溶液的抗酸成分。

如果向溶液中加入少量强碱（如 NaOH）就相当于向溶液中加入 OH^-，由于溶液中存有大量的 HAc，它电离产生的 H^+ 立即和外加的 OH^- 结合生成水分子，平衡 (1) 向右移动，即：

$$HAc + OH^- \longrightarrow H_2O + Ac^-$$

达到新平衡时溶液的 pH 没有明显升高，因此，把 HAc 叫做此缓冲溶液的抗碱成分。

总之，由于 HAc—NaAc 溶液中储备大量的 Ac^- 来抵抗外加的酸，又储备大量的 HAc 来抵抗外加的碱，所以具有缓冲作用。

但是，当加入大量的酸、碱时，溶液中的 HAc 或 Ac^- 消耗尽时，就不再具有缓冲作用了。所以缓冲溶液的缓冲能力是有限的。

三、缓冲溶液的 pH

（一）缓冲公式

缓冲溶液 pH 的计算方法与弱酸（或弱碱）溶液中加入含有相同离子盐类时的计算方法相同。

弱酸及其盐类组成的缓冲溶液，其 pH 的计算可推导如下：
由公式 4-7

$$c(\mathrm{H}^+) = K_a^{\ominus} \frac{c_a}{c_s}$$

等式两边同取负对数，则：

$$\mathrm{pH} = \mathrm{p}K_a^{\ominus} - \lg \frac{c_{酸}}{c_{盐}} \qquad (4-9)$$

弱碱及其盐类组成的缓冲溶液：
由公式 4-8

$$c(\mathrm{OH}^-) = K_b^{\ominus} \frac{c_{碱}}{c_{盐}}$$

等式两边同取负对数，则：

$$\mathrm{pOH} = \mathrm{p}K_b^{\ominus} - \lg \frac{c_{碱}}{c_{盐}} \qquad (4-10)$$

公式（4-9）、（4-10）即为缓冲公式。

(二) 缓冲溶液 pH 的计算

例9：由 $0.1\ \mathrm{mol \cdot L^{-1}}$ HAc 溶液和 $0.1\ \mathrm{mol \cdot L^{-1}}$ NaAc 溶液等体积混合后，溶液的 pH 为多少？（HAc 的 $K_a^{\ominus} = 1.76 \times 10^{-5}$）

解：混合后 HAc 和 NaAc 的浓度

$$c(\mathrm{HAc}) = c(\mathrm{NaAc}) = \frac{0.1}{2} = 0.05\ (\mathrm{mol \cdot L^{-1}})$$

$$\mathrm{pH} = \mathrm{p}K_a^{\ominus} - \lg \frac{c_{酸}}{c_{盐}} = 4.75 - \lg \frac{0.05}{0.05} = 4.75$$

答：此缓冲溶液的 pH 为 4.75。

通过上述讨论，可以看出，缓冲溶液的 pH 取决于 $\mathrm{p}K_a^{\ominus}$（或 $\mathrm{p}K_b^{\ominus}$）与缓冲对物质的浓度比值（也称为缓冲比）。当缓冲比为 1 时，$\mathrm{pH} = \mathrm{p}K_a^{\ominus}$，所以要配制一定 pH 的缓冲溶液时，可选择 $\mathrm{p}K_a^{\ominus}$ 与 pH 相近的弱酸及其盐或 $\mathrm{p}K_b^{\ominus}$ 与 pOH 接近的弱碱及其盐。

例如，要配制 pH=5 左右的缓冲溶液，可选用 HAc-NaAc

缓冲对，因为 HAc 的 $pK_a^\ominus = 4.75$，与所需 pH 接近；若需 pH=9 的缓冲溶液，则可选用 NH_3-NH_4Cl 缓冲对。

缓冲溶液稀释时，因稀释前后缓冲比值不变，所以 pH 基本不变。但是稀释度太大时，对弱酸的电离度会有影响，从而影响到缓冲比的比值，故过分稀释缓冲溶液，pH 会有变化。

四、缓冲溶液的重要性

缓冲溶液在工业、农业、生物学、医学、化学等方面都有很重要的作用。例如在电镀工业中，要求镀液保持一定酸度，常用缓冲溶液来控制溶液的酸度。许多化学反应须在一定 pH 范围内才能正常进行。在许多分离和定量分析中也广泛应用缓冲溶液。土壤中，由于 $H_2CO_3 - NaHCO_3$、$NaH_2PO_4 - Na_2HPO_4$、腐植酸－腐植酸盐等组成复杂的缓冲体系，才能使土壤的 pH 保持在 4~7.5 范围内，保证植物的正常生长。人体内各种生命活动也都需要在一定 pH 条件下才能正常进行，如血液的 pH 总是保持在 7.35~7.45 范围内，这是因为血液也是缓冲溶液，其中存在着许多缓冲对，主要有 $H_2CO_3 - NaHCO_3$、$NaH_2PO_4 - Na_2HPO_4$、血浆蛋白－血浆蛋白盐等。在这些缓冲体系中，$H_2CO_3 - NaHCO_3$ 缓冲体系在血液中浓度最高，缓冲能力最大。

$$H_2CO_3 \underset{H^+}{\overset{OH^-}{\rightleftharpoons}} HCO_3^- + H_2O \qquad H_2PO_4^- \underset{H^+}{\overset{OH^-}{\rightleftharpoons}} HPO_4^{2-}$$

$$\parallel \qquad\qquad\qquad\qquad\qquad \downarrow$$

$$肺 \leftarrow CO_2 + H_2O \qquad\qquad\qquad 肾$$

当机体新陈代谢产生的酸（如磷酸、硫酸、乳酸、乙酰乙酸等）进入血液中时，则发生：

$$HCO_3^- + H^+ \Longrightarrow H_2CO_3$$

H_2CO_3 被带进肺部以 CO_2 形式呼出；当代谢产生的碱进入血液时，则发生：

$$H^+ + OH^- \Longrightarrow H_2O$$

H^+ 的消耗由 H_2CO_3 的电离来补充,使血液的 pH 保持稳定,H_2O 可以通过肾、毛孔排出体外。

用于预防疾病的药物,如抗菌素、眼药水、肌肉注射用的注射液等,都是用缓冲溶液来控制它们的 pH,因为药液偏酸或偏碱都会降低以致丧失药效,或引起皮肤剧烈疼痛,甚至导致炎症反应。

第五节 盐类水解

一、盐类水解和水解常数

水溶液的酸碱性取决于 H^+ 与 OH^- 浓度的相对大小。NaAc、Na_2CO_3、NH_4Cl 等盐类物质在水中即不能电离出 H^+ 离子,也不能电离出 OH^- 离子,它们的水溶液似乎应该是中性的,但是,它们的水溶液却往往显示出不同程度的酸性或碱性,这是因为盐类能够和水作用,发生水解反应。

盐的离子与溶液中水电离出的 H^+ 或 OH^- 作用产生弱电解质的反应叫做盐类水解。

盐类水解后溶液的酸碱性如何?盐的水解有什么规律?下面以不同的弱酸或弱碱形成的盐的水解情况为例进行讨论。

(一) 一元弱酸强碱盐的水解

以 NaAc 为例,NaAc 在水中完全电离成 Na^+ 和 Ac^-,而水微弱地电离成 H^+ 和 OH^-:

$$NaAc \longrightarrow Na^+ + Ac^-$$
$$+$$
$$H_2O \rightleftharpoons OH^- + H^+$$
$$\parallel$$
$$HAc$$

四种离子相遇时,Na^+ 同 OH^- 不能结合,因为 NaOH 为强电解质,而 H^+ 却很易同 Ac^- 结合成 HAc 分子。在这种情况下,H^+ 浓度减小,使水的电离平衡向右移动,OH^- 浓度不断增加,最后当 H_2O 和 HAc 都达到新的电离平衡时,溶液中 OH^- 浓度大于 H^+ 浓度,所以溶液显碱性。

可见,$NaAc$ 水解作用的实质是 $NaAc$ 中 Ac^- 同水发生作用,生成弱电解质 HAc:

$$Ac^- + H_2O \rightleftharpoons HAc + OH^-$$

平衡时:$K_h^\ominus = \dfrac{c(HAc)c(OH^-)}{c(Ac^-)}$

$K_h^\ominus$ 为水解常数。

由于 $NaAc$ 的水解平衡包括两个电离平衡,即:

$$K_W^\ominus = c(H^+)c(OH^-)$$

$$K_a^\ominus = \dfrac{c(H^+)c(Ac^-)}{c(HAc)}$$

则:

$$K_h^\ominus = \dfrac{K_W^\ominus}{K_a^\ominus}$$

常温时,$K_W^\ominus$ 是常数,故一元弱酸强碱盐水解常数 $K_h^\ominus$ 与弱酸的电离常数成反比。形成盐的酸越弱,$K_a^\ominus$ 越小,则 $K_h^\ominus$ 值就越大,盐的水解趋势越大,其盐溶液的碱性越强。

(二) 多元弱酸强碱盐的水解

多元弱酸强碱盐的水解是分级进行的,如 Na_2CO_3 在溶液中的逐级水解过程为:

$$CO_3^{2-} + H_2O \rightleftharpoons HCO_3^- + OH^-$$

一级水解常数:

$$K_{h1}^\ominus = \dfrac{K_W^\ominus}{K_{a2}^\ominus} = \dfrac{1 \times 10^{-14}}{5.61 \times 10^{-11}} = 1.78 \times 10^{-4}$$

$$HCO_3^- + H_2O \rightleftharpoons H_2CO_3 + OH^-$$

二级水解常数:

$$K_{h2}^{\ominus} = \frac{K_W^{\ominus}}{K_{a1}^{\ominus}} = \frac{1 \times 10^{-14}}{4.3 \times 10^{-7}} = 2.32 \times 10^{-8}$$

由于 $K_{h1}^{\ominus}$ 远大于 $K_{h2}^{\ominus}$，所以多元弱酸强碱盐的水解一般只考虑一级水解，二级水解可忽略不计，可将其当作一元弱酸强碱盐处理。

（三）一元弱碱强酸盐的水解

弱碱强酸盐的水解实质与弱酸强碱盐的水解相似，所不同的是盐的阳离子与水作用生成弱碱，同时产生 H^+ 离子，使溶液显酸性。例如，NH_4Cl 水解反应方程式：

$$NH_4^+ + H_2O \rightleftharpoons NH_3 + H_3O^+$$

用同样的方法可以导出：

$$K_h^{\ominus} = \frac{K_W^{\ominus}}{K_b^{\ominus}}$$

（四）弱酸弱碱盐的水解

这类盐水解时，盐的阴阳离子都能分别与水电离出的 H^+ 和 OH^- 离子结合，生成弱酸和弱碱。例如，NH_4Ac 的水解，其反应式为：

$$NH_4^+ + H_2O \rightleftharpoons NH_3 + H_3O^+$$
$$Ac^- + H_2O \rightleftharpoons HAc + OH^-$$

水溶液中 $\quad H_3O^+ + OH^- \rightleftharpoons 2H_2O$

将上面三式相加得

$$Ac^- + NH_4^+ \rightleftharpoons NH_3 + HAc$$

其水解常数

$$K_h^{\ominus} = \frac{K_W^{\ominus}}{K_a^{\ominus} K_b^{\ominus}}$$

由于 $K_h^{\ominus}$ 与 $K_a^{\ominus} K_b^{\ominus}$ 乘积成反比，$K_a^{\ominus}$、$K_b^{\ominus}$ 是两个小数，其乘积更小，因此弱酸弱碱盐的水解常数 $K_h^{\ominus}$ 通常较大，即弱酸弱碱盐的水解倾向大。

弱酸弱碱盐的水溶液究竟显酸性、碱性还是中性呢？这主要取决于组成盐的酸和碱的相对强度（$K_a^\ominus$、$K_b^\ominus$ 值的相对大小）。根据推导，可得出判断弱酸弱碱盐水溶液酸碱性的方法：

$$c(H^+) = \sqrt{\frac{K_W^\ominus K_a^\ominus}{K_b^\ominus}}$$

可见弱酸弱碱盐溶液的酸碱性与弱酸、弱碱的 $K_a^\ominus$、$K_b^\ominus$ 值有关。

当 $K_a^\ominus > K_b^\ominus$ 时，$c(H^+) > 1 \times 10^{-7}$ mol·L^{-1} 溶液显酸性；
当 $K_a^\ominus = K_b^\ominus$ 时，$c(H^+) = 1 \times 10^{-7}$ mol·L^{-1} 溶液显中性；
当 $K_a^\ominus < K_b^\ominus$ 时，$c(H^+) < 1 \times 10^{-7}$ mol·L^{-1} 溶液显碱性。

对于 NH_4Ac，由于 NH_3 的 $K_b^\ominus$ 为 1.77×10^{-5}，而 HAc 的 $K_a^\ominus$ 为 1.76×10^{-5}，$K_a^\ominus \approx K_b^\ominus$，所以其溶液应为中性。

最后应该指出，强酸强碱盐，由于其阴阳离子都不能与水中的 H^+ 和 OH^- 离子结合生成弱电解质，不能破坏水的电离平衡，溶液仍然保持中性，因此强酸强碱盐不发生水解。

二、水解平衡的移动

盐的水解平衡和其他化学平衡一样，受到反应物或生成物浓度的影响，当这些因素改变时，水解平衡也会发生移动。

（一）温度的影响

盐的水解反应是酸碱中和反应的逆过程，中和反应是放热的，所以水解反应是吸热反应。根据平衡移动原理，升高温度，平衡向吸热方向移动，即向水解方向移动，所以升高温度有利于水解反应进行。例如，$FeCl_3$ 在沸水中可以完全水解生成棕红色的 $Fe(OH)_3$ 沉淀。

（二）浓度的影响

对弱酸强碱盐或弱碱强酸盐来说，溶液的浓度越小，水解程度越大。这也可以用化学平衡移动原理来说明。以 NaAc 的水解为例：

$$Ac^- + H_2O \rightleftharpoons HAc + OH^-$$

水解达到平衡时：

$$\frac{(HAc)(OH^-)}{(Ac^-)} = K_h^\ominus$$

稀释溶液，体积增大，平衡关系式中各物质的浓度均以同样倍数减小，使分式的数值小于 K_h，所以平衡要向生成 HAc 和 OH^- 的方向，即水解方向移动，直到重新达到平衡为止。

（三）溶液的酸度

由于盐的水解反应常使溶液呈现出酸性或碱性，根据平衡移动原理，控制溶液的酸、碱度通常可以促进或抑制水解反应。

如实验室要配制 $SnCl_2$ 溶液，因其发生水解反应：

$$SnCl_2 + H_2O \rightleftharpoons Sn(OH)Cl\downarrow + HCl$$

必须要加入盐酸溶液以防止生成 $Sn(OH)Cl$ 沉淀。又如，KCN(剧毒物)在水溶液中发生水解反应：

$$CN^- + H_2O \rightleftharpoons HCN + OH^-$$

生成的 HCN 也是剧毒物，又易挥发，所以配制 KCN 溶液时，为防止 HCN 生成，常常在水中加入适量的碱。

第六节 酸碱质子理论*

早在 1887 年，阿仑尼乌斯根据他的电离理论提出了酸碱概念，在水溶液中能电离出 H^+ 的物质称为酸，而在水溶液中能电离出 OH^- 离子的物质称为碱。H^+ 是酸的特征，OH^- 是碱的特征。酸碱反应的实质是 H^+ 和 OH^- 作用生成 H_2O 的反应。由于这个理论把酸、碱局限于水溶液之中，并把碱限制为氢氧化物，因此，不能解释一些非水溶液中进行的酸碱反应。就连氨的水溶液中是碱这一事实也不能予以说明。

1923年，布朗斯特和劳莱提出了酸碱质子理论（proton theory of acid-base）。该理论认为，凡是能给出 H^+ 质子的分子或者离子都是酸，凡是能够接受 H^+ 质子的分子或者离子都是碱。这样，属于酸或者碱的物质即可以是分子，也可以是正、负离子，大大扩展了酸碱的范围，更新了酸碱的含义。现举例如下：

酸：分子酸　　HCl　　HAc　　H_2O

　　正离子酸　H_3O^+　　NH_4^+　　$[Al(H_2O)_6]^{3+}$

　　负离子酸　HCO_3^-　　$H_2PO_4^-$

碱：分子碱　　NH_3　　H_2O

　　正离子碱　$[Al(H_2O)_5OH]^{2+}$

　　负离子碱　OH^-　　Ac^-　　HCO_3^-　　CO_3^{2-}

根据酸碱质子理论，酸与碱之间存在着下列所示的关系：

$$酸 \rightleftharpoons H^+ + 碱$$

$$HCl \rightleftharpoons H^+ + Cl^-$$

$$NH_4^+ \rightleftharpoons H^+ + NH_3$$

$$HSO_4^- \rightleftharpoons H^+ + SO_4^{2-}$$

酸给出 H^+ 后，产生的物质就是碱，它们之间的依存关系称为共轭关系。右边的碱是左边相应酸的共轭碱，左边的酸是右边碱的共轭酸。酸越强，它的共轭碱就越弱；酸越弱，其共轭碱就越强。例如，HCl 是强酸，很容易给出 H^+，它的共轭碱 Cl^- 必定是弱碱，很难接受质子。HAc 比 HCl 酸性弱，较难给出质子，它的共轭碱 Ac^- 的碱性必定比 Cl^- 强，易接受 H^+。

另外，有的离子或分子如 $H_2PO_4^-$、HCO_3^-、H_2O 既是酸，又是碱，它们叫两性物质。

酸和碱反应可以用一个通式来表示：

$$酸_1 + 碱_2 \rightleftharpoons 酸_2 + 碱_1$$

如：

$$\text{HCl} + \text{NH}_3 \xrightarrow{\text{H}^+} \text{NH}_4^+ + \text{Cl}^-$$

酸碱反应的实质,就是质子的传递反应,因此,弱酸或弱碱的电离、盐的水解、中和反应,都可以归结为酸碱质子理论中的酸碱反应：

弱酸的电离

$$\text{HAc} + \text{H}_2\text{O} \xrightarrow{\text{H}^+} \text{H}_3\text{O}^+ + \text{Ac}^-$$

弱碱的电离

$$\text{H}_2\text{O} + \text{NH}_3 \xrightarrow{\text{H}^+} \text{NH}_4^+ + \text{OH}^-$$

盐的水解

$$\text{H}_2\text{O} + \text{CO}_3^{2-} \xrightarrow{\text{H}^+} \text{HCO}_3^- + \text{OH}^-$$

中和反应

$$\text{H}_3\text{O}^+ + \text{OH}^- \xrightarrow{\text{H}^+} \text{H}_2\text{O} + \text{H}_2\text{O}$$

综上所述,任何一个酸碱反应都是两个共轭酸碱对的对向传递过程。其反应进行程度的大小,取决于两对共轭酸碱给出和接受H^+的能力的大小。

酸碱质子理论扩大了酸碱范围,同时加深了酸碱的认识。它不仅适用于水溶液体系,而且也适用于某些非水体系。但是,质子理论也有局限性,它只限于质子的接受,对于一些不涉及质子传递的酸和碱则无法解释,因此,科学家们又不断提出新的酸碱理论,使人们对酸碱的认识更进一步深化。

第七节 沉淀溶解平衡

一、溶度积常数

(一) 溶度积

根据电解质在水中的溶解度的大小,可将其分为易溶和难溶电解质。任何难溶的电解质在水中总会或多或少地溶解。在自然界中没有绝对不溶的物质。例如把难溶强电解质 AgCl 固体溶于水中,在一定温度下,达到如下平衡:

$$AgCl(s) \underset{沉淀}{\overset{溶解}{\rightleftharpoons}} Ag^+ + Cl^-$$

根据化学平衡定律,其平衡常数表达式为:

$$K_{sp}^{\ominus} = c(Ag^+)c(Cl^-)$$

$K_{sp}^{\ominus}$ 表示在一定温度下难溶电解质在水中达到沉淀溶解平衡时,有关离子浓度的乘积是一个常数。因为 $K_{sp}^{\ominus}$ 反映了物质的溶解能力,与溶解度有关,因而称之为溶度积常数,简称溶度积 (solubility product)。对于不同类型的难溶电解质,溶度积有不同的表达式,例如:

AB 型 如 $BaSO_4$

$$BaSO_4(s) \rightleftharpoons Ba^{2+} + SO_4^{2-}$$

$$K_{sp}^{\ominus} = c(Ba^{2+})c(SO_4^{2-})$$

$A_m B_n$ 型

$$A_m B_n(s) \rightleftharpoons mA^{n+} + nB^{m-}$$

$$K_{sp}^{\ominus} = \{c(A^{n+})\}^m \{c(B^{m-})\}^n$$

溶度积的大小与温度有关。

一些常见的难溶电解质的溶度积常数见附录三

必须指出:1. 在一定温度下,只有达到饱和溶液时,难溶电解质离子浓度关系才能用 $K_{sp}^{\ominus}$ 表示,即溶度积表达式中各离子浓度均为饱和溶液的浓度（mol·L^{-1}）。

2. 相同类型的难溶电解质，如 AgCl、AgBr、BaSO$_4$（皆为AB型），溶度积大的，溶解度也大。因此，可以根据 $K_{sp}^{\ominus}$ 值大小直接判断出溶解度的大小。但不同类型的难溶电解质如 AgCl（AB型）和 Ag$_2$CrO$_4$（AB$_2$）就不能直接从溶度积来判断溶解度的大小，而要换算成溶解度后才能比较。

（二）溶度积与溶解度的关系

溶度积（$K_{sp}^{\ominus}$）和溶解度（S）都可以表示难溶电解质的溶解能力。但它们是两个即有区别又有联系的不同概念。

一定温度下饱和溶液的浓度，也就是该物质在此温度下的溶解度。如果 A$_m$B$_n$ 溶解度为 S，并以 mol·L^{-1} 为单位，那么：

$$A_mB_n (s) \rightleftharpoons mA^{n+} + nB^{m-}$$
$$ S mS nS$$

则

$$K_{sp}^{\ominus} = (mS)^m(nS)^n = m^m n^n S^{(m+n)} \quad (4-11)$$

式 4-11 表示了溶度积和溶解度间的相互关系，它们之间可以相互换算。

例 10：Ag$_2$CrO$_4$ 在 298 K 时溶解度为 1.34×10^{-4} mol·L^{-1}，计算其溶度积常数：

解：根据式 4-11

$$K_{sp}^{\ominus} = (2S)^2 S = (2 \times 1.34 \times 10^{-4})^2 \times 1.34 \times 10^{-4} = 9.6 \times 10^{-12}$$

答：298 K 时，Ag$_2$CrO$_4$ 的溶度积常数为 9.6×10^{-12}。

例 11：已知 298 K 时，Mg(OH)$_2$ 的 $K_{sp}^{\ominus} = 1.8 \times 10^{-11}$，试计算 Mg(OH)$_2$ 的溶解度。

解：根据

$$K_{sp}^{\ominus} = (2S)^2 S = 4S^3$$

$$S = \sqrt[3]{\frac{K_{sp}^{\ominus}}{4}}$$

$$S = 2.6 \times 10^{-4} \text{mol} \cdot \text{L}^{-1}$$

答：298 K 时，$Mg(OH)_2$ 的溶度积为 $2.6 \times 10^{-4} \text{mol} \cdot \text{L}^{-1}$。

必须指出，上述溶度积与溶解度的换算是一种近似的计算，忽略了难溶电解质的离子与水的作用的情况。

（三）溶度积规则

某一难溶电解质在一定条件下，沉淀能否生成或溶解，可以根据溶度积规则来判断。在某难溶电解质溶液中，其离子浓度的乘积为离子积，用 Q_i 来表示。对于难溶电解质 A_mB_n，其表达式为：

$$Q = \{c(A^{n+})\}^m \{c(B^{m-})\}^n$$

如在 $BaSO_4$ 溶液中，$BaSO_4$ 的离子积为 $Q = c(Ba^{2+}) \cdot c(SO_4^{2-})$，在 $Mg(OH)_2$ 溶液中，$Mg(OH)_2$ 的离子积为 $Q = c(Mg^{2+}) \cdot c(OH^-)^2$，可见 Q 与 $K_{sp}^\ominus$ 表达式相同，但两者的概念是有区别的。$K_{sp}^\ominus$ 表示难溶电解质饱和溶液中离子浓度的乘积。对某一电解质在一定温度下来说，$K_{sp}^\ominus$ 为一常数。而 Q 表示在任何情况下离子浓度的乘积，其数值不定。$K_{sp}^\ominus$ 仅是 Q 的一个特例。

在任何给定的溶液中，Q 与 $K_{sp}^\ominus$ 之间的关系有三种可能的情况：

1. $Q = K_{sp}^\ominus$　溶液为饱和溶液，沉淀与溶解处于平衡；

2. $Q < K_{sp}^\ominus$　溶液为不饱和溶液（无沉淀析出），若加入过量的沉淀，则沉淀将溶解，直至溶液饱和；

3. $Q > K_{sp}^\ominus$　溶液为过饱和溶液，有沉淀析出，直至饱和为止。

这三条规则为溶度积规则。利用溶度积规则，可以控制离子的浓度，使之产生沉淀或使沉淀溶解。

二、沉淀的生成和溶解

（一）沉淀的生成

根据溶度积规则，能够掌握沉淀的生成和溶解的规律。欲使某物质析出沉淀，只要使其离子积大于溶度积，就会有这种物质的沉淀生成。

在 $AgNO_3$ 溶液中加入 K_2CrO_4 溶液,当溶液中 Ag_2CrO_4 的 $Q_i > K_{sp}^{\ominus}$ 离子积时,即有 Ag_2CrO_4 沉淀产生。

例 12:在 298 K 时,向 4×10^{-3} mol·L^{-1} $AgNO_3$ 溶液中加入等体积的 4×10^{-3} mol·L^{-1} K_2CrO_4 溶液,是否能析出 Ag_2CrO_4 沉淀?(已知 298 K Ag_2CrO_4 的 $K_{sp}^{\ominus}=9.0\times10^{-12}$)

解:两溶液等体积混合后

$$c(Ag^+)=\frac{4\times10^{-3}}{2}=2\times10^{-3}(mol \cdot L^{-1})$$

$$c(CrO_4^{2-})=\frac{4\times10^{-3}}{2}=2\times10^{-3}(mol \cdot L^{-1})$$

$$Q=c(Ag^+)^2c(CrO_4^{2-})=(2\times10^{-3})^2(2\times10^{-3})=8\times10^{-9}$$

$Q > K_{sp}^{\ominus}=9.0\times10^{-12}$ 则有沉淀析出

答:有 Ag_2CrO_4 沉淀析出。

(二)沉淀的溶解

根据溶度积规则,要使沉淀溶解,只要加入某种试剂降低难溶沉淀饱和溶液中有关离子的浓度,使 $Q < K_{sp}^{\ominus}$,就可能使沉淀不断向溶解方向转化。常用的将沉淀溶解的方法有以下几种。

1. 利用酸碱反应

例如 $CaCO_3$ 难溶于水,却能溶于盐酸

$$CaCO_3(s) \rightleftharpoons Ca^{2+}+CO_3^{2-}$$
$$+$$
$$2HCl = 2Cl^- + 2H^+$$
$$\parallel$$
$$H_2CO_3 = CO_2\uparrow + H_2O$$

因为 CO_3^{2-} 离子与 H^+ 离子结合生成弱电解质 H_2CO_3,再部分分解为 CO_2 和 H_2O,使溶液中 CO_3^{2-} 离子浓度降低,$Q_i < K_{sp}^{\ominus}$,平衡向沉淀溶解方向移动。部分金属硫化物(如 FeS,ZnS 等)也能溶于稀酸。

又如，$Mg(OH)_2$ 等难溶氢氧化物均溶于酸，某些难溶氢氧化物还能溶于铵盐，反应如下：

$$Mg(OH)_2(s) \rightleftharpoons Mg^{2+} + 2OH^-$$
$$+$$
$$2HCl = 2Cl^- + 2H^+$$
$$\parallel$$
$$2H_2O$$

$$Mg(OH)_2(s) \rightleftharpoons Mg^{2+} + 2OH^-$$
$$+$$
$$2NH_4Cl = 2Cl^- + 2NH_4^+$$
$$\parallel$$
$$2NH_3 + 2H_2O$$

2. 利用氧化还原反应

加入氧化剂或还原剂，与溶液中某一离子发生氧化还原反应而降低其浓度。如向 CuS 沉淀中加入稀 HNO_3，沉淀溶解。其反应式为：

$$3CuS + 8HNO_3 = 3Cu(NO_3)_2 + 3S\downarrow + 2NO + 4H_2O$$

由于 S^{2-} 离子被氧化成单质硫，使 S^{2-} 离子浓度降低，CuS 的 $Q < K_{sp}^{\ominus}$，沉淀溶解。

3. 利用配位反应

例如，AgCl 沉淀溶于氨水中，其反应式为

$$AgCl(s) \rightleftharpoons Ag^+ + Cl^-$$
$$+$$
$$2NH_3$$
$$\parallel$$
$$[Ag(NH_3)_2]^+$$

由于生成了稳定的 $[Ag(NH_3)_2]^+$ 配离子，大大降低了 Ag^+ 浓度，从而使 AgCl 的 $Q_i < K_{sp}^{\ominus}$，AgCl 溶解。

（三）同离子效应

同其他任何平衡一样，当条件改变时，难溶电解质的沉淀溶解平衡必定发生移动。在难溶电解质饱和溶液中加入含有相同离子的强电解质，使难溶电解质的沉淀溶解平衡向生成沉淀方向移动，溶解度降低，这一效应称为同离子效应。

下面我们通过定量计算来看看这种效应所产生的影响。

例13：计算 298 K 时 $BaSO_4$ 在 $0.10\ mol·L^{-1}\ Na_2SO_4$ 溶液中的溶解度。

（已知 $BaSO_4$ 的 $K_{sp}^{\ominus}=1.08\times 10^{-10}$）

解：设 $BaSO_4$ 在 $0.10\ mol·L^{-1}\ Na_2SO_4$ 溶液中的溶解度为 $s\ mol·L^{-1}$

$BaSO_4\ (s) \rightleftharpoons Ba^{2+}+SO_4^{2-}$

$Na_2SO_4 \longrightarrow 2Na^{2+}+SO_4^{2-}$

平衡时

$c(Ba^{2+})=s\ mol·L^{-1}$

$c(SO_4^{2-})=s+0.10\approx 0.10\ (mol·L^{-1})$

$c(Ba^{2+})\ c(SO_4^{2-})=K_{sp}^{\ominus}$

$S\times 0.10=1.08\times 10^{-10}$

$S=1.08\times 10^{-9}\ mol·L^{-1}$

答：298 K 时 $BaSO_4$ 在 $0.10\ mol·L^{-1}\ Na_2SO_4$ 溶液中的溶解度为 $1.08\times 10^{-9}\ mol·L^{-1}$。而 $BaSO_4$ 在水中溶解度为 $S=\sqrt{K_{sp}^{\ominus}}=1.04\times 10^{-4}\ mol·L^{-1}$。

由此可见 $BaSO_4$ 在 $0.10\ mol·L^{-1}\ Na_2SO_4$ 溶液中的溶解度要比在纯水中减小了约一万倍。这说明同离子效应使难溶电解质溶解度降低了。

实际工作中，欲使某一种离子从溶液中充分沉淀出来，根据同离子效应可以降低难溶电解质溶解度的原理，必须加入过量的沉淀试剂，才能使沉淀反应趋于完全。所谓"沉淀完全"并不是使溶液中某一种离子浓度真正等于零，一般在分析化学中，只要溶液中被沉淀离子浓度$\leqslant 1\times 10^{-5}$ mol·L^{-1}。就可以认为是沉淀完全了。

同离子效应在分析化学的分离鉴定和分离提纯中应用很广泛，但是不能认为沉淀试剂过量越多沉淀越完全。实际上当沉淀剂过量太多时，由于盐效应等其他因素的影响，反而会使沉淀的溶解度增大。因此，一般来说，加沉淀剂时不可过量太多，以过量20%～50%较为适宜。

（四）沉淀的转化

有些沉淀不能用酸碱反应、氧化还原反应和配位反应溶解沉淀的方法将其直接溶解。这时可先将其转化为另一种沉淀，然后再使其溶解，这一过程叫做沉淀的转化。例如锅炉中的锅垢主要组分为$CaSO_4$，不溶于酸，可先用Na_2CO_3溶液处理，使之转化为疏松而可溶于酸的$CaCO_3$，就易于清除了。

$$CaSO_4 (s) + CO_3^{2-} (aq) \rightleftharpoons CaCO_3 (s) + SO_4^{2-} (aq)$$

这一反应所以能够发生，是因为$CaSO_4$的$K_{sp}^{\ominus} = 7.10\times 10^{-5}$，而$CaCO_3$的$K_{sp}^{\ominus} = 4.96\times 10^{-9}$，$CaCO_3$比$CaSO_4$更难溶，由于$CaCO_3$沉淀的生成，降低了溶液中$Ca^{2+}$的浓度，破坏了$CaSO_4$的溶解平衡，使$CaSO_4$溶解。

一般说来，沉淀的转化是由溶度积大的向溶度积小的方向转化，两者的$K_{sp}^{\ominus}$值相差越大，越容易转化。在自然界中，也发生着溶解度小的矿物向溶解度更小的矿物转化的现象。

阅 读 材 料

酸碱理论的形成与发展

酸碱概念在化学学科中占有极为重要的地位。随着科学的发展，酸和碱的范围愈来愈广泛，更多的化学物质属于酸碱的范围之中。因此对酸碱进行系统的认识和研究就显得十分重要。

一、早期的酸碱概念

最初，人们从物质所表现出来的表观特性来区分酸和碱。1663年，波义尔根据化学实验得到的酸和碱的性质，第一次提出酸和碱的概念。他认为：凡是具有酸味、可以溶解多种物质、并能使植物染料—石蕊从蓝色变为红色的物质叫酸。而碱是具有涩味、滑腻感、能使石蕊溶液由红色变为蓝色的物质。

18世纪后期，化学研究从物质本身的内在性质来认识酸碱。1777年，法国化学家拉瓦锡提出的氧素论认为：氧元素是酸的必要成分。该理论曾风行了30多年。1816年，英国化学家戴维证实了无氧酸的存在，氧素说才被推翻。戴维认为氢是酸的基本元素，提出了氢素说。后来，德国化学家李比希修正了戴维的氢素说的缺陷，提出了酸是含有可以被金属置换出氢元素的物质，这种观点可以概括当时已知的各种酸，但也有一些现象无法解释。例如，金属钠可以从水中置换出氢，水就应该是酸，这在当时是无法接受的。

二、近代的酸碱电离理论

1887年阿累尼乌斯创立了电离学说，并在电离学说的基础之上提出了酸碱电离理论。该理论认为：在水溶液中电离出的正离子全部是 H^+ 的化合物是酸；电离出的负离子全部是 OH^- 的化合物是碱。他还用电离度和电离平衡常数来定量确定酸碱强度。这一理论对化学科学的发展起了积极作用，至今仍被普遍应用。但是该理论有一定的局限性，例如，它把酸碱仅局限于水溶液中，对于非水体系中进行的不含 H^+ 或 OH^- 成分的物质也能表现出酸或碱的性质则无法解释。

三、现代酸碱理论

（一）酸碱质子理论

1923年丹麦化学家布朗斯特和美国化学家劳莱分别提出了酸碱质子理论（详见本章第六节）。

由于酸碱质子理论把各类酸碱反应归纳为质子传递过程,不仅扩大了酸碱的含义和酸碱反应的范围,加深了人们对酸碱反应的认识,而且它可适用于任何溶剂体系,从而发展了电离理论。但质子理论把酸碱局限于具有质子转移的物质上,对不含质子的酸碱物质就不能加以解释了。

(二) 酸碱电子理论

1923年,美国化学家路易斯在研究化学反应过程中,提出了一个广义的酸碱理论—电子理论。该理论认为,在反应中能够接受外来电子对的物质为酸(即路易斯酸),能够提供电子对的物质为碱(即路易斯碱)。酸碱中和反应的实质是接受和给予电子对形成配位键的过程,其产物为酸碱配合物。例如:

$$\underset{\text{酸}}{H^+} + \underset{\text{碱}}{OH^-} \longrightarrow \underset{\text{酸碱配合物}}{H \leftarrow OH}$$

由于电子理论的酸碱所包括的物质种类是极为广泛的,如乙醇也可以看作是 $C_2H_5^+$(酸)和 OH^-(碱)的配合物,因此它是目前应用最广的酸碱理论。但该理论的缺点是过于笼统,不易掌握酸碱特征,难以定量比较路易斯酸碱的相对强度。

(三) 软硬酸碱理论—现代酸碱理论的新发展

为了克服路易斯酸碱电子理论中酸碱强度难以确定的不足,1963年美国化学家皮尔逊创立了软硬酸碱(HSAB)理论,把路易斯酸碱分为软、硬和交界三类。

皮尔逊在软硬酸碱理论中把受电子原子或给电子原子对外层电子吸引力强、不易极化和变形的酸或碱称为硬酸或硬碱。把对外层电子吸引力弱、易极化和变形的酸或碱称为软酸或软碱,介于二者之间的酸或碱称为交界酸或交界碱。例如:

硬酸			交界酸			软酸		
H^+	Na^+	Al^{3+}	Fe^{3+}	Fe^{2+}	Ni^{2+}	Cu^{2+}	Ag^+	Hg^{2+}	Au^+
CO_2	BF_3	$AlCl_3$		SO_2			Br_2	Fe

| 硬碱 | 交界碱 | 软碱 |

H_2O NH_3 F^- SO_4^{2-} Br^- NO_2^- I^- SCN^- S^{2-}

SO_4^{2-} ClO_4^- CH_3COO^- SO_3^{2-} N_2 CO $S_2O_3^{2-}$

皮尔逊还总结出了如下软硬酸碱原则（SHAB 原则）：硬酸与硬碱易结合成稳定的化合物，软酸与软碱易结合成稳定的化合物。应用此原则能够解释和说明无机物的某些性质和判断反应发生的可能性等等。例如下面的反应由左向右进行得很完全（因为产物比反应物更稳定）。

$$AgNO_3 + H_2S \longrightarrow Ag_2S + HNO_3$$

软-硬　　硬-软　　软-软　　硬-硬

软硬酸碱理论具有很多优点，但至今没有从理论上和实验上解决软硬酸碱的标度，因此建立酸碱软硬标度是当前迫切需要解决的关键问题。

总之，从酸碱概念的问世至今已有几百年的历史了，随着现代酸碱理论的发展，人们对酸碱的认识已逐步向反应的本质接近。

本 章 小 结

一、稀溶液的依数性

即稀溶液的蒸气压下降、沸点上升、凝固点下降、渗透压等性质与溶质的本性无关，而只与溶液中溶质的微粒数多少有关。我们称上述性质为稀溶液的依数性。

沸点上升公式：$\Delta T_b = Km$

凝固点下降公式：$\Delta T_f = Km$

渗透压

二、运用化学平衡原理讨论了电解质溶液的各种平衡

弱酸弱碱的平衡及其相应的计算公式如下：

一元弱酸：$c(\text{H}^+) = \sqrt{K_a^\ominus c_{酸}}$ $\quad \dfrac{c_{酸}}{K_a^\ominus} \geqslant 400$

一元弱碱：$c(\text{OH}^-) = \sqrt{K_b^\ominus c_{碱}}$ $\quad \dfrac{c_{碱}}{K_b^\ominus} \geqslant 400$

多元弱酸：$c(\text{H}^+) = \sqrt{K_{a1}^\ominus c_{酸}}$ $\quad K_{a1}^\ominus > K_{a2}^\ominus > K_{a3}^\ominus$

稀释定律：$K_a^\ominus = c\alpha^2$

三、同离子效应和缓冲溶液

缓冲溶液与弱电解质溶液中的同离子效应相似，缓冲溶液或同离子效应的计算公式如下：

$$c(\text{H}^+) = K_a^\ominus \dfrac{c_{酸}}{c_{盐}} \quad \text{pH} = \text{p}K_a^\ominus - \lg \dfrac{c_{酸}}{c_{盐}}$$

$$c(\text{OH}^-) = K_b^\ominus \dfrac{c_{碱}}{c_{盐}} \quad \text{pOH} = \text{p}K_b^\ominus - \lg \dfrac{c_{碱}}{c_{盐}}$$

四、盐类水解

弱酸强碱盐：水溶液显碱性，水解常数为 $\quad K_h^\ominus = \dfrac{K_W^\ominus}{K_a^\ominus}$

弱碱强酸盐：水溶液显酸性，水解常数为 $\quad K_h^\ominus = \dfrac{K_W^\ominus}{K_b^\ominus}$

弱酸弱碱盐：水解常数为 $\quad K_h^\ominus = \dfrac{K_W^\ominus}{K_a^\ominus K_b^\ominus}$，水溶液酸碱性由公式 $c(\text{H}^+) = \sqrt{\dfrac{K_W^\ominus K_a^\ominus}{K_b^\ominus}}$ 判断　强酸强碱盐不水解

五、沉淀—溶解平衡

（一）溶度积常数

$$\text{A}_m\text{B}_n(\text{s}) \Longleftrightarrow m\text{A}^{n+} + n\text{B}^{m-}$$

$$K_{sp}^\ominus = \{c(\text{A}^{n+})\}^m \{c(\text{B}^{m-})\}^n$$

溶解度与溶度积换算：

$$S=\sqrt[m+n]{\frac{K_{sp}^{\ominus}}{m^m n^n}}$$

(二) 溶度积规则

$Q=K_{sp}^{\ominus}$ 溶液达到饱和,沉淀—溶解达到平衡;

$Q<K_{sp}^{\ominus}$ 溶液未饱和,无沉淀析出或沉淀溶解直至饱和为止;

$Q>K_{sp}^{\ominus}$ 沉淀过饱和,有沉淀析出。

(三) 同离子效应

当在难溶电解质溶液中,加入具有相同离子的易溶电解质,则使难溶电解质的溶解度减少的作用叫同离子效应。

(四) 沉淀的生成与溶解

沉淀的生成与溶解可按溶度积规则判断。

习 题

1. 用等重量的下列化合物作为阻冻剂:乙醇(C_2H_5OH)、甘油($C_3H_8O_3$)、葡萄糖($C_6H_{12}O_6$),在同等质量的水中,哪一种有最大的阻冻效果?说明理由。

2. 将 0.322 g 萘溶于 80.0 g 苯中,测得此溶液的凝固点为 278.34 K,求萘的相对分子质量。已知纯苯的凝固点为 278.53 K。

3. 已知次氯酸(HClO)的电离常数 $K_a^{\ominus}=2.95\times10^{-8}$,试计算 0.05 mol·$L^{-1}$ 次氯酸溶液中 H^+ 离子的浓度及次氯酸的电离度。

4. 已知某氨水的 pH=11.26,计算该氨水的浓度。

5. HAc 溶液中,分别加入少量 NaAc、HCl、NaOH,醋酸的电离度如何变化?加水稀释又如何?说明原因。

6. 把下列溶液的 H^+ 离子浓度换算为 pH:

(1) 某人胃液中 $c(H^+)=4\times10^{-2} mol \cdot L^{-1}$

(2) 人体血液中 $c(H^+)=4\times10^{-8} mol \cdot L^{-1}$

(3) 西红柿汁的 $c(H^+)=3.2\times10^{-4} mol \cdot L^{-1}$

7. $0.01\ mol \cdot L^{-1}$ HAc 溶液的电离度为 4.2%，求 HAc 的电离常数及该溶液的 $c(H^+)$。

8. 100 mL 0.1 $mol \cdot L^{-1}$ 氨水中加入 1.07 g NH_4Cl，溶液的 pH 为多少？若在此溶液中再加入 100 mL 水，pH 有何变化？

9. 写出下列盐的水解反应式，并说明溶液的酸碱性：

    KCN　NH_4NO_3　Na_2CO_3　Na_2S　NH_4Ac

10. 已知 AgI 的 $K_{sp}^{\ominus}=1.5\times10^{-16}$，求其在纯水中和 0.01 $mol \cdot L^{-1}$ KI 溶液中的溶解度？

11. Ag_2S 的 $K_{sp}^{\ominus}=6.3\times10^{-50}$，PbS 的 $K_{sp}^{\ominus}=8.0\times10^{-28}$，问在各自的饱和溶液中，$c(Ag^+)$ 和 $c(Pb^{2+})$ 分别是多少？

12. 10 mL 0.1 $mol \cdot L^{-1}$ $MgCl_2$ 溶液和 10 mL 0.01 $mol \cdot L^{-1}$ 氨水相混合时，是否有 $Mg(OH)_2$ 沉淀生成？($Mg(OH)_2\ K_{sp}^{\ominus}=1.2\times10^{-11}$)

参 考 资 料

[1] 北京师范大学主编. 无机化学. 北京：高等教育出版社. 1991

[2] 杨德壬主编. 无机化学. 北京：高等教育出版社. 1989

[3] 胡忠鲠主编. 现代化学基础. 北京：高等教育出版社. 1998

[4] 傅献彩主编. 大学化学. 北京：高等教育出版社. 1999

[5] 袁翰青，应礼文合编. 化学重要史实. 北京：人民教育出版社. 1989

第五章 氧化还原反应和电化学

在化学反应中，元素氧化数发生变化的一类反应，称为氧化还原反应；另一类反应过程中元素的氧化数没有发生变化，如酸碱反应等，称为非氧化还原反应。在氧化还原反应中，氧化剂与还原剂之间发生了电子传递。如果氧化还原反应发生时，氧化剂与还原剂不直接接触，通过导体实现电子的定向移动，这样就把氧化还原反应与电流联系起来了，这样的氧化还原反应称为电化学反应。本章主要讨论氧化——还原反应以及电化学的一些基本原理及简单应用。

第一节 氧化还原反应

一、氧化数

氧化还原反应由于电子的传递（得失或偏移），必然引起反应前后元素化合价的变化。但对一些组成复杂的、结构不易确定的、特殊化合物来说，其组成元素的化合价不易确定（如 Fe_3O_4 等）。因此，为了更准确表述氧化还原反应，人们在化合价的基础上，引入了氧化数的概念来表明各原子在化合物中相对的化合状态。氧化数 (oxidation number) 又叫氧化值、氧化态或价态 (valence state)。

1970 年国际纯粹与应用化学联合会 (IUPAC) 把氧化数规定为某元素的一个原子在化合状态时的形式电荷（或"表观电荷"

数。这种形式电荷是假设把每个化学键中的电子指定给电负性较大的原子而求得的。例如：一氧化碳中的碳原子可以认为在形式上失去2个电子，形式电荷数是+2，氧原子形式上得到2个电子，形式电荷数是-2，这种形式上的电荷数就是原子在化合物中的氧化数。

具体确定氧化数的原则如下：

1. 任何形态的单质中元素（原子）的氧化数均为零。

2. 在离子化合物中，单原子离子、双原子离子以及多原子集团形成的离子的氧化数，等于离子的电荷数。例如，K^+ 的氧化数为+1；$BaCl_2$ 由 Ba^{2+} 和 Cl^- 组成，其中 Ba 的氧化数为+2，而 Cl^- 的氧化数为-1；SO_4^{2-} 的氧化数为-2。

3. 在共价化合物中，把属于两原子的共用电子对归属于电负性较大的那个原子，在两原子上的"形式电荷"就是它们的氧化数，如在 H_2O 中，O 的氧化数为-2。H 的氧化数为+1。

4. 氢的氧化数一般为+1；在活泼金属氢化物中，如 NaH、CaH_2 中氢的氧化数为-1。氧在正常氧化物中氧化数为-2；在过氧化物中，如 H_2O_2、Na_2O_2 等，氧的氧化数为-1；在超氧化物中，如 KO_2，氧的氧化数为-1/2；在氟的氧化物中，如 OF_2 氧的氧化数为+2。

5. 碱金属和碱土金属在化合物中氧化数分别为+1 和+2；氟的氧化数为-1。

6. 在多原子分子中，各元素的氧化数代数和为零；在多原子离子中各元素氧化数的代数和等于该离子所带电荷数。

氧化数可为整数，也可为分数或小数。

根据以上规则，可以计算复杂分子中任一元素氧化数。如设在 Fe_3O_4 中 Fe 的平均氧化数 x，x 可以由下式求出：

$$3x+4\times(-2)=0 \qquad x=+\frac{8}{3}$$

又如 $Na_2S_2O_6$（连四硫酸钠）中 Na 的氧化数为 +1，O 为 -2，S 则为 +2.5。

当某一元素以何种物种存在不明确时，常用罗马数字加上括号紧随元素符号之后表示，如铁除以 Fe^{3+} 物种存在外，还以 $FeOH^{2+}$、$FeCl_2^+$、$FeCl^{2+}$ …… 等物种存在，则用铁（Ⅲ）或 Fe（Ⅲ）表明铁的氧化数为 +3，不强调它究竟以何种物种存在。

二、氧化和还原　氧化剂和还原剂

氧化还原反应既然涉及电子的得失或偏移，而元素氧化数的变化正是电子传递的结果，因此也可以说，氧化还原反应是元素氧化数发生改变的一类反应。把失去电子使元素氧化数升高的过程称为氧化，把获得电子使元素氧化数降低的过程称为还原。氧化反应（oxidation）和还原反应（reduction）必然同时发生，并共存于一个系统中，所以常合称为氧化还原反应。在化学反应中，氧化数降低的物质称氧化剂（oxidant），氧化数升高的物质称为还原剂（reductant）。例如：

$$Fe(s) + 2H^+(aq) \rightleftharpoons Fe^{2+}(aq) + H_2(g)\uparrow$$

在反应中，Fe 由于给出了电子而使自己的氧化数由 0 升到 +2，这个过程称为(Fe 的)氧化；H^+ 离子获得电子而使其氧化数由 +1 降到 0，这个过程称为(H^+ 的)还原。Fe 为还原剂，H^+ 离子为氧化剂。因此还原剂（Fe）使氧化剂（H^+）还原而本身发生了氧化反应，$[Fe(s) \rightarrow Fe^{2+}(aq)]$ 即 Fe 被（H^+）氧化。而氧化剂 H^+ 使还原剂 Fe 氧化而本身发生了还原反应，$[2H^+(aq) \rightarrow H_2(g)]$ 即 H^+ 被（Fe）还原。氧化剂和还原剂在反应中既相互对立，又相互依存。整个氧化还原反应是由氧化与还原两个半反应构成。

氧化半反应：　$Fe(s) \longrightarrow Fe^{2+}(aq) + 2e^-$

还原半反应：　$2H^+(aq) + 2e^- \longrightarrow H_2(g)$

总反应：　　$Fe(s) + 2H^+(aq) \rightleftharpoons Fe^{2+}(aq) + H_2(g)$

在半反应式中氧化数高的称为氧化型（oxidation type）物质，可作氧化剂；氧化数低的物质称为还原型（reduction type）物质，可作还原剂。氧化型物质和相应的还原型物质构成一个氧化还原电对（redox couple），简称（氧化还原）电对：

$$氧化型 + ne^- \rightleftharpoons 还原型$$

$$或 \quad Ox + ne^- \rightleftharpoons Red$$

式中，n 表示反应传递的电荷数。每个氧化（或还原）半反应都包含一个电对（Ox/Red）氧化型/还原型。例如 Zn^{2+}/Zn、Fe^{2+}/Fe、$2H^+/H_2$、Fe^{3+}/Fe^{2+}、Cu^{2+}/Cu。

由于氧化半反应与还原半反应相加为整个氧化还原反应，所以氧化还原反应一般可写成：

氧化型（Ⅰ）+ 还原型（Ⅱ）══ 还原型（Ⅰ）+ 氧化型（Ⅱ）

Ⅰ和Ⅱ分别表示其所对应的两种物质构成的不同电对。

三、氧化还原方程式的配平

氧化还原反应大多比较复杂，根据反应条件（如温度、压力、介质的酸碱性等），还原剂的氧化产物和氧化剂的还原产物，按照还原剂和氧化剂氧化数的变化相等的原则（即还原剂和氧化剂之间电子传递相等的原则）进行氧化还原方程式配平，这个配平方法称氧化数法（oxidition-number method）。

氧化数法配平方程式的步骤：

1. 根据反应条件和实验现象，确定生成物，把反应物和生成物的化学式写准确。

2. 标出有氧化数变化的元素，并根据氧化数的变化确定氧化剂和还原剂。

3. 根据氧化剂与还原剂间氧化数变化值相等的原则，确定氧化剂与还原剂的化学计量数。

4. 根据实际反应情况，配平那些氧化数没有变化的其他物质

（酸、碱、盐等）的化学计量数。

5. 水溶液反应根据情况用 H^+ 离子、OH^- 离子、H_2O 等配平 H 和 O 元素。

例1：重铬酸钾（$K_2Cr_2O_7$）和浓盐酸起反应放出氯气，溶液颜色呈绿色（这是 Cr^{3+} 的特征颜色）。

按以上步骤1，把反应方程式的主要部分写出：

$$K_2Cr_2O_7 + HCl \longrightarrow Cr^{3+} + Cl_2$$

继而按步骤2、3得出如下不完全方程式：

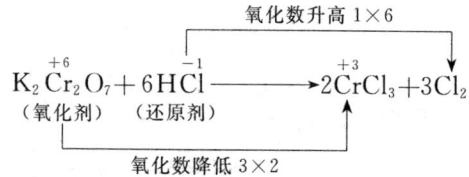

按步骤4，确定出氧化数没有变化的 K 元素及 Cl 元素（表明盐酸中的 Cl 元素是由氧化数变化的 $Cl^{-1} \rightarrow Cl^0$ 及氧化数没有变化的 $Cl^- \rightarrow Cl^-$ 两部分构成的）：

$$\underset{\text{（氧化剂）}}{K_2Cr_2O_7} + \underset{\text{（还原剂）}}{6HCl} + \underset{\text{（介质）}}{8HCl} \longrightarrow 2CrCl_3 + 3Cl_2 + 2KCl$$

最后按步骤5，整理、化简成完整的方程式：

$$K_2Cr_2O_7 + 14HCl = 2CrCl_3 + 3Cl_2\uparrow + 2KCl + 7H_2O$$

由此反应可见，盐酸充当两个角色：一为还原剂，另一为介质。

例2：将 $FeSO_4$ 溶液加入酸化的 $KMnO_4$ 溶液，反应后溶液紫红色褪去，生成了无色的 Mn^{2+}。先列成如下方程式：

$$FeSO_4 + KMnO_4 + H_2SO_4 \longrightarrow MnSO_4 + Fe_2(SO_4)_3$$

再得出：

$$5\times\underset{\text{（还原剂）}}{(2\overset{+2}{Fe}SO_4)} + 2\underset{\text{（氧化剂）}}{K\overset{+7}{Mn}O_4} + \underset{\text{（介质）}}{H_2SO_4} \longrightarrow 2\overset{+2}{Mn}SO_4 + 5\overset{+3}{Fe}_2(SO_4)_3$$

氧化数升高 2×5，氧化数降低 5×2

然后配平其他物质：

$10FeSO_4 + 2KMnO_4 + H_2SO_4 \longrightarrow 2MnSO_4 + 5Fe_2(SO_4)_3 + K_2SO_4$

最后由"酸化"条件配平 H^+ 及（产物中）H_2O，整理：

$10FeSO_4 + 2KMnO_4 + 8H_2SO_4 == 2MnSO_4 + 5Fe_2(SO_4)_3 + K_2SO_4 + 8H_2O$

在该反应中，硫酸只充当酸性介质的角色，不是氧化剂。

例3：高锰酸钾与亚硫酸钾在中性溶液中生成二氧化锰和硫酸钾的反应。

按步骤1、2、3，得出下列反应方程式：

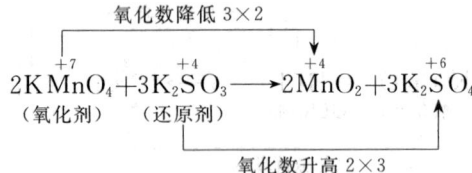

按步骤4、5对上面方程进一步分析发现：产物中少两个K原子，应有含K原子的化合物；反应物中多一个氧原子，在中性溶液中，要减少反应物中一个氧原子，可以加一个 H_2O 分子而生成两个 OH^-。因此，生成2个 OH^- 与2个 K^+ 为2个KOH分子。最终配平如下：

$2KMnO_4 + 3K_2SO_3 + H_2O == 2MnO_2 + 3K_2SO_4 + 2KOH$

例4：配平如下氧化还原反应方程式：

$Cu_2S + HNO_3 \longrightarrow Cu(NO_3)_2 + H_2SO_4 + NO$

按步骤2、3进行分析如下：

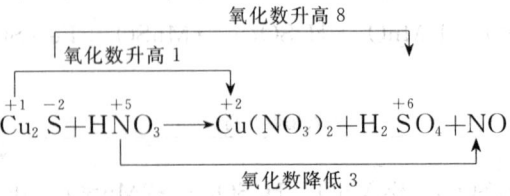

对于这种化合物里有两种元素同时参加的氧化还原反应必须把氧化数升降关系综合起来一起计算：

$$\left.\begin{array}{lll}3Cu & 2\times(2-1)=2 \\ S & 1\times[6-(-2)]=8\end{array}\right\}10 \quad \begin{array}{l}\times 3=+30 \\ \times 10=-30\end{array}$$

N   2−5=−3

可得：$3Cu_2S+10HNO_3 \longrightarrow 6Cu(NO_3)_2+3H_2SO_4+10NO$

再据步骤 4、5 酸性介质条件下配平 H^+ 及产物中 H_2O。由产物中有 12 个 NO_3^- 可知反应物必有 12 个 HNO_3 分子是以酸性介质角色出现的，则反应物有 22 个 HNO_3 分子即有 22 个 H 原子和 66 个 O 原子，根据产物现状再补上 8 个 H_2O 分子便使 H、O 元素平衡了：

$$3Cu_2S+22HNO_3 =\!=\!= 6Cu(NO_3)_2+3H_2SO_4+10NO+8H_2O$$

由以上各例可见，配平方程式的难点是没有发生氧化数变化的原子个数的配平，尤其是氢、氧原子的配平。氧化剂在不同介质中的氧化能力是不同的，还原产物也是不一样的。同时，在碱性介质中进行的反应，产物不能出现酸；在酸性介质中进行的反应，产物不能出现碱；在中性介质中，反应物应是 H_2O，而产物可出现碱或酸；而当反应物中（方程式左侧）O 多余时，若是酸性介质则加上 H^+；若中性介质则加 H_2O；而当反应物中 O 缺少时，若为碱性介质则加上 OH^- 离子，若酸性或中性介质则加 H_2O。

第二节 原电池和电极电势

在自动发生的氧化还原反应中都是电子从还原剂传递到氧化剂的过程。例如：将铁片放入盐酸溶液中，Fe 与 HCl 便发生下列反应：

$$Fe(s)+2H^+(aq) =\!=\!= Fe^{2+}(aq)+H_2(g)$$

由于 Fe 与 HCl 直接接触，电子从 Fe 原子直接传递给 H^+，因分子热运动是没有一定方向的，因此形成不了定向有序的电子流。随着氧化还原反应的进行，溶液温度将有所升高，即反应中放出的化学能常常转变成热能。如果利用氧化还原反应把化学能转换成电能为人类造福,它的意义就非常大了,本节介绍实现化学能转换成电能的装置——原电池及其应用。

一、原电池

要实现在氧化剂与还原剂间的电子传递定向、有秩序的进行,必须构成一个封闭的电路。例如:锌片与硫酸铜溶液间的氧化还原反应:

$$Zn(s)+Cu^{2+}(aq)=Zn^{2+}(aq)+Cu(s)$$

若将反应设计在图5-1装置中进行。锌片插入B烧杯内硫酸锌溶液中,铜片插入A烧杯内硫酸铜溶液中。在铜片与锌片间用(铜丝)导线连接起来,导线间串接一检流计(电压表可以指示两极电势差,但不一定有电流通过。)在两烧杯内溶液用"盐桥"(Salt bridge)——U形玻璃管,内装饱和氯化钾和琼脂作成的胶冻联通。

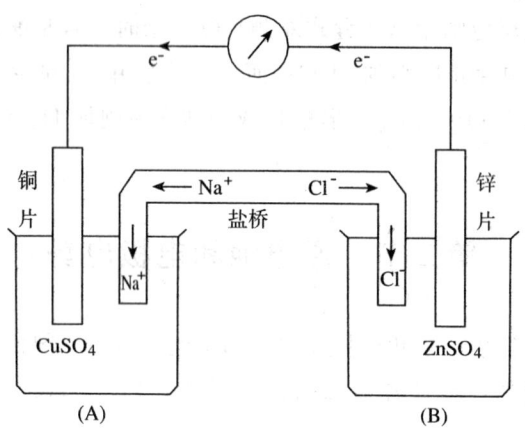

图5-1 铜锌原电池示意图

这时,可以发现检流计的指针发生了偏转,证明在铜片与锌片间有电流通过;而从指针偏转方向上可见电子是由锌片流出,经过导线流向铜片。这种借助氧化还原反应产生电流,使化学能转变为电能的装置，称原电池（primary cell）。

图 5-1 所示为一种简单的原电池，称为铜锌原电池，或丹尼尔（Daniel JF）电池。它是由两个半电池（half cell），即氧化半电池（由锌和硫酸锌溶液组成）、还原半电池（由铜和硫酸铜溶液组成）和两个半电池间的盐桥（及联接铜片与锌片的导线）组成的。

在氧化半电池溶液中，由于 Zn 的氧化使得溶液中 Zn^{2+} 增加，正电荷必然过剩；在还原半电池溶液中由于 Cu^{2+} 的还原使得溶液中 Cu^{2+} 减少而 SO_4^{2-} 相对增加，负电荷必然过剩。这样两溶液必然无法保持电中性。为了保障电子顺利通过外电路（如导线等）从锌到铜不断传递，使两池中反应持续进行就需用加盐桥的方法，即使盐桥中的负离子（如 Cl^-）移向 $ZnSO_4$ 溶液，中和由于 Zn^{2+} 进入溶液而过剩的正电荷；正离子（如 K^+）移向 $CuSO_4$ 溶液，中和 SO_4^{2-} 相对增加造成的负电荷过剩（使整个装置形成一个回路）。另一方面，盐桥还可以消除由于溶液直接接触而形成的液体接界电势。用琼脂制成的（饱和 KCl）胶冻，使离子在其中既可以运动，又能起到固定作用。

原电池装置证明了氧化还原反应的实质是在氧化剂（Cu^{2+}）和还原剂（Zn）之间发生了电子传递。

由检流计指针偏转的方向表明了电子是由锌片经导线流向铜片，按照电化学惯例，电子流向外电路的电极为负极（negative pole）[或称发生氧化反应的电极为阳极，(anode)]，故 Zn 称为负极（或阳极）；而接受从外电路流入的电子的电极称为正极（positive pole）[或称发生还原反应的电极为阴极，(cathode)]，即铜极为正极（或阴极）。这样在两个电极上发生的反应是：

锌极（负极或阳极）：$Zn \longrightarrow Zn^{2+} + 2e^-$（氧化半反应）

铜极（正极或阴极）：$Cu^{2+} + 2e^- \longrightarrow Cu$（还原半反应）

电池总反应是将正、负电极反应按得失电子相等的原则相合并得到。

原电池的装置可用图示表示。如上面的铜锌原电池可表示成：

(—) Zn(s) | ZnSO$_4$(c) ‖ CuSO$_4$(c) | Cu(s) (+)

习惯上负极写在左边，正极写在右边。图示中单竖线（|）表示相界面（即 Zn 与 Zn^{2+} 两相间或 Cu 与 Cu^{2+} 两相间的界面）；双竖线（‖）表示盐桥。在有气体参加的电池中还要标明气体的压力，溶液要标明浓度或活度。金属电极若用惰性金属（如 Pt）也须注明。

同一种元素不同氧化数的两种离子，如 Fe^{3+}/Fe^{2+}、Sn^{4+}/Sn^{2+} 等构成的氧化还原电对在组成电极时，一般用一种惰性电极材料如 Pt 或石墨作电子的载体（传递电子的作用），插在含有同种元素不同氧化数的两种离子的溶液中构成的。电极符号写成 Pt | Fe^{3+}，Fe^{2+}、Pt | Sn^{4+}，Sn^{2+}。对于氧化还原电对 MnO$_4^-$/Mn^{2+}，电极符号写成 Pt | MnO$_4^-$，Mn^{2+}，H$^+$。气体和它的离子组成的电极也需要惰性电极材料 Pt 或石墨等作载体。例如氯电极和氢电极，氧化还原电对为如 Cl$_2$/Cl$^-$ 和 H$^+$/H$_2$，电极符号写成：Pt | Cl$_2$(g) | Cl$^-$ 和 Pt | H$_2$(g) | H$^+$。以上各电极符号中"|"表示相界面，Cl$_2$(g)、H$_2$(g) 分别表示氯气、氢气。

在金属表面覆盖一层该金属的难溶盐，然后浸入含有该难溶盐的负离子的溶液中，可构成难溶盐电极。如将表面涂有 AgCl 的银丝插在 HCl 溶液中，称为氯化银电极。氧化还原电对是 AgCl | Ag，电极符号表示为 Ag | AgCl(s),Cl$^-$。又如甘汞电极的氧化还原电对是 Hg$_2$Cl$_2$/Hg，电极符号为 Pt，Hg(l) | Hg$_2$Cl$_2$,Cl$^-$。

二、电极电势

把原电池的两极用导线联接起来，就有电流通过，这说明两电极之间存在电势差，即组成电池的两个电极的电势是不等的。那么电极的电势是如何产生的呢？

双电层理论（double layer theory）

德国科学家能斯特（H·W·Nernst）在 1889 年提出电极电势双电层理论。这个理论认为，当把金属 M 插入它的盐溶液中，由于金属晶体中处于热运动的金属离子受到极性水分子的吸引，从而使金属有以水合离子的形式进入金属表面附近的溶液中把电子留在金属表面的倾向：$M(s) \longrightarrow M^{n+}(aq) + ne^-$ 显然，金属越活泼，溶液浓度越小，这种倾向就越大。同时溶液中的金属离子 $M^{n+}(aq)$，受到其他 $M^{n+}(aq)$ 的排斥作用和金属表面电子的吸引，有从金属 M 表面获得电子并沉积在金属表面上的倾向：$M^{n+}(aq) + ne^- \longrightarrow M(s)$ 溶液中金属离子浓度越大，金属越不活泼，这种倾向越大。当溶解与沉积这两个相反过程的速率相等时，就达到了动态平衡。

$$M(s) \xrightleftharpoons[沉积]{溶解} M^{n+}(aq) + ne^-$$

当金属 M 溶解倾向大于 $M^{n+}(aq)$ 沉积倾向时，则达平衡时，金属表面带负电，靠近金属表面附近的溶液带正电。由于正、负电荷的吸引，$M^{n+}(aq)$ 不是均匀地分布在整个溶液中，而形成了主要聚集在金属表面附近的双电层，如图 5-2（a）所示。如果后一种倾向大于前一种倾向，则达到平衡时，形成了金属表面带正电而金属附近溶液带负电的双电层，如图 5-2（b）所示。

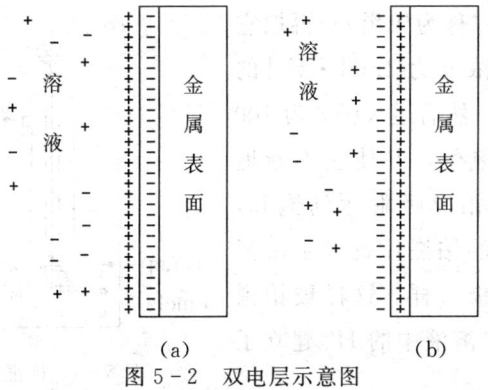

图 5-2 双电层示意图

由于金属 M 的溶解和沉积达到平衡时,形成了双电层,从而产生了电势差,这种由于双电层的作用,在金属和它的盐溶液之间产生的电势差,叫做金属的电极电势(electrode potential)。

电极电势的大小除与电极的本性有关外,还与温度、介质及离子浓度等因素有关。当外界条件一定时,电极电势的大小只取决于电极的本性。

三、标准电极电势

当组成电极的离子浓度为($1mol·L^{-1}$或活度为1),气体的分压是 100 kPa,液体和固体是纯净物时,称为电极的标准状态。

迄今为止我们还无法测出单个电极的电极电势绝对值。(因为如用电位差计测出的不是单个电极的电势,而是电池两极的电势差。)为了对所有电极的电极电势大小作出定量的、系统的比较,就必须选择某种电极作参比电极,规定这个基准的电极电势为零。目前采用标准氢电极(standard hydrogen electrode)作为参比电极。将待测电极和标准氢电极组成一个原电池,通过测量电池的电动势(electromotive force),就可以求出待测电极的电极电势相对数值。

(一)标准氢电极

标准氢电极组成和装置如图 5-3 所示。先把铂片表面镀上一层蓬松的铂(称为铂黑),再把它放入氢离子浓度为 $1mol·L^{-1}$ 的硫酸溶液中,然后通入压力为 100 kPa 的纯净氢气,并使它不断地冲打铂片使铂黑吸附达到饱和,吸附了氢气的铂黑片就像是由氢气构成的电极一样。这样被铂黑吸附的 H_2 与溶液中的 H^+ 建立了如下平衡:

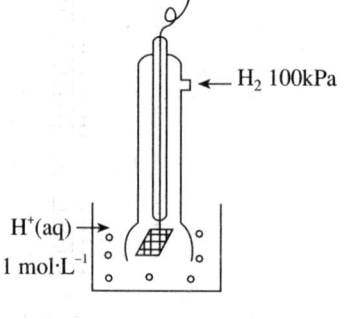

图 5-3 标准氢电极

$$2H^+(aq, 1\ mol\cdot L^{-1}) + 2e^- \rightleftharpoons H_2(g, 100\ kPa)$$

H_2 和 H^+ 和在界面（铂黑片表面）形成双电层，此双电层的电势差就是标准氢电极的电极电势，人为规定其值为零（298.15 K时），记作：

$$\varphi^{\ominus}(H^+/H_2) = 0\ v$$

式中：$\varphi^{\ominus}$——氢电极的标准电极电势。

（二）标准电极电势

把标准氢电极和其他各种标准状态下的电极组成原电池，测定这些原电池的电动势就可以得到这些电极的标准电极电势（standard electrode potential）。标准电极电势符号用 $\varphi^{\ominus}$ 表示。据电化学原理：$E^{\ominus}$（电池电动势）$= \varphi^{\ominus}_{正极} - \varphi^{\ominus}_{负极}$ 因此在这些原电池中标准氢电极可作正极也可作负极。（先用一个已知正负电极的小电池与检流计相连，看指针的偏转方向，记下来）。

例如图 5-4（B）。由标准氢电极与标准铜电极组成的原电池。实际测得该电池的标准电动势 $E^{\ominus}$ 为 0.342 V，由检流计指向上可知该原电池中电子是由标准氢电极流向标准铜电极，说明标准氢电极是发生氧化反应的负极（阳极），$H_2(g) \longrightarrow 2H^+(aq) + 2e^-$ 标准铜电极是发生还原反应的正极（阴极）$Cu^{2+}(aq) + 2e^- \longrightarrow Cu(s)$
原电池的电动势

$$E^{\ominus} = \varphi^{\ominus}_{正极} - \varphi^{\ominus}_{负极}$$
$$= \varphi^{\ominus}(Cu^{2+}/Cu) - \varphi^{\ominus}(H^+/H_2) = 0.342\ V$$

因此 $\varphi^{\ominus}(Cu^{2+}/Cu) = E^{\ominus} = 0.342\ V$

图 5-4（A）是由标准氢电极与锌半电池组成的原电池，测得标准电动势为 0.762 V，但由检流计的指向（正好与（B）中检流计指向相反）可知该原电池中电子是由锌电极流向氢电极（电流是由氢电极流向锌电极），说明标准氢电极是发生还原反应的正极（阴极），$2H^+(aq) + 2e^- \longrightarrow H_2(g)$；标准锌电极是发生氧化反应的

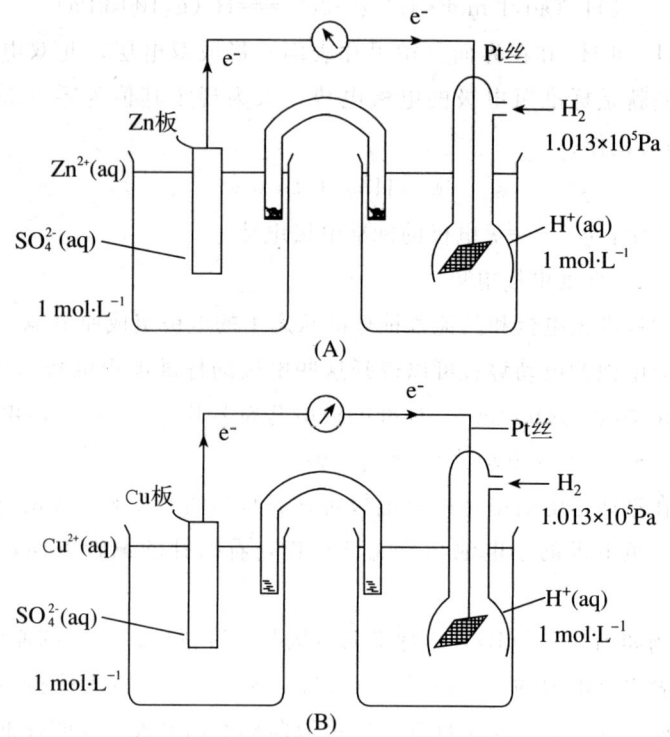

图 5-4 原电池

负极(阳极),Zn(s)⟶Zn²⁺(aq)+2e⁻

此原电池的电动势:

$$E^{\ominus} = \varphi^{\ominus}_{正极} - \varphi^{\ominus}_{负极} = \varphi^{\ominus}(H^+/H_2) - \varphi^{\ominus}(Zn^{2+}/Zn) = 0.762 \text{ V}$$

则可求得 $\varphi^{\ominus}(Zn^{2+}/Zn) = \varphi^{\ominus}(H^+/H_2) - E^{\ominus}$

$$= 0 - 0.762 \text{ V} = -0.762 \text{ V}$$

由此可见,以标准氢电极为参比,可以求得各种标准电极的电极电势。但氢电极作标准电极,使用条件十分严格,而且制作和纯化比较复杂,所以实际上常用其它参比电极(reference electrode)代替。最常用的参比电极有氯化银电极和甘汞电极(mercurous chloride electrode)等。它们制备简单,使用方便,性能稳定,所以称它们为二级标准电极。甘汞电极的构造如图 5-5 所示。它是在电极的底部放入少量汞和少量由甘汞、汞及氯化钾溶液制成的糊状物,上面充入饱和了甘汞的氯化钾溶液,再用导线导出。甘汞电极的电极电势决定于 Cl^- 浓度。

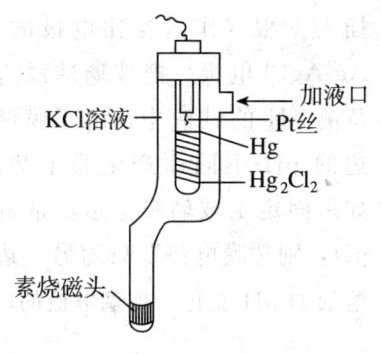

图 5-5 甘汞电极

表 5-1 列举了经精确测定的 3 种常用甘汞电极及其电极电势值。若 KCl 溶液是饱和的,则该电极就称为饱和甘汞电极(简记 SCE),25 ℃时它的电极电势是 0.241 2 V。饱和甘汞电极的电极符号:$Pt,Hg|Hg_2Cl_2,KCl$(饱和)。将待测电极与饱和甘汞电极组成原电池测出电动势可得待测电极的电极电势。

表 5-1 三种甘汞电极的电极电势

$c(KCl)/mol \cdot L^{-1}$	电 极 反 应	φ/V
0.1	$Hg_2Cl_2(s)+2e^- \rightleftharpoons 2Hg(l)+2Cl^-(0.1\ mol \cdot L^{-1})$	0.333 7
1	$Hg_2Cl_2(s)+2e^- \rightleftharpoons 2Hg(l)+2Cl^-(1\ mol \cdot L^{-1})$	0.280 1
饱和	$Hg_2Cl_2(s)+2e^- \rightleftharpoons 2Hg(l)+2Cl^-$(饱和)	0.241 2

测定溶液 pH 值的仪器是 pH 计。pH 计中对溶液 pH 值敏感元件是玻璃电极。玻璃电极的玻璃膜是由 SiO_2 中加入 Na_2O 和少量 CaO 烧结而成,它对 H^+ 浓度(活度)的变化非常敏感,并能把它转变为电讯号在 pH 计上显示,因此,玻璃电极实际上就是一种以电化学为基础的化学传感器。

玻璃电极结构如图 5-6。在一只玻璃管下段焊接一薄膜(膜厚约 30~10 μm),球内盛(pH 固定)含 Cl^- 的磷酸盐缓冲溶液。

插入一根（作内参比电极的）Ag-AgCl 电极。把玻璃球浸入待测 pH 的试液中，由于膜两边的 pH 不同而产生膜电势，如果固定了玻璃膜一边溶液的 pH，则"膜电势"只随另一边溶液的 pH 变化。玻璃电极的电极电势为：

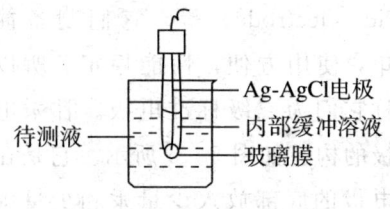

图 5-6 玻璃电极

$$\varphi_{玻璃\cdot极} = \varphi^{\ominus}_{玻璃电极} - \frac{RT}{F}\ln\frac{1}{c(H^+)}$$

$$= \varphi^{\ominus}_{玻璃电极} - 0.0592\text{ V}（pH）$$

把玻璃电极与甘汞电极组成原电池，即可从测得的电动势（E）求得溶液的 pH 值：

$$E = \varphi_{甘汞} - \varphi_{玻璃} = 0.2801\text{ V} - \varphi^{\ominus}_{玻璃电极} + 0.0592\text{ V}（pH）$$

$$\therefore \text{pH} = \frac{E - \varphi_{甘汞} + \varphi^{\ominus}_{玻璃电极}}{0.0592\text{ V}}$$

（三）标准电极电势表

将所测得的各种电极的标准电极电势连同电极反应，按一定规则排列在一起即得标准电极电势表。电极电势表的编制有多种方式。本书采用的是电极反应的还原电势，电对书写顺序为"氧化型/还原型"，将电极电势按代数值由小到大顺序排列成的一种，见表 5-2。

表 5-2 标准电极电势（298.15 K）

电　对 （氧化态/还原态）	电　极　反　应 （氧化态 + ne^- ⇌ 还原态）	标准电极电势 （$\varphi^{\ominus}$/V）
Li^+/Li	$Li^+ + e^- \rightleftharpoons Li$	-3.041
K^+/K	$K^+ + e^- \rightleftharpoons K$	-2.931
Ca^{2+}/Ca	$Ca^{2+} + 2e^- \rightleftharpoons Ca$	-2.868
Na^+/Na	$Na^+ + e^- \rightleftharpoons Na$	-2.714
Mg^{2+}/Mg	$Mg^{2+} + 2e^- \rightleftharpoons Mg$	-2.37

续表

电对 (氧化态/还原态)	电极反应 (氧化态 $+ne^- \rightleftharpoons$ 还原态)	标准电极电势 ($\varphi^{\ominus}$/V)
Zn^{2+}/Zn	$Zn^{2+}+2e^- \rightleftharpoons Zn$	-0.762
Pb^{2+}/Pb	$Pb^{2+}+2e^- \rightleftharpoons Pb$	-0.1262
H^+/H_2	$2H^++2e^- \rightleftharpoons H_2$	0
Cu^{2+}/Cu	$Cu^{2+}+2e^- \rightleftharpoons Cu$	0.337
I_2/I^-	$I_2+2e^- \rightleftharpoons 2I^-$	0.535
Ag^+/Ag	$Ag^++e^- \rightleftharpoons Ag$	0.7996
Br_2/Br^-	$Br_2+2e^- \rightleftharpoons 2Br^-$	1.066
Cl_2/Cl^-	$Cl_2+2e^- \rightleftharpoons 2Cl^-$	1.358
PbO_2/Pb^{2+}	$PbO_2+4H^++2e^- \rightleftharpoons Pb^{2+}+2H_2O$	1.455
MnO_4^-/Mn^{2+}	$MnO_4^-+8H^++5e^- \rightleftharpoons Mn^{2+}+4H_2O$	1.507
F_2/F^-	$F_2+2e^- \rightleftharpoons 2F^-$	2.866

对该表的使用作几点说明：

1. 电池半反应一律用还原形式表示，$M^{n+}+ne^- \rightleftharpoons M$，因此电极电势是还原电势。数值愈小，说明还原型物质还原能力（或失去电子能力）愈强，即表5-2中（还原型的）还原性自下而上依次增强；反之，数值愈大，说明氧化型物质氧化能力（或得电子能力）愈强，即表5-2中（氧化型的）氧化性自上而下依次增强。

2. 电极电势的数值反映物质得失电子的能力（或倾向），而与物质的量无关。例如：

$$2H_2O+2e^- \rightleftharpoons H_2+2OH^- \qquad \varphi^{\ominus}=-0.828 \text{ V}$$

$$H_2O+e^- \rightleftharpoons \frac{1}{2}H_2+OH^- \qquad \varphi^{\ominus}=-0.828 \text{ V}$$

3. 该表系298.15 K时的标准电极电势。因为电极电势随温度的变化（温度系数）不大，所以，在室温下一般均采用表数值。

4. 标准电极电势是指标准态下的电极电势，即离子浓度为 $1 \text{ mol} \cdot \text{L}^{-1}$，气体的分压为标准压力 $p^{\ominus}$。如果溶液浓度不是 $1 \text{ mol} \cdot \text{L}^{-1}$，那么电极电势值与标准电极电势不同。例如：

$$2H^+(1\ mol \cdot L^{-1}) + 2e^- \rightleftharpoons H_2(p^\ominus) \qquad \varphi^\ominus = 0.00\ V$$

$$2H^+(10^{-7}\ mol \cdot L^{-1}) + 2e^- \rightleftharpoons H_2(p^\ominus) \qquad \varphi^\ominus = -0.414\ V$$

5. 有些电极在不同介质（酸碱）中，电极反应和 $\varphi^\ominus$ 值是不同的。例如：ClO_3^-/Cl^-，在酸性溶液中的电极反应及相应标准电势的值为：

$$ClO_3^- + 6H^+ + 6e^- \rightleftharpoons Cl^- + 3H_2O \qquad \varphi_A^\ominus = 1.451\ V$$

在碱性溶液中的电极反应及相应的标准电势的值为：

$$ClO_3^- + 3H_2O + 6e^- \rightleftharpoons Cl^- + 6OH^- \qquad \varphi_B^\ominus = 0.62\ V$$

因此，在一些书籍和手册中，把标准电极电势表分为酸表和碱表。在电极反应中，无论在反应物或产物中出现 H^+，均查酸表；在电极反应中，无论在反应物或产物中出现 OH^-，均查碱表；在电极反应中，没有 H^+ 或 OH^- 出现时，可从物质存在状态考虑。如 Fe^{3+} 和 Fe^{2+} 离子只能在酸性溶液中存在，因此要在酸表中查 $\varphi^\ominus Fe^{3+}/Fe^{2+}$ 的值。又如金属与其阳离子的盐组成的电对 $\varphi^\ominus(Mn^{2+}/Mn)$ 查酸表。而表现两性的金属与其阴离子盐的电对应查碱表，如 $\varphi^\ominus(ZnO_2^{2-}/Zn)$，查碱表。

四、能斯特方程

1. 电池的电动势和化学反应吉布斯自由能的关系

在等温等压条件下，系统吉布斯自由能的降低（或变值）等于系统所做的最大非体积功：

$$-\Delta G = W$$

在原电池中，非体积功只有电功一项，因此电池反应的 $-\Delta G$ 等于电子在两个半电池间移动所做的最大功。电功定义为电池电动势（E）和电量（移动的电荷）的乘积。1 mol 电子的电荷（$F = NAe$）相当于 96 485 C（库仑）。96 485 C·mol^{-1}（常用近似值 96 500 C·mol^{-1} 进行计算）称为法拉第常数（Faraday Constant），用 F 表示。若电池反应转移的电子数为 n，则

$$\Delta_r G_m = -nEF \tag{5-1}$$

当电池中所有物质都处于标准态时,电池的电动势就是标准电动势 $E^\ominus$。式 (5-1) 可写成:

$$\Delta_r G_m^\ominus = -nE^\ominus F \tag{5-2}$$

这个关系式把热力学和电化学联系起来了。通过计算某个氧化还原反应的 $\Delta_r G_m^\ominus$,可求出相应原电池的 $E^\ominus$;反之,测定出原电池的电动势 $E^\ominus$,就可计算出电池中进行的氧化还原反应的 $\Delta G^\ominus$。

例 5:试计算据下列反应构成的原电池 $E^\ominus$ 和反应的 $\Delta_r G_m^\ominus$。
$Cu^{2+} + Pb = Cu + Pb^{2+}$

解 已知 $\varphi^\ominus(Pb^{2+}/Pb) = -0.126 \text{ V}$
$\varphi^\ominus(Cu^{2+}/Cu) = +0.342 \text{ V}$

根据电池反应和 $\varphi^\ominus$ 值可知,铅电极为负极,铜电极为正极。因此

$$E^\ominus = \varphi^\ominus(Cu^{2+}/Cu) - \varphi^\ominus(Pb^{2+}/Pb)$$
$$= 0.342 \text{ V} - (-0.126 \text{ V}) = 0.468 \text{ V}$$
$$\Delta_r G_m^\ominus = -nE^\ominus F = -(2 \times 0.468 \times 96500)$$
$$= -90.32 (\text{kJ} \cdot \text{mol}^{-1})$$

2. 能斯特方程

电极反应的电势泛指任意电极的界面电势差,它不仅决定于电极中氧化型和还原型物质的本性,而且还决定于它们的浓度(或分压)以及温度。

对于任意氧化还原反应:

$$aA + bB \Longrightarrow gG + hH$$

据化学反应等温式,该反应的 ΔG 为:

$$\Delta_r G_m = \Delta_r G_m^\ominus + RT \ln \frac{\{c(G)\}^g \{c(H)\}^h}{\{c(A)\}^a \{c(B)\}^b}$$

将(5-1)、(5-2)代入,得

$$-nFE = (-nFE^\ominus) + RT \ln \frac{\{c(G)\}^g \{c(H)\}^h}{\{c(A)\}^a \{c(B)\}^b}$$

$$E = E^{\ominus} - \frac{RT}{nF}\ln\frac{\{c(G)\}^g\{c(H)\}^h}{\{c(A)\}^a\{c(B)\}^b} \qquad (5-3)$$

式（5-3）称电池反应的能斯特①方程（Nernst equation）。把常数代入，把自然对数换成常用对数，在室温时（298.15 K）上式成为：

$$E = E^{\ominus} - \frac{0.0592\text{ V}}{n}\lg\frac{\{c(G)\}^g\{(H)\}^h}{\{c(A)\}^a\{(B)\}^b} \qquad (5-4)$$

对于任意电极的电极反应：

$$\text{氧化型} + ne^- \rightleftharpoons \text{还原型}$$

$$\text{或}\quad \text{Ox} + ne^- \rightleftharpoons \text{Red}$$

在 25 ℃时，电极反应能斯特方程为：

$$\varphi(\text{Ox}/\text{Red}) = \varphi^{\ominus}(\text{Ox}/\text{Red}) + \frac{0.0592\text{ V}}{n}\lg\frac{c(\text{Ox})}{c(\text{Red})} \qquad (5-5)$$

式中 n 表示电极反应中电子转移数或得失电子数；$c(\text{Ox})/c(\text{Red})$ 表示电极反应中氧化型一方各物质浓度的乘积与还原型一方各物质浓度乘积之比，其中浓度的指数等于它们各自在电极反应中的化学计量数。如果氧化型、还原型物质是气态物质，则用它们在反应中的分压 $p(B)$ 与标准压力 $p^{\ominus}$（100 kPa）之比 $p(B)/p^{\ominus}$。若是固态物质或纯液体，它们不出现在浓度项中。下面是几个电极反应及相应的能

---

① 能斯特（Nernst Hermann Walther，1864—1941）德国化学家和物理学家。1887 年在柯尔劳施（F·Kohlrousch）指导下，取得博士学位。曾在莱比锡大学奥斯特瓦尔德的指导下学习和工作，在多所大学执教。1905 年起在柏林大学执教斯间，曾任该校原子物理研究所所长。能斯特有非凡的能力，在 22 岁时发表了他第一篇论文，他是物理学家转而成为化学家的。他主要从事电化学、热力学和光化学方面的研究。1889 年建立了金属（及其溶液）的双电层理论，将热力学原理应用到电池上并推导出了著名的能斯特方程。1906 年提出了热力学第三定律（即热定理）他因"发现热力学第三定律，及在电化学和化学热力学理论方面作出贡献"而获 1920 年度诺贝尔化学奖。他一生著书 14 本，最著名的是《理论化学》，1941 年他因病卒于齐贝里别墅。

斯特方程：

$$F_2(g) + 2e^- \rightleftharpoons 2F^-(aq)$$

$$\varphi(F_2/F^-) = \varphi^{\ominus}(F_2/F^-) + \frac{0.0592 \text{ V}}{2} \lg \frac{p(F_2)/p^{\ominus}}{\{c(F^-)\}^2}$$

$$PbO_2(s) + 4H^+ + 2e^- \rightleftharpoons Pb^{2+}(aq) + 2H_2O(l)$$

$$\varphi(PbO_2/Pb^{2+}) = \varphi^{\ominus}(PbO_2/Pb^{2+}) + \frac{0.0592 \text{ V}}{2} \lg \frac{\{c(H^+)\}^4}{c(Pb^{2+})}$$

$$O_2(g) + 4H^+ + 4e^- \rightleftharpoons 2H_2O(l)$$

$$\varphi(O_2/H_2O) = \varphi^{\ominus}(O_2/H_2O) + \frac{0.0592 \text{ V}}{4} \lg \frac{p(O_2)}{p^{\ominus}}\{c(H^+)\}^4$$

$$Cr_2O_7^{2-}(aq) + 14H^+ + 6e^- \rightleftharpoons 2Cr^{3+}(aq) + 7H_2O(l)$$

$$\varphi(Cr_2O_7^{2-}/Cr^{3+}) = \varphi^{\ominus}(Cr_2O_7^{2-}/Cr^{3+}) + \frac{0.0592 \text{ V}}{6} \lg \frac{c(Cr_2O_7^{2-})\{c(H^+)\}^{14}}{\{c(Cr^{3+})\}^2}$$

例6：在25 ℃时，由 Cu^{2+}/Cu 组成的电极中，Cu^{2+} 离子的浓度为 $0.001 \text{ mol} \cdot L^{-1}$。

计算 $\varphi(Cu^{2+}/Cu)$ 值。

解：电极反应：$Cu^{2+}(aq) + 2e^- \rightleftharpoons Cu(s)$

$c(Cu^{2+}) = 0.001 \text{ mol} \cdot L^{-1}$ $\varphi^{\ominus}(Cu^{2+}/Cu) = 0.3419(V)$

$$\varphi(Cu^{2+}/Cu) = \varphi^{\ominus}(Cu^{2+}/Cu) + \frac{0.059}{2} \lg \frac{c(Cu^{2+})}{1}$$

$$= 0.3419 + \frac{0.059}{2} \lg(1 \times 10^{-3}) = 0.2531(V)$$

例7：计算25 ℃时，氢离子浓度为 $10^{-7} \text{mol} \cdot L^{-1}$，氢气分压为 100 kPa 时的 $\varphi(H^+/H_2)$ 值。

解：电极反应：$2H^+(aq) + 2e^- \rightleftharpoons H_2(g)$

$c(H^+) = 10^{-7} \text{mol} \cdot L^{-1}$ $p(H_2) = 100 \text{ kPa}$

$$\varphi(H^+/H_2) = \varphi^{\ominus}(H^+/H_2) + \frac{0.059}{2} \lg \frac{c\{(H^+)\}^2}{p(H_2)/p^{\ominus}}$$

$$= 0 + \frac{0.059}{2} \lg \frac{(10^{-7})^2}{100/100}$$

$=-0.414(V)$

例8:如果 25 ℃时,MnO_4^- 和 Mn^{2+} 的浓度均为 $1\ mol \cdot L^{-1}$,当 H^+ 浓度分别为 $1\ mol \cdot L^{-1}$ 及 $0.001\ mol \cdot L^{-1}$ 时 $\varphi(MnO_4^-/Mn^{2+})$ 的值。

解:电极反应为

$$MnO_4^-(aq)+8H^+(aq)+5e^- \rightleftharpoons Mn^{2+}(aq)+4H_2O(l)$$

$$c(MnO_4^-)=c(Mn^{2+})=1\ mol \cdot L^{-1}$$

$$\varphi(MnO_4^-/Mn^{2+})$$
$$=\varphi^\ominus(MnO_4^-/Mn^{2+})+\frac{0.059}{5}\lg\frac{c(MnO_4^-)\{c(H^+)\}^8}{c(Mn^{2+})}$$

当 $c(H^+)=1\ mol \cdot L^{-1}$　查 $\varphi^\ominus(MnO_4^-/Mn^{2+})=1.507(V)$

则 $\varphi(MnO_4^-/Mn^{2+})=1.507+\frac{0.059}{5}\lg\frac{1\times(1.0)^8}{1}=1.507(V)$

又当 $c(H^+)=0.001\ mol \cdot L^{-1}$

$$\varphi(MnO_4^-/Mn^{2+})=1.507+\frac{0.059}{2}\lg(0.001)^8=1.23(V)$$

由此例可见,对于电极 $\varphi(MnO_4^-/Mn^{2+})$,随溶液酸度的增强,其电极反应的电动势值增大,氧化型 MnO_4^- 的氧化性也增强。因此,在使用 MnO_4^-、$Cr_2O_7^{2-}$ 等含氧酸根作氧化剂时,总是要将溶液酸化,以保持在酸性条件下充分发挥这类氧化剂的氧化性能。

例9:已知 $\varphi^\ominus(Ag^+/Ag)=0.7996\ V$,如果在银电极中加入 NaCl 溶液,使 AgCl 沉淀达到平衡,且设平衡时 Cl^- 离子浓度为 $1\ mol \cdot L^{-1}$。求此时银电极的电极电势及 AgCl 电极的标准电极电势。

解:　$AgCl(s) \rightleftharpoons Ag^+(aq)+Cl^-(aq)$

查　$K_{sp}^\ominus(AgCl)=1.77\times10^{-10}$

$$c(Ag^+)/c^\ominus=\frac{K_{sp}^\ominus(AgCl)}{c(Cl^-)}=K_{sp}^\ominus(AgCl)=1.77\times10^{-10}$$

$$\varphi(Ag^+/Ag)=0.7996+0.059\lg(1.77\times10^{-10})$$

$$=0.799\,6-0.577\,3=0.222\,3(\text{V})$$

对于 AgCl 电极的电极反应是：$AgCl(s)+e^- \rightleftharpoons Ag(s)+Cl^-(aq)$
电极电势用下式表示

$$\varphi(AgCl/Ag)=\varphi^{\ominus}(AgCl/Ag)+0.059\,2\text{ V}\lg\frac{1}{c(Cl^-)}$$

$$\varphi(AgCl/Ag)=\varphi^{\ominus}(AgCl/Ag)-0.059\,2\lg c(Cl^-)$$

而当 $c(Cl^-)=1.0\text{ mol}\cdot L^{-1}$ 时 AgCl 电极的电极电势即为它的标准电极电势。

$$\varphi^{\ominus}(AgCl/Ag)=\varphi^{\ominus}(Ag^+/Ag)+0.059\,2\text{ V}\lg K_{sp}^{\ominus}(AgCl)$$
$$=0.222\,3(\text{V})$$

由计算结果可知，Ag 在 NaCl 溶液中比在 $AgNO_3$ 溶液中还原性更强（更易失去电子），或者说 AgCl 的氧化性比游离的 Ag^+ 处在标准态时的氧化性要弱得多。同理，也可以计算出形成配离子时电极的电极电势。

五、电极电势的应用

1. 判断氧化剂与还原剂的强弱

前面已经表述过，标准电极电势表中的 $\varphi^{\ominus}$ 值一般是按代数值由小到大的顺序排列的。电极反应表示成：氧化型 $+ne^- \rightleftharpoons$ 还原型

因此，氧化剂和还原剂的强弱可用有关电对的电极电势来衡量。某电对的标准电极电势越大，其氧化型物质的氧化性（即得电子能力）越大；而其对应的还原型物质的还原性（即失电子能力）越小。电对的标准电极电势越小，其还原型物质的还原性（即失电子能力）越大，对应的氧化型物质的氧化性（即得电子能力）越小。氧化型物质的氧化能力与还原型物质的还原能力与标准电极电势间关系如表 5-3。

表 5-3 氧化能力与还原能力和电极电势关系

电对		氧化型 $+ne^-\rightleftharpoons$ 还原型		$\varphi^{\ominus}/V$
Li^+/Li	氧化型的氧化能力增强 ↑	$Li^+ + e^- \rightleftharpoons Li$	↑ 还原型的还原能力增强	-3.041
Al^{3+}/Al		$Al^{3+} + 3e^- \rightleftharpoons Al$		-1.662
Zn^{2+}/Zn		$Zn^{2+} + 2e^- \rightleftharpoons Zn$		-0.7618
Fe^{2+}/Fe		$Fe^{2+} + 2e^- \rightleftharpoons Fe$		-0.447
Pb^{2+}/Pb		$Pb^{2+} + 2e^- \rightleftharpoons Pb$		-0.1262
Fe^{3+}/Fe		$Fe^{3+} + 3e^- \rightleftharpoons Fe$		-0.037
H^+/H_2		$2H^+ + 2e^- \rightleftharpoons H_2$		0
Sn^{4+}/Sn^{2+}		$Sn^{4+} + 2e^- \rightleftharpoons Sn^{2+}$		0.157
Cu^{2+}/Cu		$Cu^{2+} + 2e^- \rightleftharpoons Cu$		0.3419
I_2/I^-		$I_2 + 2e^- \rightleftharpoons 2I^-$		0.5355
Br_2/Br^-		$Br_2 + 2e^- \rightleftharpoons 2Br^-$		1.066
Cl_2/Cl^-		$Cl_2 + 2e^- \rightleftharpoons 2Cl^-$		1.3583
F_2/F^-		$F_2 + 2e^- \rightleftharpoons 2F^-$		2.866

又如表 5-3 中三个电对，Sn^{4+}/Sn^{2+}、I_2/I^-、Br_2/Br^- 氧化型物质的氧化能力由强到弱顺序为：$Br_2 > I_2 > Sn^{4+}$；而还原型物质的还原能力由强到弱的顺序为：$Sn^{2+} > I^- > Br^-$。三个电对中，Sn^{2+} 是最强的还原剂，它可以还原 I_2 和 Br_2；而 Br_2 是最强的氧化剂，它可以氧化 I^- 和 Sn^{2+}；I_2 能氧化 Sn^{2+}，不能氧化 Br^-；I^- 只能还原 Br_2 而不能还原 Sn^{4+}。

若在非标准态下，由于离子浓度或溶液的酸碱性对电极电势的影响，应用能斯特方程式计算出 $\varphi^{\ominus}$ 值后，再进行比较。

2. 判断氧化还原反应的方向

氧化能力强的氧化型物质与还原能力强的还原型物质，可自发进行氧化还原反应。表 5-3 中左下方的氧化剂可氧化右上方的还原剂；反之则不能反应，这个规则称为"对角线规则"。如位于左下方的 Fe^{3+} 与右上方的 Sn^{2+} 可自发反应生成 Fe^{2+} 及 Sn^{4+}。在标准状态下，氧化剂可与还原剂按"对角线方向"进行反应，如：

$$Zn^{2+} + 2e^- \rightleftharpoons Zn \quad \varphi^{\ominus}(Zn^{2+}/Zn) = -0.762 \text{ V}$$

$$Cu^{2+} + 2e^- \rightleftharpoons Cu \qquad \varphi^{\ominus}(Cu^{2+}/Cu) = 0.342 \text{ V}$$
$$Cu^{2+}(aq) + Zn(s) \rightleftharpoons Cu(s) + Zn^{2+}(aq)$$

从热力学的角度上看，一个氧化还原反应能自发进行的条件是 $\Delta G < 0$，而 $\Delta G = -nEF$，即当 $E > 0$ 时，该氧化还原反应可自发进行；而当 $E < 0$ 时，该氧化还原反应非自发进行。

例如，要判断在标准状态下，反应 $2Fe^{3+} + Cu \rightleftharpoons 2Fe^{2+} + Cu$ 能否自发向右进行可将反应设计成电池。即：将反应物中氧化剂和它的产物组成电对作电池正极，将反应物中还原剂和它的产物组成电对作负极。

正极 $Fe^{3+} + e^- \rightleftharpoons Fe^{2+}$ $\qquad \varphi^{\ominus}(Fe^{3+}/Fe^{2+}) = 0.771 \text{ V}$
负极 $Cu^{2+} + 2e^- \rightleftharpoons Cu$ $\qquad \varphi^{\ominus}(Cu^{2+}/Cu) = 0.3419 \text{ V}$
电池电动势 $E^{\ominus} = \varphi^{\ominus}(Fe^{3+}/Fe^{2+}) - \varphi^{\ominus}(Cu^{2+}/Cu)$
$$= 0.771 - 0.3419 = 0.429 \text{ (V)}$$

$E^{\ominus} > 0$，故反应可自发向右进行。

如果反应是在非标准态下进行时，则需用能斯特方程计算出 E 值后再判断。若两个电极 $\varphi^{\ominus}$ 值之差大于 0.2 V，一般情况下，浓度能使电极电势值发生改变，但不致使电池电动势值的正负发生变化，在此情况下也可直接用标准电池电动势来判断反应方向。

例 10：判断下列反应
$$Sn^{2+} + Pb \rightleftharpoons Pb^{2+} + Sn$$
当 $c(Pb^{2+}) = 0.1 \text{ mol} \cdot L^{-1}$, $c(Sn^{2+}) = 1 \text{ mol} \cdot L^{-1}$ 及标准状态时，反应能否自发进行？

解：在标准状态时，$c(Pb^{2+}) = c(Sn^{2+}) = 1 \text{ mol} \cdot L^{-1}$
查表知：$\varphi^{\ominus}(Sn^{2+}/Sn) = -0.137\ 5 \text{ V}$
$$\varphi^{\ominus}(Pb^{2+}/Pb) = -0.126\ 2 \text{ V}$$

假设反应正向进行，则 Sn^{2+}/Sn 为电池正极，Pb^{2+}/Pb 为电池负极，因此
$$E^{\ominus} = \varphi^{\ominus}(Sn^{2+}/Sn) - \varphi^{\ominus}(Pb^{2+}/Pb)$$

$$=(-0.1375)-(-0.1262)=-0.0113(\text{V})<0$$

说明正反应不能自发进行，而逆反应却可自发地进行。

而当 $c(\text{Pb}^{2+})=0.1 \text{ mol} \cdot \text{L}^{-1}$　$c(\text{Sn}^{2+})=1 \text{ mol} \cdot \text{L}^{-1}$ 时

$$\varphi(\text{Pb}^{2+}/\text{Pb})=\varphi^{\ominus}(\text{Pb}^{2+}/\text{Pb})+\frac{0.059}{2}\lg c(\text{Pb}^{2+})$$

$$=(-0.126\ 2)+\frac{0.059}{2}\lg(10^{-1})$$

$$=-0.155\ 8(\text{V})$$

$$E=\varphi^{\ominus}(\text{Sn}^{2+}/\text{Sn})-\varphi(\text{Pb}^{2+}/\text{Pb})$$

$$=(-0.137\ 5\ \text{V})-(-0.155\ 8\ \text{V})=0.018\ 3\ \text{V}>0$$

正反应可以自发进行。

3. 判断氧化还原反应进行程度

氧化还原反应进行的程度，可由反应的标准平衡常数 $K^{\ominus}$ 的大小来衡量。

当反应达平衡时，反应的 $\Delta_r G_m=0$，即电池的电动势 $E=0$

$$\Delta_r G_m^{\ominus}=-RT\ln K^{\ominus}=-2.303RT\lg K^{\ominus} \qquad (5-6)$$

$$\Delta_r G_m^{\ominus}=-nFE^{\ominus} \qquad (5-7)$$

将两式联系　$E^{\ominus}=\dfrac{RT}{nF}\ln K^{\ominus}=\dfrac{2.303\ RT}{nF}\lg K^{\ominus} \qquad (5-8)$

当 $T=298.15$ K 时　$E^{\ominus}=\dfrac{0.0592\ \text{V}}{n}\lg K^{\ominus}$

即 $\lg K^{\ominus}=\dfrac{nE^{\ominus}}{0.0592\ \text{V}}$

可见 $K^{\ominus}$ 值的大小是由 $E^{\ominus}$ 值决定的，$E^{\ominus}$ 越大，$K^{\ominus}$ 越大，反应也愈完全。

例 11：计算 298.15 K 时，下面反应的标准平衡常数。

$$\text{Cr}_2\text{O}_7^{2-}+6\text{Fe}^{2+}+14\text{H}^+\Longleftrightarrow 2\text{Cr}^{3+}+6\text{Fe}^{3+}+7\text{H}_2\text{O}$$

解：　$\varphi^{\ominus}(\text{Cr}_2\text{O}_7^{2-}/\text{Cr}^{3+})=1.232\ \text{V}$

$\varphi^{\ominus}(\text{Fe}^{3+}/\text{Fe}^{2+})=0.771\ \text{V}$

$$E^{\ominus} = \varphi^{\ominus}(Cr_2O_7^{2-}/Cr^{3+}) - \varphi^{\ominus}(Fe^{3+}/Fe^{2+})$$
$$= 1.232 \text{ V} - 0.771 \text{ V} = 0.461 \text{ V}$$

$$\because n = 6 \quad \lg K^{\ominus} = \frac{6 \times 0.461 \text{ V}}{0.0592 \text{ V}} = 46.72$$

$$\therefore K^{\ominus} = 5.25 \times 10^{46}$$

由结果可见，反应进行非常完全。

4. 元素标准电极电势图及其应用

如果一种元素有几种氧化态，各氧化态之间可形成多种氧化还原电对。把同一元素的不同氧化态从高到低由左到右排列起来，每两种物质之间用线段相连，并在线上标出相应氧化还原电对的标准电势（$\varphi^{\ominus}$）。这种能表示一种元素各种氧化态之间标准电极电势关系的图解叫做元素标准电极电势图，简称元素电势图，又称拉替墨图（W·H·Latimer diagram）。例如：

$$\varphi_B^{\ominus}/V \quad FeO_4^{2-} \xrightarrow{2.20} Fe^{3+} \xrightarrow{0.771} Fe^{2+} \xrightarrow{-0.447} Fe$$
$$-0.037$$

$$MnO_4^{-} \xrightarrow{0.558} MnO_4^{2-} \xrightarrow{0.60} MnO_2 \xrightarrow{-0.2} Mn(OH)_3 \xrightarrow{0.15} Mn(OH)_2 \xrightarrow{-1.55} Mn$$
$$0.595 \qquad\qquad -0.045$$

$$\varphi_A^{\ominus}/V \quad Cu^{2+} \xrightarrow{0.163} Cu^{+} \xrightarrow{0.521} Cu$$
$$0.3417$$

$$1.507$$
$$MnO_4^{-} \xrightarrow{0.558} MnO_4^{2-} \xrightarrow{2.24} MnO_2 \xrightarrow{0.907} Mn^{3+} \xrightarrow{1.541} Mn^{2+} \xrightarrow{-1.185} Mn$$
$$1.679 \qquad\qquad 1.224$$

元素电势图有以下用途。

(1) 判断歧化反应

歧化反应（dismutation reaction）是在同一元素中，一部分原子（或离子）氧化，另一部分原子（或离子）的氧化还原的反应。如

$$Cl_2 + 2NaOH = NaCl + NaClO + H_2O$$

设某元素的元素电势图如下：

$$B \xrightarrow{\varphi^{\ominus}_{左}} A \xrightarrow{\varphi^{\ominus}_{右}} C$$

氧化数降低 →

假设 A 能发生歧化反应，生成氧化数较高的 B 和氧化数较低的 C，必然 $\varphi^{\ominus}_{左} < \varphi^{\ominus}_{右}$。假设 A 不能发生歧化反应 $\varphi^{\ominus}_{左} > \varphi^{\ominus}_{右}$。如铜元素电势图：

$$\varphi^{\ominus}_A/V \quad Cu^{2+} \xrightarrow{0.153} Cu^+ \xrightarrow{0.521} Cu$$
$$\underset{0.349}{\longleftrightarrow}$$

$\varphi^{\ominus}_{左} = \varphi^{\ominus}(Cu^{2+}/Cu^+) = 0.153$ V $\varphi^{\ominus}_{右} = \varphi^{\ominus}(Cu^+/Cu) = 0.521$ V
$\varphi^{\ominus}_{右} - \varphi^{\ominus}_{左} > 0$，所以在热力学标准状态下，$Cu^+$ 可以歧化为 Cu^{2+} 和 Cu，即反应 $2Cu^+ \rightarrow Cu^{2+} + Cu$ 可以自发进行。

另据锰元素的电势图可以判断，MnO_4^{2-} 在酸性溶液中会发生歧化反应：

$$3MnO_4^{2-} + 4H^+ = 2MnO_4^- + MnO_2 + 2H_2O$$

在碱性溶液中，$Mn(OH)_3$ 可发生歧化反应：

$$2Mn(OH)_3 = Mn(OH)_2 + MnO_2 + 2H_2O$$

（2）从相邻电对的 $\varphi^{\ominus}$ 求算另一未知电对的 $\varphi^{\ominus}$

已知某元素电势图

$$A \xrightarrow{n_1 \varphi^{\ominus}_1} B \xrightarrow{n_2 \varphi^{\ominus}_2} C \xrightarrow{n_3 \varphi^{\ominus}_3} D$$
$$\varphi^{\ominus}, (n_1 + n_2 + n_3)$$

从三个相邻电对的已知 $\varphi^{\ominus}_1$、$\varphi^{\ominus}_2$、$\varphi^{\ominus}_3$，求另一电对 $\varphi^{\ominus}(A/D)$ 的值。由热力学理论可以导出下列公式

$$\varphi^{\ominus} = \frac{n_1\varphi_1^{\ominus} + n_2\varphi_2^{\ominus} + n_3\varphi_3^{\ominus} + \cdots}{n_1 + n_2 + n_3 + \cdots}$$

n_1、n_2 和 n_3……分别代表 n 个(如三个)依次相邻电对中转移的电子数。

例12:在碱性溶液中溴元素的电势图为:

$$\varphi_B^{\ominus}/V \quad BrO_3^- \xrightarrow{0.54} BrO^- \xrightarrow{0.45} Br_2 \xrightarrow{1.066} Br^-$$

$$\underbrace{\hspace{6cm}}_{\varphi^{\ominus}}$$

求算 $\varphi^{\ominus}(BrO_3^-/Br^-)$

解:三个相邻的电对对应的反应及电子转移数和 $\varphi^{\ominus}$。

	n	$\varphi^{\ominus}$
$BrO_3^- \rightleftharpoons BrO^-$	4	0.54 V
$BrO^- \rightleftharpoons \frac{1}{2}Br_2(l)$	1	0.45 V
$+)\ \frac{1}{2}Br_2(l) \rightleftharpoons Br^-$	1	1.066 V
	6	

所以,由 $BrO_3^- \rightarrow Br^-$ 电极半反应

$$BrO_3^- + 3H_2O + 6e^- \rightleftharpoons Br^- + 6OH^-$$

$$\varphi^{\ominus}(BrO_3^-/Br^-) = \frac{(4\times 0.54) + (1\times 0.45) + (1\times 1.066)}{6}$$

$$= 0.61(V)$$

5. 电势—pH 图

很多氧化还原反应不仅与溶液中离子的浓度有关,而且与溶液中 pH 值有关,即电极电势与浓度和酸度成函数关系。如果指定浓度,电极电势仅与溶液的 pH 有关,在等温和等浓度的条件下,以电对的电极电势为纵坐标,溶液 pH 为横坐标,可画出一系列的电势—pH 关系图,这种图称为电势—pH 图(potential pH diagram)。该图首先由比利时科学家 M·布拜(M·Pourbaix)等人

在 30 年代用于金属腐蚀，借助电势—pH 图可以从理论上预测金属的腐蚀倾向和选择控制腐蚀的途径。后来在电化学、无机化学、分析化学、地质科学等方面得到广泛应用。

由于大多数反应是在水溶液中进行的，作为溶剂的水本身也具有氧化还原性，且与酸度有关。当水作为氧化剂析出 H_2 时，电极电势—pH 关系为：

$$2H^+(aq)+2e^- \Longleftrightarrow H_2(g) \quad \varphi^\ominus=0$$

$$\varphi(H^+/H_2)=\varphi^\ominus(H^+/H_2)+\frac{0.0592\ V}{2}\lg\frac{\{c(H^+)\}^2}{p(H_2)/\varphi^\ominus}$$

当 $p(H_2)=p^\ominus$ 时

$$\varphi(H^+/H_2)=\varphi^\ominus(H^+/H_2)+\frac{0.0592\ V}{2}\lg\{c(H^+)\}^2$$

$$=-0.059\ pH \tag{5-9}$$

当水作为还原剂放出 O_2 时，电极电势—pH 关系为：

$$O_2(g)+4H^++4e^- \Longleftrightarrow 2H_2O(l) \quad \varphi^\ominus(O_2/H_2O)=1.229\ V$$

$$\varphi(O_2/H_2O)=\varphi^\ominus(O_2/H_2O)+\frac{0.0592\ V}{4}\lg\left[\frac{p(O_2)}{p^\ominus}\{c(H^+)\}^4\right]$$

当 $p(O_2)=p^\ominus$ 时

$$\varphi(O_2/H_2O)=\varphi^\ominus(O_2/H_2O)+\frac{0.0592\ V}{4}\lg(H^+)^4$$

$$=1.229\ V-0.0592\ V\ pH \tag{5-10}$$

可见，两电对的电极电势都只是 pH 的函数。用（5-9）、（5-10）可以计算在不同 pH 值（从 0～14）时，它们相应的电极电势。以电极电势为纵坐标，pH 为横坐标作图，就得到水的电势—pH 图。如图 5-7 所示，B 线为水作氧化剂时的电势—pH 图，其 A 线为水作还原剂时的电势—pH 图。由于动力学等因素的影响，A 线和 B 线分别向外扩展 0.5 V 左右，即为 a 线和 b 线。

若在水溶液中有一个氧化剂，其电极电势高于 a 线，它就可以把水氧化放出氧气，例如：

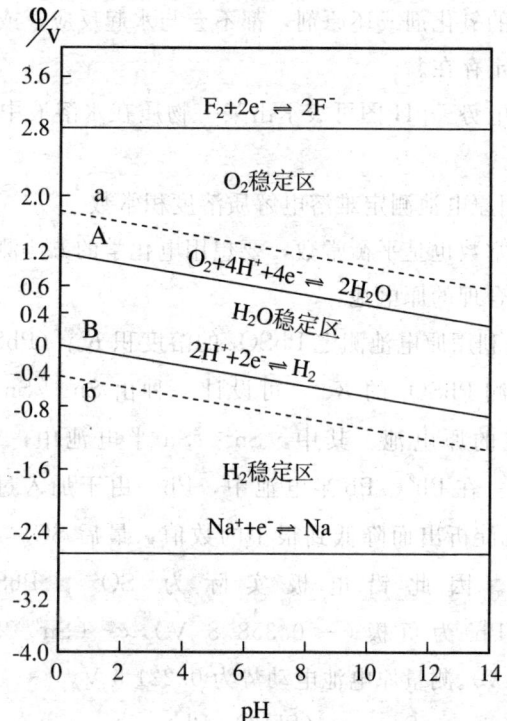

图 5-7 水及一些电对的电势-pH

$$F_2(g)+2e^- \rightleftharpoons 2F^-(aq) \qquad \varphi^\ominus = 0.2866 \text{ V}$$

当 F_2 遇到 H_2O 时,将反应放出氧气。

$$2F_2(g)+2H_2O(l) == 4H^+(aq)+4F^-(aq)+O_2(g)$$

若水溶液中有一还原剂,其电极电势低于 b 线,它就可以把水还原而放出 H_2,例如,

$$Na^+(aq)+e^- \rightleftharpoons Na(s) \qquad \varphi^\ominus = -2.71 \text{ V}$$

$$2Na(s)+2H_2O(l) == 2Na^+(aq)+2OH^-(aq)+H_2(g)$$

因此,a 线上方的区域,H_2O 不稳定,而 O_2 稳定,是 O_2 的稳定区。在 b 线下的区域,H_2O 亦不稳定,H_2 稳定,是 H_2 的稳定区。在 a 与 b 之间是 H_2O 稳定区。也就是说,凡是电势—pH 图在 a 线

和 b 线之间的氧化剂或还原剂,都不会与水起反应,或者说它们在水中都能稳定存在。

因此,电势—pH 图可表示出某一物质在水溶液中能稳定存在的 pH 范围。

6. 利用原电池测定难溶电解质溶度积常数

溶度积常数也是平衡常数,要想用电化学的方法测定它,关键是设计一个合理的原电池。

例 13:利用原电池测定 $PbSO_4$ 的溶度积 $K_{sp}^{\ominus}$($PbSO_4$)。

解:为测 $PbSO_4$ 的 $K_{sp}^{\ominus}$,可设计一种由 Sn^{2+}/Sn 与 Pb^{2+}/Pb 两电对组成的原电池。其中,Sn^{2+}/Sn 半电池中,Sn^{2+} 浓度为 $1\ mol \cdot L^{-1}$;在 Pb^{2+}/Pb 半电池中,Pb^{2+} 由于加入过量 SO_4^{2-} 而使 $PbSO_4$ 沉淀析出而降低到很小的数值,最后 SO_4^{2-} 浓度调整为 $1\ mol \cdot L^{-1}$。因此铅电极实际为 SO_4^{2-},$PbSO_4/Pb$。而 $\varphi^{\ominus}(PbSO_4/Pb)$ 为负极($-0.358\ 8\ V$),$\varphi^{\ominus}(Sn^{2+}/Sn)$ 为正极($-0.137\ 5\ V$)。测量原电池电动势为 $0.221\ 3\ V$。

$$E = \varphi^{\ominus}(Sn^{2+}/Sn) - \varphi^{\ominus}(PbSO_4/Pb)$$

$$= (-0.137\ 5\ V) - \left[\varphi^{\ominus}(Pb^{2+}/Pb) + \frac{0.059\ V}{2}\lg c(Pb^{2+})\right]$$

$$0.2213\ V = (-0.1375\ V) - (-0.126\ 2\ V) - \frac{0.059\ V}{2}\lg c(Pb^{2+})$$

$$\lg c(Pb^{2+}) = \frac{-0.232\ 6 \times 2}{0.060} = -7.74$$

$$c(Pb^{2+}) = 1.82 \times 10^{-8}\ mol \cdot L^{-1}$$

$$K_{sp}^{\ominus} = c(Pb^{2+})c(SO_4^{2-}) = 1.82 \times 10^{-8} \times 1 = 1.82 \times 10^{-8}$$

$PbSO_4$ 的 $K_{sp}^{\ominus}$ 为 1.82×10^{-8}。

7. 生命现象中的氧化还原反应

氧化还原反应几乎发生于所有的活体细胞之中。例如,植物的光合作用就是一种氧化还原反应:

$$6CO_2 + 6H_2O \xrightarrow{\text{叶绿素}} C_6H_{12}O_6(s) + 6O_2(g)$$

对动物来说，伴随着呼吸所发生的氧化还原反应为动物提供了能量。动物呼吸时常伴随着生化分子 NADH（一种辅酶）的氧化，在此过程中 NADH 被氧化成 NAD^+，与此同时氧气被还原成水：

$$NADH(aq) \longrightarrow NAD^+(aq) + H^+(aq) + 2e^- \qquad \varphi^\ominus = -0.32 \text{ V}$$

$$\frac{1}{2}O_2 + 2H^+(aq) + 2e^- \longrightarrow H_2O(l) \qquad \varphi^\ominus = 0.62 \text{ V}$$

由于该反应 $E^\ominus$ 为正值（0.94 V），说明 NADH 的氧化反应可自发地进行，该反应所释放出的能量可使其他非自发的细胞反应得以顺利进行，于是动物的新陈代谢得到维持。

第三节 电解

一、电解和电解池

对于一些不能自发进行的氧化还原反应，可以利用外加的电压使其被迫发生反应。这样，电能就转变为化学能。这种在外加电压下进行的氧化还原过程称为电解（electrolysis）。实现电解过程的装置称为电解池（electrolytic cell）。见图 5-8。

在电解池中，与直流电源正极相连的电极叫做阳极，与直流电源负极相连的电极叫做阴极。阳极是电子流出的电极，发生的是氧化反应；阴极是电子流入的

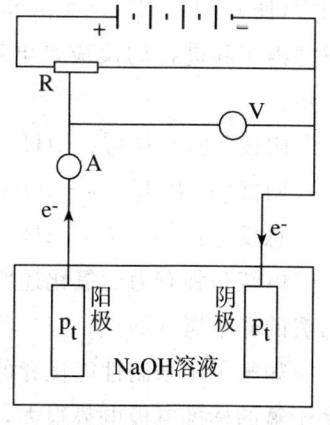

图 5-8 电解 NaOH 溶液示意图

电极，发生的是还原反应。电子从电源的负极沿导线进入电解池的阴极，从阳极离开返回到电源。在电解池内靠电解质的离子导电。在阴极上电子过剩，使电解液中的正离子移向阴极，并在那里与电子结合，进行还原反应。负离子则游向阳极，并在那里给出电子，进行氧化反应。

电解是原电池反应的逆反应，因此可以用讨论原电池反应类似的方法讨论电解。电解时，在阳极发生氧化反应的是电极电势代数值较小的还原型物质，在阴极发生还原反应的是电极电势代数值较大的氧化型物质。例如，用铂作电极，电解 $0.1\ mol \cdot L^{-1}$ 的 NaOH 溶液。见图 5-9。

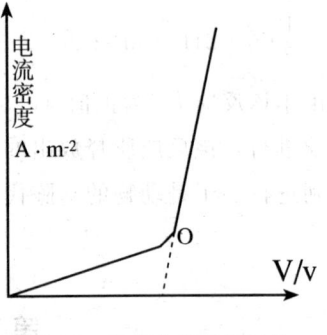

图 5-9 测定分解电压时的电流、电压曲线

当电解时，在阳极放电的为 OH^- 离子；在阴极放电的为 H^+。Na^+ 离子的浓度虽然比 H^+ 离子的浓度大得多，但 $\varphi^{\ominus}(Na^+/Na)$ 远小于 $\varphi^{\ominus}(H^+/H_2)$，还有些其他因素，使 $\varphi(H^+/H_2) \gg \varphi(Na^+/Na)$ 所以 H^+ 比 Na^+ 容易还原。电解池内实际进行的反应是电解水，NaOH 只是在溶液中起导电的作用。

阴极（还原）反应： $4H^+(aq) + 4e^- \longrightarrow 2H_2(g)$

阳极（氧化）反应： $4OH^-(aq) \longrightarrow 2H_2O(l) + O_2(g) + 4e^-$

总反应： $2H_2O(l) \longrightarrow 2H_2(g) + O_2(g)$

电解是强有力的氧化还原过程，因此活泼的金属（如ⅠA）和活泼的非金属（如氟、氯）等都可以用电解的方法制备。

如氟可用来制性能优异的氟塑料，制气体变压器中用 SF_6。但由于氟的标准电极电势很大，不能用氧化剂氧化氟化物的方法，只能用电解熔融状态的氟氢化钾制得：

阳极反应：$2F^- \longrightarrow F_2(g) + 2e^-$

阴极反应：$2HF_2^- + 2e^- \longrightarrow H_2(g) + 4F^-$

总反应：$2HF_2^- \xrightarrow{电解} 2F^- + H_2(g) + F_2(g)$

铝是较活泼的金属，在自然界主要以铝土矿的形式存在。铝土矿通常含有 40%～60% 的 Al_2O_3，其他是 SiO_2、Fe_2O_3 等杂质。铝的冶炼是以熔融盐为电解介质，将 Al_2O_3 溶解在熔化的冰晶石（Na_3AlF_6）中进行电解得到金属铝。

$$2Al_2O_3(s) \xrightarrow[1\ 030\ ℃电解]{Na_3AlF_6} 4Al(s)_{(阴极)} + 3O_2(g)_{(阳极)}$$

二、分解电压

在对 NaOH 溶液进行电解时，经可变电阻器（R）调节外电压（V）从电流计（I）可读出在一定外电压下的电流数值。逐渐增加电压，并记录相应的电流数值，以电流对电压作图，得到如图 5-10 所示的电流—电压曲线。

当外加电压很小时，电流很小，电极上观察不到电解现象。当电压逐渐增大到某一数值时，电流开始剧增，此后电流随电压增加直线上升，同时在两极上有明显的气泡产生，电解顺利进行。能使电解顺利进行的最小电压称为分解电压（decomposition voltage），图 5-9 中 D 点的电压读数即为分解电压。

产生分解电压的原因是由于刚一电解时，在阴极上析出的 H_2 和阳极上的 O_2 分别被吸附在两个铂电极上，且与溶液中的 H^+ 和 OH^- 建立平衡，形成了氢电极和氧电极，组成了一个原电池：

$(-)Pt|H_2(p^{\ominus})|NaOH(1\ mol·L^{-1})|O_2(p^{\ominus})|Pt(-)$

它的负极是氢电极，正极是氧电极。这个原电池的电极反应是：

负极：$H_2(g) \longrightarrow 2H^+(aq) + 2e^-$

正极：$O_2(g) + 2H_2O(l) + 4e^- \longrightarrow 4OH^-(aq)$

在 298.15 K，$c(OH^-) = 0.1\ mol·L^{-1}$，$p(H_2) = p(O_2) = p^{\ominus}$ 时该原

电池的电动势 E 为:

$$\varphi_{正极} = \varphi^{\ominus}(O_2/OH^-) = \varphi^{\ominus}(O_2/OH^-) + \frac{0.0592\text{ V}}{4}\lg\frac{p(O_2)/p^{\ominus}}{\{c(OH^-)\}^4}$$

$$= 0.4 + \frac{0.059}{4}\lg\frac{1}{(0.1)^4} = 0.46(\text{V})$$

$$\varphi_{负极} = \varphi^{\ominus}(H^+/H_2) = \varphi^{\ominus}(H^+/H_2) + \frac{0.0592\text{ V}}{2}\lg\frac{\{c(H^+)\}^2}{p(H_2)/p^{\ominus}}$$

$$= 0.0 + \frac{0.059}{2}\lg(10^{-13})^2 = -0.77(\text{V})$$

$$\therefore E = \varphi_{正极}^{\ominus} - \varphi_{负极}^{\ominus} = 0.46 - (-0.77) = 1.23(\text{V})$$

这是原电池中进行的电极反应的逆反应。原电池产生的电动势与外加电压数值相等而方向相反,这个电动势称反电动势(back electromotive force),当外加电源的电压与反电动势相等时,即为理论分解电压,但此时电极上没有明显的电解产物,只有外加的电压大于这个理论分解电压且电极上电解产物顺利析出时的电压称为实际分解电压,如在上面电解池中此值达到 1.70 V。实际分解电压比理论分解电压大的原因,除了因内阻所引起的电压除外,主要是由于电极极化而引起的。

三、极化和超电势*

当电极上没有电流通过时,电极处于平衡状态,其电极电势为平衡电极电势。电解池的理论分解电压就是在没有电流通过时的可逆电池的电动势。随着电极上电流密度(即单位电极面积内的电流)的增加,电极电势偏离平衡电势越来越远。因此,把电流通过电极时,电极电势偏离平衡电极电势的现象叫电极的极化(polarization),此时的电极电势称为不可逆电极电势或极化电极电势。在某一个电流密度下,极化电极电势 $\varphi_{极化}$ 与平衡电极电势 $\varphi_{平}$ 之差的绝对值称为超电势 η (overpotential),即

$$\eta = |\varphi_{极化} - \varphi_{平}|$$

电极发生极化的结果是：

阳极极化后电极电势变大：$\eta_\text{阳} = \varphi_\text{阳,极化} - \varphi_\text{阳,平}$

阴极极化后电极电势变小：$\eta_\text{阳} = \varphi_\text{阴,平} - \varphi_\text{阴,极化}$

超电压为阴极超电势 $\eta_\text{阴}$ 与阳极超电势 $\eta_\text{阳}$ 之和：$E_\text{超} = \eta_\text{阳} + \eta_\text{阴}$

影响超电势的因素有电流密度、电解产物的本质及电极材料及表面状态。

随电流密度的增大，η 也变大。因此在表达 η 的数值时，应指明电流密度具体数值。

一般说，除 Fe、Co、Ni 等少数金属离子外，多数金属离子在阴极上析出时极化的 η 很小；气体在电极上析出时 η 较大，尤其 H_2、O_2 的 η 更大。

同一种电解产物在不同电极上 η 值不同，且电极表面状态不同时 η 也不同。

四、电解池中电解产物的析出 *

电解盐类物质的水溶液，在电极上能发生反应的有多种物质，就有一个（在电极上放电）反应先后顺序的问题。

（一）阳极反应

阳极上发生的是氧化反应，阳极析出电势为 $\varphi_\text{阳,析} = \varphi_\text{阳,极化} = \varphi_\text{阳,平} + \eta_\text{阳}$ 在阳极上析出电极电势越小者其还原态先被氧化而析出。在电解时，阳极电极电势变化由低到高，各种离子依其析出电势由低到高的顺序先后放电进行氧化反应。

一般情况下，阳极是金属电极（除 Pt、Au）时，金属电极先被氧化成离子而溶解。当以石墨、铂等惰性电极（inert electrode）进行电解，溶液中含 S^{2-}、X^- 等简单离子时，优先析出的是 S、Cl_2 和 Br_2。由于 OH^- 离子的 η 较高，一般不会析出 O_2。当溶液中不含简单离子，只有复杂的含氧酸根离子如：SO_4^{2-}、PO_4^{3-}、NO_3^- 等离子时，由于这些离子的析出电势太高，一般不被氧化，这是OH⁻离子首先被氧化放电，反应如下：

$$4OH^- \mathrel{=\!=\!=} 2H_2O+O_2(g)+4e^-$$

（二）阴极反应

阴极上发生的是还原反应，其析出电势为：

$$\varphi_{阴,析}=\varphi_{阴,极}=\varphi_{阴,平}-\eta_{阴}$$

在阴极析出电势越大的，其氧化型先被还原析出。电解简单离子的水溶液时由于超电压的影响电极电势值大于铝的简单金属离子可放电析出金属；电极电势值小于铝（且包含铝）的金属离子，不放电析出金属而是 H^+ 放电析出 H_2。因此，一些金属性强的金属，如铝、镁、钠等不能通过电解其盐的水溶液得到，常用其熔盐电解的方法制取。

五、电解定律——法拉第定律

由以上的讨论可以知道，发生电极反应的那些物质其物质的量的变化，与通过电极的电量以及离子所带的电荷多少有关。关于它们之间的定量关系，英国科学家法拉第（Micheal Faraday,1791—1867）在大量实验事实的基础上，于1833年提出了电解定律。该定律包括两个部分内容。

第一，当电流通过电解质溶液时，电极上发生变化的物质其物质的量与所通过的电量成正比，即与通过电解池的电流强度和通过的时间乘积成正比，与该物质反应的电子数（简称电荷数）变化成正比。$m \propto Q$ 即 $m \propto It$。式中：m 为在电极上发生反应（析出或溶解）物质的克数。Q 为电量，单位为库仑（即1安培的电流通过溶液的时间为1秒时的电量），I 为通过电解池的电流，单位为安培（A）。t 是电流通过电解池的时间，单位为秒（s）。

第二，相同的电量通过各种不同的电解质溶液时，在电极上反应所获得的各种产物的量与 $\dfrac{M}{n}$（或 $\dfrac{A}{n}$）成正比。式中 M、A 分别为分子或原子的摩尔质量，n 为电极反应进行时得失的电子数。当有 96 485 库仑（称 1 法拉第电量）的电量通过电解池，可在电极上析出或从电极上溶解 $\dfrac{M}{n}$（或 $\dfrac{A}{n}$）摩尔质量的物质。

法拉第电解定律的数学表达式为：$m = \dfrac{MIt}{n \cdot 96\ 485}$

例 14：电解 $AgNO_3$ 溶液时，电流恒为 3 安培，通电时间 2 小时，计算在阴极析出银的质量。

解： $Ag^+(aq) + e^- \rightleftharpoons Ag(s)$

由法拉第定律可知：

$$m = \dfrac{MIt}{n \cdot 96\ 485} = \dfrac{108 \times 3 \times 2 \times 3\ 600}{1 \times 96\ 485} = 24.18(g)$$

即电解结束时在阳极上有 24.18 克银析出。

应用法拉第定律还可计算电解时在阳极上产生气体的体积。

例 15：电解熔融 $CuCl_2$ 时控制电流为 2.50 安培，电解时间为 4 小时，计算阳极产生氯气的体积。假定温度为 55 ℃，压力为 100 kPa。

解： $2Cl^-(aq) \rightleftharpoons Cl_2(g) + 2e^-$

阳极上产生 Cl_2 气的物质的量为：

$$n(Cl_2) = \dfrac{Q}{T} = \dfrac{2.50 \times 4 \times 3\ 600}{2 \times 96\ 485} = 0.19(mol)$$

$$V(Cl_2) = \dfrac{n(Cl_2) \cdot R \cdot T}{p_{Cl_2}} = \dfrac{0.19 \times 8.314 \times (273 + 55)}{100} = 5.18(L)$$

即电解结束后，在阳极析出的氯气为 0.19 mol，当温度为 55 ℃，压力为 100 kPa 时体积为 5.18 L。

六、电解在工业上的应用

电解的应用很广，不仅可用来制取某些在一般条件下无法制取的物质，而且在对材料进行加工和表面处理时常用到的电镀、电抛光、阳极氧化、电解加工等都属于电解的应用。

(一) 熔融盐的电解

前面已经讨论过，一些金属性强的金属如 Na 等不可能通过其盐的水溶液进行电解而得到，而是采用熔融盐的电解。因此金属钠的制备用电解熔融氯化钠的方法，在此电解过程中，产物是钠和氯气。如图 5-10a 所示。电解池外接电源起到了"电子泵"的作用，它驱动电子从 Pt 阴极流向熔融盐，使 Na^+ 还原成 Na。同时，又驱动电子沿导线经由阳极流回电源，使 Cl^- 在阳极上氧化成 Cl_2。图 5-10b 为工业上制备钠和氯气特制的电解池。另外，工业上制备钙，也采用电解熔融 $CaCl_2$ 的方法实现的。

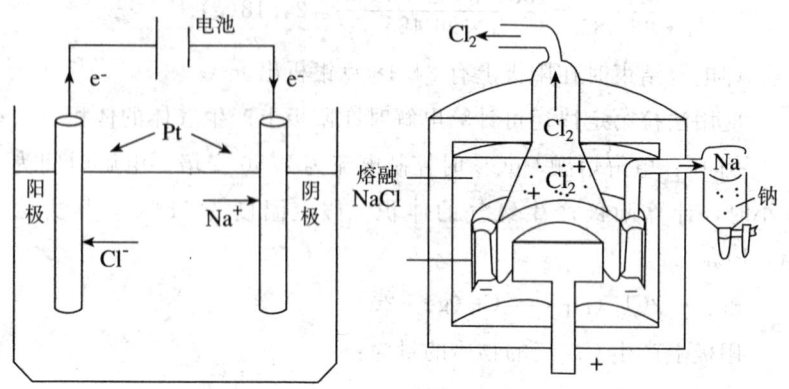

图 5-10a 电解熔融 NaCl 示意图　图 5-10b 工业上制备钠和氯气装置图

(二) 电镀

电镀 (electroplate) 是应用电解的方法将一种金属镀到另一种金属零件表面上的过程。电镀时以被镀物为阴极，以欲镀金属为阳极，两电极浸入含欲镀金属盐的水溶液中，并接直流电源。

例如，在铁环镀件表面镀一层镍。见图 5-11，用金属 Ni 棒作阳极，铁环为阴极，电解液为 $NiSO_4$ 溶液。在阴极，H^+ 和 Ni^{2+} 都有可能放电，虽然 $\varphi^{\ominus}(Ni^{2+}/Ni)$ 为 $-0.257V$，比标准氢电极略低，但由于溶液中 Ni^{2+} 的浓度远超过 H^+，且 η_{H_2} 较大，结果

$\varphi(Ni^{2+}/Ni)_{,析} > \varphi(H^+/H_2)_{析}$,因此在阴极上镀上一层金属镍。在阳极上,由于 Ni 比 OH^-、SO_4^{2-} 容易氧化,因此 Ni 溶解成 Ni^{2+} 进入溶液。电极反应如下:

阳极:$Ni(s) \longrightarrow Ni^{2+}(aq) + 2e^-$

阴极:$Ni^{2+}(aq) + 2e^- \longrightarrow Ni$

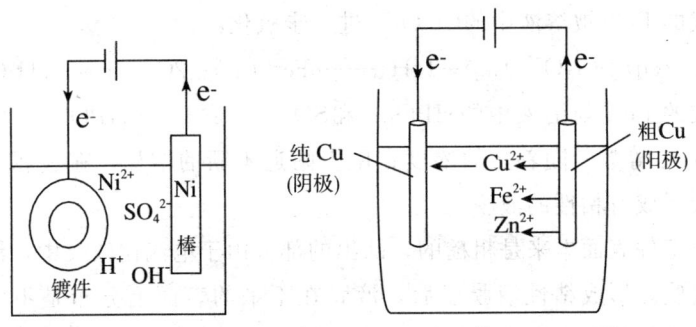

图 5-11 电镀　　　　图 5-12 电解精炼铜原理图

又如粗铜的精制,见图 5-12 所示。以纯度较低的粗铜作为阳极,以纯度很高的精铜薄板作阴极,两极浸入硫酸铜的水溶液中,并与直流电源相连组成电解池。给电解池加上适当的电压,即可实现铜的精炼。在电解时,阳极发生氧化反应。其中较活泼的杂质金属如锌、铁也氧化成相应的离子进入电解液;不活泼的杂质金属如金、银、铂等不被氧化,沉积在阳极下方,被称为"阳极泥"。这样电解进行时,作为阳极的粗铜被慢慢消耗。与此同时,阴极发生还原反应。阴极附近有 Cu^{2+}、Zn^{2+}、Fe^{2+} 等离子,由于 $\varphi_{阴,析}$ 最大的是铜,因此在阴极 Cu^{2+} 被还原为金属铜在精铜的表面沉积:$Cu^{2+}(aq) + 2e^- \rightleftharpoons Cu(s)$($Zn^{2+}$、$Fe^{2+}$ 仍留在电解液中)。通过这样的精炼,铜的纯度可达 99.99% 以上。

(三)电抛光

为了获得平滑和有光泽的金属表面,常使用电抛光(electrolytic polishing)的电解方法。电抛光是在电解过程中,利用金属表面凸出部分溶解速率大于金属表面凹下部分的溶解速率,从而使金属表面平滑光亮。

电抛光时,钢铁工件作阳极,阴极为不活泼电极(如铝、不锈钢等),放入含有 H_3PO_4、H_2SO_4、CrO_3 的电解液中进行电解。电解时阳极的工件——铁因氧化而溶解:

阳极反应 $Fe(s) \rightleftharpoons Fe^{2+}(aq) + 2e^-$

生成的 Fe^{2+} 被溶液中的 $Cr_2O_7^{2-}$ 进一步氧化:

$6Fe^{2+}(aq) + Cr_2O_7^{2-}(aq) + 14H^+ \longrightarrow 6Fe^{3+}(aq) + 2Cr^{3+}(aq) + 7H_2O(l)$

生成的 Fe^{3+} 与溶液中的 HPO_4^{2-} 和 SO_4^{2-} 生成 $Fe_2(HPO_4)_3$ 和 $Fe_2(SO_4)_3$ 等盐。随着盐的浓度在阳极附近不断的增加,在金属表面就会形成有粘性的液膜。

工件表面本来是粗糙的,凸出的部分由于电流比较集中,溶解得快些。形成粘性液膜以后,液膜在不平的表面上分布是不均匀的,凸起部分液膜较薄,凹下部分液膜较厚,使得凸起部分的电阻较小,电流更集中些,溶解就更快些,最终使表面逐渐变平整。

在阴极发生的反应是 H^+ 和 $Cr_2O_7^{2-}$ 的还原反应:

$2H^+(aq) + 2e^- \longrightarrow H_2(g)$

$Cr_2O_7^{2-}(aq) + 14H^+(aq) + 6e^- \longrightarrow 2Cr^{3+}(aq) + 7H_2O(l)$

(四)电解加工

电解加工(electrolytic processing)是利用金属在电解液中可发生阳极溶解的原理,将工件加工成型。电解时,工件为阳极,以模具为阴极,两极间距很小(0.1~1 mm),使高速流动的电解液从中间通过以达到输送电解液和及时带走电解产物的作用,且保持电解液组成基本不变,从而使阳极金属表面不断溶解,最后使其形状与阴极模具工作表面相吻合。电解加工成型的过程如图 5-14 所示。

图中细直线表示通过阳极与阴极之间的电流。在加工前(图 5-13a),在阳、阴极之间距离最近的地方电阻最小,电流比较集中,金属溶解得最快。随着加工过程的进行,阴极不断向阳极推进,阴阳极之间的距离逐渐缩小,直到间隙间各处的距离完全

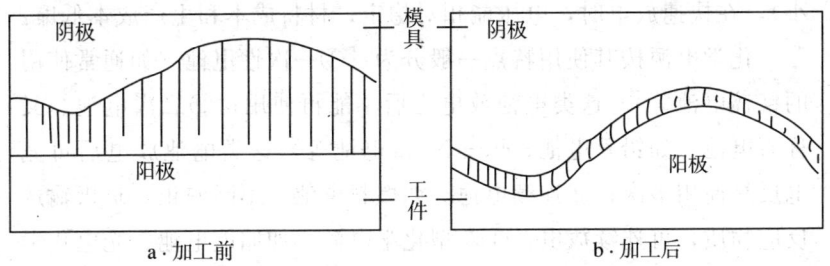

图 5-13 电解加工成型示意图

相等,此时工件表面的形状与模具工作面的形状已相吻合(图5-13b)。大多数黑色金属及其合金全能进行电解加工,常用的电解液为 14%～18% 的 NaCl 溶液。

(五) 阳极氧化

金属铝在与空气接触后即形成一层均匀致密的氧化膜(Al_2O_3),起到保护作用。但自然形成的氧化膜只有 $0.02\sim1\ \mu m$。因此可在电解时,把金属作阳极,使之氧化而得到厚度达 $50\sim300\ \mu m$ 的氧化膜,增强了金属防腐蚀的能力。

(六) 非金属电镀

先采用化学镀的工艺,使非金属表面变成金属表面,然后再进行一般的电镀。化学镀是指使用合适的还原剂,使镀液中的金属离子还原成金属而沉积在非金属表面上的一种镀覆工艺。

第四节 化学电源

化学电源就是实用的原电池。又称自发电池、化学电池或电池。要使电池具有实用价值,设计时必须从技术和商业的角度考虑。要满足如:电压比较高,电极反应容易控制;电池使用寿命长、体积小(单位体积能量高),使用方便;耐贮存(即自放电要小),在快速放电时,电压能相对稳定;材料成本和生产成本低廉。

化学电源按其使用特点一般分为:①一次性电池(如通常使用的锰锌电池等)。这类电池放电之后不能再使用;②二次电池。又称蓄电池(如铅蓄电池、Fe—Ni 蓄电池等)这类电池放电后可充电反复使用多次;③连续电池。如燃料电池。不断向正、负极输送反应物质,可连续放电;④新型化学电源。如储能电池、光电化学电池、太阳能电池、导电高聚物电池等。

描述电池性能常用电池效率、理论比能量、电池容量、电池寿命等指标。电池总效率包括能量转换效率、电压和电流效率。理论比能量指的是在电池反应中,1kg 反应物所产生的电能,单位为 $wh \cdot kg^{-1}$(瓦特·千克$^{-1}$)。电池容量其实就是电池具有的电量,为电流和时间的乘积,即 $C=It$,单位为 Ah(安·时)。电池寿命包括使用寿命(指电池从开始工作到不能使用的时间)、充放寿命(指二次电池的充放周期次数)、贮存寿命(指电池容量或电池性能不降低到额定指标以下的贮存时间),而影响电池寿命的重要因素是电池的自放电(指在电极上发生了析氢或析氧的反应而消耗掉活性物质)。

另外,从实用角度出发常常用到固体电解质①,把它设计成电

---

① 固体电解质又叫超离子导体、快离子导体或固体离子导体。由结构特征上看,固体电解质属于存在晶体缺陷的多晶体,其中,一部分离子处于无序的结构状态,另一部分离子则按正常的晶格特征排列。当把固体电解质放在电场之中,那些无序分布的离子在电场作用下会定向迁移,输送电流,如同电解质水溶液或熔盐中的离子一样,因此固体电解质是一种以离子形式导电的晶体,其电导率与熔盐等液体电解质相近,为 $0.1 \sim 1\,000\ s \cdot m^{-1}$(如 $RbAg_4I_5$ 晶体在室温就与 Ag 离子在晶体中相同的电导率为 $27s \cdot m^{-1}$)固体电解质的主要结构特征是一部分离子按晶格规律形成固定的三维架构,在这个架构中有大量的空隙(微小晶粒间的空隙或晶格空位)及大小合适的通道,使离子扩散并顺利通行。总之,固体电解质的性质和结构是介于液体电解质(有可移动的离子)和正常晶体(具有规整的三维架构和不可移动的离子或原子)之间。

池（或其他器件），作为蓄电池、燃料电池（离子选择电极、传感器）等的电解质部分，在能源（自动分析与检测）等中应用日益广泛。已知重要的固体电解质有几十种，引人注目的是：ZrO_2、$\alpha - AgI$、$NaAl_{11}O_{17}$等。

一、一次性电池

一次性电池又称原电池。电解质如果是不流动的又称干电池。一次性电池主要包括：普通锌锰电池（中性锌锰电池）、碱性锌锰电池、锌银电池、锂一次电池和锌空气电池等。

单体干电池的不同形状的标记有：圆柱形标有字母 R、方形标有字母 S、扁形标有字母 F。另外常用的碱性锌锰电池标有 L 字母、锌银电池标有 S 字母，见表 5-4。

表 5-4 常用干电池的编号及规格

市售民用编号	型号		最大电池规格	
	IEC[①]	ANSI[②]	直径/mm	高/mm
8#	RI	N	12.0	30.2
7#	RO3	A A A	10.5	44.5
5#	R6	A A	14.5	50.5
2#	R14	C	26.2	50.5
1#	R20	D	34.2	61.5
甲电池	R40	6	67.0	172.0

注①、②分别为国际电工协会和美国国家标准局的英文缩写。

（一）锌锰电池

锌锰电池从 1868 年法国人发明问世至今已有 130 多年历史。这样一个古老品种至今没有被淘汰，说明它具有不可取代的优点和特点。该电池具有电流密度适当、在未使用状态下贮存性能较好、电池原料易得和价格便宜等特点。更重要的是锌锰电池不断改进，由旧的糊式电池改为纸板式，并由铵型（NH_4Cl）发展到锌型（$ZnCl_2$），这些因素促使锌锰电池长盛不衰需求量不断增长。

糊式电池是锌锰电池第一代产品。主要构件为：①锌筒。它是电池负极，并兼作电池外壳。由于 Zn 导电良好，无需加集流器导出电流，在锌筒内壁与制成浆糊状溶液界面发生氧化反应。②浆糊层。是电池的电解液，它是电解质（NH_4Cl、$ZnCl_2$）加入一定糊状剂如淀粉胶体，使电解液成为浆糊状，电解液不能流动，但离子可以迁移。③电芯。是由碳棒、MnO_2、乙炔黑、电解质和其他添加剂组成，它是电池的正极。

纸板式电池是第二代锌锰电池。它主要是由复合浆料涂敷在基纸上来代替浆糊层。与糊式电池相比它的特点和优点有：①极间距

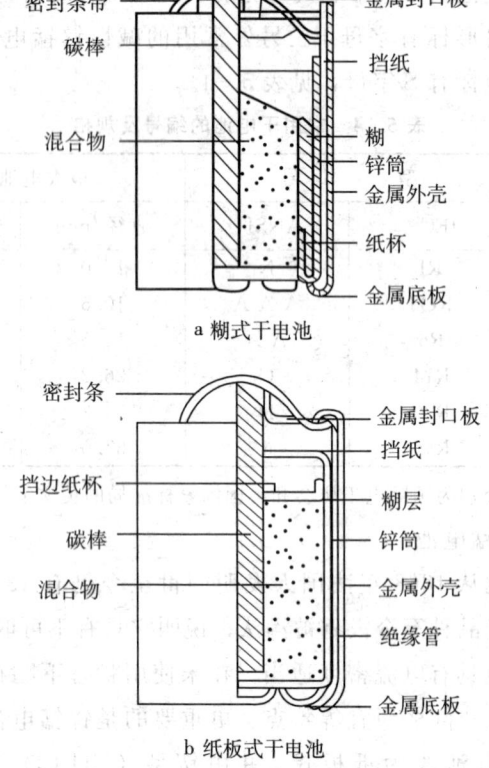

图 5-14 糊式干电池和纸板式干电池结构

减少。电池极间距小同样空间内可大大提高电池容量；②电解液量减少。两种电池结构见图5-14所示。我国锌锰电池的生产基本转型到纸板型电池的生产轨道上来。

糊式、纸板式电池的电解液组成有两种情况，一种以NH_4Cl为主的称为铵型电池。另一种以$ZnCl_2$为主的锌型电池。

铵型电池的电极反应为：$Zn + 4NH_4Cl \longrightarrow (NH_4)_2ZnCl_4 + 2NH_4^+$

锌极（负极）：$Zn(s) \longrightarrow Zn^{2+}(aq) + 2e^-$

碳极（正极）：$MnO_2(s) + H_2O + e^- \longrightarrow MnO(OH) + OH^-$

锌型电池的电极反应①：

锌极（负极）：$Zn(s) \longrightarrow Zn^{2+}(aq) + 2e^-$

碳极（正极）：$2MnO_2(s) + Zn^{2+}(aq) + 2e^- \longrightarrow ZnO \cdot Mn_2O_3(s)$

对于锌锰电池来说，影响其寿命的重要原因是锌电极的自放电（即锌电极的腐蚀）。造成这种原因主要有反应自身产生H_2或是电池封口不严而进入空气（O_2）及锌电极中杂质。

碱性锌锰电池是继纸板式电池之后出现的第三代锌锰电池。电解液改为离子导电性更好的KOH，负极由锌片改为锌粉，反应面积成倍增长，放电电流提高。适用于电动玩具、剃须刀、录放机及军事目的等新型高功率用电器具。普通锌锰电池性能比见表5-5。

表5-5　普通与碱性锌锰电池性能比较

电池	标准电动势（V）	开路电压（V）	质量比能量($w \cdot h \cdot kg^{-1}$)		容量①（Ah）	放电时间（min）
			理论值	实际值		
普通锌锰电池	1.623	1.58	251.3	66	0.89	154
碱性锌锰电池	1.52	1.55	274.0	77	6.93	1200

① 由于两种电池的正极反应复杂，引起电池反应必然复杂，在这里不作深入探讨。

①R20 电池　　初始电流 0.5 A　　连续放电至 0.8 V

碱性锌锰电池符号：(—) Zn(s)|KOH|MnO$_2$(s)(+)

负极反应：Zn(s)+2OH$^-$(aq) ⟶ ZnO(s)+H$_2$O(l)+2e$^-$

正极反应：MnO$_2$(s)+2H$_2$O(l)+2e$^-$ ⟶ Mn(OH)$_2$(s)+2OH$^-$(aq)

电池反应：

Zn(s)+MnO$_2$(s)+H$_2$O(l) ⟶ ZnO(s)+Mn(OH)$_2$(s)

　　碱性锌锰电池的结构一般有三种：圆筒型（见图 5-14）、卷式和方型单体式。其中圆筒型电池正极为圆环状，紧挨容器镍钢筒内壁（兼作正极集流器），负极位于正极中间，有个钉子形负极集流器被焊在顶部盖子上，作电池负极，钢筒为正极。

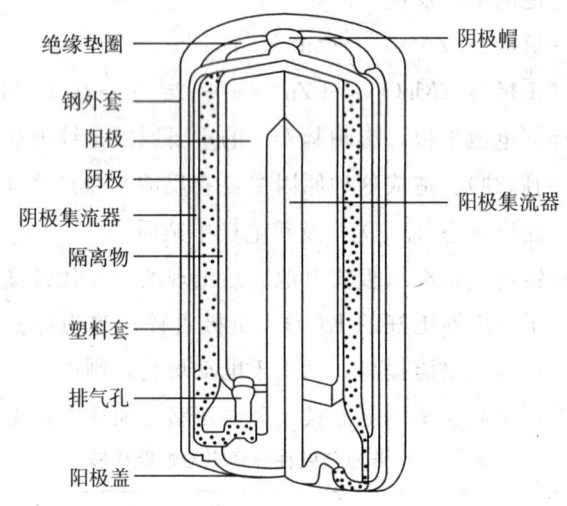

图 5-15　碱性锌锰电池圆筒型结构

　　由于汞是锌锰电池中锌电极的防腐材料，虽然它提高了电池的贮存寿命，但汞盐的使用造成了环境污染，废弃的旧电池对环境带来后患。许多国家已强制性规定含汞电池不得进入某些区域市场。法国 Wonder 公司用表面活性剂 Forafac 氟化聚合物代替汞，防止锌的腐蚀，且连续使用寿命为传统锌锰电池的三倍。

（二）锌银电池

锌银电池也是一种碱性电池。主要用于电子、航空、舰艇、轻工等领域。纽扣式锌银电池早为人们所熟知，广泛应用于电子表、照相机、助听器等小型、微型用电器具，其构造见图 5-16 所示。

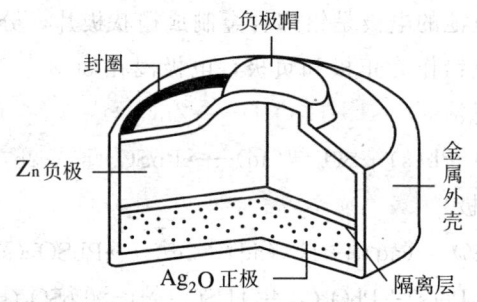

图 5-16 锌银电池

锌银电池比锌锰电池有较高比能量，放电电压较平稳，使用温度范围广，自放电小，贮存寿命长。主要缺点是使用了贵重金属银为电极材料，成本高。另外，锌电极易变形和下沉（特别是锌枝晶的生长穿透隔膜而造成短路）。正极是氧化银 Ag_2O、银 Ag，负极是锌 Zn，电极反应在碱性电解质（质量分数 40% KOH）中进行：

电池符号：$(-)\ Zn(s)|KOH(aq)|Ag_2O(s)|Ag(s)(+)$

负极　　$Zn(s)+2OH^-(aq)\longrightarrow Zn(OH)_2(s)+2e^-$

正极　　$Ag_2O(s)+H_2O(l)+2e^-\longrightarrow 2Ag(s)+2OH^-(aq)$

电池反应　$Ag_2O(s)+Zn(s)+H_2O(l)=\!=\!=2Ag(s)+Zn(OH)_2(s)$

该电池电动势约 1.5V。

二、二次电池

（一）铅酸蓄电池

蓄电池（storage cell）指可积蓄电能的一种装置。蓄电池放电后（内阻上升，输出电流变小），通过外接直流电源充电，使电池回到原来的状态，因而可反复使用。

铅酸蓄电池的生产已有一百多年历史，其特点在于电池电动势较高,结构简单,使用温度范围大,电容量也大,还具有原料来源丰富,价格低廉,但也存在比较笨重、防震性差、自放电较强,有 H_2 放出,如不注意易引起爆炸等缺点。

铅酸蓄电池的电极是铅锑合金制成栅状极片,分别填塞 PbO_2 和海绵状金属铅作为正极和负极,电极浸在 30%～35% 的硫酸溶液中。放电时:

Pb 极(负极) $Pb(s)+SO_4^{2-}(aq)\longrightarrow PbSO_4(s)+2e^-$

PbO_2 极(正极)

$PbO_2(s)+SO_4^{2-}(aq)+4H^+(aq)+2e^-\longrightarrow PbSO_4(s)+2H_2O(l)$

总放电反应 $Pb(s)+PbO_2(s)+2H_2SO_4(aq)=2PbSO_4(s)+2H_2O(l)$

在放电时,两极表面均沉积一层 $PbSO_4$,同时 H_2SO_4 的浓度逐渐降低,当电动势由 2.2 V 降到 1.9 V 左右时,就不能继续使用了,如不及时充电,则电池就会被损坏了。

充电时,外接电源的正极与进行氧化反应的阳极相连,负极与进行还原反应的阴极相连。因此,充电时:

阳极

$PbSO_4(s)+2H_2O(l)=PbO_2(s)+4H^+(aq)+2SO_4^{2-}(aq)+2e^-$

阴极 $PbSO_4(s)+2e^-=Pb(s)+SO_4^{2-}(aq)$

总充电反应

$2PbSO_4(s)+2H_2O(l)=PbO_2(s)+Pb(s)+2H_2SO_4(aq)$

铅酸蓄电池的充电过程恰是放电过程的逆反应:

$$Pb(s)+PbO_2(s)+2H_2SO_4(aq)\underset{充电}{\overset{放电}{\rightleftharpoons}}2PbSO_4(s)+2H_2O(l)$$

现代铅酸蓄电池的主要缺点是寿命较短。一般情况下,充放电 250～300 次。影响铅酸蓄电池寿命的主要因素有:正极板栅的腐蚀、变形;正极活性物质的脱落;负极活性物质的膨胀;极板不可逆硫酸盐化等。

(二)镉镍电池

镉镍电池有许多较铅酸蓄电池优越之处,它的寿命长、自放电小,低温性能好、耐过充放电能力强,特别是维护简单,且其密闭式可以任何放置方式加以使用,无需维护。其缺点是价格较贵、有污染。不过一只镉镍电池至少重复充放电使用数百次。镉镍电池应用广泛,小至电子表、电子计算器、电动玩具、电动工具的使用;也可用做计算机中的金属氧化物半导体(MOS)器件和信息贮存器的电压保持(不间断电源)等;大至用于矿灯、航标灯、行星探测器、大型逆变器等。我国科学实验卫星表面有28块太阳电池方阵与镉镍电池配对,在卫星阴影期间由镉镍电池组供电,二者共同作为卫星的长期工作电源。

镉镍电池的负极为镉,在碱性电解质(KOH)中发生氧化反应,正极由NiOOH组成,电极和电池反应为:(一)Cd|KOH(aq)|NiOOH(s)

负极 $Cd(s)+2OH^-(aq) \longrightarrow Cd(OH)_2(s)+2e^-$

正极

$2NiOOH(s)+2H_2O(l)+2e^- \longrightarrow 2Ni(OH)_2(s)+2OH^-(aq)$

电池反应

$Cd(s) | 2NiOOH(s)+2H_2O(l) \longrightarrow Cd(OH)_2(s)+2Ni(OH)_2(s)$

镉镍电池形式和结构是多种多样的,可大致分为开口式和密闭式两种。按其结构来看又可分为平面式、圆筒式和扣式。其中密闭扣式结构见图5-17所示。由于镉是一种有害元素,镉镍电池正逐步被氢—镍电池所取代。

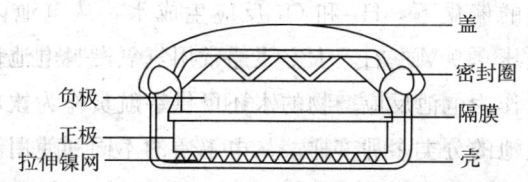

图5-17 密闭扣式镉镍电池结构图

除镉镍碱性蓄电池外,还有铁镍蓄电池、锌镍蓄电池等。

三、燃料电池（fuel cell）

借助于在电池内发生的燃烧反应,将化学能直接转换成电能的装置称燃料电池。它不同于一次电池和二次电池,只要不断地供给燃料就像往炉膛里添加煤和油一样,它便能连续地输出电能。

燃料电池以还原剂（氢气、烃、肼、甲醇等）为负极反应物质,以氧化剂（空气、氧气、氯、溴）为正极反应物质。为了使燃料便于进行电极反应,要求电极材料兼有催化剂的特性,因此多采用多孔石墨、多孔镍、银、铂等材料。电解质构成电池内部的离子导电通道,同时起隔离燃料和氧化剂的作用,电解质应具备良好的化学稳定性和较高的导电性,酸性电解质有 H_3PO_4、H_2SO_4 等,其碱性电解质有 NaOH、KOH、K_2CO_3 等,还有些有机物,例如甲醛及其衍生物的水溶液。

氢氧燃料电池的燃料是氢气,氧化剂是氧气。氢气和氧气通到插在浓 NaOH 或 KOH 溶液中的多孔石墨电极上,被碳吸收,其电池符号为：

(−) $c|H_2(g)|KOH(aq)|O_2(g)|c(+)$

负极　$H_2(g)+2OH^-(aq)\longrightarrow 2H_2O(l)+2e^-$

正极　$O_2(g)+2H_2O(l)+4e^-\longrightarrow 4OH^-(aq)$

总反应　$2H_2(g)+O_2(g)\longrightarrow 2H_2O(l)$

电池构造见图 5-18 所示。

在电极的催化下,H_2 和 O_2 反应生成水,从电池内排出。该电池输出电压 0.9 V 左右。太空飞船常用氢氧燃料电池作电源,其优点之一是作为电池反应产物的水还可供宇航员作为饮用水之用。

燃料电池的分类多种多样。从电解质的不同和使用温度的高低可把燃料电池分为以下几种类型：

低温（<120 ℃）：水溶性碱、硫酸、固态聚合物、电解质。

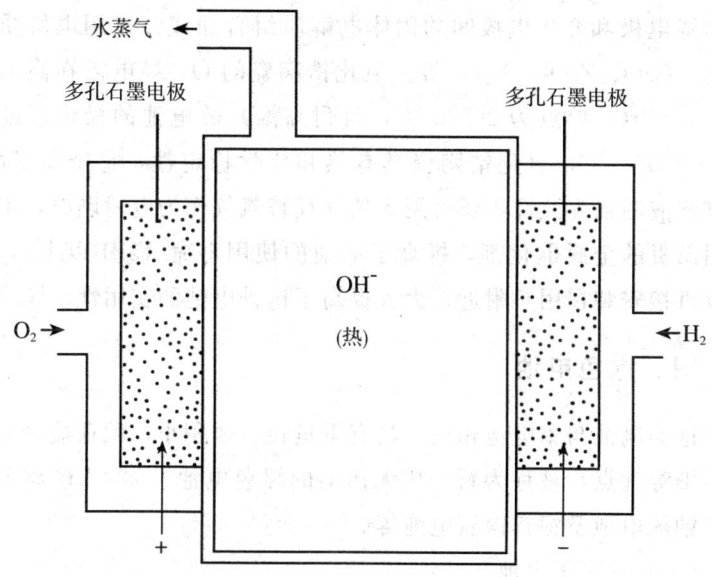

图 5-18 氢—氧燃料电池示意图

中温（120～260 ℃）：磷酸、水溶性碱、电解质

高温（260～750 ℃）：熔融性碳酸盐

（750 ℃以上）：固体电解质（固体氧化物）

如低温碱性燃料电池。以肼（又称联氨 $NH_2—NH_2$）为燃料，空气为氧化剂组成肼——空气燃料电池。电解液质量分数为 20%～30%KOH，肼质量分数为 2%～5%。该电池主要特点是电解质水溶液循环和燃料溶解在电解质中，这样易控制肼的浓度和温度。该电池主要用于灯塔、微波中继站和军事方面。另外还有磷酸燃料电池（以质量分数为 99%H_3PO_4 为电解质；正、负极材料相同均为碳基体白金催化剂）、熔融碳酸盐燃料电池（直接采用烃基为燃料，燃料极采用多孔 Ni 电极，氧电极采用掺入 Li_2O 和 NiO。）电解质为 Li_2CO_3 - Na_2CO_3 或 K_2CO_3 - Na_2CO_3 混合物，但这几种燃料电池共同缺点是使用昂贵的催化剂。

而高温固体电解质燃料电池是一种全固态的燃料电池，由多孔陶瓷电极和介于电极间的固体电解质组合而成。常用电解质有 ZrO_2-CaO、$ZrO_2-Y_2O_2$ 等。氧化锆陶瓷的 O^{2-} 导电需在高温下进行，（ZrO_2 熔点为 2 715 ℃，可耐高温）故电池的操作温度为 800～1 000 ℃，氧化锆陶瓷具有热和化学稳定性，它避免了酸、碱电解液的强腐蚀性，还可用天然气代替氢气作为电池燃料，不需要用昂贵的金属催化剂，提高了电池的使用寿命（5 年以上），还可以直接安装在用户附近，大大提高了这种电池的实用性。

四、绿色电池*

这类电池与铅电池相比，具有重量轻、体积小，贮存能量大及无污染等优点，被称为新一代无污染的绿色电池。如：Li^+ 离子电池、钠硫电池及银锌镍氢电池等。

（一）锂离子电池

又称"摇椅电池"（Yocking Chair Batteries，简称 RCB），RCB 的特点是：具有很高的质量能量比和较高电动势（分别比锌锰干电池高 4～10 倍和 1～2 倍）；由于 Li 极为活泼，所以电解质溶液均为非水的有机或无机溶剂；亦可采用固体电解质；与 Li 电极匹配的正极活性物质多达数十种；锂电池可在 -40 ℃～$+70$ ℃ 范围内正常工作；其湿贮存寿命约 5～10 年；单位质量的电容量高（3.86Ah·g^{-1}）等等。正由于这些特点，锂电池应用十分广泛。不仅在空间计划中使用，而且作为通信设备（手机）、监视装置、电子器件的支持电源，医疗上作为心脏的起搏器电源、笔记本电脑电源等。

锂电池的负极由嵌入 Li^+ 离子的石墨层组成，正极由 $LiCO_2$ 组成。锂电池正在外部条件（充电或放电）作用下，使 Li^+ 往返于正负极之间。外界输入电能（充电），Li^+ 由能量较低的正极材料"强迫"迁移到石墨材料的负极层间而成为高能态；进行放电时，Li^+ 由能量较高的负极材料间脱出，迁回能量较低的正极材料层间，同时通过外电路释放电能，即电子通过外线路由负极到正极。

图 5-19 为锂离子电池充电放电示意图。

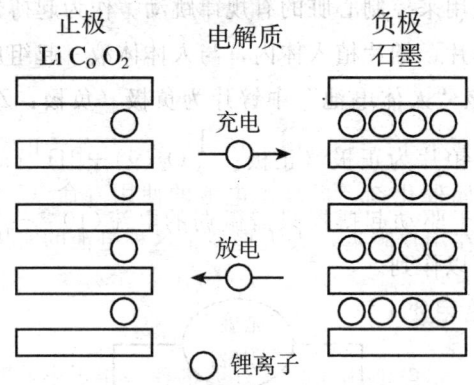

图 5-19　Li^+ 电池充放电示意图

(二) 人体电池

健康人的心脏跳动是由位于脑干部位的心跳中枢来控制的。心跳中枢是一种天然的"起搏器",产生约每分钟 72 次的脉冲,由专门的神经传导系统传送到心脏,使之有规律地跳动。而某些患有心脏疾病的人心律紊乱,甚至停跳。医学上解决这种疾病的有效办法是在病人体中植入一个人工心脏起搏器,见图 5-20a。它实际上

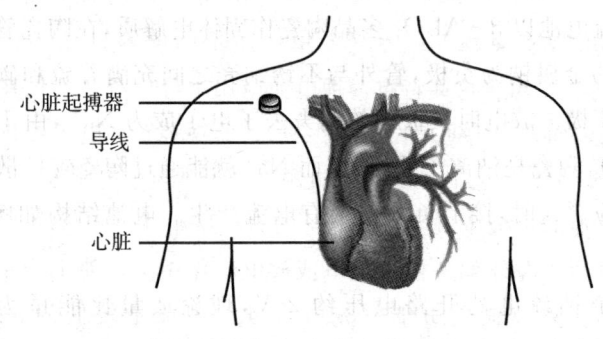

图 5-20a　人工心脏起搏器

是一只由微型电池驱动的电脉冲发生器,由它产生的每分钟约 72 次的电脉冲被用来控制心脏的有规律跳动。作为起搏器的能源——微型电池的锌片、铂片植入体内,与人体体液一起组成原电池,见图 5-20b。该"人体电池"中锌片为负极(负极:$Zn(s) \longrightarrow Zn^{2+}(aq) + 2e^-$),铂片为正极(正极:$\frac{1}{2}O_2(g) + 2H^+(aq) + 2e^- \longrightarrow H_2O(l)$)。由于驱动起搏器只需微弱的电流($10^{-5} \sim 10^{-6}$ A),因此"人体电池"可以作到。

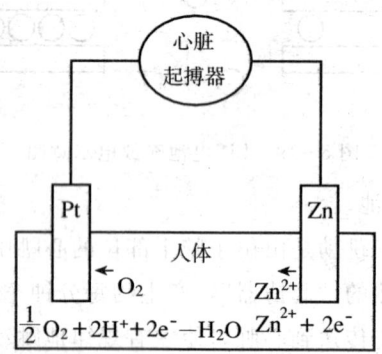

图 5-20b "人体电池"示意图

(三)钠硫电池

钠硫电池以 β-Al_2O_3 多晶陶瓷作固体电解质,在陶瓷管内装有熔化了的金属钠为负极,管外与不锈钢壳之间充满着硫和碳的混合物作为正极。放电时负极中的钠失去了电子成为 Na^+,由于含钠的 β-Al_2O_3 陶瓷是钠离子导体,因而 Na^+ 就能通过陶瓷管扩散到正极与硫反应。这时,接上负载就会有电流产生。电池结构如图 5-21 所示。

单个钠硫电池开路电压约 2 V,理论质量比能量为 760～820 W·h·kg^{-1},是普通铅酸蓄电池的四倍以上。

钠硫电池的电极反应:

负极: $Na(s) \longrightarrow Na^+(aq) + e^-$

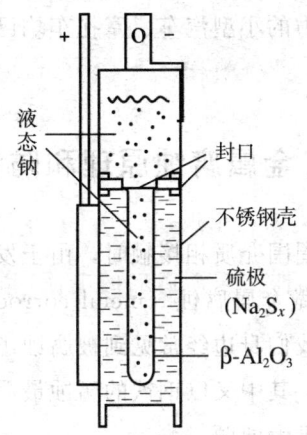

图 5-21 管式钠硫电池示意图

正极： $2Na^+(aq)+5S(s)+2e^- \longrightarrow Na_2S_5(l)$

电池放电时，钠在 β—Al_2O_3 界面上解离为 Na^+ 经 β-Al_2O_3 管壁迁移至硫酸界面，和 S 作用生成 Na_2Sx，钠仍以离子形式存在于熔体中。

钠硫电池结构简单，工作温度低，无自放电现象，寿命长（已达千次循环以上），不仅使用于车船的驱动能源和电站储能，而且用做卫星或潜艇电源，在减轻卫星重量、提高潜艇的隐蔽性和水下航速等方面也有重要意义。

（四）太阳能电池

太阳能电池是利用光伏效应（即指当物体受到光照射时，物体内就会产生电动势和电流的现象）的原理制成的。原则上它不属于化学电源的范畴。用的材料主要是单晶硅半导体。一般在 n 型硅单晶小片上用扩散法渗入一薄层硼，得到 p-n 结，再加上电极而成，当太阳光直射到薄层面的电极上时，两极上即产生电动势，作为人造卫星上仪器的能源。例如我国发射的第二颗卫星上使用的太阳能电池，在太空中正常运行了八年多。

太阳能电池作动力的小型汽车、摩托车均已研制成功。

第五节 金属腐蚀原理和防锈方法

当金属的表面与周围介质相接触时,由于发生了化学或电化学作用而引起的破坏叫做金属腐蚀(metal corroding)。这种现象对于我们并不陌生。在我们身边经常见到被腐蚀了的金属。金属腐蚀造成的损失是巨大的,其中又以钢铁的腐蚀最严重。金属的防腐一直是人们面临的一个重大课题。

一、金属腐蚀原理

金属的腐蚀可分为化学腐蚀和电化学腐蚀两类。

(一) 化学腐蚀

金属表面与介质如气体或非电解质液体等因发生化学作用而引起的腐蚀,叫做化学腐蚀(chemical corrosion)。腐蚀过程没有电流产生。在一定温度下金属与干燥气体(如 O_2、Cl_2、H_2S、SO_2 等)或润滑油、液压油等物质相接触时,在金属表面生成相应的氧化物、硫化物、氯化物。这种作用在低温时不明显,但在高温时非常显著。例如碳钢是由 Fe、石墨、Fe_3C 组成,以其中渗碳体 Fe_3C 来说,在 700 ℃以上高温,与周围介质(O_2、H_2、H_2O (g)、CO_2)的高温反应:

$$Fe_3C(s) + \frac{1}{2}O_2(g) = 3Fe(s) + CO(g)$$

$$Fe_3C(s) + 2H_2(g) = 3Fe(s) + CH_4(g)$$

$$Fe_3C(s) + CO_2(g) = 3Fe(s) + 2CO(g)$$

$$Fe_3C(s) + H_2O(g) = 3Fe(s) + CO(g) + H_2(g)$$

这些反应速率很大。由于脱碳产生的 H_2 在金属内部扩散渗透造成的腐蚀称氢脆。脱碳和氢脆都会造成钢铁表面硬度和内部强度的降低,使其性能变低。因此，在制造合成氨、石油裂解等设备时必须选用合金钢（在碳钢中加入 Cr、Ti、V、W 等元素）以提高抗腐蚀能力。

金属在非电解质溶液中，例如有机液体（苯等）以及含 S 的石油中所发生的腐蚀，也是化学腐蚀。

（二）电化学腐蚀

当金属与电解质溶液接触时由于电化学作用而引起的腐蚀称电化学腐蚀（electrochemical corrosion）。这类腐蚀指金属在电解质溶液中发生化学作用的过程中有电流产生，形成了无数个微小的原电池。这些原电池又称腐蚀电池（corrosion cell）。在腐蚀电池中，发生氧化反应的负极称为阳极；发生还原反应的正极称阴极。电化学腐蚀分为析氢腐蚀、吸氧腐蚀和差异充气腐蚀等，其阳极过程都是金属阳极的溶解，杂质为正极。例如在普通低碳钢中，除 Fe 外，还有 Mn、Si、Fe_3C 等不活泼杂质。在潮湿的大气中碳钢表面形成一层水膜，在水膜中又溶解有 CO_2、SO_2、NO_2 等，这就等于把钢浸在电解质溶液中，在钢铁表面形成无数微电池。钢若与潮湿的土壤或海水接触，腐蚀更厉害了。

1. 析氢腐蚀

在酸性介质中，金属及其制品发生析出 H_2 的腐蚀称为析氢腐蚀（corrosion with liberation of hydrogen）。当钢铁与酸性土壤（如 pH<4）接触，或钢铁制件进行酸洗时，Fe 作为负极而腐蚀，碳或其它比 Fe 不活泼的杂质为正极，为 H^+ 的还原提供反应界面，腐蚀过程：

负极（Fe） $Fe(s) \longrightarrow Fe^{2+}(aq) + 2e^-$

正极（杂质） $2H^+(aq) + 2e^- \longrightarrow H_2(g)$

总反应 $Fe(s) + 2H^+(aq) = Fe^{2+}(aq) + H_2(g)$

2. 吸氧腐蚀

由于氢超电势的影响，在大气中，中性介质或碱性土壤及海水中不可能发生析氢腐蚀（conosion with absorption of oxygen）。日常遇到大量的腐蚀现象往往是有氧气存在，在 pH 接近中性条件下的腐蚀称为吸氧腐蚀。此时，金属仍作负极溶解，金属中的杂质为溶于水膜中的氧获取电子提供反应界面，腐蚀反应为：

负极（Fe） $2Fe(s) \longrightarrow 2Fe^{2+}(aq) + e^-$

正极（杂质） $O_2(g) + 2H_2O(l) + 4e^- \longrightarrow 4OH^-(aq)$

总反应 $2Fe(s) + O_2(g) + 2H_2O(l) = 2Fe(OH)_2(s)$

Fe(OH)$_2$ 在空气中会进一步被氧化成 Fe(OH)$_3$，在 pH=7 时，$\varphi(O_2/OH^-) > \varphi(H^+/H_2)$ 加之大多数金属电极电势低于 $\varphi(O_2/OH^-)$，因此大多数金属都可能发生吸氧腐蚀，甚至在酸性介质中，金属发生析氢腐蚀的同时，若有氧存在也会发生吸氧腐蚀。

3. 差异充气腐蚀

在大气中金属表面液层很薄，空气中的氧可以不断地供给，阻力极小，使腐蚀反应不断地进行。在土壤中，除了少量从雨水中带进来和地下水原有的 O_2 外，O_2 主要从地表渗透进来的。沙土容易渗透，含 O_2 多些，而黏土不易渗透，含 O_2 量就少。土壤中溶解 O_2 的浓度，根据能斯特方程，在 298.15K

$$\varphi(O_2/OH^-) = \varphi^{\ominus}(O_2/OH^-) - 0.059\ 2\ V pH + 0.148\ V lg\left(\frac{p(O_2)}{p^{\ominus}}\right)$$

溶解氧的浓度越大，$\varphi(O_2/OH^-)$ 值大，而 $p(O_2)$ 小的部位，$\varphi(O_2/OH^-)$ 值小。据电池组成原则，φ 大为正极，φ 小为负极。因此这种由于金属在含 O_2 量不同的介质中引起的腐蚀，叫差异充气腐蚀（corrosion with differential aeration）。

当钢管埋设在含氧量不同的土壤中时就会形成这样的腐蚀电池。管道中与含氧量较多的土壤接触的部分为正极，与含氧量较少的土壤接触的部分为负极，遭到腐蚀，如图 5-22 所示。在水中打铁桩，由于靠近水面的那部分铁桩，周围的水含氧量较高，成为正极；打入土中的那部分铁桩，周围含氧量较少，成为负极遭到腐蚀，如图 5-23 所示。又如金属部件的各种缝隙或死角，由于氧气不易达到，就成为负极而遭到腐蚀。

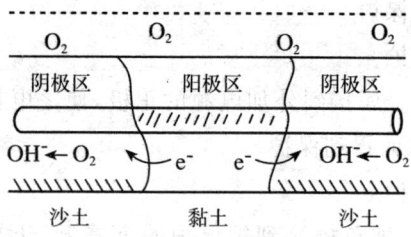

图5-22 管道在土壤中的差异充气腐蚀

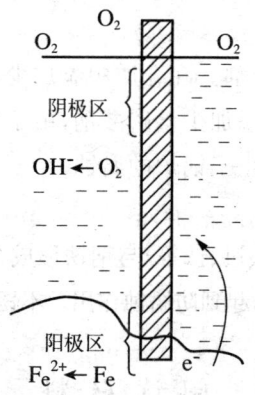

图 5-23 水中铁桩的差异充气腐蚀

二、防锈方法

金属腐蚀的防护,应该从材料和环境两方面着手。常采用的措施有:

(一)覆盖保护法

在金属表面覆盖各种非金属涂层,使它与周围介质隔开,避免组成腐蚀电池。如在金属表面涂上油漆、喷漆、搪瓷、塑料等高分子材料。短期保护还可涂上机油、凡士林等。另一种方法是在被保护的金属表面上覆盖耐腐蚀较强的金属或合金。覆盖的方法是电镀。如在铁皮上镀上一层锌或锡。

(二)电化学保护

1. 阳极电保护

把被保护的金属接到外加电源的正极,使之电势升高,金属"纯化"(passivation)而得到保护。

2. 阴极电保护

利用直流电,把负极接到被保护的金属上,让其成为阴极受保护。正极接到一些废铁上成为阳极使其受腐蚀。

3. 添加缓蚀剂

缓蚀剂是一种添加剂。在介质中添加少量缓蚀剂能减缓腐蚀速度。例如,锅炉用水中添加少量磷酸钠,由于生成的磷酸亚铁能紧密地吸附在锅炉壁上,阻止了锅炉的腐蚀。

4. 形成合金

某些金属(如铬、钼、钒、钛等)与钢铁形成合金后,从根本上改变了碳素钢的内部组织结构,起到防腐蚀作用。不锈钢就是这样的例子。

阅读材料

生物电化学传感器

传感器(transducer)又叫敏感元件。它是把各种非电量的被检测量转换成便于检测和处理的电学量的装置。传感器如同感知外界信息的人造器官。电化学传感器则是以电化学反应为理论基础制成的各种微型电极(如玻璃电极)。

生命过程最基本的运动的是电荷运动,因此电化学方法是揭示生命奥秘的有力工具。许多生物传感器的传感原理仍属于电化学范畴。自1967年第一代生物传感器研制以来,目前已经发展到第三代生物传感器。制备的有氨基酸、蛋白质、糖、DNA、激素及激素受体、细胞器、抗原及抗体、酶免疫等作为电极的生物传感器。这些传感器与微电极技术、微机处理技术、流动注射分析等结合在生命科学中已经起到了重要的作用。如用微电极作电化学探针,检测动物脑神经传递物质的扩散过程,还可以测定单个细胞中的神经递质、pH 值变化等。微生物传感器是把微生物膜修饰在氧电极或其他电极上组成的传感器,用于测定各种微生物,如生物耗氧量(BOD)传感器。酶传感器是一种将对待测底物具有选择性响应的酶层固定在离子选择电极的表面上制成的传感器。待测底物大多是各种有机物,利用酶在生物化学反应中特殊的催化作用下可生成或消耗一些能被电极所检测的催化产物,据电极对催化产物的响应,即可测得产物浓度,算出待测溶液含量。如用酶电极测定葡萄糖在体液中的含量。葡萄糖在体内的反应为:葡萄糖+氧气 $\xrightarrow{\text{葡萄糖氧化酶}}$ 葡萄糖酸+过氧化氢可见过氧化氢的生成与氧气的消耗和待测葡萄糖的含量有关。因此通过电极能测出过氧化氢生成量(或氧气消耗量)即可算出体液中葡萄糖含量。

目前已研制的三维传感器可以用来测量 pH、氧压和温度,并且发现在不同状态下人体的三维坐标区域不同。用它可以区分疾病区和正常区。还研制了无损传感器,测定时只需把敏感膜贴在皮肤表面,就可以检测皮肤渗出的氢离子、钠离子、氯离子等和体内放出的二氧化碳。另外利用化学修饰电极的方法可把大分子固定在单晶基体上,利用原子力显微镜(AFM)和扫描隧道显微镜(STM)技术,在生命的准天然或天然条件下对生物样品的构型进行观察,从而分别获得原子水平、亚分子水平、接近分子水平和超分子水平的图像,对揭示生命过程的本质有着重要的意义。

本 章 小 结

1.氧化还原反应过程中发生了电子的转移。得到电子的物质,其氧化数降低,发生了还原反应,是氧化剂。失去电子的物质,其氧化数升高,发生了氧化反应,是还原剂。

在反应中,氧化剂和还原剂氧化数的变化相等,这是配平氧化还原方程式的原则。

2. 自发进行的氧化还原反应可以组装成原电池,可将化学能转变成电能。原电池中,负极上发生失去电子的氧化反应;正极上发生得到电子的还原反应。在半反应式中氧化态和相应的还原态物质可组成电极,又称氧化还原电对。原电池符号中,左边为负极,右边为正极。

3. 电极电势是以标准氢电极的电极电势为标准比较得到的相对值。利用能斯特方程可以把处于非标准态的氧化还原电对的电极电势求出来。利用 $\varphi^{\ominus}$ 的大小可以确定氧化剂、还原剂的强弱、氧化还原反应方向以及反应进行的程度(即反应的平衡常数)。根据元素电势图,可以判断某元素能否发生歧化反应及确定未知电对的 $\varphi^{\ominus}$。

4. 由电能转变为化学能的装置为电解。电解池中能使电解顺利进行的最小电压称为分解电压。由电解产物所形成的原电池产生的反电动势为理论分解电压。实际分解电压与理论分解电压的差异主要由电极极化而引起的。电解时,实际分解电压与理论分解电压之差值称为超电势,它是阳极超电势和阴极超电势之和。超电势恒为正值。电解水溶液时,在阴极上电势代数值大的氧化型物质首先得电子放电;在阳极上是电势代数值小的还原型物质首先失去电子放电。电解应用很广泛,例如电镀、电抛光、阳极氧化等。

5. 化学电源是实用的原电池,分为一次电池、二次电池和连续电池。新型的、高性能的化学电源不断涌现。

6. 金属的腐蚀可分为化学腐蚀和电化学腐蚀。电化学腐蚀中形成了腐蚀电池,有析氢、吸氧、差异充气腐蚀等。金属防腐的方法主要从材料和环境两方面着手,常采用的方法是电化学保护、缓蚀剂和覆盖法等。

习 题

1. 用氧化数法配平下列反应方程式：
   (1) $HClO_3 + P + H_2O \longrightarrow HCl + H_3PO_4$
   (2) $KClO \longrightarrow KClO_3 + KCl$
   (3) $HClO_4 + H_2SO_3 \longrightarrow HCl + H_2SO_4$
   (4) $As_2O_3 + HNO_3 + H_2O \longrightarrow H_3AsO_4 + NO$
   (5) $Cu_2S + HNO_3 \longrightarrow Cu(NO_3)_2 + H_2SO_4 + NO + H_2O$
   (6) $Mn(NO_3)_2 + PbO_2 + HNO_3 \longrightarrow HMnO_4 + Pb(NO_3)_2 + H_2O$
   (7) $FeS + HNO_3 \longrightarrow Fe(NO_3)_2 + H_2SO_4 + NO$

2. 现有下列物质：$KMnO_4$、$K_2Cr_2O_7$、$CuCl_2$、$FeCl_3$、I_2、Br_2、Cl_2、F_2 在一定条件下它们都能作氧化剂，试根据标准电极电势表，把这些物质按氧化力大小排成顺序，并写出它们在酸性介质中的还原产物。

3. 现有下列物质 $FeCl_2$、$SnCl_2$、H_2、KI、Li、Mg、Al 它们都能作还原剂，根据标准电极电势表，把这些物质按还原性大小排成顺序，并写出他们在酸性介质中的氧化产物。

4. 写出下列原电池的电极反应和电池反应式，并计算电池电动势
   (1) $Zn|Zn^{2+}(0.1 mol \cdot L^{-1}) \| I^-(0.1 mol \cdot L^{-1})|I_2 Pt$
   (2) $Pt|Fe^{2+}(1 mol \cdot L^{-1}), Fe^{3+}(1 mol \cdot L^{-1}) \| Ce^{4+}(1 mol \cdot L^{-1}), Ce^{3+}(1 mol \cdot L^{-1})|Pt$
   (3) $Pt|H_2(p^\ominus)|H^+(0.001 mol \cdot L^{-1}) \| H^+(1 mol \cdot L^{-1})|H_2(p^\ominus)|Pt$

5. 把一银片插入盛有 $1\ mol \cdot L^{-1}$ 的 $AgNO_3$ 溶液的烧杯中，另一铜片插入盛有 $1\ mol \cdot L^{-1}$ 的 $CuSO_4$ 溶液的烧杯中，

用盐桥把两烧杯溶液连接，同时用导线相连铜片和银片，形成原电池。

(1) 用图式表示该原电池的组成，并标明正、负极。

(2) 在正、负极上各发生什么反应，以方程式表示。

(3) 写出电池总反应式，并计算电池电动势和反应的 $K^{\ominus}$。

6. 如果下列原电池的电动势是 0.200 V
$Cd \mid Cd^{2+}$ (x mol·L^{-1}) $\parallel Ni^{2+}$ (2.00 mol·L^{-1}) $\mid Ni$
哪 Cd^{2+} 的浓度应该是多少？

7. 判断下列氧化还原反应在 298.15 K 时，在标准状态下自发进行的方向

(1) $Zn + Fe^{2+} = Fe + Zn^{2+}$

(2) $2Fe^{3+} + 2Br^- = 2Fe^{2+} + Br_2$

(3) $Pb + Fe^{2+} = Fe + Pb^{2+}$

8. 计算说明在 pH=4 时，下列反应能否自发正向进行（其余物质均处标准状态下）：

(1) MnO_4^- (aq) + H^+ (aq) + Cl^- (aq) ⟶ Cl_2 (g) + Mn^{2+} (aq) + H_2O(l)

(2) $Cr_2O_7^{2-}$ (aq) + H^+ (aq) + Br^- (aq) ⟶ Br_2 (l) + Cr^{3+} (aq) + H_2O(l)

9. 有下列电势图：

$Cu^{2+} \underline{\quad 0.155\ V \quad} Cu^+ \underline{\quad 0.518\ V \quad} Cu$

(1) 判断 Cu^+ 能否发生歧化反应。

(2) 计算电对 Cu^{2+}/Cu 标准电极电势。

10. 用两极反应表示下列物质主要电解产物

(1) 电解 $NiSO_4$ 水溶液，阳极用镍、阴极用铁

(2) 电解熔融 NaOH，阳极石墨、阴极用铁

11. 25℃时以铂为电极电解含有 $NiCl_2$ (0.01 mol·L^{-1}) 和

$CuCl_2$（$0.02\ mol \cdot L^{-1}$）的水溶液，若电解过程中超电势可略，问：

(1) 阴极上何种金属先析出？

(2) 第二种金属析出时，第一种金属在溶液中浓度是多少？（已知：$\varphi^{\ominus}(Ni^{2+}/Ni) = -0.23V$，$\varphi^{\ominus}(Cu^{2+}/Cu) = 0.337V$）

参 考 资 料

[1] 华彤文，杨骏英. 普通化学原理. 第二版. 北京：北京大学出版社，1993

[2] 傅献彩主编. 大学化学. 上册. 北京：高等教育出版社，1999

[3] 胡忠鲠主编. 现代化学基础. 北京：高等教育出版社，2000

[4] 沈光球，陶家洵，徐功骅编. 现代化学基础. 北京：清华大学出版社，1999

[5] 朱传征，高剑南主编. 现代化学基础. 上海：华东师范大学出版社，1998

[6] 上海市教育委员会组织编写. 现代基础化学. 上、下册. 北京：化学工业出版社，1998

[7] 沈克琦主编. 自然科学基础.（第二版）第二册 化学. 北京：高等教育出版社，1992

[8] 孔荣贵，乐秀毓，钱巧玲编. 化学原理及应用基础. 第一册. 北京：高等教育出版社，1998

[9] 古国榜，谷云骊编. 无机化学. 北京：化学工业出版社，1997

[10] 北京师范大学，华中师范大学，南京师范大学无机化学教研室编. 无机化学. 上册. 第三版. 北京：高等教育出版社，1993

[11] 杨文治编著. 电化学基础. 北京：北京大学出版社，1982

[12] 傅献彩，沈文霞，姚天扬编. 物理化学. 上册. 第四版. 北京：高

等教育出版社，1990
- [13] 顾登平，童汝亭．化学电源．北京：高等教育出版社，1993
- [14] 中国大百科全书．化学Ⅰ、Ⅱ．北京：中国大百科全书出版社，1989
- [15] 张胜义编著．化学与社会发展．合肥：安徽科学技术出版社，2001
- [16] 梁英豪著．化学与能源．南宁：广西教育出版社，1999
- [17] 周志华主编．生活社会化学．南京：南京师范大学出版社，2000
- [18] 梁英豪主编．科学技术社会辞典化学卷．杭州：浙江教育出版社，1992

第六章 元素和某些无机化合物

元素是原子核里质子数〈即核电荷数〉相同的一类原子的总数。元素就是以核电荷为标准对原子进行分类的，原子的核电荷是决定元素内在联系的关键。

到目前为止，人类已经发现 109 种元素，其中在自然界存在的有 94 种，原子序数为 95 的锔（emericium）以后的 15 种元素为人造元素。

元素除了按周期划分外，还可以根据原子的电子层结构的特征，在周期表中把元素分为五个区：s、p、d、ds、f 区。如表 6-1 所示。

根据元素单质的性质，习惯上按周期表中 B—Si—As—Te—At 画一条斜折线，把元素分为金属（metal）和非金属（non—metal）两大类。斜线附近的 B、Si、Ge、As、Se、Sb、Te 和 Po 八种元素，它们既有金属性又显非金属性，这八种元素又称为准金属（metalloid）或半金属，是典型的半导体。

在周期表中，p 区的右上方是非金属元素，其它四个区都是金属元素。s 区是典型的活泼金属元素，一般形成典型的离子化合物；p 区元素大部分形成共价化合物。d、ds 和 f 区元素在周期表中位于 s 区和 p 区元素之间，它们的性质具有从典型的金属过渡到非金属的特点，因此称为过渡元素。

在周期表中，镧（lanthanum）这一格含有 57La 到 71Lu15 种元素，统称为"镧系元素"。由于钇（yttrium）和镧系元素经常共生在一块，性质相似，所以把它们称为"稀土元素"，用符号 RE 代

表 6-1 周期表中元素的分区

周期	IA	IIA	IIIB	IVB	VB	VIB	VIIB	VIIIB	IB	IIB	IIIA	IVA	VA	VIA	VIIA	O
1	s															
2	s	s									p	p	p	p	p	p
3	s	s									p	p	p	p	p	p
4	s	s	d	d	d	d	d	d	ds	ds	p	p	p	p	p	p
5	s	s	d	d	d	d	d	d	ds	ds	p	p	p	p	p	p
6	s	s	d/f	d	d	d	d	d	ds	ds	p	p	p	p	p	p
7	s	s	d/f	d	d	d	d	d	ds	ds	p	p	p	p	p	p

表。稀土元素都是化学性质很活泼的金属元素,所以又称为稀土金属。稀土是历史上沿用下来的名字,原来以为它们稀少,现在知道,它们在地壳中的丰度并不太小。

第一节　金属和氢氧化物

一、金属单质的物理性质

在已经发现的 87 种金属中,各种金属单质的物理性质是有差异的,然而,如果联系到元素周期系,这些性质的变化还是有着某些规律的。这些变化规律是和各金属元素的原子结构以及晶体结构有关。

（一）熔点、沸点和硬度

一些单质的熔点（melting point）、沸点（boiling point）和硬度（hardness）的数据列于图 6-1、图 6-2、图 6-3 中。

对于第二、三周期金属元素,同一周期从左到右,单质的熔点逐渐升高,对于 4、5、6 周期金属元素单质从左到右,熔点从低变高再变低。第 ⅥB 族附近的金属单质熔点较高,钨的熔点为 3 410 ℃,是熔点最高的金属,汞的熔点为 -38.842 ℃,是熔点最低的金属,常温下为液态。

金属单质的沸点变化规律大致与熔点变化规律相同,即第 ⅥB 族附近的金属单质沸点较高,而位于第 ⅥB 族两侧向左向右,单质的沸点趋于降低。

尽管单质的硬度数据不全,但是从图 6-3 中可以看出金属单质硬度变化是与熔点、沸点变化规律相同。

为什么同一周期从左到右,金属单质的熔点、沸点和硬度都呈现出从低到高,再变低的规律呢？一般说来,固体金属单质都属于金属晶体,但是对于不同的金属,金属键的强度仍有较大的差别,这与金属的原子半径、能参加成键的价电子数以及核对外层电子的

	IA	IIA	IIIB	IVB	VB	VIB	VIIB	VIII			IB	IIB	IIIA	IVA	VA	VIA	VIIA	0
1	H₂ −259.14																H₂ −219.42	He −272.2
2	Li 180.54	Be 1278											B 2079	C 3550	N₂ −209.86	O₂ −218.4	F₂ −219.42	Ne −248.67
3	Na 97.81	Mg 648.3											Al 660.37	Si 1410	P(白) 41.1	S(菱) 112.8	Cl₂ −100.98	Ar −189.2
4	K 63.65	Ca 839	Sc 1541	Ti 1660	V 1890	Cr 1857	Mn 1244	Fe 1535	Co 1495	Ni 1453	Cu 1083.4	Zn 419.58	Ga 29.78	Ge 937.4	As(灰) 817	Se(灰) 217	Br₂ −7.2	Kr −156.6
5	Rb 38.89	Sr 769	Y 1522	Zr 1852	Nb 2468	Mo 2612	Tc 2172	Ru 2310	Rh 1966	Pd 1552	Ag 961.93	Cd 320.9	In 156.61	Sn 231.965	Sb 630.74	Te 449.5	I₂ 113.5	Xe −111.9
6	Cs 28.40	Ba 725	La 921	Hf 2227	Ta 2996	W 3410	Re 3180	Os 3045	Ir 2410	Pt 1772	Au 1064.43	Hg −38.842	Tl 308.5	Pb 327.502	Bi 271.3	Po 254	At 302	Rn −71

图 6-1 单质的熔点(°C)**

* 系在加压下。

** 数据录自参考资料[2]第 182 项

第六章　元素和某些无机化合物

周期	IA	IIA	IIIB	IVB	VB	VIB	VIIB	VIII			IB	IIB	IIIA	IVA	VA	VIA	VIIA	0
1	H₂ −252.87																H₂ −252.87	He −268.934
2	Li 1347	Be 2970											B 2550s	C 4827	N₂ −195.8	O₂ −182.962	F₂ −188.14	Ne −246.048
3	Na 882.9	Mg 1090											Al 2467	Si 2355	P(白) 280	S 444.674	Cl₂ −34.6	Ar −185.7
4	K 760	Ca 1484	Sc 2831	Ti 3287	V 3380	Cr 2672	Mn 1962	Fe 2750	Co 2870	Ni 2732	Cu 2567	Zn 907	Ga 2403	Ge 2830	As(灰) 613s	Se(灰) 684.9	Br₂ 58.78	Kr −152.30
5	Rb 686	Sr 1384	Y 3338	Zr 4377	Nb 4742	Mo 4612	Tc 4877	Ru 3900	Rh 3727	Pd 3140	Ag 2212	Cd 765	In 2080	Sn 2270	Sb 1750	Te 989.8	I₂ 184.35	Xe −107.1
6	Cs 669.3	Ba 1640	La 3457	Hf 4602	Ta 5425	W 5660	Re 5627	Os 5027	Ir 4130	Pt 3827	Au 3080	Hg 350.58	Tl 1457	Pb 1740	Bi 1560	Po 962	At 337	Rn −61.8

图 6-2　单质的沸点(°C)**

s 表示升华。
* 系在 $(5/760) \times 1.01325 \times 10^5$ Pa 下。
** 数据录自参考资料[2]第 183 项

IA	IIA	IIIB	IVB	VB	VIB	VIIB	VIII			IB	IIB	IIIA	IVA	VA	VIA	VIIA	0
H₂																H₂	He
Li 0.6	Be 4											B 9.5	C 10.0	N₂	O₂	F₂	Ne
Na 0.4	Mg 2.0											Al 2∼2.9	Si 7.0	P 0.5	S 1.5∼2.5	Cl₂	Ar
K 0.5	Ca 1.5	Sc	Ti 4	V	Cr 9.0	Mn 5.0	Fe 4.5	Co 5.5	Ni 4	Cu 2.5∼3	Zn 2.5	Ga 1.5	Ge 6.5	As 3.5	Se 2.0	Br₂	Kr
Rb 0.3	Sr 1.8	Y	Zr 4.5	Nb	Mo 6	Tc	Ru 6.5	Rh	Pd 4.8	Ag 2.5∼4	Cd 2.0	In 1.2	Sn 1.5∼1.8	Sb 3.0∼3.3	Te 2.3	I₂	Xe
Cs 0.2	Ba	La	Hf	Ta 7	W 7	Re	Os 7.0	Ir 6∼6.5	Pt 4.3	Au 2.5∼3	Hg	Tl 1	Pb 1.5	Bi 2.5	Po	At	Rn

图 6-3 单质的硬度*(金刚石=10)**

* 数据录自参考资料〔2〕第 184 项。

** 以金刚石等于 10 的十分制硬度表示。这是按照不同矿物的硬度来区分的,硬度大的可以在硬度小的物体表面刻出线纹。这十个等级是:1. 滑石,2. 岩盐,3. 方解石,4. 萤石,5. 磷灰石,6. 冰晶石,7. 石英,8. 黄玉,9. 刚玉,10. 金刚石。

作用力等有关。每一周期开始的碱金属的原子半径是同周期中最大的,价电子数又最小,因此金属键最弱,所需的熔化热小,熔点低。除锂外,钠、钾、铷、铯的熔点都在 100 ℃ 以下。它们的硬度和沸点也都较小。从第ⅡA族的碱土金属开始向右进入 d 区的副族金属,由于原子半径逐渐减小,而参与成键的价电子数及有效核电荷递增,金属的晶格结点上微粒之间的作用力递增,晶格能递增,所以熔点、沸点和硬度也递增。第ⅥB族原子未成对的最外层 s 电子和次外层 d 电子的数目较多,也可参与成键,又由于原子半径较小,所以这些元素单质的熔点、沸点最高。第ⅦB族以后,未成对的 d 电子数又逐渐减小,因而金属单质的熔点、沸点又逐渐降低。ds 区和 p 区金属的熔点和沸点的变化所呈现的某些不规律性,不能简单地用成键电子数及原子半径来解释。

在工程上,可按金属的熔点高低来划分金属,分为高熔点金属和低熔点金属。低熔点轻金属多集中在 s 区,低熔点重金属多集中在第ⅡB族以及 p 区。例如:锡、铅、铋价格比较低,化学性质又不太活泼,所以常用来制造低熔点合金。高熔点重金属则多集中在 d 区,耐高温金属主要在 d 区,耐高温金属指熔点等于或高于铬的熔点(1 857 ℃)的金属。

(二)导电性与能带理论

1. 导电性

许多金属单质除了具有较高的熔点、沸点和较大的硬度外,还具有以下特性:有良好的导电性和导热性,导电性随温度的升高而降低;有很好的延展性,有金属光泽,对光不透明等。

2. 能带理论

能带理论是以分子轨道理论为基础发展起来的,它是现代金属键理论之一,它可以解释金属自由电子模型所不能说明的许多实验规律和事实。例如,半导体为什么温度升高,导电性增强?金属导体温度升高,导电性减弱等都可以用能带理论来解释。以金属锂为例,见

图 6-4。如果两个锂原子形成 Li_2 分子,按照分子轨道理论,内层电子不易成键,只考虑 2s 电子。两个 2s 原子轨道可以形成二个分子轨道:一个能量较低的成键分子轨道 σ_{2s} 和一个能量较高的反键分子轨道 σ_{2s}^*,按能量最低原理两个 2s 电子填充在 σ_{2s} 轨道上,而 σ_{2s}^* 为空轨道。对于 1 mol 锂,含有 N_A 个 Li 原子,N_A 个 2s 电子;这时 N_A 个 2s 原子轨道可形成 N_A 个分子轨道。这些分子轨道的能级之间相差极小,几乎连成一片,形成了具有一定上限和下限的能带。1 mol 锂中 N_A 个 2s 电子,只能充满 2s 能带中能级较低的一半分子轨道,还有一半分子轨道是空着的,见图 6-4 所示。这种未满的能带称为导带,见图 6-5 所示。

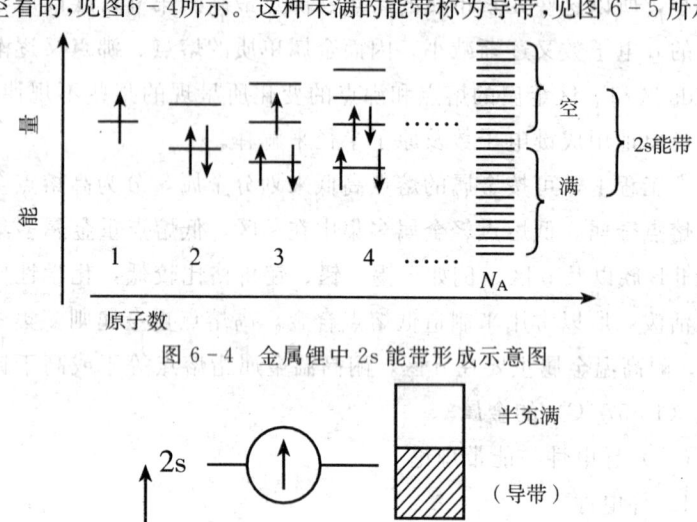

图 6-4 金属锂中 2s 能带形成示意图

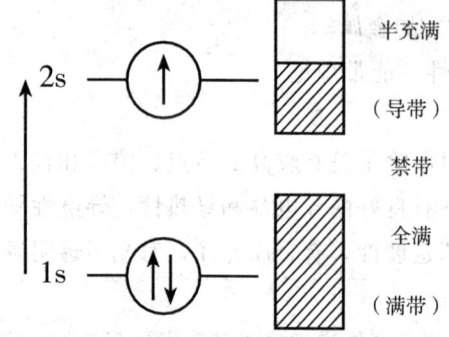

图 6-5 锂晶体能带示意图

同样,N_A 个 Li 原子还可以组成 1s 能带,$2N_A$ 个 1s 电子正好把 1s 能带全部充满,这样的能带称为满带,正如电子不能填充在 1s 与 2s 能级之间一样,电子也不能进入 2s 能带和 1s 能带之间的能量空隙，这个能量空隙称为禁带。

金属导带中的电子在外电场的作用下，并不需要吸收多少能量就能跃入邻近空的分子轨道中去，使金属具有导电性。因此，金属晶体中存在导带是金属能导电的根本原因。

另外，镁的3s能带是全充满的满带。因为满带中没有空轨道，镁似乎不能导电。但是镁的3s能带和3p能带发生部分重叠，3p能带是一个没有电子占据的空带，由于满带和空带的相互重叠，空带和满带好像连接成一个范围更大的导带。实际上3s能带中的部分电子已经进入3p能带，如图6-6（1）a所示。所以镁和其他碱土金属都是电的良导体。

除导电性外，能带理论还能说明金属其他的物理性质。当加热金属某一部分时，使导带中电子运动加快，很快把热量传递开来，所以金属具有良好的导热性；受外力作用时，导带中的电子发生流动使一个地方的金属键被破坏。另一个地方又会形成新的金属键，因此当金属受力时一般不会脆裂，只会改变形状，所以金属具有很好的延展性；金属导带中的电子能够吸收各种波长的可见光，跳到能量较高的轨道上去，使金属晶体不透明；当激发的电子跳回时又可放射出不同波长的光，因此金属具有金属光泽。

导体、半导体和绝缘体的能带是不同的。如图6-6所示。

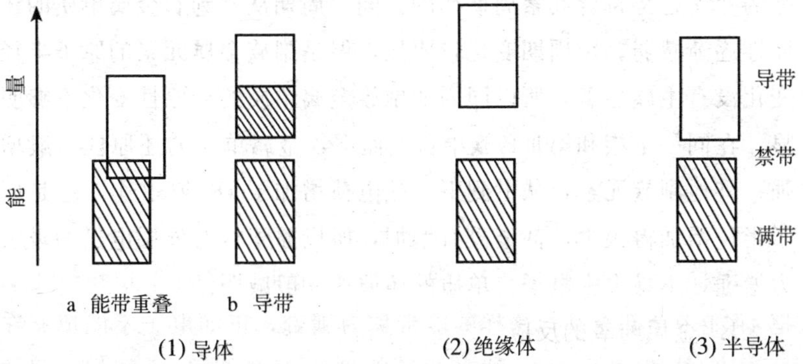

图6-6 导体、绝缘体和半导体能带示意图

在导体中存在导带或空带与满带重叠,因此可以导电。温度升高时,由于金属中原子和离子的热振动加强,电子与它们碰撞的频率增加,导带中的电子运动受到的阻碍增大,因此导电能力降低。在绝缘体中,价电子都在满带中,满带与相邻的空带之间有一个很宽的禁带,满带中的电子很难激发到空带,因此不导电。例如,金刚石禁带的能隙为 500 kJ·mol^{-1},它是典型的绝缘体。半导体的能带与绝缘体相似,但是半导体的禁带要狭窄得多,如硅的禁带能隙约为 100 kJ·mol^{-1},当通电或升高温度时,电子容易被激发越过禁带进入空带而导电,并且温度越高进入导带的电子越多,导电性增强。

二、金属单质的化学性质

(一) 还原性

许多金属元素的原子只有 3 个以下的价电子,一些金属(Sn、Pb、Bi 等)原子有 4 或 5 个价电子,但是它们原子半径较大,在反应时它们的价电子较易失去或向非金属元素的原子偏移。因此金属的主要化学性质是失去价电子变成金属阳离子,表现出较强的还原性:

$$M \xrightarrow{-ne} M^{n+}$$

金属单质的还原性强弱是不相同的,一般地,金属单质还原性强弱变化趋势符合元素周期律的。同一周期从左到右金属单质的还原性逐渐减弱。短周期变化较明显,但是副族金属元素的原子半径变化没有主族显著,所以同周期副族金属单质的还原性变化不够明显。在同一主族和第ⅢB族中自上而下,金属单质的还原性一般增强;其他副族元素,从上到下,核电荷增加了 18 或 32 个,但是原子半径增加得很少,甚至没有增加,所以原子核对外层电子的吸引力增强,不易失去电子,单质的还原性一般减弱。

1. 金属与氧的反应

金属与氧反应的难易程度,大致符合上述的单质还原性强弱变化规律。

s区金属还原性很强，很容易与氧化合。s区金属在空气中燃烧时，有些生成正常氧化物，如 Li_2O、BeO、MgO；有些生成过氧化物，如 Na_2O_2、BaO_2。钾等金属在过量的氧气中燃烧还会产生超氧化物，如 KO_2、$Ba(O_2)_2$ 等。

过氧化物和超氧化物都属于固体储氧物质，遇水能放出氧气，可以供潜水员等缺氧环境中工作者呼吸用。例如，超氧化钾可以用在防毒面具和急救器中，它与人呼出的水气作用放出氧气：

$$4KO_2(s)+2H_2O(g)=3O_2(g)+4KOH(s)$$

KOH又吸收了人呼出的 CO_2：

$$KOH(s)+CO_2(g)=KHCO_3(s)$$

p区金属的还原性比s区金属的还原性弱些。铝容易与氧反应，表面生成一层致密的氧化铝保护膜，阻止铝的进一步氧化，所以铝在空气中很稳定。而锡、铅、锑、铋等在常温下与空气基本没有反应。

第ⅢB族的Sc、Y、La易与氧化合，它们的活泼性接近碱土金属。从上到下，它们的化学活泼性逐渐递增。除了ⅢB族以外，其它过渡金属的还原性从上到下略有减弱。例如，第ⅠB族，铜在空气中加热生成黑色的CuO，银在空气中加热也不变黑，金在高温下也不与氧反应。

2. 金属与水、酸的反应

在水溶中金属失去电子的能力大小，是根据标准电极电势的数值来衡量。按标准电极电势数值由小到大排列的金属活动顺序为：

K Ca Na Mg Al Mn Zn Fe Ni Sn Pb(H) Cu Hg Ag Pt Au

(1) 金属与水反应

活泼金属，如钠、钾在常温就与水剧烈地反应生成氢氧化物和氢气，钙的反应比较缓和。

$$2Na+2H_2O=2NaOH+H_2\uparrow$$

镁和铝由于表面形成致密的氧化物保护膜,常温下与水不反应,但是镁能与热水发生反应:

$$Mg + 2H_2O(热) = Mg(OH)_2 + H_2 \uparrow$$

在高温下,镁、铝、铁都能与水蒸气反应生成氧化物:

$$Mg + H_2O \xrightarrow{高温} MgO + H_2 \uparrow$$

$$2Al + 3H_2O \xrightarrow{高温} Al_2O_3 + 3H_2 \uparrow$$

$$3Fe + 4H_2O \xrightarrow{高温} Fe_3O_4 + 4H_2 \uparrow$$

这几个反应产物为氧化物而不是氢氧化物,是由于它们的氢氧化物都不溶于水,在高温下分解为氧化物和水的缘故。

(2) 金属与酸的反应

标准氢电极的电极电势为零伏,一般 $\varphi^{\ominus}$ 为负值的金属都可以与非氧化性酸(如盐酸和稀硫酸)反应产生氢气,但是有的金属与酸反应,生成难溶盐覆盖在金属表面而使反应难以进行,例如,在金属活动顺序氢前面的铅,与硫酸反应生成 $PbSO_4$ 覆盖在铅表面,因而难溶于硫酸。

$\varphi^{\ominus}$ 为正值的金属一般不与非氧化性酸反应,但是可被氧化性的酸氧化而溶解。例如,不活泼的金、铂能溶于王水(agua regia,浓硝酸与浓盐酸的混合液,体积比为1∶3)。

$$Au + HNO_3 + 4HCl = HAuCl_4 + NO \uparrow + 2H_2O$$

$$3Pt + 4HNO_3 + 18HCl = 3H_2[PtCl_6] + 4NO \uparrow + 8H_2O$$

这主要是王水中的 Cl^- 与金属离子结合成配离子,使金、铂的标准电极电势降低。

(二) 水合离子的颜色

过渡元素的低氧化态离子在晶体或水溶液中,一般都有颜色。这是由于这些离子有不成对 d 电子,这些未成对 d 电子的基态和激发态的能量相差不大,可见光就可以使电子发生 d—d 跃迁,从而使它们呈现颜色。而 nd^0(如 Sc^{3+})或 nd^{10}(如 Zn^{2+})构型离子,由于不能产生 d—d 跃迁，因此是无色的。第一过渡系列元素低氧化态水合离子的颜色列于表 6-2。

表 6-2 第一过渡元素水合离子颜色

水合离子	Sc^{3+}	Ti^{3+}	V^{3+}	Cr^{3+}	Mn^{2+}	Fe^{2+}	Co^{2+}	Ni^{2+}	Cu^{2+}	Zn^{2+}
	Ti^{4+}					Fe^{3+}				Cu^+
d 电子构型	$3d^0$	$3d^1$	$3d^2$	$3d^3$	$3d^5$	$3d^6$	$3d^7$	$3d^8$	$3d^9$	$3d^{10}$
未成对电子数	0	1	2	3	5	4	3	2	1	0
离子颜色	无	紫	绿	紫	浅粉	浅绿	粉红	绿	蓝	无

三、氢氧化物的酸碱性

从分子结构看含氧酸如 H_2SO_4、H_3PO_4、$HClO_4$ 可分别表示为：$SO_2(OH)_2$、$PO(OH)_3$、$ClO_3(OH)$。因此它们与金属氢氧化物的形式相同，所以一切含氧酸或碱都可看作氢氧化物。

（一）氢氧化物的酸碱性递变规律

在周期表中元素最高价态的氢氧化物，同一周期从左到右碱性减弱，酸性增强；同一族，自上而下碱性增强，酸性减弱。这一规律主族表现明显，副族变化缓慢些，见表 6-3、表 6-4。

表 6-3 第三周期元素氢氧化物的酸碱性

氢氧化物	NaOH	$Mg(OH)_2$	$Al(OH)_3$	H_4SiO_4	H_3PO_4	H_2SO_4	$HClO_4$
酸碱性	强碱	中强碱	两性	弱酸	中强酸	强酸	极强酸
$r_{R^{n+}}/pm$	95	65	50	41	34	29	26

表 6-4 第二主族元素氢氧化物的酸碱性

氢氧化物	$Be(OH)_2$	$Mg(OH)_2$	$Ca(OH)_2$	$Sr(OH)_2$	$Ba(OH)_2$
酸碱性	两性	中强碱	强碱	强碱	强碱
$r_{R^{n+}}/pm$	31	65	99	113	135

（二）判断氢氧化物酸碱性的经验规律

为了说明氢氧化物的酸碱性，可以把它们的结构设想成是 R^{n+}

(n 代表中心离子的电荷数)、O^{2-} 和 H^+ 三种离子组成的,这种设想的结构叫做 R—O—H 模型。

氢氧化物在水溶液中有两种离解方式:

$$R—O—H \longrightarrow RO^- + H^+ \qquad 酸式电离$$
$$R—O—H \longrightarrow R^+ + OH^- \qquad 碱式电离$$

由于 R^{n+} 和 H^+ 分别吸引 O^{2-},H^+ 的半径极小,与 O^{2-} 之间的吸引力相当强。因此 ROH 的离解方式主要与中心离子 R^{n+} 的电荷数(n)及半径(r)大小有关。如果 R^{n+} 电荷比较少,半径比较大,那么它与 O^{2-} 之间的吸引力就比较弱,弱于 H^+ 和 O^{2-} 之间的吸引力,在水溶液中采取碱式电离,ROH 显碱性。例如,NaOH、$Mg(OH)_2$ 等。相反,如果 R^{n+} 半径比较小,电荷比较多,它对 O^{2-} 的吸引力以及对 H^+ 的排斥力都比较大,超过了 O^{2-} 与 H^+ 之间的吸引力,ROH 在水溶液中就采取酸式电离,例如:H_2SO_4、H_3PO_4 等。如果 R^{n+} 对 O^{2-} 的吸引力与 H^+ 对 O^{2-} 的相近,那么 ROH 既可以采取碱式电离,又可以采取酸式电离,而显示出酸碱两性。

卡特雷奇(G. H. . Gartledge)把中心离子 R^{n+} 的半径和电荷数两个因素结合在一起考虑,提出"离子势"的概念,用 $\sqrt{\phi}$ 值判断氢氧化物酸碱性的经验规律:

$$\phi = \frac{z}{r} \qquad 式中: \qquad \phi \text{——离子势}$$
$$z \text{——阳离子电荷}$$
$$r \text{——阳离子半径(pm)}$$

$$\sqrt{\phi} < 0.22 \qquad 氢氧化物呈碱性$$
$$0.22 < \sqrt{\phi} < 0.32 \qquad 氢氧化物呈两性$$
$$\sqrt{\phi} > 0.32 \qquad 氢氧化物呈酸性$$

Be^{2+} 的 $\sqrt{\phi}$ 值是 0.254,所以 $Be(OH)_2$ 呈两性;Mg^{2+} 的 $\sqrt{\phi}$ 值是 0.175,

所以 $Mg(OH)_2$ 呈碱性；S^{6+} 的 $\sqrt{\phi}$ 是 0.45，因此 H_2SO_4 呈酸性。

必须指出，用 ROH 模型解释氢氧化物的酸碱性，只是定性地讨论。在很多情况下，这里所说的"离子"并不是真正的离子，它们所带电荷只不过是形式上的电荷，而且也没有考虑到除了 OH 中的氧之外，与 R 相连的其他氧原子的影响。事实证明，这种影响是不能忽略的。

四、合金的基本概念

纯金属虽然具有良好的加工和使用性能，但是还不能满足工程上提出的许多性能要求。为了改善金属某些性能往往在金属中加入一种或几种金属或非金属，组成具有金属特性的物质，这些物质称为合金。钢就是由铁和碳两种元素组成的合金。

合金的性能与其化学组成和内部结构有密切关系。合金的结构较纯金属复杂，根据合金中组成元素之间相互作用的情况不同，合金可分为三种基本类型：

（一）机械混合物

合金组成元素之间不起化学反应形成的非均匀混合，各组分以颗粒状互相紧密混合而成的不均匀的混合物。例如，焊锡是 63% 的锡和 37% 的铅组成的合金就属于机械混合物，其熔点为 183 ℃。

（二）金属固溶体

一种溶质元素（少量的金属或非金属）的原子溶解到另一种溶剂金属元素（较大量）的晶体中形成一种均匀的固态溶液，这类合金称为金属固溶体。金属固溶体在液态时为均匀的液相，转变为固态后，仍保持组织结构的均匀性，并且基本保持溶剂元素的原来晶格类型。根据溶质原子在晶体中所占据的位置不同，固溶体又分为置换固溶体和间隙固溶体。

1. 置换固溶体

溶质金属原子置换了晶格内部分溶剂原子，但仍保持溶剂金属原有晶格的固溶体称为置换固溶体。例如，黄铜含67%铜和33%锌，可以看作是锌原子置换了铜原子的结果，如图6-7。当溶质元素与溶剂元素的原子半径、电负性以及晶格类型等因素都相近时，形成置换固溶体。例如，钒、铬、锰、镍等元素与铁都能形成置换固溶体。

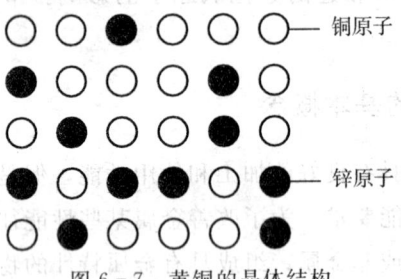

图6-7 黄铜的晶体结构

2. 间隙固溶体

溶质原子分布在溶剂原子晶格的间隙中的固溶体称为间隙固溶体。例如，钢是碳原子分布在铁晶体间隙中的间隙固溶体。如图6-8。原子半径特别小的如C、B、N、H等元素能与许多副族金属元素形成间隙固溶体。溶质的含量对间隙固溶体合金性能影响较大，如钢中按碳的含量分为低碳钢、中碳钢和高碳钢。含碳量低于0.2%的低碳钢，延展性好，常用来制做缆索。含碳量在0.2%～0.6%为中碳钢，比较坚硬，用于制做铁轨和钢梁。含碳量在0.6%～1.5%为高碳钢，相当坚硬，用于制作工具。

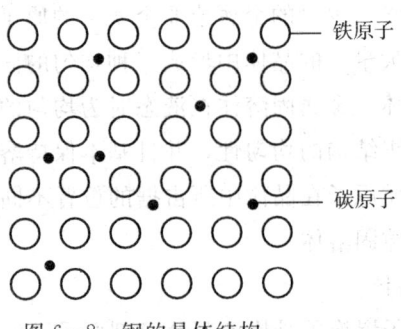

图6-8 钢的晶体结构

（三）金属化合物

当合金中加入的溶质质量超过了溶剂金属的溶解度时，除能形成固溶体外，同时还能形成金属化合物。金属化合物其组成可以用化学式表示，但是大多数金属化合物的化学式并不符合正常化合价规则。金属化合物根据组成元素的种类，可以分为两类：一类由金属元素与金属元素组成，如 Mg_2Pb、$CuZn_3$、Cu_5Zn_8、$LiNi_5$ 等，它们以金属键相结合，故不遵守化合价规则；另一类由金属元素与非金属元素组成，如 TiC、W_2C、TiC、TiN 等。金属的碳化物、氮化物和硼化物熔点高、硬度大，是一种重要的新兴材料，将在本章第三节介绍。

第二节 几种新型金属材料

钢铁是人类应用最广泛的金属材料，近百年来铝及其合金的应用，得到迅速发展。随着科技水平的不断提高和工程的需要，近几十年来产生了一些具有特殊功能和特性的金属材料。

一、储氢金属材料

目前，能源问题已受到世界各国的高度重视。因为常规能源中的化石燃料（煤、石油、天然气等）在地球上的储量正面临耗尽的危险。据1992世界能源会议估计，煤炭还可开采219年；石油和天然气尚够使用50～100年。另外化石燃料所造成的环境污染日趋严重，迫使人们去寻找新能源，氢能应运而生。氢能有许多优点：氢的原料是水，资源丰富；氢燃烧的产物是水，没有污染又可循环使用；氢的燃烧热值很高：

$$2H_2(g)+O_2(g)=2H_2O(l) \qquad \Delta H^{\ominus}c=+572 \text{ kJ} \cdot \text{mol}^{-1}$$

即在 298 K 时 1 克氢燃烧放出 143 kJ 的热量，而 1 克煤只放出 31～32 kJ，1 克汽油也只放出 48 kJ 的热量。

氢能作为 21 世纪大有前途的理想能源，获得了迅速的发展，同时也促进了对储氢金属材料的研究。氢气密度小，不利于储存。若将氢气在 15 MPa 压力下，压入一个 40 L 的钢瓶中，只能储存 0.5 kg 的氢气。若将氢气液化，耗能差不多相当于其燃料能的 1/4～1/3，并且容器需采取特殊的绝热措施，高压钢瓶也很不安全。

目前最重要的储氢方法之一，是利用金属吸氢的本领来储氢。这种能用于储氢的金属或合金，称为储氢金属材料。金属为什么能储氢呢？这是因为氢是一种很活泼的元素，能与许多金属起化学反应，生成稳定的金属氢化物，在常温呈固态或液态，而把氢储存起来。在需用氢气时再让氢化物分解，把原吸收的氢气重新释放出来。这种过程称为可逆储氢。例如，最重要的储氢合金镧镍合金 $LaNi_5$ 能吸收氢气形成金属氢化物，镧镍氢略为加热又可以把储存的氢释放出来：

$$LaNi_5 + 3H \underset{\text{微热}}{\overset{200\sim300\ kPa}{\rightleftharpoons}} LaNi_5H_6$$

$LaNi_5$ 是重要的储氢材料。它合成比较简便，一般是用合金冶炼的方法制备；在空气中稳定，可长期地反复进行吸氢和放氢，性能不变；储氢量大，在室温和 250 kPa 压力下，1 kg$LaNi_5$ 可储氢 15 g 以上。

除镧镍类储氢合金外，目前研究发展中的储氢合金主要有钛铁类、镁（铜）类、混合稀土类和非晶态类储氢合金。

储氢合金主要用于储氢，它与储存氢气的钢瓶和储存液氢的储箱比较，重量和体积都比较小。储氢合金放出来的氢气纯度高，可用于工业氢气的提纯。如用混合稀土类储氢合金处理含氧气、氮气等杂质的工业氢气，可获得 99.999 9% 的超纯氢。

储氢合金还可用于汽车和高速飞机。1980 年，我国研制出一辆燃氢汽车。若在汽油中加入 4% 的氢气，则可节油 40%，废气中的 CO 也减少 90%。

以储氢电极材料为负极的镍氢电池，与镍镉电池比较具有容量大、无毒、安全和使用寿命长等优点，我国已经成功地制造了镍氢电池。储氢金属的应用广泛，并且已经取得了一些可喜成果。

二、形状记忆合金

1962 年的一天，美国海军军械实验室的研究人员领来一批钛镍合金丝，也许是在制造过程中处理不当，合金丝被弄弯了，他们只能一根一根地将合金丝校直。有人顺手把校直的合金丝堆放在炉子的旁边。这时，意外的事情发生了，一些校直的合金丝在炉温的烘烤下，不一会都恢复到原来弯曲的形状。于是不得不重新校直合金丝。起初，他们没有领悟到其中的原因，还把校直的合金丝堆放在炉旁，结果合金丝又变弯了，这种现象重复出现了多次，直到人们把校直的合金丝换了一个地方堆放，不再受到炉温的烘烤以后，合金丝才继续保持挺直的形状。

美国海军军械实验室的研究人员，经过反复的实验研究，终于发现了质量分数为 50% 钛和 50% 镍的合金在温度升高到 40 °C 以上时，能"记住"自己原来的形状。科学家把这种现象称为"形状记忆效应"。所谓"形状记忆效应"是指在一定状态下成形了的合金，如果在另一种状态下（通常是指另一种温度区间）给予没有弹性恢复力的形变，使具有另一种形状，当其再返回到第一种状态（温度）时，合金能自动恢复到原先具有的形状。换句话说，合金在返回到其原先的状态时，它能"记住"自己原先所具有的形状。因而人们就把这种合金称之为形状记忆合金。除钛镍合金人们还发现铜锌铝合金、铜镍铝合金、铁铂合金等几十种形状记忆合金。

那么，这类合金为什么具有这种奇特的形状记忆效应呢？从本质上说，是由于合金微观结构固有的变化规律所决定的，通常在固态的金属合金中，原子是按照一定的规律堆砌起来的。有的合金中，原子堆砌规律还可以随着环境条件的不同而改变。例如，在较高的温度下，原子按某一种规律堆砌起来，当温度下降到某个临界温度以下时，原子将会改变自己的堆砌规律，而形成另一种堆砌结构（在有的合金中被称为马氏体状态）。金属合金在固态下发生的这种微观结构上的变化就是所谓的"固体相变"。如冷却后形成的是马氏体相，就称为马氏体相变。

形状记忆合金的特点就在于它的马氏体相变是可逆的，也就是说如果我们把具有马氏体相变结构的合金再次加热到临界温度以上时，原子堆砌的规律又会自动恢复到原来高温下的母相结构状态。如图 6-9 所示。图中以黑色小球代表金属原子。若对马氏体状态的合金加以变形（示意图中由长方形变为平行四边形），但变形后的马氏体相在加热至临界温度以上时，原子的堆砌规律将恢复到母相状态，与此同时，合金的外形也恢复到长方形。

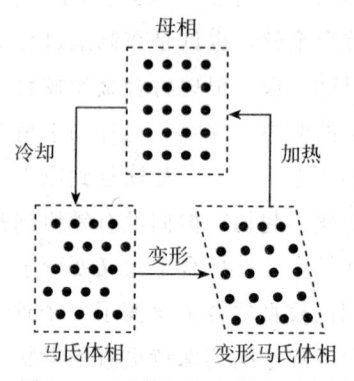

图 6-9 形状记忆金效应示意图

形状记忆合金的应用也取得可喜进展。用钛镍形状记忆合金制造人造卫星的天线，可以在到达太空后再自动展开。例如，要把架设在月球上直径好几米的半球形的月面天线，直接放进宇宙飞船的船舱中，几乎是不可能的。美国航宇局先用钛镍合金在 40 ℃ 以上制成半球形的月面天线，再让天线冷却到 28 ℃。这时，合金内部发生了结晶构造转变，变得非常柔软，所以很容易把天线折叠成小球似的一团。放进宇宙飞船的船舱里，到达月球后，宇航员把柔软的球形天线放在月面上，借助于阳光照射或其他热源的烘烤使环境超过 40 ℃，这时天线犹如一把叠伞那样自动张开，迅速投入正常的工作。

据报道，美国制造的 F—14 飞机上的液压系统管道，由于结构紧凑而无法焊接，用形状记忆合金制成管接头套，在低温下扩径，随即装套。随着温度回升到室温，接头即自动箍紧。迄今为止，所使用的十多万个这种接头，从未发生过漏油或损坏，十分安全。

形状记忆合金还能在各种自动调节和控制装置中大显神通，是制造机械手和机器人的理想材料。用它来制造火灾自动报警器，只要周围出现火灾的苗子，它就恢复到原来的形状，发出报警的信号。

形状记忆合金在医疗器械、能源的开发和利用等方面都有着广泛的应用。例如，将形状记忆合金事先连接在弯曲的脊椎骨上，依靠人的体温使合金恢复到原来伸直状态，就可以达到矫正脊椎骨的目的。

三、非晶质合金材料

非晶质合金是本世纪 60 年代出现的新材料。有人用超高速急冷（冷却速度可达 100 万度/秒）的方法，使其凝固后的合金，没有发生结晶过程，原子仍然保持着液态时的那种基本无序的状态。这种合金就被称为"非晶质合金"。

金属合金的性能特点是由其成分及微观组织结构所决定的。显然，由结晶态变为非晶态是微观结构上出现的巨大差异，这一巨大差异势必导致合金性能的明显改变。人们确已发现，非晶态合金具有许多不寻常的性能，现已发现的非晶态合金的性能特点有：

（1）高强度，有一定的韧性和可塑性。它在拉伸试验时延伸率虽然很低，但是并不脆，可以进行冷轧，非晶合金薄带可以反复弯曲 180° 而不断。

(2) 具有不寻常的抗腐蚀能力，其耐腐蚀性比晶态的不锈钢还好。表 6-5 给出了一个例子，说明几种非晶态合金在腐蚀性溶液中浸泡 1 年后，并没有被腐蚀。

表 6-5 非晶态合金和常用不锈钢在 $10\%FeCl_3 \cdot 10H_2O$ 溶液中的腐蚀速率

试 样 材 料	腐蚀速率 (mm/a)	
	40 °C	60 °C
常用不锈钢 $1Cr_{18}Ni_9$	17.8	120.0
非晶态合金 $Fe_{72}Cr_8P_{13}C_7$		0.0
$Fe_{70}Cr_{10}P_{13}C_7$	0.0	0.0
$Fe_{65}Cr_{10}Ni_5P_{13}C_7$	0.0	0.0

(3) 非晶态合金的电阻率很高。通常的晶态金属合金的电阻率是随温度升高而升高的，即其电阻温度系数大于零。而不同的非晶态合金的电阻温度系数可以由正到负在很大范围里变化，因此可望用非晶态合金制备出具有高电阻率和低电阻温度系数的材料。

(4) 铁基非晶态合金具有比较高的饱和磁化强度，其矫顽力和损耗都比一般晶态的铁基材料低，可代替变压器中的硅钢片，性能优越。

(5) 有些非晶态材料具有很好的催化特性，比一般的晶态材料的催化活性及稳定性高得多。有的非晶态材料具有很强的吸氢能力，可望用作吸氢材料。

从理论上说，只要冷却的速率足够快，以至于能够将液体金属原子的结晶化排列过程完全抑制，那么任何金属合金熔体都有可能被制备成非晶态的固体材料。不过实际上由于不同的金属合金形成非晶态时，对于急冷的冷速要求也不同，在目前的工艺技术条件下，还不能将任何成分的合金均制成非晶态。目前，通过将金属熔体急速冷却而制成的非晶态合金已有很多种，它们一般是由过渡金属元素（或贵金属）与类金属元素组成的合金。

对于已能制成非晶态的金属合金来说，在它们的实际应用方面也还存在一定的问题，需要进一步研究解决。例如，目前非晶合金产品多半是薄带形式或粉末状产品，薄带用于代替硅钢片制造变压器是可以的，但当需要使用大块材料时，困难就比较大；另外，由于非晶状态是一种亚稳定状态，它具有一种向稳定状态（即金属原有的结晶状态）转化的趋势，很多非晶态合金在温度超过 500 ℃，原子具有足够的活动能力时，就会发生结晶化过程，因此使这种材料的工作温度受到了限制；最后，非晶态合金材料的制备成本比较高，这也是有待解决的问题。

四、钛和钛合金

（一）钛

钛（titanium）是银白色金属，钛在地壳中的丰度为 0.42%，在所有元素中居第十位，在地壳中的储量比常见的铜、铅、锌的总量还大。钛的熔点（1 660 ℃）比铁高，而密度（$4.506 \text{ g} \cdot \text{cm}^{-3}$）只有铁的一半多一点，与铝相比，钛的密度较铝大不到 2 倍，但强度却要比铝高 3 倍，耐热性能远优于铝，可以在极为广阔的温度范围内保持其机械强度，在 600 ℃ 以下具有良好的抗氧化性，对海水及许多酸具有良好的耐蚀性。因此，20 世纪 40 年代以来，钛已经成为工业上最重要的金属之一，被用来制造超音速飞机、海军舰艇以及化工厂的某些设备等。钛易于和肌肉长在一起，可用于制造人造关节，所以也称为"生物金属"。

（二）钛合金

在钛中加入铝、钒、铬、钼、锰、镍和铁等元素可制得各种钛合金，这些元素能与钛形成置换固溶体或金属化合物而使合金强度提高。铝的加入能改善合金的抗氧化能力，钼可显著提高合金的对盐酸的耐蚀性，锡能提高合金的抗热性。钛镍合金是重要的形状记忆合金。钛合金在低温下应用而不发生脆性破坏。一般钢材在室温和高温下有很好的韧性,但在低温环境中会呈现出脆性,历史上曾发生过多起钢结构桥梁和舰船在低温下突然脆断的事故。但是钛合金即使在 $-200\ ℃$ 环境中仍保持有相当大的韧性。钛合金具有良好的抗氧化耐腐蚀能力,若把钛合金放在静止海水中浸泡数年,表面仍非常光亮,其耐腐蚀性比不锈钢更好,可与铂相比。

当前 3/4 左右的钛合金用于制造飞机、火箭发动机、人造卫星外壳和宇宙飞船舱等航空航天工业中。例如,火箭发动机壳材料广泛使用含质量分数 6% 的铝和 4% 的钒的这种钛合金。另外波音 747 型飞机的巨大起落架就是用钛合金制造的;在美国的 F—15A 型飞机,总用材中,钛合金就高达 25.8%。

钛和钛合金已成为一种极有发展前途的新型结构材料,它们的年产量也迅速上升。

第三节 非金属及其某些化合物

一、非金属单质的物理性质

在已经发现的 22 种非金属元素中,它们的单质性质按周期表呈现明显的规律性,这些规律性是和非金属元素的原子结构及单质的晶体结构密切相关的。

(一)熔点、沸点和硬度

非金属元素单质的晶体类型见表 6-6。第ⅣA族的金刚石、硅是典型的原子晶体.硼也近于原子晶体;而磷、砷、硒、碲和石墨等出现了层状、链状等过渡型结构晶体。其他非金属都为分子晶体。稀有气体以单原子分子存在,而卤素、氧气、氮气、氢气都是由共价键结合而成的双原子分子。

表 6-6 非金属元素单质的晶体类型

IA	IIA	IIIA	IVA	VA	VIA	VIIA	零族
H_2 分子晶体					(H_2) 分子晶体		He 分子晶体
		B 近于原子晶体	C 金刚石 原子晶体 石墨 层状结构 晶体	N_2 分子晶体	O_2 分子晶体	F_2 分子晶体	Ne 分子晶体
			Si 原子晶体	P 黄磷 分子晶体 黑磷 层状结构 晶体	S 正交硫，单斜硫 分子晶体 弹性硫 链状结构 晶体	Cl_2 分子晶体	Ar 分子晶体
				As 黄砷 分子晶体 灰砷 层状结构 晶体	Se 红硒 分子晶体 灰硒 链状结构 晶体	Br_2 分子晶体	Kr 分子晶体
					Te 灰碲 链状结构 晶体	I_2 分子晶体	Xe 分子晶体
						At 分子晶体	Rn

从图 6-1～图 6-3 所列数据可见，非金属单质的熔点、沸点和硬度呈现明显的规律性，这种规律性与它们的晶体结构相适应。金刚石、晶体硅是典型原子晶体，它们的熔点沸点、硬度是同周期中最高的。从左到右晶体类型由原子晶体经过渡型层状、链状结构到分子晶体，因此每一周期单质的熔点、沸点和硬度从左到右呈下降趋势。稀有气体的熔点、沸点是同周期单质中最低的。另外稀有气体、卤素、氧族和氮族的沸点、熔点从上到下逐渐升高（NH_3、

H_2O、HF 除外),这是由于同族元素单质从上到下体积增大,色散力增大,分子间力增大的缘故。

(二)导电性

在周期表中 p 区右上方单质:N_2、O_2、F_2、Cl_2、Br_2、(H_2)和稀有气体,由于禁带太宽,所以它们在液态或固态时都不导电,为绝缘体。位于金属与非金属分界线附近的非金属单质,如硅、锗和砷等为半导体材料,这些单质的禁带不太宽,在一定条件下可以导电。温度对半导体与金属导电性影响不同,温度升高金属电导性降低,而半导体的导电性随着温度的升高而增强。

二、非金属单质的化学性质

非金属单质除了氢和稀有气体外,价电子较多,易得电子形成阴离子,呈现氧化性,但是除 F_2、O_2 外,大多数非金属单质还具有还原性。有些非金属单质还能发生歧化反应。F_2、Cl_2、Br_2、O_2、P、S 较活泼,而 N_2、B、C、Si 和稀有气体在常温下不活泼。

(一)较活泼的非金属单质常用作氧化剂,较不活泼的非金属单质常用作还原剂。例如:

工业上生产盐酸的反应:

$$H_2 + Cl_2 \xrightarrow{燃烧} 2HCl$$

工业上制造水煤气的反应:

$$C(s) + H_2O(g) \xrightarrow{1\,000\,°C} CO(g) + H_2(g)$$

制备超纯硅,先将粗制硅与氯气反应制成四氯化硅,然后用氢气还原:

$$Si + 2Cl_2 = SiCl_4$$

(二)有一些非金属单质在碱性水溶液中发生歧化反应,例如:

$$3Cl_2 + 6NaOH \xrightarrow{\triangle} 5NaCl + NaClO_3 + 3H_2O$$

$$3S + 6NaOH \xrightarrow{\triangle} 2Na_2S + Na_2SO_3 + 3H_2O$$

三、含氧酸的强度

非金属元素许多氢氧化物都是含氧酸,鲍林研究了大量含氧酸的强度,总结出两条半定量的经验规则,称为鲍林规则。

1. 多元含氧酸的逐级电离常数有如下关系:

$$K_{a1}^{\ominus} : K_{a2}^{\ominus} : K_{a3}^{\ominus} \approx 1 : 10^{-5} : 10^{-10}$$

例如,H_2SO_3 的 $K_{a1}^{\ominus}=1.2\times 10^{-2}$,$K_{a2}^{\ominus}=1\times 10^{-7}$

2. 简单的无机含氧酸的结构式一般可用 $RO_m(OH)_n$ 表示,其强度 K_{a1} 与非羟基氧原子的数目 m 有如下关系:

若 $m=0$,则为弱酸($K_a^{\ominus}=10^{-11}\sim 10^{-5}$),例如:

HClO	HBrO	HIO	H_4SiO_4
2.95×10^{-8}	2.06×10^{-9}	2.3×10^{-11}	2.2×10^{-10}

若 $m=1$,则为中强酸($K_a^{\ominus}=10^{-4}\sim 10^{-2}$),例如:

H_2SO_3	HNO_2	H_3PO_4	H_2SeO_3
1.54×10^{-2}	4.6×10^{-4}	7.52×10^{-3}	3.5×10^{-2}

若 $m=2$,则为强酸($K_a^{\ominus}=10^{-1}\sim 10^{3}$),例如:

$HClO_3$	H_2SO_4	HNO_3	$HBrO_3$
10^3	10^3	20.89	1

若 $m=3$,则为最强酸($K_a^{\ominus}>10^{8}$),例如:

$HClO_4$

10^{10}

利用鲍林规则可以定性地推测一些含氧酸的强度,例如下列推测结果都符合事实。

$$HClO_4 > HClO_3 > HClO_2 > HClO$$
$$HClO_4 > H_2SO_4 > H_3PO_4 > H_4SiO_4$$
$$HNO_3 > H_2CO_3 > H_3BO_3$$

四、碳化物、氮化物和硼化物

过渡金属的碳化物、氮化物和硼化物称为金属型碳化物,氮化物和硼化物。因为过渡金属不太活泼,所以不能与碳、氮和硼形成离子键和共价键的化合物。但是,由于碳原子半径(77 pm)、氮原子半径(70 pm)、硼原子半径(80 pm)都比较小,它们能进入过渡金属晶体的间隙中,形成金属固溶体,而原金属晶格不改变。当碳、氮和硼的含量超过这些过渡金属的溶解度时,就形成金属化合物,也称间隙化合物,这时原金属晶格也发生了变化。碳、氮、硼进入金属晶体间隙,就要求金属原子必须足够大,经过计算原子半径大于 130 pm 的过渡元素才能与碳、氮、硼形成间隙化合物。这类金属化合物的共同特点是不透明、具有金属光泽、熔点极高、硬度很大、能导电、导热并且有化学惰性,但比较脆。某些金属型化合物的熔点和硬度见表 6-7。

表 6-7 某些金属型化合物的熔点和硬度

碳化物	熔点 °C	显微硬度 (kg·mm^{-2})	氮化物或硼化物	熔点 °C	显微硬度 (kg·mm^{-2})
TiC	3 150	3 000	TiN	3 205	1 994
ZrC	3 530	2 925	VN	2 360	1 520
HfC	3 890	2 913	NbN	2 300	1 396
VC	2 810	2 094	CrN	1 500	1 093
NbC	3 480	1 961	TiB	2 980	3 300
TaC	3 880	1 599	VB	2 400	2 800
Cr_3C_2	1 895	1 350	NbB	2 280	2 195
Cr_7C_3	1 780	1 336	Cr_2B	1 890	1 350
MoC	2 700	1 499	Mo_2B	2 140	2 500
WC	2 720	1 780	FeB	1 540	1 800~2 000
W_2C	2 730	2 470			
Fe_3C	1 650	860			

划分硬度除以金刚石的硬度为 10 的莫氏硬度外,对于硬质金属、硬质合金或硬质化合物常用显微硬度表示。显微硬度与莫氏硬度的关系如下:

莫氏硬度	7	8	9	10
显微硬度（kg·mm^{-2}）	820	1 340	1 800	7 000

此表数据摘自参考资料 [5] 第 1 147 页

大多数金属化合物的化学式不符合正常化合价规则，其成分也可以在一定范围内变化。例如，碳化钛的组分可在 $TiC_{0.5}$～TiC 之间变动。

金属型碳化物是许多合金钢中的重要成分，对合金钢的性能有较大的影响。例如，一般工具钢的刀具，当温度高达 300 ℃ 以上时硬度显著下降，但高速钢（含 W、Mo、V 的合金钢）刀具当温度接近 600 ℃ 时，仍能保持足够的硬度和耐磨性。TiC、TaC、HfC 的熔点都在 3 000 ℃ 以上，硬度大，导热性好，是一种优良的高温材料，已用作火箭的心板和喷咀材料。TiC 在 1 000 ℃ 时仍有良好的机械性能，可做喷气发动机的结构材料，另外它还可以制成以碳化物为基体的金属陶瓷。

氮化物、硼化物和碳化物对于钢件表面处理有重要意义。把 N、B、C 等渗入低碳钢的表面层，能使钢的表面具有高硬度和耐腐蚀的性能，而其内部仍保持其可塑性和韧性。

五、稀有气体

稀有气体即周期表中的零族元素，以前称为惰性气体。包括氦（helium）、氖（neon）、氩（argon）、氪（krypton）、氙（xenon）、氡（radon）六种元素。

（一）稀有气体的存在

稀有气体在自然界是以单质状态存在。它们（氡除外）主要存在于空气中，其中氩气含量相对多些，其他稀有气体的含量则更少。空气中各稀有气体的含量列于表 6-8 中。

表 6-8 空气中稀有气体的含量

稀有气体	氦	氖	氩	氪	氙
体积分数/%	5.239×10^{-4}	1.818×10^{-3}	0.934	1.14×10^{-4}	8.6×10^{-5}
质量分数/%	7.42×10^{-5}	1.267×10^{-3}	1.288	3.29×10^{-4}	3.9×10^{-5}

此表数据摘自参考资料 [1] 第 505 页

氡还存在于天然气中,某些放射性物质中也常含有氡气。氡是镭、锕、钍的放射性产物。例如,镭经放射性变化的产生氡:$_{88}Ra \longrightarrow _{86}Rn + \alpha$

(二) 稀有气体的性质和用途

稀有气体都是单原子分子,分子间仅存在着微弱的色散力,所以稀有气体的熔点、沸点和临界温度都很低。从表 6-9 可以看出稀有气体的熔点、沸点、临界温度、溶解度和密度等随着原子序数的增大而增大。这是因为随原子序数增大,分子的半径增大,分子间色散力也略有增大,因此稀有气体的熔点、沸点等随原子序数的增大而增大。

表 6-9 稀有气体的某些性质

	氦	氖	氩	氪	氙	氡
元素符号	He	Ne	Ar	Kr	Xe	Rn
原子序数	2	10	18	36	54	86
范德瓦尔斯半径/pm	122	160	191	198	217	—
熔点/K	1.00	24.48	83.77	115.79	161.35	202.15
沸点/K	4.22	27.10	87.28	119.93	165.11	211.15
电离能(kJ·mol^{-1})	2 372.3	2 086.95	1 526.8	1 357.0	1 176.5	1 043.3
水中溶解度 mL/kgH_2O,20 ℃	8.61	10.5	33.6	59.4	108	230
临界温度/K	5.25	44.5	150.85	209.35	289.74	378.1
气体密度(g·L^{-1})	0.176	0.8999	1.7824	3.7493	5.761	9.73

此表数据摘自参考资料[1]第 504 页

稀有气体原子都具有稳定的 8 电子构型（氦只有 2 个电子），并且它们的电离能很高，而它们的电子亲和能都为正值。因此，稀有气体的化学性质很不活泼。但是在一定条件下，稀有气体仍然可以与 F 或 O 元素结合生成化合物。已经制得的无色固体 XeF_2、XeF_4、XeF_6、白色固体 XeO_3、KrF_2 等化合物。稀有气体的氟化物都可作为氟化剂。

由于稀有气体的化学性质不活泼，易于放电发光等性质，它们的单质在光学、医学等尖端科学技术中得到广泛的应用。

氦的沸点是现在已知物质中最低的，液氦常被应用于超低温技术上，可以获得 0.001 K 的低温。由于氦不燃烧，用氦气代替氢气填充气球或气艇比氢更安全。又因为氦比氮在血液中溶解度小，用它和氧混合制成"人造空气"代替空气供潜水员呼吸用，避免潜水员迅速返回水面时因压力突然下降而引起氮气自血液中逸出导致阻塞血管造成的"气塞病"。"人造空气"还用于治疗气喘和窒息病等。把氦混在塑料、人造丝、合成纤维中制成很轻盈的泡沫塑料、泡沫纤维。某些科学技术或生产实际中要求在非氧化性气氛中进行，首先抽成真空，再充以保护气体，稀有气体氩等常用作保护气体。例如，日光灯管制作时先抽真空，再充以汞和氩气，来延长日光灯管里钨丝的寿命。另外高温处理或焊接较活泼金属镁、铝、钛及其合金等，常用稀有气体如氩作保护气体，能防止金属氧化及氮化，而且还可以获得优质的焊口。稀有气体在电场作用下易于放电发光，广泛应用于电光源制造。例如，氖在电场的激发下产生美丽的红光，常用于霓虹灯及航空、港口等的指示灯中；紫外灯管中充有氩气，用氙制造的高压长弧氙灯俗称"人造小太阳"，是利用氙在电场的激发下能放出强烈的白光这一特性而制成的。

第四节 几种新型非金属材料

一、定向反射膜——玻璃微珠

在茫茫夜色中，如乘车奔驰在高速公路上，你可能会看到，在汽车灯光的直射下，在公路两侧一只一只橙红色的指示灯不断地闪亮，引导着车辆前进方向；不时还会闪现出高架于公路上空的交通标志牌，醒目地显示出前方即将到达的地点及所剩里程。但是，当你回过头往车后望去，却再也看不到这些景象。这并不是用自动控制装置将那些指示灯熄灭了，其实这些指示标志根本没有装灯泡，这些指示标志是用一种定向反光膜制成的。这种定向反光膜能将射向它的光线直接反射回光源处，你亮我也亮，使人们看起来好像它自己在发光一样。

定向反射膜是把玻璃微珠用透明树脂粘在一起制成的。这种玻璃微珠是一种具有很高折射率的含重金属氧化物的光学玻璃。玻璃微珠从宏观上看是一种白色粉末，但在光学显微镜下观察，实际上是一些粒度相当均匀的球形颗粒，它的直径只有 0.05 mm～1 mm。当光线射入球状玻璃微珠时，玻璃微珠就像一面微型凸透镜，将光线聚焦于微珠的后球面附近，通过涂在后球面上的反射层或球面本身的反射，光线即可以沿原路折返。如图 6-10 所示。

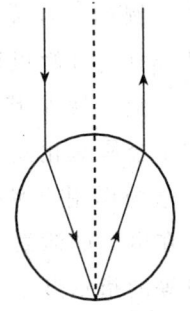

图 6-10 玻璃微珠定向反射示意图

定向反射膜广泛应用于各类交通标志，如海洋航标、机场道路信号牌、铁路路标等。在救生艇和救生圈上涂上定向反射膜，便于救援人员发现目标。定向反射膜还可制成彩色印花反光织物，用于制作矿山、消防、环卫、市政等夜间作业者的反光服、反光帽和袖章等。它们减少事故发生,提高夜间工作效率。定向反射膜可做成玻璃微珠银幕,色彩鲜明,可以在白天露天放映电影,称为白昼银幕。

二、光导纤维

光导纤维,简称"光纤",是一种利用光的全反射作用来传导光线的玻璃纤维。光纤的中心是一支由高折射率的透明光学玻璃制成的纤维芯,纤维芯的外皮是一层低折射率的玻璃或塑料制成的纤维皮。纤维芯是一种光密介质,外皮是一种光疏介质。当光线一进入纤维芯,就只能在纤维芯与外包皮层的界面上作多次全反射而曲折前进,不会透过界面,仿佛光线被外包皮层紧紧地封闭在纤维芯内。这样,光线经过无数次全反射呈锯齿形向前传导,最后到达芯线的另一端。这就是光纤传送信号的原理。如图 6-11 所示。

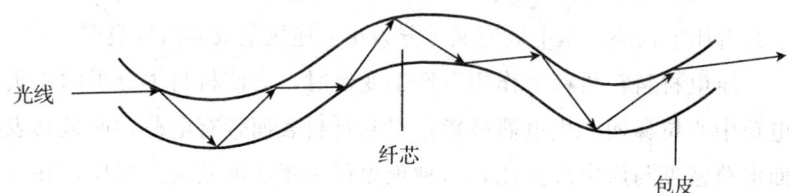

图 6-11 光纤传送信号示意图

光导纤维在传送信号时,会有能量损耗。为了减少光在长距离传导过程中的损耗,所以制作光纤的光学材料要采用内部结构均匀、无其他缺陷的超纯石英玻璃;另外要采用波长较长的激光速进行传导,以提高光导纤维的传导效果。

光纤通信较之普通电缆通信有许多突出的优点。

首先,光纤通信有巨大的信息容量,一根头发丝那么细的光纤可以通几万路电话或 2 000 路电视。如果用许多根光导纤维组合成光缆,它的通信容量更大得惊人。

其次,光纤通信不受外界电磁场的干扰,工作稳定可靠,保密程度高。

最后，光纤通信损耗低，目前无中继站传送距离一般为30～70千米，很适于远距离信息传输。而同轴电缆每隔1.5千米就需要设立一个中继站。

光纤除了广泛用于电话、电视、电报等通信外；目前，在医学领域中也得到普遍应用。例如，光纤胃镜、食道镜、膀胱镜等医用内窥镜；还可用内窥镜碎石；光导纤维在医学上的另一个重要应用是通过微细的光纤将高强度的激光输入人体的病变部位，用激光束切除病变部位。这种激光手术不用开刀，减少了病人的痛苦，而且切割部位准确，手术效果好。

光纤还可用于工业生产的自动控制、电子和机械工业等领域。

三、压电陶瓷

压电陶瓷是一种可以使电能和机械能相互转换的先进功能陶瓷，它具有压电效应。压电效应又可分为正、逆压电效应两种类型。

压电材料在机械力作用下产生变形时，会使材料中分子的正负电荷中心位移而产生电偶极矩，引起材料表面带有电荷，而且其表面电荷密度与应力成正比，这种现象称为正压电效应。相反，在压电材料上施加电场，会产生机械变形，而且其应变与电场强度成正比，这种现象称为逆压电效应。如果施加的是交变电场，材料将随着交变电场的频率作伸缩振动。施加的电场强度越强，振动的幅度越大。压电效应如图6-12所示。

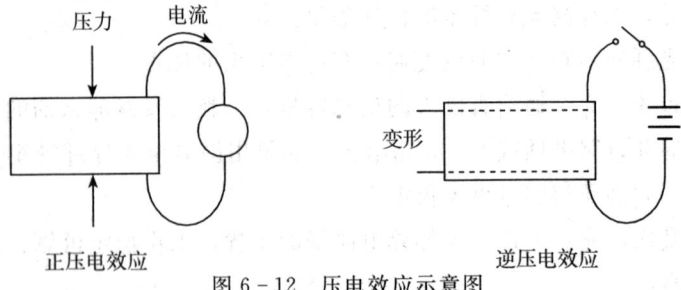

图6-12　压电效应示意图

作为压电陶瓷的原材料必须是不具有对称中心的晶体，如二氧化钛、氧化铅、氧化锆、碳酸钡等。在高温下致密烧结成陶瓷：

$$PbO + TiO_2 \xrightarrow{\text{高温}} PbTiO_3 \text{（钛酸铅）}$$

$$BaCO_3 + TiO_2 \xrightarrow{\text{高温}} BaTiO_3 \text{（钛酸钡）} + CO_2$$

烧制好的陶瓷还要在直流高压电场下进行极化处理，才能成为压电陶瓷。常用的压电陶瓷有钛酸铅、钛酸钡、锆钛酸铅（代号PZT）等。

压电陶瓷的应用非常广泛。俗称"电子打火机"，就是应用压电陶瓷制成的。只要用手指按压打火机的按钮，即在压电陶瓷上施加了机械力，压电陶瓷就产生高电压，形成火花放电，从而点燃可燃气体。在这种打火机中，采用直径为2.5毫米，高度为4毫米的压电陶瓷，就可得到10～20千伏的高电压。压电陶瓷把机械能转换成电能放电时，陶瓷本身不会损耗，可以长久使用下去，所以，压电打火机使用方便，安全可靠，寿命长。压电打火机的点火原理还应用于军事领域。在反坦克炮弹上装上压电陶瓷元件，当炮弹击中坦克时，压电陶瓷因受压而产生高电压，从而引燃炸药，炸毁坦克。

利用压电陶瓷把电能转换成超声振动，用于探寻水下鱼群，对金属进行无损探测等；用压电陶瓷还能制成压电传感器、压电驱动器、压电滤波器等电子元件，所以压电陶瓷是电子技术的重要材料。

阅 读 材 料

分 子 筛

分子筛是一类含有结晶水的硅铝酸盐晶体，在晶体结构中有许多孔径均匀的微孔,这些微孔相互贯通形成孔道。因此它是一种优良的吸附剂,它能吸附比孔径小的分子,比孔径大的分子则不能进入孔道。所以这种硅铝盐吸附剂可将混合在一起大小不同的分子分离,因此称为分子筛。

分子筛的吸附性能不仅和分子筛微孔大小有关,还和被吸附分子的性质有关,一般说,分子的沸点越高,极性越大,不饱和程度越大,就越易被吸附。

分子筛有天然的和合成的两种。泡沸石($Na_2O \cdot Al_2O_3 \cdot 2SiO_2 \cdot nH_2O$)是一种天然的分子筛。合成分子筛是将水玻璃($Na_2SiO_3$)、偏铝酸钠($NaAlO_2$)和氢氧化钠溶液,按一定比例在常温下混合均匀,然后在 373 K 保温,使之逐渐变为晶体。分子筛一般加工成条形或小丸粒形,比表面一般为 $500 \sim 1\ 000\ m^2 \cdot g^{-1}$。

分子筛按比表面和组成的不同分为以下几种类型:

$$A \text{ 型}: M_{12/n}[(AlO_2)_{12}(SiO_2)_{12}] \cdot 27H_2O$$
$$X \text{ 型}: M_{86/n}[(AlO_2)_{86}(SiO_2)_{106}] \cdot 264H_2O$$
$$Y \text{ 型}: M_{56/n}[(AlO_2)_{56}(SiO_2)_{136}] \cdot 250H_2O$$

M 代表金属阳离子,n 代表金属阳离子的电荷数,式中 AlO_2 和 SiO_2 仅代表原子的比数。

每种类型分子筛又分为若干种。如 A 型分为 3A、4A、5A;X 型又分为 10X、13X 等。3A 分子筛即钾 A 型分子筛,孔径约为 300 pm;4A 分子筛即钠 A 型分子筛,孔径约 400 pm;5A 分子筛即钙 A 型分子筛,孔径约 500 pm。

分子筛可做干燥剂。A 型分子筛,其干燥能力超过硅胶,经过分子筛干燥后的气体或液体,其含水量一般低于 $10\ mg \cdot kg^{-1}$。分子筛可用来分离某些气体或液体的混合物。如 5A 分子筛对氮气的吸附能力要比对氧气强,当空气通过 5A 分子筛时可使氧气富集。成为富氧空气,富氧空气可用于炼钢。5A 分子筛还有选择吸附正庚烷(分子直径 490 pm),但不能吸附苯(分子直径 560 pm),

因此，可将这两种时常混在一起的石油产品加以分离。分子筛可以用做离子交换剂、催化剂和催化剂载体等。

分子筛具有良好的热稳定性和吸附选择性，并且易于再生和重复使用，原料价格又比较便宜，因此，分子筛的研究和应用正在迅速地发展。

本 章 小 结

1. 金属和氢氧化物

（1）第二、三周期金属元素的单质，从左到右熔、沸点逐渐升高，硬度变大；第四、五、六周期金属元素的单质从左到右熔、沸点、硬度从低变高再变低。

（2）导体、半导体、绝缘体的导电能力可以用能带理论来解释。在导体中存在导带或空带与满带的重叠，因此能导电；在绝缘体中存在一个很宽的禁带，所以不能导电；半导体的禁带比较狭窄，通电或加热时能导电，并且温度越高，导电性增强。

（3）金属都具有还原性，大多数过渡金属可以显示不同颜色。

（4）判断氢氧化物酸碱性的经验规律：

$$\sqrt{\phi}<0.22 \qquad 碱性$$
$$0.22<\sqrt{\phi}<0.32 \qquad 两性$$
$$\sqrt{\phi}>0.32 \qquad 酸性$$

（5）合金：机械混合物、金属固溶体、金属型化合物

2. 几种新型金属材料

$LaNi_5$ 是重要储氢材料，能反复进行吸氢和放氢。形状记忆合金能记住自己原先具有的形状。非晶质合金具有五种特性。钛合金主要应用于航天工业中。

3. 非金属及其某些化合物

(1) 同周期非金属的熔点、沸点和硬度，从左到右呈下降趋势，这种规律与它们的晶体结构类型变化相适应。大多数非金属单质具有氧化性，C、Si 具有还原性。

(2) 鲍林规则可以定性推测一些含氧酸的强度，含氧酸可用 $RO_m(OH)_n$ 表示。若 $m=0$，则为弱酸；$m=1$，为中强酸；$m=2$，为强酸，$m=3$，为最强酸。

(3) 金属型碳化物、氮化物和硼化物，熔点高、硬度大、是一种优良的高温材料。

(4) 稀有气体化学性质稳定，在电光源等方面得到广泛应用。

4. 新型非金属材料

用玻璃微珠制成的定向反射膜，可以使光线沿原路折返，主要用于交通标志。光纤的纤芯是一支高折射率的超纯石英玻璃纤维，外皮是一层低折射率的塑料或玻璃。主要用于传导光信号。压电陶瓷是一种可以使电能和机械能相互转换的压电材料。

习　题

1. 怎样用能带理论解释导体、半导体和绝缘体之间的区别？
2. 超氧化钾可供潜水员呼吸用，试写出其化学反应。
3. 简述用 $\sqrt{\phi}$ 值判断氢氧化物酸碱性经验规律。
4. 举例说明合金的三种基本类型。
5. 简述储氢金属材料、形状记忆合金、钛合金的用途。
6. 非金属质合金有哪些性能？
7. 为什么同一周期非金属单质的熔点、沸点和硬度由左到右呈下降趋势？
8. 利用鲍林规则判断下列含氧酸的强度。

(1) $HClO_2$ (2) H_3AsO_3 (3) HIO_3 (4) $HClO_4$

9. 稀有气体的熔点、沸点、溶解度、密度的变化规律如何？举例说明稀有气体的重要应用。

10. 举例说明定向反射膜、光纤和压电陶瓷的重要应用。

参 考 资 料

[1] 大连理工大学无机化学教研室编．无机化学．第四版．北京：高等教育出版社，2001

[2] 张学铭等编．普通化学．北京：北京工业大学出版社，1996

[3] 浙江大学普通化学教研组编．普通化学．第四版．北京：高等教育出版社，1996

[4] 刘国璞等编：大学化学．北京：清华大学出社，1986

[5] 赵钰琳等编．现代化学基础．第二册．北京：化学工业出版社，1988

[6] 天津大学无机化学教研室．大学化学．天津：天津大学出版社，1996

[7] 严东生主编．材料技术．上海：科技教育出版社，1997

[8] 汪小兰等编．基础化学．北京：高等教育出版社，1998

[9] 北京师范大学无机化学教研组等编．无机化学．第三版．北京：人民教育出版社，1994

[10] 尹敬执，申泮文合编．基础无机化学．北京：人民教育出版社，1980

第七章 配位化合物*

配位化合物（coordination compound）简称配合物，是一类组成比较复杂，数量众多，存在和用途广泛的化合物，对配合物的结构和性质的研究具有重要的理论意义和实际意义。配位化学目前已成为无机化学领域中一门十分重要的并且极其活跃的分支学科。

本章将对配合物的基本知识展开讨论。

第一节 配位化合物的基本概念

一、配合物的定义

配位化合物原英文名字为 complex compound，有复杂化合物的含义。那么究竟什么样的化合物才称之为配合物呢？首先让我们观察下面的实验。

将过量的氨水加入 $CuSO_4$ 溶液中时，生成深蓝色溶液，在此溶液中加入乙醇，即可析出深蓝色结晶。若将该晶体溶解后，①加入 $BaCl_2$ 溶液，有 $BaSO_4$ 白色沉淀析出；②在该晶体溶液中，检查不出自由氨分子的存在；③往溶液中加入少量 NaOH 溶液时，没有 $Cu(OH)_2$ 沉淀生成。

通过上面的实验说明，该蓝色晶体溶液中的 SO_4^{2-} 是独立存在的。而 NH_3 几乎没有游离态，它可能与 Cu^{2+} 离子进行了某种结合，致使溶液中 Cu^{2+} 离子浓度小到不足以产生 $Cu(OH)_2$ 沉淀。这说明在

$CuSO_4$ 与氨水反应生成的蓝色晶体中,Cu^{2+} 离子和 NH_3 分子形成了一种复杂的正离子$[Cu(NH_3)_4]^{2+}$,这种复杂离子不再显示 Cu^{2+} 和 NH_3 的性质。因此,$CuSO_4$ 和氨的反应方程式可以写为:

$$CuSO_4 + 4NH_3 \rightleftharpoons [Cu(NH_3)_4]SO_4$$

类似的反应还有:

$$AgCl + 2NH_3 \rightleftharpoons [Ag(NH_3)_2]Cl$$

$$FeCl_3 + 6KCN \rightleftharpoons K_3[Fe(CN)_6] + 3KCl$$

在$[Cu(NH_3)_4]SO_4$ 中,$[Cu(NH_3)_4]^{2+}$ 这种复杂离子是怎样形成的呢?1893 年维尔纳(Werner. A,1866—1919)提出了配位学说。按照这个学说,在$[Cu(NH_3)_4]^{2+}$ 离子中是由中心离子(Cu^{2+})和配位体(如 NH_3)以配位键结合的。因此,化学上把由中心离子(或原子)和可以提供孤对电子的配位体以配位键结合而形成的稳定的具有一定特性的复杂离子称为配离子,包含配离子的化合物称为配位化合物,简称配合物。

根据配合物的定义,$[Cu(NH_3)_4]^{2+}$、$[Ag(NH_3)_2]^+$、$[Fe(CN)_6]^{3-}$ 等离子中都含有配位键,故都为配离子,由它们与带异号电荷的其他离子组成的化合物均为配合物,如$[Cu(NH_3)_4]SO_4$、$[Ag(NH_3)_2]Cl$ 和 $K_3[Fe(CN)_6]$。有一些中性分子,如 $Fe(CO)_5$ 和 $Ni(CO)_4$ 等也称为配合物。而 NH_4^+ 和 SO_4^{2-},虽然被认为分别由 NH_3 与 H^+、SO_3 和 O^{2-} 以配位键结合,但它们并不属于配合物。还有一类区别于配合物的化合物,例如,明矾($KAl(SO_4)_2 \cdot 12H_2O$),它是由硫酸钾和硫酸铝作用生成的同晶型化合物,在它的晶体和水溶液中基本不存在由配位键形成的复杂离子,在水溶液中,$KAl(SO_4)_2$ 离解为 K^+、Al^{3+}、SO_4^{2-},这样的化合物称为复盐。氯化钙与氨水生成 $CaCl_2 \cdot 8NH_3$,在水溶液中完全离解成 Ca^{2+}、Cl^-、NH_3,无配离子存在,称为氨合物。

二、配合物的组成

一般的配合物分为内界(inner)和外界(outer)两大部分。

配合物的特殊性表现在内界。它是由中心离子（或原子）和配位体组成的，它们之间靠配位键结合，在配合物化学中常把内界写在方括号以内。除内界以外的其他离子叫配合物的外界，内界与外界之间以离子键的形式相结合。对配合物 $Fe(CO)_5$ 和 $[Pt(NH_3)_2Cl_2]$ 来说，仅有内界，没有外界，属于配合分子。写配合分子或单独写配离子时，方括号可以省略。现以 $[Cu(NH_3)_4]SO_4$ 为例说明配合物的组成。

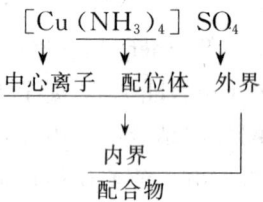

在配合物中，究竟哪些离子属于内界或外界，可以应用特征性的化学反应予以鉴定。由于外界离子与配离子结合比较松弛，所以在水溶液中，外界离子容易离解成游离态。而内界配位体与中心离子结合得比较牢固，在溶液中仅离解出很少的离子。因此，在性质上，内界和外界是有差别的。

例如：在组成为 $CoCl_3 \cdot 6NH_3$ 和 $CoCl_3 \cdot 5NH_3$ 的配合物溶液中，分别加入 $AgNO_3$ 溶液。发现第一种配合物中 Cl^- 完全被沉淀为 $AgCl$，而第二种配合物中 Cl^- 只沉淀了三分之二。试推断这两种配合物的化学式。

解：第一种配合物中 $AgNO_3$ 能将所有 Cl^- 全部沉淀出来，表明 Cl^- 都为外界离子，其化学式应为 $[Co(NH_3)_6]Cl_3$。

在第二种配合物中，表明有两个 Cl^- 处于外界，一个 Cl^- 与中心离子结合紧密，故该配合物的化学式为 $[CoCl(NH_3)_5]Cl_2$。

（一）中心离子

中心离子（central ion）或中心原子（central atom）又称为配合物的形成体，一般是带正电荷的离子，如 Ag^+、Cu^{2+}、Fe^{2+}、

Co^{3+},但也有一些中性原子,例如:$Ni(CO)_4$ 和 $Fe(CO)_5$ 中的 Ni 原子和 Fe 原子。中心离子是配合物的核心部分,具有空的价电子原子轨道,能接受孤对电子,与配位体形成配位键。

(二)配位体

在配合物中直接与中心离子结合的分子或离子称为配位体(ligand),如 Cl^-、Br^-、I^-、SCN^-、CN^-、$C_2O_4^{2-}$、PO_4^{3-}、H_2O、NH_3 等。配位体可以是单原子阴离子,也可以是多原子复杂离子或中性分子,其特征是能够提供孤对电子。在配位体中直接与中心离子结合的原子称为配位原子。配位原子中含有未键合的孤对电子,它们是电子对的直接供给者。如前述的 $[Cu(NH_3)_4]^{2+}$ 中,NH_3 是配位体,而 NH_3 中 N 原子则为配位原子。常见的配位原子有 N、C、O、S、卤离子等。

表 7-1 一般常见的配位体

化学式	名称	齿数	化学式	名称	齿数
F^-	氟离子	1	CH_3COO^-	乙酸根	1
Cl^-	氯离子	1	$S_2O_3^{2-}$	硫代硫酸根	2
Br^-	溴离子	1	$C_2O_4^{2-}$	草酸根	2
I^-	碘离子	1	H_2O	水	1
CN^-	氰根	1	NH_3	氨	1
SCN^-	硫氰酸根	1	$H_2N(CH_2)_2NH_2$	乙二胺	2
OH^-	氢氧根	1			

表中只含有一个配位原子的配位体,如:X、NH_3、H_2O,称为单齿配位体(monodentate ligand)(或称单基配位体)。以两个或两个以上的配位原子与同一个中心离子结合的配位体,统称为多齿配位体(multidentate ligand)(或称多基配位体),如乙二胺(en)、草酸根($C_2O_4^{2-}$)等。多基配位体与中心离子能形成具有环状结构的配合物,称为螯合物,因此,这种多基配位体又叫螯合剂。

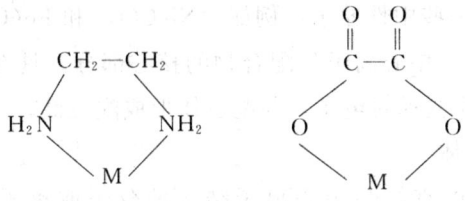

M 为中心离子

(三) 配位数

在配离子中直接与中心离子（原子）结合的配位原子总数称为中心离子的配位数（coordination number），如果配合物中含有单基配体，配位数就等于配位体数。例如，$[Cu(NH_3)_4]^{2+}$ 中 Cu^{2+} 配位数为 4；$[Fe(CN)_6]^{3-}$ 中，Fe^{3+} 配位数为 6。对于含有多基配位体的配合物来说，配位数则等于各配位体中配位原子数与配体数的乘积之和。例如，$[Pt(en)_2]^{2+}$ 中，en 是双基配体，Pt^{2+} 的配位数为 $2 \times 2 = 4$。$[CoCl_2(en)_2]^+$ 中，Co^{3+} 的配位数为 $2 \times 2 + 2 = 6$。显然，含多基配位体的配离子，其中心离子的配位数并不等于配位体数。

中心离子的配位数一般为 2、4 和 6，有时也会出现 3、5、7。

配位数的多少决定于中心离子和配位体的电荷多少、体积大小、彼此间的极化作用、配合物的形成条件（温度和浓度）等。

一般来说，中心离子电荷越高，吸引配位体能力越强，因此配位数就越高。例如，Cu^{2+} 的配位数一般为 4，而 Cu^+ 的配位数为 2。

中心离子半径越大，中心离子周围空间可容纳的配位体越多，即配位数越高。例如，Al^{3+} 有 $[AlF_6]^{3-}$，而 B^{3+} 只有 $[BF_4]^-$。

对于同一中心离子来说，配位数随配位体的半径增大而减少。例如，Al^{3+} 与 Cl^-、Br^- 配合时只能形成配位数为 4 的 $[AlCl_4]^-$、$[AlBr_4]^-$。

增加配位体的浓度有利于形成高配位数配合物。而温度升高则不利于配位体与中心离子结合，常使配位数降低。

影响配位数的因素虽然很多，但对于某一种中心离子来说，一般常具有一个特征配位数，如 Co^{3+}、Fe^{2+}、Fe^{3+} 的特征配位数通常为 6，Ag^+ 为 2，Cu^{2+}、Zn^{2+}、Hg^{2+} 一般为 4 等等。

（四）配离子的电荷

配离子的电荷数等于组成中心离子电荷和配位体总电荷代数之和。例如，$[FeF_6]^{3-}$ 是 Fe^{3+} 和 6 个 F^- 配合后形成配离子，所以配离子的电荷为 $(+3)+(-1)\times6=-3$。$[CoCl_4(NH_3)_2]^-$ 配离子所带电荷为 $(+3)+0\times2+(-1)\times4=-1$。因为配合物作为整体是电中性的，所以配离子电荷也可根据外界离子的电荷总数推出，例如 $K_4[Fe(CN)_6]$ 中，配离子的电荷数为 -4，即 $[Fe(CN)_6]^{4-}$。由配离子电荷也可推出中心离子的氧化数。例如，$[Fe(CN)_6]^{4-}$ 中 Fe 的氧化数为：$Fe\times1+(-1)\times6=-4$，故铁的氧化数为 $+2$。

三、配合物的命名

配合物的种类繁多，组成也比较复杂，所以配合物的命名也比较复杂，一些常见的配合物多采用习惯命名法，如 $[Ag(NH_3)_2]^+$ 称为银氨配离子，$[Cu(NH_2)_4]^{2+}$ 称为铜氨配离子，$H_2[SiF_6]$ 称为氟硅酸，$K_2[PtCl_6]$ 称为氯铂酸钾，$K_3[Fe(CN)_6]$ 称为铁氰化钾，俗称赤血盐，$K_4[Fe(CN)_6]$ 称为亚铁氰化钾，俗称黄血盐等。

我们将介绍配合物的**系统命名法**。

配合物的命名法服从无机化合物的命名原则。

1. 配离子的命名方法

配离子包含配体和中心离子，其命名顺序为：（1）配位体数（以汉字数码一、二、三等表示）；（2）配位体名称；（3）合—中心离子名称，在中心离子的后面用罗马数字将其氧化数标出并加括号。

若配位体不止一种，在不同配体之间以"·"分开。例如：

$[Ag(NH_3)_2]^+$　　　　二氨合银（Ⅰ）离子

$[Fe(CN)_6]^{4-}$　　　　六氰合铁（Ⅱ）离子

$[Co(NH_3)_6]^{3+}$　　　六氨合钴（Ⅲ）离子

2. 配合物的命名

配合物的命名原则与一般简单化合物相同，即同于一般的酸、碱、盐。如果配合物的外界是一简单阴离子，则称为某化某。如 $[Ag(NH_3)_2]Cl$ 称为氯化二氨合银（Ⅰ）；如果外界是一个复杂阴离子，则称为某酸某；若外界是正离子，内界为负离子，将配阴离子看成复杂酸根离子，称为某酸某，如 $[Cu(NH_3)_4]SO_4$ 称为硫酸四氨合铜（Ⅱ），$K_2[PtCl_6]$ 称为六氯合铂（Ⅳ）酸钾。

3. 配位体的命名顺序

若配离子中有多种配位体，其命名顺序为先阴离子，后中性分子。如果有几种阴离子或中性分子，应按配位原子元素符号的英文字母顺序排列。在中性分子中，如果有无机物和有机物时，应先命名无机物，后命名有机物。

一些配位体的名称：

　　　　CO　　　　　羰基
　　　—OH　　　　　羟基
　　　—NO_2　　　（以氮配位）硝基
　　　—ONO　　　　（以氧配位）亚硝酸根
　　　—SCN　　　　（以硫配位）硫氰根
　　　—NCS　　　　（以氮配位）异硫氰根

下面是一些命名实例：

$[Pt(NH_3)_6]Cl_4$　　　　　　四氯化六氨合铂（Ⅳ）

$K_4[Fe(SCN)_6]$　　　　　　六硫氰合铁（Ⅱ）酸钾

$[CrCl(NH_3)_5]Cl_2$　　　　　二氯化一氯·五氨合铬（Ⅲ）

$K[Co(NO_2)_4(NH_3)_2]$　　　四硝基·二氨合钴（Ⅲ）酸钾

$[PtCl_2(OH)_2(NH_3)_2]$　　　二氯·二羟基·二氨合铂（Ⅳ）

$[Co(NH_3)_5(H_2O)]Cl_3$　　　三氯化五氨·一水合钴（Ⅲ）

$[Cr(OH)_3(en)(H_2O)]$　　　三羟基·一水·一乙二胺合铬（Ⅲ）

第二节 配合物的价键理论

配合物与简单化合物相比具有许多特殊的性质，这是由于配合物的中心离子和配位体之间特殊的结合方式，也就是配合物化学键问题。配合物的化学键理论是阐明配离子中结合力的本质问题，目前主要有价键理论、晶体场理论、配位场理论和分子轨道理论。由于配合物的价键理论简单明了，易于理解，且比较好地说明了配合物的磁性、稳定性和空间构型等问题，故我们仅介绍价键理论。

配合物的价键理论即配位键理论，早期是由维尔纳于1893年提出的，到1931年鲍林提出杂化轨道理论并应用于配位化合物中之后，才逐渐形成近代配合物价键理论。其基本要点如下：

1. 中心离子与配位体之间的化学键是配位键，由配位体的配位原子提供的孤对电子进入中心离子的空轨道形成配位键。因此，配离子形成的条件是：配位体含有孤对电子，中心离子有空的价电子轨道（价电子轨道是指价电子占有的轨道）。

2. 为了提高成键能力，使形成的配离子或配合分子更加稳定，中心离子所提供的空轨道在成键时首先进行杂化，形成能量相同、具有一定方向性的新的杂化轨道。杂化轨道的类型决定着配合物的空间构型。

例如：$[Ag(NH_3)_2]^+$是由中心离子Ag^+与配位体NH_3通过配位键结合而成的。Ag^+和NH_3形成$[Ag(NH_3)_2]^+$时，Ag^+必须提供2个空轨道以接受NH_3中N提供的孤对电子。实验证明，$[Ag(NH_3)_2]^+$中二个σ配键性质完全相同。根据价键理论，Ag^+以5s和5p轨道杂化，形成2个等同sp杂化轨道，接受NH_3提供的孤对电子，故$[Ag(NH_3)_2]^+$构型为直线型。其形成过程如下：

```
                    4d              5s      5p
Ag⁺            ↑↓ ↑↓ ↑↓ ↑↓ ↑↓   __      __ __
                                    sp 杂化
[Ag(NH₃)₂]ˣ    ↑↓ ↑↓ ↑↓ ↑↓ ↑↓   ↑↓  ↑↓   __
                                 ↑   ↑
                                NH₃ NH₃
```

配离子的几种重要的杂化轨道类型及其几何构型列于表 7-2 中。

表 7-2 配离子的空间构型

配位数	配离子实例	杂化类型	空间构型	结构示意图
2	$[Ag(NH_3)_2]^+$, $[Ag(CN)_2]^-$ $[Cu(NH_3)_2]^+$, $[Cu(CN)_2]^-$	sp	直线型	
3	$[Cu(CN)_3]^{2-}$, $[CuCl_3]^{2-}$	sp²	平面三角型	
4	$[Zn(NH_3)_4]^{2+}$, $[ZnCl_4]^{2-}$ $[FeCl_4]^-$, $[Cd(CN)_4]^{2-}$ $[Ni(NH_3)_4]^{2+}$, $[Cd(NH_3)_4]^{2+}$	sp³	四面体	
4	$[Pt(NH_3)_2Cl_2]$ $[Cu(NH_3)_4]^{2+}$ $[Ni(CN)_4]^{2-}$ $[PdCl_4]^{2-}$ (为 sp²d 型)	dsp² sp²d	平面正方型	
5	$Fe(CO)_5$, $[CuCl_5]^{3-}$	dsp³ d³sp	三角双锥型	

续表

配位数	配离子实例	杂化类型	空间构型	结构示意图
5	$[TiF_5]_2^-$ (d^1s型) $[SbF_5]^{2-}$	d^2sp^2 d^1s	正方锥型	
6	$[FeF_6]^{3-}$, $[Fe(CN)_6]^{4-}$ $[PtCl_6]^{2-}$, $[Co(NH_3)_6]^{3+}$ $[Ti(H_2O)_6]^{3+}$	d^2sp^3 sp^3d^2	正八面体	

3. 根据中心离子参与杂化的轨道类型不同，形成两种不同类型的配合物——外轨型配合物（outer-orbital coordination）和内轨型配合物（inner-orbital coordination）。

如果中心离子（或原子）原有的电子构型不变，并且提供的是外层空轨道（ns、np、nd）参入杂化，那么所形成的配合物为外轨型配合物。在所形成的外轨型配合物中，中心离子的内层电子排布没有变化。如果中心离子或原子改变了原来的电子层构型，让出一部分次外层轨道[$(n-1)d$]参与杂化，形成的配合物为内轨型配合物。例如：Fe^{3+} 与 F^- 生成的$[FeF_6]^{3-}$ 为外轨型配离子，而 Fe^{3+} 与 CN^- 生成的$[Fe(CN)_6]^{3-}$ 为内轨型配离子。它们的成键情况如下：

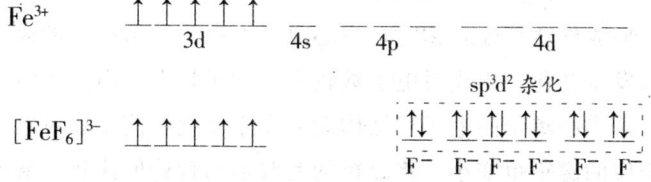

在[FeF$_6$]$^{3-}$中，Fe^{3+}原有的3d电子层构型保持不变，完全用最外层的空轨道（4s4p4d）杂化形成6个sp^{3}d^{2}杂化轨道，分别与F$^-$形成配位键，故它是外轨型配合物。而在[Fe(CN)$_6$]$^{3-}$配离子中，Fe^{3+}原来的3d电子层发生了重排，空出两个3d轨道，以3d、4s和4p空轨道杂化形成6个d^{2}sp^{3}杂化轨道，分别与CN$^-$形成配位键。

配位体与金属离子究竟形成哪一种类型的配合物主要取决于金属离子的本性，也和配位体的性质有关。ⅡB的+2价离子，如Zn^{2+}、Cd^{2+}、Hg^{2+}，其价电子构型依次为3d^{10}、4d^{10}、5d^{10}，由于没有空的$(n-1)$d轨道，它们多以sp^{3}杂化轨道形成外轨型配离子；而Ⅷ族的Ni^{2+}、Pd^{2+}、Pt^{2+}，其价电子构型为3d^8、4d^8、5d^8，在$(n-1)$d轨道有两个未成对的电子，形成配离子时，有可能将这两个未成对的d电子"挤压"成对，空出一条$(n-1)$d轨道，与能量相近的ns、np轨道采用dsp^{2}杂化成键，形成内轨型配合物。另一方面，不同的配位体对中心离子价层电子结构的影响也是不同的，影响大时，可以使电子发生重排，形成内轨型配合物。影响大的配体一般有CN$^-$、NO$_2^-$、CO。而卤离子和水分子则影响较小，一般形成外轨型配合物。

为判断一种配合物是内轨型还是外轨型，往往采用测定磁矩的方法。因为原子或离子的磁矩（μ）与原子或离子或分子内未成对电子数有下列关系：

$\mu = \sqrt{n(n+2)}$。磁矩的单位是波尔磁子（简写为BM）。

在形成外轨型配合物时，中心离子的电子层结构在形成配合物前后未发生变化，未成对电子数较多，磁矩较大。而形成内轨型配合物时，中心离子的电子层结构大多发生变化，使未成对电子数减少，相应的磁矩也变小。将磁矩的实验值与理论值比较，就可以知道过渡金属离子形成的配离子未成对电子数,从而做出判断。例如 Fe^{2+},根据其排布式可知其有 4 个未成对电子,其理论磁矩为 $\mu=\sqrt{4(4+2)}=4.9$ BM。实验测得 $[Fe(H_2O)_6]^{2+}$ 的磁矩为 5.25 BM,由此可知 $[Fe(H_2O)_6]^{2+}$ 仍保留着 4 个未成对电子,故为外轨型配合物。而实验测得 $[Fe(CN)_6]^{4-}$ 的磁矩为 0.00 BM,无成对电子,可以推知 $[Fe(CN)_6]^{4-}$ 为内轨型配离子。

内轨型配合物和外轨型配合物除了在磁矩方面不同外,稳定性上也有差别。一般来讲,内轨型配合物要比外轨型配合物稳定性高,这是由于 $(n-1)d$ 轨道比 nd 轨道能量低。

由以上讨论可知,价键理论在解决中心离子和配位体之间的化学键问题时,概念比较明确,容易接受,尤其是对中心离子与配位体结合力的本质、中心离子的配位数和空间构型、化合物的磁性和稳定性问题的阐述都比较成功。但该理论仍存在着不少缺点,其中,最主要的是目前还是一个定性的理论,不能定量地说明配合物的性质、颜色及稳定性变化规律等,这些问题在随后发展起来的理论,如配合物晶体场理论中能得到一些解释,在本章不予介绍。

第三节 配合物的稳定性

配合物的稳定性含义较广,配合物受热是否容易分解,这是配合物的热稳定性;在溶液中,配合物的中心离子和配位体是否容易离解,这是配合物在溶液中的稳定性;配合物是否容易被氧化或还原,这是配合物的氧化还原稳定性。因为有关配合物在水溶液中的应用最为广泛,因此,本节应用化学平衡原理来讨论配合物在水溶液中的稳定性。

一、配位平衡及平衡常数

(一) 配位平衡

配合反应也和其他的可逆化学反应体系一样，最终会建立一个平衡体系。下面我们先看一个实验现象。

前面已经提及，在$[Cu(NH_3)_4]SO_4$深蓝色溶液中加入少量NaOH溶液，并无$Cu(OH)_2$沉淀生成。这是因为溶液中Cu^{2+}已经与氨分子配合形成了难离解的$[Cu(NH_3)_4]^{2+}$，致使溶液中所剩的未配合的Cu^{2+}和加入的OH^-的离子积小于$Cu(OH)_2$的溶度积。但是，若往该溶液中加入Na_2S溶液，立即有黑色的CuS沉淀生成。这说明溶液中Cu^{2+}并未完全被配合，仍有少量存在。或者说$[Cu(NH_3)_4]^{2+}$配离子在水溶液中仍可以少量地离解成Cu^{2+}和NH_3，并存在着下列的离解平衡：

$$Cu^{2+} + 4NH_3 \rightleftharpoons [Cu(NH_3)_4]^{2+}$$

虽然Cu^{2+}的浓度很小，但因CuS的溶度积非常小（$K_{sp}^{\ominus} = 6.3 \times 10^{-36}$），$Cu^{2+}$和$S^{2-}$的离子积足以超过CuS的溶度积，因此，会有CuS沉淀析出。

这种在溶液中配离子的生成和离解之间的平衡，称为配位平衡。和其他化学平衡一样，配位平衡也是动态平衡，当条件改变时，平衡会发生移动。

（二）稳定常数和不稳定常数

根据化学平衡原理

$$Cu^{2+} + 4NH_3 \rightleftharpoons [Cu(NH_3)_4]^{2+}$$

平衡时：

$$K_f^{\ominus} = \frac{c\{Cu(NH_3)_4^{2+}\}}{c(Cu^{2+})\{c(NH_3)\}^4}$$

$K_f^{\ominus}$称为配合物的稳定常数，此平衡常数为配合物的生成常数，$K_f^{\ominus}$值越大，说明生成配离子的倾向越大，而离解倾向越小，即配离子在溶液中越稳定。不同的配合物具有不同的稳定常数。

注意：书写配离子平衡常数表达式时，所有浓度均为各物质的相对平衡浓度。

第七章 配位化合物

一些常见配离子的稳定常数见附录三。

配离子的生成与多元酸碱相似，是分步进行的，因此，溶液中存在着一系列的配位平衡，相应地有一系列的稳定常数。例如：

$$Cu^{2+} + NH_3 \rightleftharpoons [Cu(NH_3)]^{2+}$$

$$K_{f1}^{\ominus} = \frac{c\{Cu(NH_3)^{2+}\}}{c(Cu^{2+})c(NH_3)} = 1.41 \times 10^4$$

$$[Cu(NH_3)]^{2+} + NH_3 \rightleftharpoons [Cu(NH_3)_2]^{2+}$$

$$K_{f2}^{\ominus} = \frac{c\{Cu(NH_3)_2^{2+}\}}{c\{Cu(NH_3)^{2+}\}c(NH_3)} = 3.17 \times 10^3$$

下面依此类推：

$$[Cu(NH_3)_2]^{2+} + NH_3 \rightleftharpoons [Cu(NH_3)_3]^{2+}$$

$$K_{f3}^{\ominus} = \frac{c\{Cu(NH_3)_3^{2+}\}}{c\{Cu(NH_3)_2^{2+}\}c(NH_3)} = 7.76 \times 10^2$$

$$[Cu(NH_3)_3]^{2+} + NH_3 \rightleftharpoons [Cu(NH_3)_4]^{2+}$$

$$K_{f4}^{\ominus} = \frac{c\{Cu(NH_3)_4^{2+}\}}{c\{Cu(NH_3)_3^{2+}\}c(NH_3)} = 1.39 \times 10^2$$

$K_{f1}^{\ominus}$、$K_{f2}^{\ominus}$、$K_{f3}^{\ominus}$、$K_{f4}^{\ominus}$ 为分步稳定常数或逐级稳定常数。由上可见，配合物逐级稳定常数一般随配位数的增加而下降。通常认为随着配位体数目增多，配位体的排斥作用加大，故其稳定性下降。根据多重平衡规则，配离子逐级稳定常数的乘积等于该配离子的总稳定常数 $K_f^{\ominus}$：

$$K_f^{\ominus} = K_{f1}^{\ominus} \cdot K_{f2}^{\ominus} \cdot K_{f3}^{\ominus} \cdot K_{f4}^{\ominus}$$

对于 $[Cu(NH_3)_4^{2+}]$ 配离子来说，其总稳定常数为：

$$K_f^{\ominus} = 1.41 \times 10^4 \times 3.17 \times 10^3 \times 7.76 \times 10^2 \times 1.39 \times 10^2 = 4.8 \times 10^{12}$$

同理： $\lg K_f^{\ominus} = \lg K_{f1}^{\ominus} + \lg K_{f2}^{\ominus} + \lg K_{f3}^{\ominus} + \lg K_{f4}^{\ominus}$

总稳定常数是配合物稳定性高低的特征值。对相同类型（配位比相同）的配合物，其稳定性可由稳定常数 $K_f^{\ominus}$ 值大小直接比较。如 $[Cu(NH_3)_4]^{2+}$ 和 $[Zn(NH_3)_4]^{2+}$ 相比较：

$$Zn^{2+} + 4NH_3 \rightleftharpoons [Zn(NH_3)_4]^{2+}$$

$$K_f^\ominus = \frac{c\{Zn(NH_3)_4^{2+}\}}{c\{Zn^{2+}\}\{c(NH_3)\}^4} = 5 \times 10^8$$

$$Cu^{2+} + 4NH_3 \rightleftharpoons [Cu(NH_3)_4]^{2+}$$

$$K_f^\ominus = \frac{c\{Cu(NH_3)_4^{2+}\}}{c\{Cu^{2+}\}\{c(NH_3)\}^4} = 4.8 \times 10^{12}$$

因为 $[Cu(NH_3)_4]^{2+}$ 的 $K_f^\ominus$ (4.8×10^{12}) 比 $[Zn(NH_3)_4]^{2+}$ 的 $K_f^\ominus$ (5×10^8) 大, 则 $[Cu(NH_3)_4]^{2+}$ 比 $[Zn(NH_3)_4]^{2+}$ 更稳定。

对于不同类型（配位比不相同）的配合物来说，其稳定性必须通过计算才能加以比较。

二、稳定常数的应用

利用配合物稳定常数，可以计算配离子溶液中有关离子浓度，配离子与沉淀之间的转化，配离子之间转化的可能性等等。

（一）计算配合物溶液中有关离子浓度

例1：在 $0.1 \text{ mol} \cdot L^{-1} [Ag(NH_3)_2]^+$ 和 $0.1 \text{ mol} \cdot L^{-1}$ 氨的混合溶液中，Ag^+ 的浓度为多少？

$$K_f^\ominus \{Ag(NH_3)_2^+\} = 1.7 \times 10^7$$

解：设平衡时 Ag^+ 的相对浓度为 x

根据配位平衡： $Ag^+ + 2NH_3 \rightleftharpoons [Ag(NH_3)_2]^+$

则平衡时： x $0.1 + 2x$ $0.1 - x$

根据：

$$K_f^\ominus = \frac{c[Ag(NH_3)_2^+]}{c[Ag^+][c(NH_3)]^2}$$

$$1.7 \times 10^7 = \frac{0.1 - x}{x(0.1 + 2x)^2}$$

因 $K_f^\ominus$ 值较大，且存在着游离态的氨，使 $[Ag(NH_3)_2]^+$ 的离解受到抑制，所以平衡时 Ag^+ 离子浓度很小，即 x 值很小，故：

$$0.1 - x \approx 0.1 \qquad 0.1 + 2x \approx 0.1$$

所以：$\dfrac{0.1}{0.1^2 x} = 1.7 \times 10^7$

则：$x = 5.9 \times 10^{-7}$

答：平衡时溶液中 Ag^+ 浓度为 5.9×10^{-7} mol·L^{-1}。

(二) 讨论配离子与沉淀之间转化的可能性

这类问题包括以下两种计算：

1. 在含有配离子的溶液中加入沉淀剂，判断有无沉淀生成

例2：在含有 0.1 mol·L^{-1} $[Ag(NH_3)_2]^+$ 溶液中加入 NaCl 固体，使其浓度达到 0.001 mol·L^{-1} 时，有无 AgCl 沉淀生成？已知：$K_f^\ominus\{Ag(NH_3)_2^+\} = 1.7 \times 10^7$，$K_{sp}^\ominus(AgCl) = 1.6 \times 10^{-10}$

解：设在溶液中 Ag^+ 的平衡相对浓度为 x

$$Ag^+ + 2NH_3 \rightleftharpoons [Ag(NH_3)_2]^+$$
$$x \qquad 2x \qquad\qquad 0.1-x$$

$$K_f^\ominus = \dfrac{c[Ag(NH_3)_2^+]}{c[Ag^+][c(NH_3)]^2}$$

$$1.7 \times 10^7 = \dfrac{0.1-x}{x(0.1+2x)^2}$$

同理：$0.1 - x \approx 0.1$

$\dfrac{0.1}{4x^3} = 1.7 \times 10^7$

$x = 1.47 \times 10^{-9}$

$c(Ag^+)c(Cl^-) = 1.47 \times 10^{-9} \times 1.0 > K_{sp}^\ominus(AgCl)$

答：AgCl 的离子积大于 $K_{sp}^\ominus$，所以有 AgCl 沉淀生成。

2. 计算难溶物质在配位剂存在时的溶解度

例3：在 298 K 时，1L 6 mol·L^{-1} 氨水中加入 0.1 mol 固体 AgCl，能否完全溶解？

解：先求算此配合溶解反应的平衡常数

AgCl 在氨水中存在两个平衡：

$AgCl(s) \rightleftharpoons Ag^+ + Cl^-$ $\qquad\qquad K_{sp}^\ominus(AgCl)$

$$Ag^+ + 2NH_3 \rightleftharpoons [Ag(NH_3)_2]^+ \qquad K_f^{\ominus}\{Ag(NH_3)_2^+\}$$

将这两个平衡合并，可得配合溶解平衡：

$$AgCl(s) + 2NH_3 \rightleftharpoons [Ag(NH_3)_2]^+ + Cl^-$$

$$K^{\ominus} = \frac{c[Ag(NH_3)_2^+]c(Cl^-)}{[c(NH_3)]^2} = K_f^{\ominus}\{Ag(NH_3)_2^+\} \cdot K_{sp}^{\ominus}(AgCl)$$

$$K^{\ominus} = 3.06 \times 10^{-3}$$

设 1L 6 mol·L^{-1} 氨水能溶解 x mol AgCl，且溶解的 Ag^+ 离子立即都转化成了 $Ag(NH_3)_2^+$，则平衡时：

$$c\{Ag(NH_3)_2^+\} = c(Cl^-) = x$$

$$c(NH_3) = 6 - 2x$$

$$K^{\ominus} = \frac{c\{Ag(NH_3)_2^+\}c(Cl^-)}{\{c(NH_3)\}^2}$$

$$3.06 \times 10^{-3} = \frac{x^2}{(6-2x)^2}$$

解得：$x = 0.3$

即最多能溶解 0.3 mol AgCl，故加入 0.1 mol AgCl 可以全部溶解。

答：加入 0.1 mol AgCl 能够全部溶解。

(三) 判断配位反应进行的方向

这里讨论的反应，实际上是配离子之间的转化反应，此类反应的方向可以根据两配离子稳定常数的相对大小来判断。

例4：判断下列反应向哪个方向自发进行？

(已知：$K_f^{\ominus}\{Ag(NH_3)_2]^+\} = 1.7 \times 10^7$，

$K_f^{\ominus}\{Ag(CN)_2^-\} = 1.0 \times 10^{21}$)

$$[Ag(NH_3)_2]^+ + 2CN^- \rightleftharpoons [Ag(CN)_2]^- + 2NH_3$$

解：先根据两配离子的稳定常数 $K_f^{\ominus}$ 值求出反应的标准平衡常数常数

$$K^{\ominus} = \frac{c\{Ag(CN)_2^-\}\{c(NH_3)\}^2}{c\{Ag(NH_3)_2^+\}\{c(CN^{\ominus})\}^2}$$

$$K^{\ominus} = \frac{K_f^{\ominus}\{Ag(CN)_2^-\}}{K_f^{\ominus}\{Ag(NH_3)_2^+\}} = \frac{1.0 \times 10^{21}}{1.7 \times 10^7} = 5.9 \times 10^{13}$$

由计算出来的 $K^{\ominus}$ 值可以看出，上述配位反应向着生成 $[Ag(CN)_2]^-$ 的方向进行的趋势很大。因此在 $[Ag(NH_3)_2]^+$ 溶液中加入足够的 CN^- 时，$[Ag(NH_3)_2]^+$ 被破坏而生成 $[Ag(CN)_2]^-$。

第四节 配合物的应用

随着现代科学技术的迅速发展，配合物的应用日益广泛。凡是与化学有关的领域，如环境保护、分析化学、生物学、药物学、土壤肥料、无机化学等都与配位化学密切相关。现仅简单介绍以下几个方面的应用：

一、在分析化学方面的应用

在分析化学中，利用金属离子或其化合物与配位剂生成配合物时颜色的改变和溶解度的变化来分离鉴定金属离子，或利用配位剂与干扰离子发生配位作用消除干扰离子，即掩蔽干扰离子。

例如，二甲基丁二肟常作为特效试剂，用来鉴定 Ni^{2+} 离子。因在弱碱条件下，它能与 Ni^{2+} 离子反应生成鲜红色沉淀。这是检验溶液中是否存在 Ni^{2+} 的灵敏反应。

反应方程式为：

$$Ni^{2+} + 2\begin{array}{c} CH_3-C=N \\ | \\ CH_3-C=N \end{array}\begin{array}{c}OH \\ \nearrow \\ \\ \searrow \\ OH \end{array} \longrightarrow \begin{array}{c} CH_3-C=N \\ | \\ CH_3-C=N \end{array}\begin{array}{c}OH \\ | \\ \searrow \\ \nearrow \\ | \\ OH \end{array} Ni^{2+} \begin{array}{c} \swarrow \\ \nwarrow \end{array}\begin{array}{c} N=C-CH_3 \\ | \\ N=C-CH_3 \end{array}\begin{array}{c} OH \\ | \\ \\ | \\ OH \end{array}$$

在含有多种离子的溶液中，要测定其中的某种金属离子，其他金属离子往往会发生同类反应而干扰测定。这时可加入某种物质去阻止这种有害反应的进行。我们把这种过程称为"掩蔽"，所加入的物质称为"掩蔽剂"。例如：Co^{2+} 的鉴定是用 KSCN 与 Co^{2+} 生成 $[Co(SCN)_4]^{2-}$ 离子，在丙酮或戊醇等有机溶剂中呈现出特征的蓝色。但是，溶液中若混有 Fe^{3+} 离子时，Fe^{3+} 也会与 SCN^- 离子作用，生成血红色的 $[Fe(SCN)_n]^{3-n}$（$n=1-6$）而产生干扰，这时，可以加入 NaF 掩蔽 Fe^{3+} 离子，使生成无色更稳定的 $[FeF_6]^{3-}$。消除对 Co^{2+} 鉴定反应的干扰。反应为：

$$Fe^{3+} + nSCN^- \rightleftharpoons \underset{\text{血红色}}{[Fe(SCN)_n]^{3-n}} \qquad (n=1\sim6)$$

$$Fe^{3+} + 6F^- \rightleftharpoons \underset{\text{无色}}{[FeF_6]^{3-}}$$

$$Co^{2+} + 4SCN^- \rightleftharpoons \underset{\text{蓝色}}{[Co(SCN)_4]^{2-}}$$

二、在生物化学和医药方面的应用

经研究发现，很多金属元素的配合物在生物体内的新陈代谢中起着重要作用。例如，在植物体内起光合作用的叶绿素是镁的配合物；人体血液中起输送氧气作用的血红蛋白，是铁的配合物；起免疫等作用的血清蛋白，是铜和锌的配合物；人体生长和代谢所必须的维生素 B_{12} 是钴的配合物等等。

研究表明，动物体内与新陈代谢有关的各种酶，很多都含有金属的配合物，它们在动物体内起着极其重要的化学作用。例如，固氮菌中的固氮酶就是含铁、钼的配合物（铁钼蛋白），人们正试图找出它的简单化学模型，以实现人工模拟生物固氮。

目前证明对人体有特殊生理功能所必须的微量元素有 Mn、Fe、Co、Mo、I、Zn，还初步查明人体所必须的元素有 V、Cr、F、Si、Ni、Se、Sn 等，它们是以配合物的形式存在于人体内。微量元素在体内分布极不均匀,如甲状腺中的碘、血红蛋白中的铁、造血组织中的钴、脂肪组织中的矾、肌肉组织中的锌,它们都具有重要的特异生理功能,有些必要的微量元素是酶和蛋白质的关键成分(如 Fe、Zn、Cu);有些参与激素的作用(如 Zn 参与促进性腺激素的作用;Ni 参与胰腺作用);有些则影响核酸的代谢作用(如 V、Cr、Ni、Fe、Cu 等)。可见微量元素不仅对人体的正常生长和发育是必要的,而且对人体其他生命活动有着极为重要的作用,在研究它们的配合物性能和结构方面均有待于加强。

在医用生物化学中,配合物的贡献更为突出。它已成为药物治疗的一个重要方面。例如 EDTA 的钙、钠盐是排除人体内铅、铀等有害物质的解毒剂。因为 EDTA 可与它们形成稳定的、不为人体所吸收的配合物而排除体外,这种疗法称为配位疗法。顺式二氯、二氨合铂(Ⅱ)、碳铂、二茂铁是发展中第一代至第三代的抗癌药物。

三、配位催化

反应物或反应中间产物与催化剂间发生配位反应而引起的催化作用,称为配位催化。例如,在以 $PdCl_2$ 作催化剂和常温常压条件下,乙烯氧化成乙醛的反应:

$$C_2H_4 + \frac{1}{2}O_2 \xrightarrow[\text{在稀 HCl 中}]{PdCl_2 + CuCl_2} CH_3CHO$$

此反应首先是 C_2H_4 与 Pd^{2+} 离子配位,生成 $[PdCl_2(H_2O)(C_2H_4)]$,而使 C_2H_4 分子活化,然后再分解成 CH_3CHO,Pd^{2+} 同时被还原成 Pd,Pd 在 $CuCl_2$ 的作用下,又生成 $PdCl_2$。生物体内许多酶的功能,也是通过配位催化作用而发挥其功能的。

配位催化反应具有活性高、选择性好、反应条件温和(不需要高温、高压)等优点,即适合于均相反应,也适合于多相反应。它是目前配位化学研究中最活跃的领域之一,在有机合成及高分子凝合中已有重要应用,而且其应用范围日益扩大。目前国内外利用配位催化生产的化工产品已经很多,约占工业催化剂的 15%,预计将来会有更大的发展。

配合物在环境保护方面也有广泛的应用。例如,生产过程中排放出的氰化物废液会毒害环境,造成公害,为此要对含氰废液进行处理,若用 $FeSO_4$ 溶液处理此种废液,便可生成毒性很小的配合物 $Fe_2[Fe(CN)_6]$。

阅 读 材 料

配位化学的奠基人——维尔纳

配位化学开辟了无机化学研究的新领域,对现代科学技术的发展做出了重要的贡献,它为发展原子能、电子工业、空间技术提供了核燃料和超纯物质的制备方法及分析技术。在无机制备、分析化学、有机合成、催化作用等领域,配合物同样占有重要地位。

瑞士化学家维尔纳对发展配位化学起了重要作用,他建立了配位理论,阐明了配合物中化学键的本质,为配合物的制备和应用奠定了理论基础。

维尔纳生于法国的米卢斯,1878 年曾在一所职业技术学校学习化学,后来进入瑞士苏黎世工业学院学习,1889 年获工业化学学士学位,1890 年获博士学位。他的博士论文《氮分子中氮原子的立体排列》是他在有机化学领域的重要研究成果,他还发展了范霍夫和勒·贝尔关于碳原子结构的概念,将这一概念扩展到氮原子,解释了大量的三价氮的衍生物的几何异构现象,建立了氮的立体化学的理论基础。

1893 年,维尔纳发表了他的重要论文《无机化合物的组成》,文中阐述了划时代的、当时颇有争议的配位理论,要知道当时他只是一名 26 岁的不知名的青年，所以他的配位理论也同他这个人一样，没有受到当时化学界的重视。

当时人们认为 $CoCl_3·6NH_3$ 是由价键都饱和的 $CoCl_3$ 和 NH_3 分子加合而成的化合物，所以称其为"分子化合物"，但对于"分子化合物"是如何形成的，却始终没有一个合理的理论来加以解释。维尔纳一直探索着"分子化合物"的价键问题，曾先后发表了《无机化合物的组成》、《立体化学教程》、《无机化学领域的新观点》等论文和著作，提出了与经典理论不同的理论——配位理论。

在配位理论中，维尔纳提出了配位数的概念，并认为在配合物的结构中存在着两种类型的原子价，一种叫主价，另一种叫副价，例如，在 $CoCl_3·6NH_3$ 中钴的主价是 3，副价是 6，主价使 Co^{3+} 与 3 个 Cl^- 结合在一起，副价则使 $CoCl_3$ 与 6 个 NH_3 结合在一起形成 $CoCl_3·6NH_3$。

为了利用配位理论解释配合物的性质，维尔纳提出配合物结构中应分为"内界"和"外界"。"内界"是由中心原子和配位体组成的，除内界外，配合物的其他组成就是外界，内界中配位体和中心原子结合得比较紧密，但外界离子与中心原子结合得比较松散。维尔纳还测定了钴系、铂系配合物的电导率，证明了配合物结构中存在内界和外界这一观点是正确的。

维尔纳还发现钴、铂和类似配合物象有机物一样也呈现出旋光异构现象，扩展了立体化学的研究领域，由于这些成就，他获得了 1913 年的诺贝尔奖，成为第一位获得诺贝尔奖的瑞士人。

1919 年 11 月 5 日他因病在苏黎世去世，享年 57 岁。

维尔纳的一生都在兢兢业业地进行科学研究，曾先后担任了巴黎法兰西大学和瑞士苏黎世大学的教授，苏黎世化学研究所所长，发表论文 150 多篇及多部重要著作。

他的配位化学理论为无机化学的新发展开辟了道路，作为无机化学结构理论的奠基人，维尔纳是当之无愧的。

本章小结

本章仅以简单配合物为主，阐述了配合物的定义、组成、命名。运用配合物的价键理论说明配合物的形成与空间构型。并介绍了配合物的配位平衡、稳定常数及有关计算。

一、配合物的基本概念

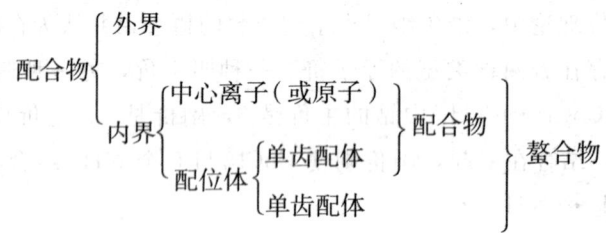

二、价键理论

1. 中心离子与配位体之间的化学键称为配位键。形成配位键的条件是配位体需有孤对电子，中心离子必须有空的价电子轨道。

2. 形成配位键时，中心离子提供的空轨道必须先进行杂化，杂化类型不同，配离子空间构型不同。

常见的轨道类型和空间构型为：

（1）sp 型杂化轨道形成的配离子为直线形

（2）sp^3 型杂化轨道形成的配离子为四面体形

（3）dsp^2 型为平面四边形

（4）d^2sp^3 或 sp^3d^2 型均为八面体形

3. 根据中心离子所提供的杂化轨道的情况，配合物分为内轨型和外轨型配合物。内轨型配合物较稳定。

三、配位平衡

1. 稳定常数的应用

2. 利用稳定常数比较同类配合物的稳定性大小。

3. 利用稳定常数计算配合物溶液中各组分的浓度。
4. 利用配合物稳定常数判断配位反应方向。
5. 利用稳定常数判断沉淀的生成与溶解。

习 题

1. 写出下列配合物的中心离子、配位体、配位原子和中心离子的配位数：

$[Zn(NH_3)_4]^{2+}$ $[Mn(H_2O)_6]^{2+}$
$[PtCl_2(NH_3)_2]$ $[Cr(en)_3]^{3+}$
$[Ni(CO)_4]$ $[Na_2SiF_6]$

2. 命名下列配合物：

$[Co(NH_3)_6]Cl_3$ $K_2[Co(SCN)_4]$
$K_2[Zn(OH)_4]$ $[Co(NH_3)_5H_2O]Cl_3$
$[Ag(NH_3)_2]OH$ $(NH_4)_3[SbCl_6]$

3. 已知有两种钴的配合物，它们具有同一组成：$Co(NH_3)_5BrSO_4$，实验结果表明：向第一种配合物溶液中加入 $BaCl_2$ 溶液时，产生 $BaSO_4$ 沉淀，但加入 $AgNO_3$ 则不产生沉淀，向第二种配合物溶液中加入 $AgNO_3$ 产生沉淀，加入 $BaCl_2$ 时，不产生沉淀，根据实验结果确定两种配合物的化学式。

4. 写出下列配合物的化学式：

六氯合铂（Ⅳ）酸钾　　二氯·四硫氰合铬（Ⅱ）酸铵
六氟合硅（Ⅳ）酸　　　二氯·二羟基·二氨合铂（Ⅳ）

5. 已知$[Ni(CN)_4]^{2-}$为平面四边形结构，$[HgI_4]^{2-}$为四面体结构，画出它们的电子分布，它们各采用哪种杂化轨道成键？

6. 已知$[FeF_6]^{3-}$为外轨型配合物，$[Fe(CN)_6]^{3-}$为内轨型配

合物,用价键理论说明它们的电子分布及轨道杂化成键情况。

7. 1 mol·L^{-1} AgNO$_3$ 溶液 50 ml 加入密度为 0.9329 g·ml^{-1} 含氨质量分数为 18.24% 的氨水 30 ml,后加水稀释至 100 ml,求算此溶液中 Ag$^+$、[Ag(NH$_3$)$_2$]$^+$、NH$_3$ 的浓度?

已知:[Ag(NH$_3$)$_2$]$^+$ 的 $K_f^{\ominus} = 1.7 \times 10^7$

8. 判断下列反应自发进行的方向:

[Cu(NH$_3$)$_4$]$^{2+}$ + Zn^{2+} === Cu^{2+} + [Zn(NH$_3$)$_4$]$^{2+}$

[Ag(NH$_3$)$_2$]$^+$ + 2CN$^-$ === [Ag(CN)$_2$]$^-$ + 2NH$_3$

9. 在含有 0.01 mol·L^{-1} [Ag(CN)$_2$]$^-$ 溶液中加入与它等体积的 0.01 mol·L^{-1} KI 溶液,能否产生 AgI 沉淀?[Ag(CN)$_2$]$^-$ 的 $K_f^{\ominus} = 1.0 \times 10^{21}$,AgI 的 $K_{sp}^{\ominus} = 1.56 \times 10^{-15}$。

10. 要使 1×10^{-4} mol AgBr 溶解在 100 ml 氨水中,氨的最低浓度应为多少 mol·L^{-1}?
($K_{sp}^{\ominus}$(AgBr) = 7.7×10^{-13},$K_f^{\ominus}${Ag(NH$_3$)$_2^+$} = 1.7×10^7)

参 考 资 料

[1] 北京师范大学主编. 无机化学. 北京:高等教育出版社,1991
[2] 杨德壬主编. 无机化学. 北京:高等教育出版社,1989
[3] 胡忠鲠主编. 现代化学基础. 北京:高等教育出版社,1998
[4] 傅献彩主编. 大学化学. 北京:高等教育出版社,1999
[5] 袁翰青,应礼文合编. 化学重要史实. 北京:人民教育出版社,1989

第八章 有机化合物

有机化合物简称有机物,与人类生产、生活休戚相关。本章简要介绍有机物的基本概念及与人类社会相关的有机物的性质和用途。

第一节 有机化合物概论

一、有机化合物的定义

有机化学(organic chemistry)是碳化合物的化学,又是与生命息息相关的化学。

有机化合物(organic compound)是相对于无机化合物(inorganic compound)而言的。起初人们把从矿物、空气和水等无生命原料中得到的化合物称为无机化合物,而把从动植物体中得到的化合物称为有机化合物。"有机"(organic)一词(原意为器官)来源于"有机体"(organism),即有生命的物体。这是由于19世纪初,人们受"生命力"(vital force)学说的影响,认为有机化合物只能借"生命力"的作用,在生物体内生成,而不能在实验室中由无机物合成。1828年德国的魏勒(Friedrich Wöhler)发现无机物氰酸铵很容易转变成尿素,以及后来醋酸、油脂的合成等,"生命力"学说才彻底被否定。但"有机"这个名称却被保留下来了。由于有机化合物数目繁多,而且在结构和性质上又有许多共同的特色，所以有机化学便逐渐发展成一门独立的学科。

绝大多数有机化合物中都含有氢。有机化合物中除碳和氢外，常见的元素还有氧、氮、卤素、硫和磷。碳本身和一些简单的碳化合物，如碳化钙、一氧化碳、二氧化碳、碳酸及其盐类，金属羰基化合物、氰酸、氢氰酸、硫氰酸及盐，仍被看作是无机物。目前已知的含碳化合物的数目有二千万种以上，远远超过周期表中其他100多种元素形成的化合物。由于许多有机物分子中还常有氧、氮、硫等，因此，常把有机化合物叫做"碳氢化合物及其衍生物"。

二、有机化合物的特点

（一）数量庞大，种类繁多

有机化合物的数目为什么那么庞大呢？这主要决定于碳原子的结构。碳位于周期表第二周期第ⅣA族，它的基态原子的外层电子是 $2s^2 2p^2$。由于接受四个电子或失去四个电子成为希有气体电子结构很难实现，因此碳基本是以共价键形式与其他原子结合的。碳不仅能与其他元素的原子形成共价键，碳碳之间也能形成共价单键、双键、三键。他们不仅能形成直链，而且还能形成环链、叉链，纵横交错变幻无穷，而组成完全相同的有机化合物，仍然可以有许多不同的结构——同分异构现象（isomerism）。另外，氧、硫、氮、磷、卤素、金属原子等也能在有机分子中占据不同的位置，从而使有机化合物丰富多彩，种类繁多。

（二）性质典型，反应缓慢

有机物（固体）多为分子晶体，属非电解质。易溶于有机溶剂，难溶于水；熔点低（大多数低于250℃）；绝大多数有机物易燃烧，且烧后变成气体（故常用灼烧试验来检验化合物是无机物，还是有机物）。反应速率较慢，且常有副反应发生，故大多数有机反应的产率较低，产物较复杂。

三、有机化合物分类

现在,有机物已经超过二千万种(而无机物只有 20 余万种),而且还在迅速增加,因此必须有科学的分类方法。通常分类方法有两种,一种是以碳架为基础,另一种是以官能团为基础。

(一)按碳架分类

按碳架不同,有机物分为三类:

1. 脂肪族化合物

因最初在油脂中发现,故称为脂肪族化合物。这类化合物,碳原子间相互结合成链状,两端展开而不成环,因此又称开链化合物、无环化合物。例如:

$CH_3-CH_2-CH_3$ 丙烷 $CH_3\text{┤}CH_2\text{├}_{10}CH_3$ 正十二烷

2. 碳环化合物

此类化合物分子中具有完全由碳原子组成的环状结构,按碳环的结构,它们又分为两类。

(1)脂环族化合物(aliphatecyclic compound)

此类化合物可以看成脂肪族化合物连接闭合而成的碳环(不含苯环)

(2)芳香族化合物(aromatic compound)

此类化合物分子中含有苯环结构。例如:

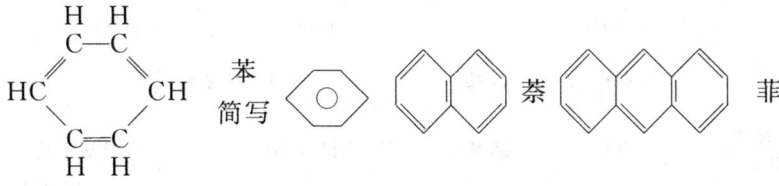

3. 杂环化合物

此类化合物分子的环状骨架中含有碳原子以外的其他各种原子

如 O、N、S 等称杂原子。例如：

吡啶　　　　　　　　　　呋喃

（二）按官能团（functional group）分类

官能团是指分子中比较活泼而且容易发生反应的原子或原子团，它常常决定着化合物的主要性质，含有相同官能团的有机化合物具有相类似的性质，因此把它们归于一类进行研究是比较方便的。常见的官能团和有机物类别见表 8-1

表 8-1　常见官能团和有机物类别

化合物类别	官能团	名称	实例
烯烃	$\mathrm{C}=\mathrm{C}$	双键	$CH_3-CH=CH_2$　丙烯
炔烃	$-C\equiv C-$	叁键	$HC\equiv CH$　乙炔
卤代烃	$-X(F, Cl, Br, I)$	卤素(卤原子)	$Cl-CH_2-CH_3$　氯乙烷
醇和酚	$-OH$	羟基	CH_3-CH_2-OH 乙醇　　—OH 苯酚
醚	$C-O-C$	醚键	CH_3-O-CH_3　二甲醚
醛和酮	$-\overset{O}{\underset{}{C}}\diagdown$	羰基	$CH_3-\overset{O}{\underset{H}{C}}$ 乙醛　　$CH_3-\overset{O}{\underset{}{C}}-CH_3$ 丙酮
羧酸	$-\overset{O}{\underset{OH}{C}}$	羧基	$CH_3-\overset{O}{\underset{OH}{C}}$　乙酸
胺	$-NH_2$	氨基	—NH_2　苯胺
硝基化合物	$-NO_2$	硝基	$CH_3(CH_2)_3NO_2$　硝基丁烷
偶氮化合物	$-N=N-$	偶氮基	—N=N—　偶氮苯

化合物类别	官能团	名称	实例	
酯	$-\overset{O}{\underset{O-R}{C}}-$	酯基	$CH_3-\overset{O}{\underset{OC_2H_5}{C}}-$	乙酸乙酯
酰胺	$-\overset{O}{\underset{NH_2}{C}}-$	酰胺基	苯-$\overset{O}{\underset{NH_2}{C}}-$	苯甲酰胺
腈	$-C\equiv N$	腈基	$CH_3-C\equiv N$	乙腈
磺酸	$-SO_3H$	磺酸基	苯-SO_3H	苯磺酸
硫醇	$-SH$	硫基	CH_3-CH_2-SH	乙硫醇

四、有机物同分异构现象及命名*

(一) 有机物命名: 详见附录

(二) 同分异构

把许多有机物分子组成相同, 结构和性质不相同的现象叫同分异构现象。如:

分子式为: C_4H_{10} 的丁烷, 有两种结构为:

$CH_3-CH_2-CH_2-CH_3$ 正丁烷 $CH_3-\underset{\underset{CH_3}{|}}{CH}-CH_3$ 异丁烷

把具有同分异构现象的分子称为同分异构体。如上例正丁烷和异丁烷互为同分异构体。同分异构现象十分普遍, 这是有机物数目极多的原因之一。

五、有机物反应的主要类型

(一) 取代反应 (substitution reaction)

有机物分子中的某些原子 (或原子团) 被其他原子 (或原子团) 所取代的反应称为取代反应。

1. 烷烃的取代反应

如氢原子被卤原子取代为卤代反应。如

$$CH_4 + Cl_2 \xrightarrow{日光} CH_3Cl + HCl \quad （氯代反应）$$

2. 苯的取代反应

苯环上的氢可以被亲电子的原子或原子团（卤素、烷基、磺酸基、硝基等）所取代，称之为苯的亲电取代反应。

①卤化反应

在铁粉（或 FeX_3）催化下，苯与 X_2（Cl 和 Br）发生取代反应，生成氯苯（或溴苯）

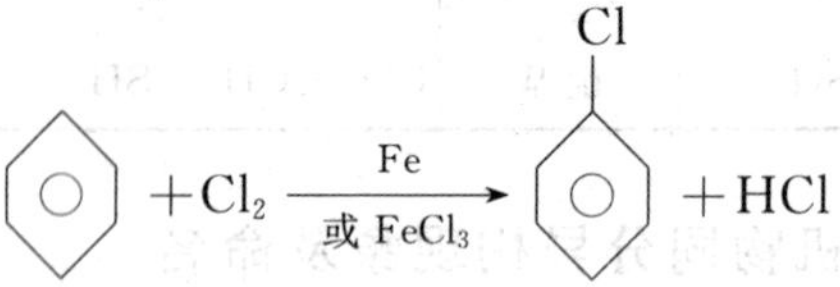

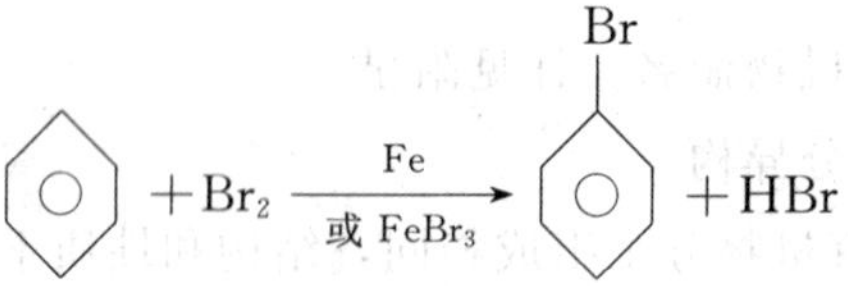

$$C_6H_6 + Cl_2 \xrightarrow[\text{或 FeCl}_3]{Fe} C_6H_5Cl + HCl$$

$$C_6H_6 + Br_2 \xrightarrow[\text{或 FeBr}_3]{Fe} C_6H_5Br + HBr$$

②磺化反应

苯与浓 H_2SO_4 共热，苯环上的氢原子被磺酸基（$-SO_3H$）取代，生成苯磺酸。

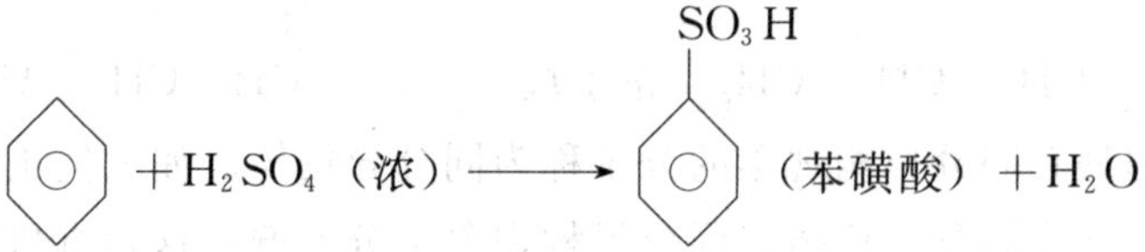

$$C_6H_6 + H_2SO_4（浓） \longrightarrow C_6H_5SO_3H （苯磺酸） + H_2O$$

③硝化反应

苯与浓 HNO_3（及浓 H_2SO_4）共热，苯环上氢原子被硝基（$-NO_2$）取代生成硝基苯。

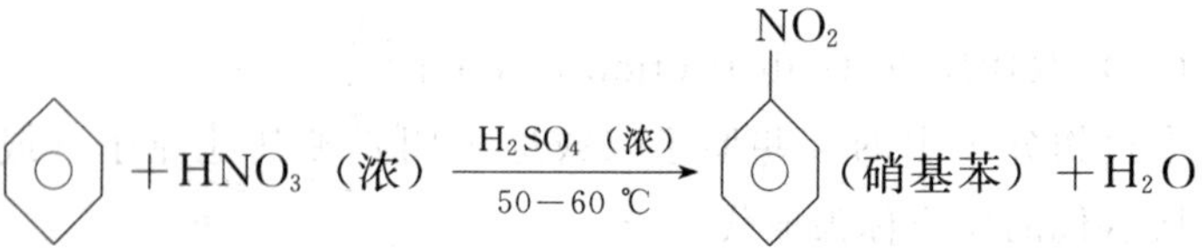

$$C_6H_6 + HNO_3（浓） \xrightarrow[50-60\ ℃]{H_2SO_4（浓）} C_6H_5NO_2 （硝基苯） + H_2O$$

④傅氏（Friedel-Crafts）反应

在无水 $AlCl_3$ 催化作用下，苯环与卤代烷生成烷基苯的反应，称傅氏烷基化反应：

$$C_6H_6 + RX \xrightarrow{\text{无水 } AlCl_3} C_6H_5R \text{（烷基苯）} + HX$$

（二）加成反应

含有 π 键的有机物分子（如不饱和烃、醛和酮等），在试剂作用下 π 键发生断裂，与单键相连的原子或原子团结合形成 σ 键，此类反应称加成反应（addition reaction）。

①不饱和烃的加成反应

不饱和烃在催化剂（如镍 Ni）的作用下，与氢发生加成反应，生成烷烃。烯烃还可以与卤素（X_2）、卤化氢（HX）、硫酸、水等发生加成，生成卤代烃和醇等化合物。如：

$$C_6H_5-C_2H_5 + 3H_2 \xrightarrow[\triangle]{Ni} C_6H_{11}-C_2H_5$$

$$CH_2=CH_2 + H_2O \xrightarrow[300\ ℃\quad 7\ MPa]{H_3PO_4，硅藻土} CH_3CH_2OH$$

$$HC≡CH + H_2O \xrightarrow[98-100\ ℃]{HgSO_4，H_2SO_4} \left[\begin{array}{c} OH \\ | \\ CH_2=CH \end{array}\right] \xrightarrow{\text{重排}} CH_3CHO$$

乙烯醇（不稳定）

$$CH≡CH + HCl \xrightarrow[\triangle]{HgCl_2} CH_2=CHCl$$

$$CH_2=CH_2 + Br_2 \longrightarrow \begin{array}{cc} CH_2-CH_2 \\ | \quad\quad | \\ Br \quad\quad Br \end{array}$$

②醛和酮的加成反应

醛、酮的加成反应（如与亲核试剂氰基—CN）一般为亲核加成反应。

$$CH_3-\underset{\underset{H}{|}}{\overset{\overset{O}{\|}}{C}}+HCN \longrightarrow CH_3-\underset{\underset{CN}{|}}{CH}-OH$$

$$\underset{CH_3}{\overset{CH_3}{>}}C=O + HCN \xrightarrow{NaOH} \underset{CH_3}{\overset{CH_3}{>}}\underset{\underset{OH}{|}}{\overset{\overset{CN}{|}}{C}} \quad （丙酮羟氰）$$

(三) 消去反应（或消除反应）

有机物分子在一定条件下从分子中脱去一个简单分子（如 HX、H_2O 等），同时形成不饱和键的反应称为消去反应（elimination reaction）。如：

$$\underset{\underset{H}{|}}{CH_2}-\underset{\underset{OH}{|}}{CH_2} \xrightarrow[160-180\ ℃]{浓\ H_2SO_4} CH_2=CH_2+H_2O$$

$$(CH_3)_2\underset{\underset{Cl}{|}}{C}-\underset{\underset{H}{|}}{CH_2}+C_2H_5ONa \longrightarrow (CH_3)_2C=CH_2+NaCl+C_2H_5OH$$

$$CH_3\underset{\underset{Br}{|}}{CH}-\underset{\underset{H}{|}}{CH}-CH_3+KOH \xrightarrow[\triangle]{醇} CH_3CH=CHCH_3+KBr+H_2O$$

$$C_2H_5-OH+HO-C_2H_5 \xrightarrow{浓\ H_2SO_4,\ 140\ ℃} C_2H_5-O-C_2H_5+H_2O$$

(四) 缩合反应

从相同或不同的有机物分子中除去小分子（如：HX、H_2O、NH_3、C_2H_5OH 等）的反应称为缩合反应（condensation reaction）。如：

$$C_2H_5OH+CH_3COOH \underset{}{\overset{H_2SO_4}{\rightleftharpoons}} CH_3\overset{\overset{O}{\|}}{C}OCH_2CH_3+H_2O （酯化反应）$$

$$2CH_3CHO \xrightarrow[\triangle]{稀碱} CH_3CH=CHCHO+H_2O （羟醛缩合反应）$$

缩合反应可看作是在反应物间先发生了加成反应，加成产物在催化剂存在或加热条件下，容易失去水或其他小分子，而变成含双键的化合物，因此综合反应实际上是一种加成—消去反应。如：

$$C_6H_5-CHO + CH_2(COOC_2H_5)_2 \xrightarrow{\text{哌啶}}$$

$$C_6H_5-CH=C(COOC_2H_5)_2 + H_2O$$

$$CH_3-\overset{O}{\underset{\|}{C}}-CH_3 + H-\overset{O}{\underset{\|}{C}}-H + HN(C_2H_5)_2$$

$$\xrightarrow{H^+} CH_3-\overset{O}{\underset{\|}{C}}-CH_2-CH_2-N(C_2H_5)_2 + H_2O$$

$$C_6H_5-CHO + C_6H_5-CHO \xrightarrow{CN^-} C_6H_5-\overset{O}{\underset{\|}{C}}-\overset{OH}{\underset{H}{C}}-C_6H_5$$

$$CH_3\overset{O}{\underset{\|}{C}}-OC_2H_5 + H-CH_2-\overset{O}{\underset{\|}{C}}-OC_2H_5 \xrightarrow{NaOC_2H_5}$$

$$CH_3-\overset{O}{\underset{\|}{C}}CH_2\overset{O}{\underset{\|}{C}}-OC_2H_5 + C_2H_5OH \quad (\text{claisen 酯缩合反应})$$

（五）重排反应

烃基（或其他基团）从一个原子迁移到另一个原子上或分子内碳原子骨架发生改变（含环的扩大、缩小）或重键位置改变的反应，称为重排反应（rearrangement reaction）。

$$CH_3-\underset{\underset{OH}{|}}{\overset{\overset{CH_3}{|}}{C}}-\underset{\underset{OH}{|}}{\overset{\overset{CH_3}{|}}{C}}-CH_3 \xrightarrow{H_2SO_4} CH_3-\underset{\underset{CH_3}{|}}{\overset{\overset{CH_3}{|}}{C}}-\overset{O}{\underset{\|}{C}}-CH_3 + H_2O$$

（2,3-二甲基-2,3-丁二醇）　（甲基叔丁基甲酮）

$$(CH_3)_3C-CH_2OH + HBr \longrightarrow (CH_3)_2-\underset{\underset{Br}{|}}{C}-CH_2CH_3 + H_2O$$

（六）氧化还原反应

有机物发生加氧或去氢的反应，称为氧化反应（oxidation）；

发生去氧或加氢的反应为还原反应（reduction）。

①氧化反应。如：

$$CH_2=CHCH_3 + \frac{9}{2}O_2 \longrightarrow 3CO_2 + 3H_2O$$

$$3CH_2=CH_2 + 2KMnO_4(冷,稀) + 4H_2O \longrightarrow 3CH_2\underset{|}{\text{—}}CH_2 + 2KOH + 2MnO_2\downarrow$$
$$\qquad\qquad\qquad\qquad\qquad\qquad\qquad OH\ \ OH$$

$$C_6H_5\text{—}CH_3 \xrightarrow{Na_2Cr_2O_7 + H_2SO_4} C_6H_5\text{—}COOH$$

②还原反应。如：

$$CH_2=CHCHO + H_2 \xrightarrow{Ni} CH_3CH_2CH_2OH$$

$$C_6H_5\text{—}\overset{\overset{O}{\|}}{C}\text{—}CH_3 \xrightarrow{Zn-Hg+HCl} C_6H_5\text{—}CH_2\text{—}CH_3$$

$$C_6H_5\text{—}COOH \xrightarrow[②H_2O]{①LiAlH_4 \text{ 或 } B_2H_6} C_6H_5\text{—}CH_2OH$$

第二节 与社会生活密切相关的有机化合物

一、烃

（一）烃

在分子中只含有氢和碳两种元素的有机化合物称为碳氢化合物，简称烃（Hydrocarbons）。

从组成上看，烃是最简单的有机物，它是众多有机物的母体，其它各类有机物可以看作是烃的衍生物（derirative）。

烃种类很多，据烃分子中碳原子相连接的方式不同，可将烃分为两大类：链烃（chain hydrocarbon）和环烃（cyclic hydrocarbon）。

烃 的 分 类

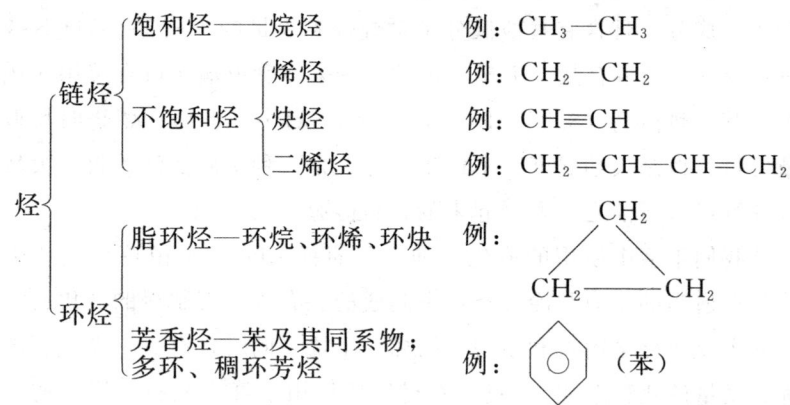

1. 烷烃

碳原子均以单键相连的烃称为烷烃（alkane），为饱和烃。烷烃是原油（crude oil）的组分之一。

最简单的烷烃是甲烷，分子式为 CH_4。甲烷分子是正四面体型。除甲烷，人们还从天然气和石油中分离出了乙烷、丙烷、丁烷、戊烷等烷烃。

在烷烃分子中，碳的一个 2s 电子激发到 2p 轨道上，然后一个 2s 轨道与三个 2p 轨道杂化形成 4 个 sp 杂化轨道，它们都具有正四面体结构特征。烷烃的元素组成通式为 C_nH_{2n+2}。

烷烃是饱和烃，分子中只存在牢固的 C—Cσ 键和 C—Hσ 键，所以烷烃具有高度的化学稳定性。在室温下，烷烃与强酸（如 H_2SO_4、HCl）、强碱（如 NaOH、KOH）、强氧化剂（如 $K_2Cr_2O_7$、$KMnO_4$）、强还原剂（如 Zn）都不发生反应或反应速率极其缓慢。但烷烃在光照、高温或催化剂作用下可发生卤化反应。

烷烃能在空气中燃烧生成二氧化碳和水，并放出大量的热，因此成为工业上重要的能源和热源，如天然气、液化石油气、汽油、柴油等。

$$CH_4 + 2O_2 \xrightarrow{\text{燃烧}} CO_2 + 2H_2O$$

天然气（natural gas）是蕴藏于地下的可燃气体，是以 CH_4 为主要成分，且含有其他低分子量烷烃和少量的 H_2、N_2、H_2S 或 SO_2 等气体的混合物。天然气由钻井开采、管道输送可直接用作燃料。其发热值高（$3.35\times10^4\sim6.28\times10^4 kJ\cdot mol^{-1}$），燃烧时易调节气量、控制火焰温度、不产生灰分，是一种优质清洁燃料。天然气是继煤、石油之后发展起来的较新能源。

我们生活中使用的液化石油气（简称 LPG）是由炼厂气或天然气在适当的压力和冷冻条件下制成的。有炼厂气制得的液化石油气的主要成分是丙烷和丁烷及丙烯、丁烯（同时含有少量戊烷、戊烯、微量硫化物杂质）。我国农村广泛使用沼气为燃料，沼气的主要成分是甲烷，它可以通过以下方法制备：在约 25 ℃ 的温度下，让含水 90% 左右的粪便、杂草、垃圾等在密闭的发酵池内发酵，经过嫌气性甲烷菌的作用，发酵 3～5 天，即有甲烷和二氧化碳产生，如能定时按比例取出旧料、放入新料，沼气就能连续使用。发酵过程还可以杀死大量病菌，剩余液态混合物是优良有机肥，还可做鱼饲料，真是一举多得。

烷烃主要来源于天然气和石油。动植物体内也有某些特殊烷烃存在，并以含奇数碳原子的烷烃为主。

有些植物的叶面、果皮（如烟叶、苹果）上的蜡质中含有少量高级烷烃。如卷心菜叶的蜡质含有 $C_{29}H_{60}$ 的烷烃、苹果皮蜡质含 $C_{27}H_{56}$ 和 $C_{29}H_{60}$ 的烷烃等。

某些昆虫的分泌物中也会有烷烃，如蜂蜡中含有 $C_{27}H_{56}$ 及 $C_{31}H_{64}$ 的烷烃。有的昆虫能分泌出传递信息的化学物质，称"昆虫外激素"。如某种蚂蚁的信息素中含有正十一烷和正十三烷；虎蛾的性诱激素被证实为 2-甲基十七烷；雌蘑菇蝇分泌出可引诱雄蝇的物质，其主要作用的是十七烷。这样我们可以人工合成某些高级烷烃来影响害虫嗅觉中枢的变化，以达到诱杀的目的。

2. 新型能源——"可燃冰"

1983年在墨西哥湾深海中的天然冒油点采取岩芯样品时首次发现海底天然气水合物，可以燃烧的"冰"——俗称"可燃冰"。它是由一种碳氢气体分子和水分子组成的结晶状简单化合物，通常是CH_4分子进入冰晶体的空隙中形成（一体积可燃冰可储载100～200倍体积的CH_4气体），其外形如冰雪状，可燃冰是甲烷在低温高压条件下吸入水分子而形成的结晶体，它极易燃烧且烧后几乎不留任何残渣。从1999年开始，我国科学家经两年多调查，在南海海域某区圈出大约8000平方公里的"可燃冰"分布面积，在采集的高分辨率多道地震剖面上，初步鉴别出在400多公里地震剖面上存有"可燃冰"矿藏的显示标志。由于天然可燃冰呈固态，如果把它从海底到海面一块块搬出，在从海底到海面的运送过程中CH_4就会挥发完，同时给大气造成巨大危害，因此可燃冰的开采方法是个关键问题。总之，"可燃冰"有望成为21世纪替代石油、煤、天然气的新型能源矿产。

（二）石油

1. 石油的组成及分类

石油（petroleum）是一大类液体矿物燃料，开采出的天然石油又称原油。石油是粘稠的油状液体，有臭味，通常呈褐色或青褐色。不溶于水，比水轻，密度一般介于$0.75～1.0\ g/cm^3$之间。

石油成分非常复杂，是多种烃类的混合物，主要成分是烷烃、环烷烃和芳烃（一般不存在烯烃），其组分随产地而异。中国大庆和任丘的石油以烷烃为主；新疆、辽河和胜利产的是烷烃、环烷烃混合基石油；台湾省的石油则以芳香烃为主。

石油的主要组成元素是碳和氢，其中碳占83%～87%，氢占11%～14%，氢、碳原子比约为1.65～1.95。此外尚含有少量硫（0.06%～8.00%）、氮（0.02%～1.70%）、氧（0.08%～1.82%）以及微量金属元素（镍、钒、铁、铜等）。

按石油蒸馏所得 250 ℃前的馏分和渣油组成,可把石油分成三类:①石蜡基(或烷烃基)石油。指含烷烃为主的石油,蒸馏后渣油中主要成分为石蜡。我国大多数石油,如大庆、玉门的石油属这一类。②沥青基(或环烷基)石油。指含环烷烃多的石油蒸馏后渣油中主要成分是沥青。我国胜利油田和大多数中东地区的石油属这一类。③混合基(或中间基)石油。即石油蒸馏后的渣油中兼有石蜡和沥青。我国克拉玛依石油即属这一类。

2. 石油的炼制

从地下开采出来未经加工处理的原油,不能直接使用,必须经加工处理,把它变成各种石油产品。

石油炼制指石油经物理或化学方法处理得到各种馏分或理化性质相近的组分,再精制除去有害杂质并进一步加工制得各种石油产品的过程。习惯上将石油炼制过程大致分为一次加工、二次加工、三次加工过程。

(1)一次加工——原油蒸馏

是将石油用蒸馏的方法分离成轻重不同的馏分的过程,它包括原油预处理、常压蒸馏和减压蒸馏。石油各馏分的组成用途见表8-2。

表 8-2 石油各馏分的组成和用途

馏 分	产物名称		组 分	分馏区间	用 途
炼厂气	石油气		$C_1 \sim C_2$	<0 ℃	化工原料、燃料
	液化石油气		$C_1 \sim C_4$	<30 ℃	化工原料、燃料
轻质馏分	粗汽油	石油醚	$C_5 \sim C_6$	40 ℃~60 ℃	溶剂
		汽油	$C_5 \sim C_8$	30 ℃~150 ℃	溶剂、内燃机燃料
		溶剂汽油	$C_7 \sim C_{10}$	120 ℃~175 ℃	化工原料
	煤油	航空煤油	$C_{10} \sim C_{15}$	145 ℃~245 ℃	喷气飞机燃料
		煤油	$C_{11} \sim C_{16}$	160 ℃~310 ℃	燃料、工业洗油
中油		柴油	$C_{15} \sim C_{25}$	340 ℃~400 ℃	燃料
		轻质润滑油	$C_{18} \sim C_{22}$	>300 ℃	润滑剂

续表

馏 分	产物名称	组 分	分馏区间	用 途
重油	柴油	$C_{15} \sim C_{25}$	340 ℃~400 ℃	燃料
	润滑油	$C_{18} \sim C_{22}$	>350 ℃	润滑剂
	凡士林	$C_{18} \sim C_{22}$	>350 ℃	制药、防锈涂料
	石蜡			制皂、蜡烛、脂肪酸
	石油焦	$C_{20} \sim C_{24}$	>350 ℃	制电极、电石等
渣油	沥青	$>C_{30}$	不挥发	铺路及建筑材料

自地层开采出的石油常含有沙粒、黏土、盐类和水等，经过脱水、脱盐，除去杂质后，加热到 350~470 ℃，使它汽化，然后送常压分馏塔进行分馏。一次加工产品可以粗略的分为：(1) 轻质馏分油，指沸点在 370 ℃以下馏出油，如粗汽油、粗煤油、粗柴油等。(2) 重质馏分油，指沸点在 370~540 ℃左右的重质馏分油，如重柴油，各种润滑油馏分、裂化原料等。(3) 渣油（又称残油），习惯上将原油经常压蒸馏所得的塔底油称为重油（也称常压渣油、半残油、拔头油等）。

从常压分馏塔的塔顶出来的是汽油，塔底是重油，在塔的中间开几条侧线，即得到沸点介于两者之间的煤油、轻柴油、重柴油等产品。留在塔底的重油中含有重柴油、润滑油、石蜡、沥青等，若在常压下蒸馏这些产品必须升温，可在高温条件下会导致高沸点烃分解，影响润滑油质量，更严重的还会出现炭化、结焦、损坏设备，因此要通过减压来分离。把常压塔底放出的重油加热到 400 ℃左右，送入减压塔蒸馏，就可把原来沸点约在 700 ℃以下的各种烃分离成重柴油和润滑油等。最后在减压塔底必剩下的是沸点更高、难以蒸馏的减压重油（俗称渣油）。

(2) 二次加工过程——裂化、裂解和重整

石油中重油含量较多（约占 60%），轻质油含量较少。石油经过常减压蒸馏得到的直馏汽油，一般产率只有 16%~20%左右，最高不超过 25%，而且质量不高，为了提高轻质油的产量和质量并获得其他化工原料，因此要对石油进行二次加工，主要是指将重

质馏分油和渣油经过各种裂化生产轻质油的过程，包括催化裂化、热裂化、石油焦化、加氢裂化等。其中石油焦化本质上也是热裂化，但它是一种完全转化的热裂化，产品除轻质油外还有石油焦。二次加工过程有时还包括催化重整和石油产品精制。前者是使汽油分子结构发生改变，用于提高汽油辛烷值或制取轻质芳烃（苯、甲苯、二甲苯）；后者是对各种汽油、柴油等轻质油品进行精制，或从重质馏分油制取馏分润滑油，或从渣油制取残渣润滑油等。

石油热分解是在热的作用下（不用催化剂）使重油变为轻质油（如汽油、煤油）的过程。其中，热裂化一般在 2～5 MPa 下，加热到 500～600 ℃左右。而裂解温度在 700 ℃以上，裂解又叫深度裂化，在此过程中，烷烃通过复杂的反应，转变为乙烯、丙烯、丁二烯、乙炔等基本有机合成原料。催化裂化是以硅酸铝为催化剂在较低压力（0.1～0.2 MPa）和较低温度（450～500 ℃）下将大分子群（重馏分）裂解成小分子群（轻质油）的加工过程。裂化过程中的化学变化非常复杂。经过裂化，不仅可使 70% 的重油转化为汽油、煤油和柴油等，而且裂化产物中支链烃、环烷烃和芳香烃增加。这些烃类的辛烷值都比较高，所以它是增产汽油和制取优质汽油的有效方法。

催化重整是烃类在催化剂的作用下，对分子进行重新整理，得到所希望结构的化合物，也叫分子剪裁的过程。所谓石油的催化重整，就是把沸点范围为 60～130 ℃的直流汽油（含有 C_6～C_8 的支链烷烃和一部分环烷烃）在 490～530 ℃，1.8～2.5 MPa 和催化剂作用下使直链烷烃和环烷烃分子结构重新调整，以提高汽油的辛烷值并得到大量芳香烃的化学过程。重整后得到的产物叫重整油，是芳香烃和非芳香烃的混合物。其中芳香烃可以从原来的 2% 左右增至 30%～50%。经过溶剂萃取、分馏就可以分离得到苯、甲苯、二甲苯等。留下的部分，含有较多的支链烷烃和环烷烃，是高辛烷值的优质汽油。

(3) 三次加工过程——炼厂气加工

指二次加工产生的炼厂气，主要成分为 C_4 以下的烷烃、烯烃以及氯气和少量氮气、二氧化碳等气体为原料，通过石油烃烷基化、石油烃异构化和烯烃叠合等过程制取炼厂油品组分（如高辛烷值的汽油组分等）和石油化工原料的过程。

（三）烯烃、聚乙烯

1. 烯烃

分子中含有碳碳双键的烃叫做烯烃。下面是几个简单的烯烃：

$CH_2=CH_2$　　$CH_3-CH=CH_2$　　$CH_3-CH=CH-CH_3$　　

乙烯(C_2H_4)　　丙烯(C_3H_6)　　　乙—丁烯(C_4H_8)　　环己烯(C_6H_{10})

烯烃中构成双键的碳原子以 sp^2 杂化轨道沿键轴相互重叠构成 σ 键，其未参与杂化的 2p 轨道相互从侧面重叠形成了 π 键，见图 8-1，碳碳双键轨道重叠的模型可以预测乙烯分子中 H—C—C 键角约是 120°，实际测定的结果为 121.6°与预测值相近。取代的烯烃与预测值 120°偏差要稍大些，如丙烯中实测键角为 124.7°。

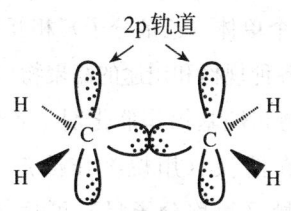

(a) 两个碳原子的 sp^2 轨道重叠形成σ键。2p 轨道尚未重叠

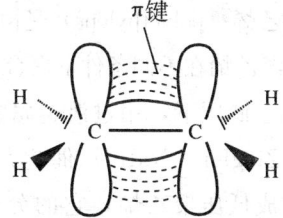

(b) 平行的两个 2p 轨道重叠形成π键

图 8-1　碳原子以 sp^2 杂化轨道形成乙烯分子示意图

碳碳双键又叫烯键，是烯烃的官能团。单烯烃的元素组成通式为C_nH_{2n}。

由于烯烃的碳碳双键是由一个σ键和一个π键组成的，而π电子离核较远，π键侧面交叠重叠程度小，因此π键一般都极易打开。烯烃的化学活性主要是由π键的不稳定性引起的。烯烃主要发生加成、氧化、聚合反应。

①氧化反应 烯烃能被空气中的氧和多种氧化剂氧化，氧化产物主要取决于氧化剂的种类及反应条件。如：

$$CH_2=CH_2 \xrightarrow[\text{低温}]{KMnO_4} \underset{\underset{OH}{|}}{CH_2}-\underset{\underset{OH}{|}}{CH_2} \quad (乙二醇)$$

$$2CH_2=CH_2+O_2 \xrightarrow[250\ ℃]{Ag} 2H_2C\underset{O}{\underset{\diagdown\diagup}{\quad}}CH_2 \quad (环氧乙烷：制环氧树脂原料)$$

②聚合反应，在催化剂作用下，烯烃分子能互相结合，生成高分子化合物，这种反应叫聚合。

2．聚乙烯

聚乙烯（polyethylene）是由数千个单体（乙烯分子）相互加成聚合而成。乙烯在不同条件下聚合生成各种规格和用途的高聚物。

如在低压下，用过渡金属氯化物和烷基铝作催化剂〔齐格勒—纳塔（Ziegler-Natta）催化剂〕，在溶液（用烷类作溶剂）中聚合，生成低压聚乙烯，它的分子质量（简称分子量）可达 20～30 万，产物的密度也高，称高密度聚乙烯。

$$n\ CH_2=CH_2 \xrightarrow[\text{2 MPa, 60 ℃}]{TiCl_4-Al(C_2H_5)_3} \{CH_2-CH_2\}_n \quad 低压聚乙烯。$$

在高压下，乙烯聚合物生成高压聚乙烯：

$$n\ CH_2=CH_2 \xrightarrow[\text{100 MPa, 500 ℃}]{O_2} \{CH_2-CH_2\}_n \quad 高压聚乙烯$$

高压聚乙烯分子量达 5 万左右，由于需高压，在工艺、设备上困难较多。

丙烯也可在低压条件下生成聚丙烯：

$$n\,CH_2=\underset{CH_3}{CH} \xrightarrow[1\sim1.5\,MPa,\,50\sim60℃]{TiCl_4/Al(C_2H_5)_3} \left[CH_2-\underset{CH_3}{CH}\right]_n \text{聚丙烯}$$

其他取代乙烯 $CH_2=\underset{R}{CH}$ 亦可发生均聚反应，当 R 为 $-Cl$、$-C_6H_5$、$-CN$ 时，高聚物分别为聚氯乙烯、聚苯乙烯、聚丙烯腈。它们的结构如下：

$$\left[CH_2-\underset{Cl}{CH}\right]_n \text{聚氯乙烯(塑料)} \qquad \left[CH_2-\underset{C_6H_5}{CH}\right]_n \text{聚苯乙烯} \qquad \left[CH_2-\underset{CN}{CH}\right]_n \text{聚丙烯腈(腈纶)}$$

以上各高聚物结构式中 n 表示链节数，叫做聚合度（degree of polymerization）。

另外，烯烃共聚反应（即两种或两种以上的单体进行的加聚反应），如乙烯和丙烯按一定比例共聚，可得到一种具有橡胶性质的合成橡胶——乙丙橡胶：

$$n\,CH_2=CH_2+m\,\underset{CH_3}{CH=CH_2} \longrightarrow (CH_2-CH_2)_n\left(\underset{CH-CH_2}{CH_3}\right)_m \text{乙丙橡胶}$$

乙烯产品系传统的高分子合成材料，虽然现在有许多新型材料诞生，但它目前仍然在工农业生产、交通、医药、军事等许多方面发挥着巨大的作用。

（四）芳香烃

分子中含有苯环结构的烃类，称为芳香烃，简称芳烃（arene）。而芳香族化合物（aromatic compound）是指含有苯环（包括苯和苯的衍生物）或虽然结构上与苯环有很大差别，但性质上类似于苯的一类化合物。它们共同特点为：在结构上是一类具有高度不饱和性的环状化合物,而在性质上却表现为稳定并不易发生加成反应,不易氧化,但容易发生取代反应,将这些性质概括为芳香性。

1. 芳香烃的分类与命名

(1) 芳香烃的分类

芳香烃根据其分子中是否有苯环,可分为苯型芳烃和非苯芳烃两大类。苯型芳烃可进行如下分类

① 单环芳香烃

分子中只含有一个苯环的结构,如:

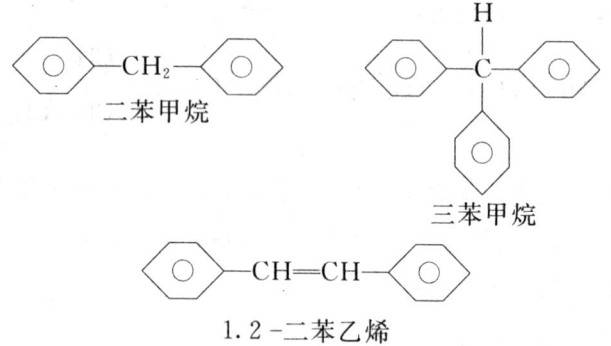

② 多环芳香烃

分子中含有两个或两个以上的苯环,而这些苯环以单键或通过烃基相互联结。

i) 多苯代烃 这类化合物可以作为脂肪烃,分子中两个或两个以上氢原子被苯基取代的产物,如:

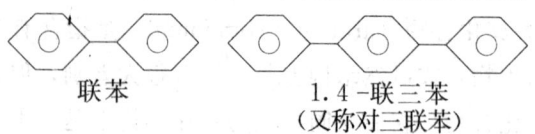

ii) 联苯型芳烃 苯环之间以单键直接相连的芳烃,如:

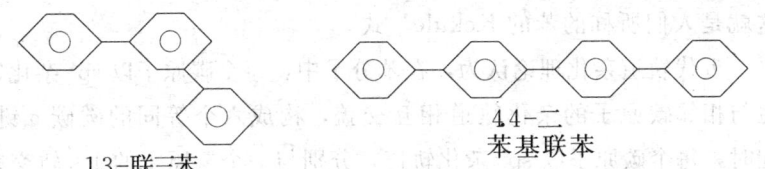

1,3-联三苯　　　　　4,4-二苯基联苯

iii) 稠环芳烃　两个或两个以上的苯环彼此共用两个相邻的碳原子稠和而成的芳烃。

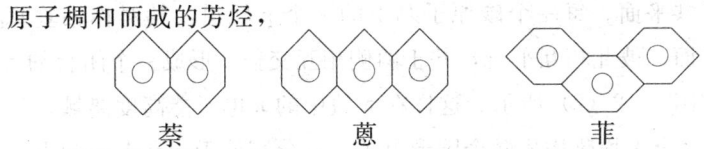

萘　　　　蒽　　　　菲

③非苯芳烃

指分子中不含苯环的芳烃。如：

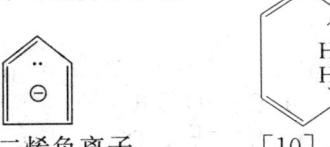

环戊二烯负离子　　　[10]-轮烯

(2)（芳香烃命名详见附录）

2. 苯和稠环芳烃

(1) 苯

① 苯的结构

关于苯的结构，一百多年来一直引起科学家的关注，1865 年 Kekule，首先提出了著名的环状结构：苯分子中六个碳原子组成一个对称的环，环上的碳原子分别交替以单键和双键相连，每个碳原子上连有一个氢原子，如下式所示：

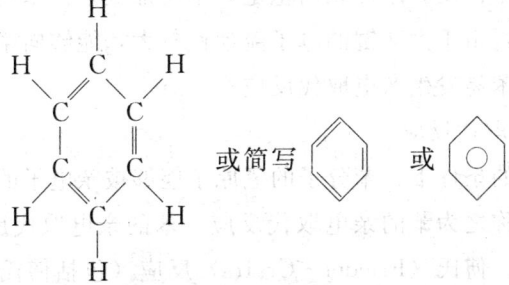

这就是人们所称的苯的 Kekule' 式。

近代轨道杂化理论认为，在苯分子中，每个碳原子以 sp^2 杂化轨道与相邻碳原子的杂化轨道相互交盖，构成六个等同的碳碳 σ 键。同时，每个碳原子以 sp^2 杂化轨道，分别与一个氢原子的 1s 轨交盖构成六个相同的碳氢 σ 键，如图 8-2 (1) 所示。这六个碳原子和六个氢原子共平面。每一个碳原子剩下的一个 p 轨道，其对称轴垂直于这个平面，彼此相互平行，并于两侧相互交盖，形成一个闭合的 π 轨道，如图 8-2 (2) 所示。这样在 π 轨中的 π 电子能高度离域，使 π 电子云完全平均化构成两个圆形电子云，分别处于苯环上面和下面如图 8-2 (3) 所示，从而使能量降低，苯分子变得稳定。

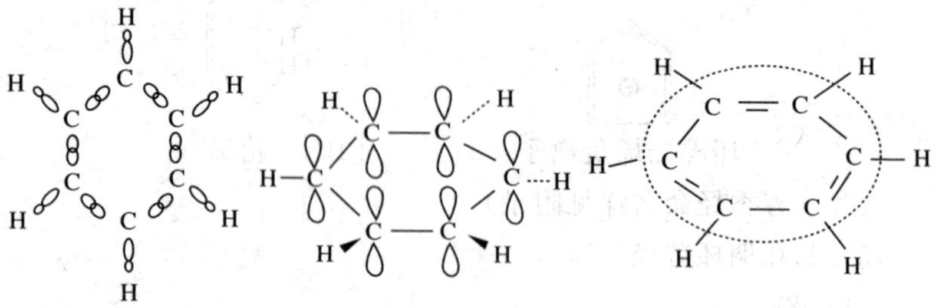

图 8-2　苯分子的轨道结构

②苯的性质

苯的结构表明，在苯环中不存在一般的碳碳双键，因此它不具备烯烃的典型性质。苯环相当稳定，不易加成。但苯具有一个封闭的共轭体系，由于大 π 键的电子流动性较大，能够向亲电试剂提供电子，因此苯易发生亲电取代反应。

i) 亲电取代反应

在适当的条件下，苯分子的氢原子能够被亲电子的原子或原子团所取代，称之为苯的亲电取代反应。苯的亲电取代反应有卤化、硝化、磺化、傅氏（Friedel-Crafts）反应（包括傅氏烷基化和傅氏酰基化）等。

卤化 $\bigcirc$ +X_2 $\xrightarrow[\text{FeX}_3]{\text{Fe}}$ $\bigcirc$-X （卤代苯）+HX

硝化 $\bigcirc$ +HO—NO_2 $\xrightarrow[50\sim60\ ℃]{H_2SO_4}$ $\bigcirc$-NO_2 （硝基苯）+H_2O

磺化 $\bigcirc$ +HO—SO_2H $\xrightleftharpoons{\triangle}$ $\bigcirc$-SO_3H （苯磺酸）+H_2O

傅氏烷基化 $\bigcirc$ +RX $\xrightarrow{\text{无水 AlCl}_3}$ $\bigcirc$-R （烷基苯）+HX

傅氏酰基化 $\bigcirc$ +R—$\overset{O}{\overset{\|}{C}}$—Cl $\xrightarrow{\text{无水 AlCl}_3}$ $\bigcirc$-$\overset{O}{\overset{\|}{C}}$-R （芳香酮）+HCl

制取染料、医药、合成洗涤剂时，都要通过磺化反应。如作为洗衣粉的阴离子的表面活性剂-十二烷基苯磺酸钠，其主要制取反应如下：

$$C_{12}H_{26}+Cl_2 \xrightarrow{\text{紫外光}} C_{12}H_{25}Cl+HCl$$

$$\bigcirc +C_{12}H_{25}Cl \xrightarrow[50\sim55\ ℃]{\text{无水 AlCl}_3} \bigcirc\text{-}C_{12}H_{25}+HCl$$

$$\bigcirc\text{-}C_{12}H_{25}+H_2SO_4(\text{浓}) \xrightarrow{40\sim45\ ℃} HSO_3\text{-}\bigcirc\text{-}C_{12}H_{25}+H_2O$$
（十二烷基苯磺酸）

$$C_{12}H_{25}-\underset{}{\bigcirc}-SO_3H + NaOH \longrightarrow$$
$$C_{12}H_{25}-\underset{}{\bigcirc}-SO_3Na + H_2O$$

ii) 加成反应

在一般情况下，苯不发生加成反应，但在特殊条件下，它可以和氢、氯等起加成反应。

$$\bigcirc + 3H_2 \xrightarrow[\triangle]{Ni} \bigcirc \quad 环己烷$$

$$\bigcirc + 3Cl_2 \xrightarrow{日光或紫外光} \begin{array}{c}Cl\\[-2pt]\text{(六氯环己烷结构)}\end{array}$$

1、2、3、4、5、6-六氯环己烷
（俗称六六六）

iii) 氧化

在较高的温度下及特殊催化剂作用下，苯可被空气中的氧氧化开环，变成顺丁烯二酸酐。

$$2\bigcirc + 9O_2 \xrightarrow[400\sim 500\ ℃]{V_2O_5} \begin{array}{c}HC-C\overset{O}{\underset{}{\diagdown}}\\ \parallel \quad\quad O\\ HC-C\overset{}{\underset{O}{\diagup}}\end{array} + 4CO_2 + 4H_2O$$

（顺丁烯二酸酐）

苯是无色透明的带有一点特殊气味的液体。相对密度 0.879，熔点 5.5 ℃，沸点 80.1 ℃，苯不能溶于水，但能溶于醇、醚等有机溶剂，它本身也能溶解许多有机物，是通常的有机溶剂。苯蒸气有毒，能损坏造血器官和神经系统。

苯及其同系物是目前室内装修材料中释放的有毒气体（可以致癌）。其最大的危害是造成再生障碍性贫血，甚至白血病的发生。短时间高浓度接触可对神经系统产生影响，长时间低浓度接触会引起 7 种神经衰弱症候群，如头疼、头晕、恶心、呕吐、失眠、多梦等。在 2002 年春节前后在河北高碑店东马营乡、白沟镇等地的私人箱包加工厂的外来工中由于长期工作在高浓度苯的恶劣环境中已造成 6 人死亡，11 人患再生障碍性贫血。经分析制造箱包所用的 401 胶中每克含苯 48 mg、甲苯 12 mg，挥发性气体中苯含量高达 72％。

至今苯中毒尚无特效解毒药，但苯中毒完全可以预防的，如涂料行业尽可能用无毒或低毒物质代替苯作溶剂，改进喷漆作业方式，如静电喷漆、漫漆等，粘胶剂的溶剂用汽油或甲苯等毒性低的溶剂，对新装修的居室要经过足够的通风，散去气味后再入住。入住后每天仍要一定时间的通风。（装修时间尽量选择在春末夏初，因夏季高温可以加速材料中有毒气体的释放）

(2) 苯并芘（benzopyrene）

分子式为 $C_{20}H_{12}$，是一种含 5 个环的稠环芳烃，简称 BaP，其结构式为：

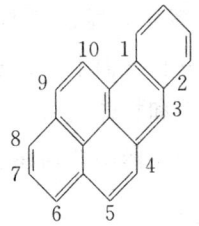

1，2-苯并芘（其同分异构体为 4，5-苯并芘，无毒）

BaP 为公认强致癌物之一。广泛存在于大气、水、土壤、植物体、食品之中。BaP 是由含碳物质燃烧时产生，如被煤烟污染的空气和吸烟产生的烟雾、汽车和柴油机排放的废气中都有。人长期接触 BaP 可能诱发多种癌的产生。而预防 BaP 危害主要控制燃料燃烧而造成的空气污染，尽量少食用油炸、烧烤食品，养成不吸烟习惯，治理汽车尾气排放等。

(3) 稠环芳香烃

由两个或两个以上的苯环彼此共用两个相邻的碳原子连接起来的芳香烃称为稠环芳烃。

稠环芳烃都是固体，相对密度大于1，许多稠环芳烃有致癌的作用。稠环芳烃中比较重要的成员是萘、蒽、菲。它们都有自己特殊的编号方式：

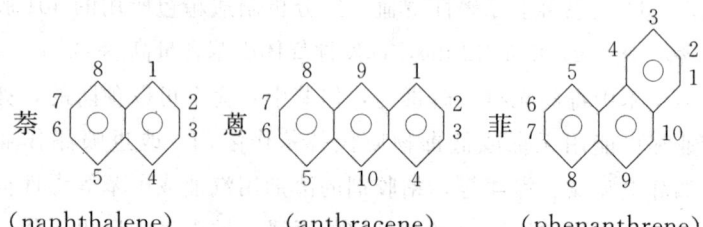

萘是无色片状结晶，燃点80.3 ℃，沸点218 ℃，不溶于水，能溶于苯、乙醚、乙醇等有机溶剂。萘有一种特殊的气味，易升华，常用来驱虫、杀菌、防蛀。人们在日常生活中使用的卫生球其主要成分是萘。

萘、蒽、菲等都是合成染料、药物的主要原料。

多环芳烃是空气中三种有机污染物（多环芳烃、醛类化合物、挥发性有机物）中的一种。多环芳烃由于其在常温下可以蒸发的形式存在空气中，它的毒性、刺激性、致癌性和特殊气味性，会影响皮肤和黏膜，对人体产生急性损害。在家庭装修中特别注意，室内其浓度不能高于 $0.16\sim0.3$ mg/m³。

二、醇

烃分子中的氢原子被羟基（—OH）取代后的生成物称为醇（alcohols）。据醇分子中所含羟基的数目，可以分为一元醇、二元醇、三元醇等。

（一）醇的性质

低级和中级的直链饱和一元醇为无色液体,十二醇开始为蜡状固体。低级醇的沸点比含有相同碳原子数目的烷烃沸点约高 100~200 ℃。

甲醇、乙醇、丙醇都能与水混溶,直链的醇从丁醇开始,在水中的溶解度就显著降低,例如正丁醇和正壬醇的溶解度分别是 8.00 克和 0.088 克,到癸醇几乎不溶于水。

醇的化学性质主要发生在羟基及与羟基直接相连的碳原子上。

醇的化学性质主要有:

①醇羟基中的氢具有一定活性,与活泼金属(如钠)发生置换反应;②醇羟基可与氢卤酸发生取代反应生成卤代烃。如:

$$C_2H_5OH + HBr \xrightarrow{\triangle} C_2H_5Br(溴乙烷) + H_2O$$

③醇羟基可与无机酸、有机酸发生酯化反应生成酯。如:

$$R-OH + HO-\overset{\overset{O}{\|}}{\underset{\underset{OH}{|}}{P}}-OH(磷酸) \longrightarrow R-O-\overset{\overset{O}{\|}}{\underset{\underset{OH}{|}}{P}}-OH(磷酸酯)$$

$$R-\overset{\overset{O}{\|}}{C}-OH(羧酸) + H-OR'(醇) \underset{\triangle}{\overset{浓 H_2SO_4}{\rightleftharpoons}} R-\overset{\overset{O}{\|}}{C}-OR'(酯) + H_2O$$

④脱水反应。在较高温度下发生"分子内脱水"生成烯,在较低温度下发生"分子间脱水"生成醚。

⑤醇在一定条件下可以被氧化成醛、酸或酮。如:

$$CH_3CH_2OH \xrightarrow[-H_2O]{O_2} CH_3\overset{\overset{O}{\|}}{C}H(乙醛) \xrightarrow{O_2} CH_3\overset{\overset{O}{\|}}{C}-OH(乙酸)$$

$$CH_3CH_2-\underset{\underset{OH}{|}}{C}HCH_3(2-丁醇) \xrightarrow[H_2SO_4]{KMnO_4} CH_3CH_2\overset{\overset{O}{\|}}{C}CH_3$$

(二)常见的醇

1. 乙醇

乙醇（ethyl alcohol）是各种酒的主要成分，所以称为酒精。乙醇是无色有酒香的液体，无水乙醇沸点为 78.3 ℃，在 20 ℃时，相对密度是 0.789，能与水混溶。检验乙醇中是否含有水分，可加入少量无水硫酸铜，如果呈现蓝色（$CuSO_4 \cdot 5H_2O$）就证明有水存在。

乙醇与水形成恒沸混合物，沸点 78.15 ℃，其中含乙醇 95.6%，水 4.4%，常用的分析纯试剂和工业酒精即是这种恒沸物。乙醇是重要的有机合成原料，也是重要的有机溶剂，70%～75%乙醇的杀菌能力最强，用作防腐、消毒剂，乙醇的用途极其广泛。

目前工业上生产乙醇方法主要有合成法和发酵法，随着石油化工的发展，工业上用乙烯水合法来大量生产乙醇，但是各种饮用酒类，还是用发酵法制造。发酵法起源我国，远在夏商时代我国劳动人民就已经知道用发酵法制酒。发酵的原料主要是含淀粉的谷物、马铃薯或甘薯等，在酶的催化下，最后变成酒精：

$$(C_6H_{10}O_5)_n \xrightarrow{\text{淀粉酶}} C_{12}H_{22}O_{11} \xrightarrow{\text{麦芽糖酶}} C_6H_{12}O_6 \xrightarrow{\text{酒化酶}} C_2H_5OH + CO_2$$
　　淀粉　　　　　　　麦芽糖　　　　　　葡萄糖

发酵液中酒精的含量约为 12%～15%，经过多次蒸馏才能浓缩到 95.5%。

市场上出售的各种白酒、果酒和黄酒的度数是以酒精在酒中所占的体积百分数来表示。例如，40°的白酒，表示 100 毫升酒中含 40 毫升的酒精。啤酒的度数不是指酒精含量，而是在啤酒制作过程中，麦芽汁中的含糖的浓度。例如，每公斤麦芽汁中含有 120 克糖类物质，该啤酒就是 12 度。而啤酒含酒精大约为 4 度左右。

白酒中由于富含酯类物质而具有特殊香气，形成风味各异的酒类。如泸香型酒的主要香气成分为乙酸乙酯、丁酸乙酯及多元醇、2,3-丁二醇、油酸乙酯、辛酸乙酯、棕榈酸乙酯及 α-联酮等从而具有入口甜、落口绵的风味。另外白酒中含有许多毒素，如以谷类为原料酿造的白酒中甲醇含量不能超过 0.04 mg/100 mL，饮用甲醇超标的酒出现头疼、恶心、胃疼严重时导致眼睛失明，甚至死亡。1998年初，发生在山西朔州的假酒案中，有 26 人中毒死亡，数百人出现中毒症状。而用木薯或果蔬酿造的酒，多含氰化物，每升酒中氰化物不能超过 5 mg，否则也会导致氰化物中毒：轻者头晕恶心、呼吸困难，重则烦躁不安，对光反射消失、昏迷甚至死亡。另外酒中的杂醇油、醛、铅、镉等物质也会对人体造成较大伤害。

由于乙醇的密度、沸点与汽油相近，燃烧值每千克 27 196 kJ，因此一直作为燃料使用：

$$2C_2H_5OH+6O_2=\!\!=\!\!=6H_2O+4CO_2$$

乙醇与汽油混合可直接作为汽车发动机的燃料。(如巴西到1995年已有400万辆汽车靠酒精来驱动)。但近十多年的研究表明，从环境学的角度来看，用乙醇作燃料的汽车，其排放的尾气中虽然 CO 含量低，但却含有大量醛类物质，反而加重了大气的污染。(因为醛类易还原成过氧乙酸硝酸酯，这是能强烈刺激眼和呼吸道以及植物的有毒物质)

2. 甲醇

最初由于甲醇由木材干馏而得，所以称木精或木醇。甲醇(methanol)(CH_3OH)为可燃、无色有毒液体，燃点 $-93.9\ ℃$，沸点 65 ℃，具有乙醇气味，10 mL 可使人失明，30 mL 足以使人致死。

由于甲醇燃烧后只产生 CO_2 和 H_2O，因此是一种无公害的能源，且甲醇成本大大低于乙醇，因此我国专家在用甲醇替代汽油、节约燃料并提高环保功能方面取得重大突破，配制了新型添加剂，研制出了 M19 甲醇汽油。

3. 乙二醇

水溶液的凝固点很低。质量分数为 60% 的乙二醇水溶液凝固点为 $-49\ ℃$，可作内燃机抗冻剂、保护水冷式散热器；还可作除冰剂，除去汽车、飞机上冰霜。

三、醚

醚(ethers)是醇或酚羟基上的氢原子被烃基取代后生成的化合物。醚是一元醇的同分异构体。它的通式可用 R—O—R′，Ar—O—R，Ar—O—Ar 表示。醚的官能团是醚键(C—O—C)。(注：—R 表示烷基，—Ar 表示苯基)

醚分子中与氧原子相连的两个烃基，相同的称为简单醚(如：CH_3—O—CH_3 二甲醚)；不同的称为混合醚(如：CH_3—O—CH_2CH_3 甲乙醚)。

醚的命名是先写出烃基的名称，再写醚字。而在混合醚命名中，按"先小后大，先芳香后脂肪"的原则写出烃基的名称。如：

CH_3CH_2—O—CH_2CH_3 CH_3—O—$(CH_2)_2CH_3$ ⌬—O—CH_3

二乙醚或乙醚   甲丙醚   苯甲醚

最常用的醚是乙醚(diethyl ether)。它是一种无色极易挥发的液体，极易燃，微溶于水，比水轻，沸点为 34.5 ℃。它能溶解许多有机物，是一种重要的溶剂，常用来做天然产物的提取剂。乙醚蒸气与空气混合当体积为 1∶10 时遇火或电火花可引起爆炸，在制备和使用时一定要远离火源，在医疗上作为麻醉剂。

二甲醚(dimethyl ether，简称 DME)又称甲醚，是无色、无毒，具有令人愉快气味的易燃气体。(它主要由合成 CH_3OH 的副产物)它的蒸发热(20 ℃)为 410 mJ·kg^{-1}，爆炸极限为体积分数 3%～7%(空气中)；气体燃烧热为 28.84 kJ·kg^{-1}。

DME 是柴油发动机理想的替代燃料。作为常规发动机代用燃料的甲醇、液化石油气、天然气，它们的 16 烷值均小于 10，只能适于点燃式发动机。而 DME 的 16 烷值大于 55，具有优良的压缩性，适于压燃式发动机，可用作柴油机的代用燃料。

作为民用燃料 DME 比液化气有许多优点。①DME 使用中比液化气安全。因为 DME 在空气中爆炸下限比液化气高一倍；②DME 运输、储存比液化气安全，因为在同等温度下 DME 饱和蒸气压低于液化气；③DME 燃烧性能良好，热效率高，燃烧过程中无黑烟、无残渣，是一种清洁、优质燃料。

最简单的一种环醚是环氧乙烷（ethylene oxide）$H_2C\overset{O}{-\!\!\!-\!\!\!-}CH_2$。它的化学性质非常活泼，能与许多亲核试剂（如水、醇和胺等）作用。它是一个非常重要的原料和合成试剂，可用作仓库的熏蒸剂和材料的气体杀菌剂。

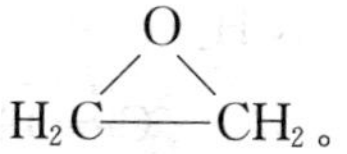

冠醚（crown ether）是含有多个氧（4、5、6 以至更多）的大环醚。如 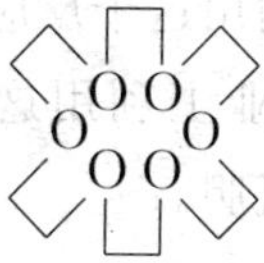 18-冠-6。冠醚命名用"m—冠—n"表示，其中 m 表示成环原子数，n 表示环中氧原子数。冠醚可用来分离金属离子和用作催化剂，制作离子选择电极等。

四、醛、酮、醌

醛（aldehydes）、酮（ketones）、醌（quinone）为烃的含氧衍生物，在分子中均含有羰基，统称为羰基化合物。除甲醛外，醛分子中是羰基与一个烃基和一个氢原子相连。酮是羰基与两个烃基相连的化合物（酮中的羰基也称为酮基）。醌则是一类特殊的不饱和环二酮。如：

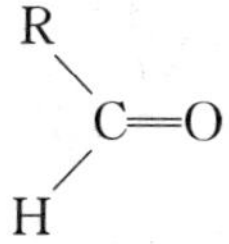

$$\overset{R}{\underset{H}{>}}C=O \text{（醛）} \quad \overset{R}{\underset{R'}{>}}C=O \text{（酮）} \quad O=\!\!\!\!<\!\!\!\!=\!\!\!\!>\!\!\!\!=O \text{（醌）}$$

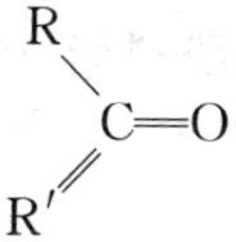

（一）醛、酮

1. 醛、酮的化学性质

由于醛酮都具有活泼的羰基（$\mathrm{C=O}$），化学性质极为相似。但由于酮基和醛基在结构上有差别，所以醛和酮的化学性质存在着差异。

醛酮的羰基能与许多试剂发生加成反应。如：

$$\underset{\mathrm{CH_3}}{\overset{\mathrm{CH_3}}{\mathrm{C}}}\!\!=\!\!\mathrm{O} + \mathrm{HCN} \xrightarrow{\mathrm{NaOH}} \underset{\mathrm{CH_3}}{\overset{\mathrm{CH_3}}{\mathrm{C}}}\!\!\underset{\mathrm{OH}}{\overset{\mathrm{CN}}{\vphantom{\mathrm{C}}}} \xrightarrow[\mathrm{H_2SO_4}]{\mathrm{CH_3OH}} \mathrm{CH_2}\!\!=\!\!\underset{\mathrm{}}{\overset{\mathrm{CH_3}}{\mathrm{C}}}\!\!-\!\!\overset{\mathrm{O}}{\underset{\mathrm{}}{\mathrm{C}}}\!\!-\!\!\mathrm{OCH_3}$$

甲基丙烯酸甲酯（有机玻璃）

醛酮可以加氢还原成醇。

醛酮在性质上最主要区别就是对氧化剂的敏感程度不同。醛非常容易被氧化成相应的羧酸。在医院里就是利用这个反应原理来检查糖尿病患者在尿中含有的多量醛糖；在工业上利用这一反应原理，把银均匀镀在玻璃上，制成镜子及保温瓶胆。

2. 几种重要的醛和酮

许多醛酮是重要的工业原料，有些有重要的生理作用，可以用来制作药物和香料。常见的有甲醛、乙醛和丙酮。

(1) 甲醛

甲醛（formaldehyde）是无色气体，极易溶于水。由于它能改变蛋白质内部的结构而使其凝固，因此它具有杀菌防腐的性能，农业上用它来浸泡种子。常用来保护动物标本的福尔马林就是37%～40%的甲醛水溶液。由于甲醛的还原性及容易聚合的特点，因此可用于制造胶黏剂，被大量用于各类人造板、油漆、墙纸的制造。而生产装饰板使用的胶黏剂以脲醛树脂（$\left[\mathrm{CH_2}\!\!-\!\!\mathrm{N}\!\!-\!\!\overset{\overset{\mathrm{O}}{\|}}{\mathrm{C}}\!\!-\!\!\mathrm{N}\right]_n$ 由甲醛 $\mathrm{CH_2}\!\!=\!\!\mathrm{O}$ 和尿素 $\mathrm{NH_2}\!\!-\!\!\overset{\overset{\mathrm{O}}{\|}}{\mathrm{C}}\!\!-\!\!\mathrm{NH_2}$ 聚合而成）为主，板材中残留的和未参与反应的甲醛会逐渐向周围环境释放。当人吸入辛辣刺激的

甲醛后会引起鼻、咽、喉部刺激,重者胸部感到呼吸困难、头疼、心烦,更甚者发生口腔、鼻腔黏膜糜烂、喉头水肿、痉挛等。新建成未装修住宅及装修不久的居室中,主要污染物是甲醛;甲醛和其他有害气体检出率为100%。我国室内空气质量的卫生标准规定,甲醛的最高容许浓度为 0.08 mg/m³。(2002年1月1日国家质监局公布实施了《室内装饰材料人造板及其制品中有害物质限量》,要求直接用于室内大芯板中甲醛释放量一定要≤1.5 mg/L)检测结果表明,在新建成的未装修的住宅空气中,甲醛超出标准40倍。目前国际上,环保型绿色建材已成为主流,日本现已生产出"零甲醛"的胶合板,奥地利也生产出无毒、无味、高耐磨的"水漆"。

另外,一些不法商贩用甲醛浸泡水发产品(如鱿鱼等),而当人食用含有甲醛的水发产品,会造成甲醛在人体内长期积蓄,会降低人体免疫力,严重的会引起双目失明和肝肾严重损害。如果过量食用,会引起胃肠炎、头晕等急性中毒症状,临床表现为黏膜坏死、肺炎、肺水肿、昏迷、皮肤红斑、丘疹等症。

因此,这种造成空气严重污染、危害人们身体健康的甲醛已经引起了社会的高度广泛重视。

(2) 丙酮、丁二酮

丙酮 ($CH_3-\overset{\overset{O}{\|}}{C}-CH_3$ acetone) 是一种无色透明的液体,易燃烧。它本身是常用的溶剂,广泛用于油漆和人造纤维、有机玻璃、环氧树脂等。

丁二酮 ($CH_3-\overset{\overset{O}{\|}}{C}-\overset{\overset{O}{\|}}{C}-CH_3$) 可以用来做奶油、人造奶油、果糖等食品的增香剂。在喷涂工艺中常用的"香蕉水"就是由酮、醇、芳烃、酯等混合而成的一种稀释剂,它同时也是毒害人身体的易挥发物质,因此使用时一定要注意通风、防毒等措施。

(二) 醌

在有机分子中具有 O=⟨⟩=O 和 [环己二烯二酮] 结构的物质叫醌。最简单的醌即 O=⟨⟩=O 对苯醌、[邻苯醌结构] 邻苯醌。还有各种萘醌、蒽醌等。

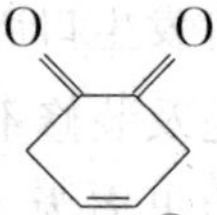

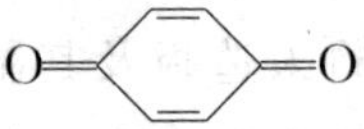

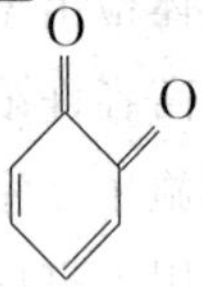

1. 醌的性质

由于分子中含有 $\text{C}=\text{C}$ 键和 $\text{C}=\text{O}$ 键，它们具有烯烃和羰基化合物的典型反应性能，如加成反应和还原反应。

2. 自然界的醌

具有醌式结构的物质都是有颜色的，所以多数醌的衍生物是重要的染料中间体。天然的维生素 K 含维生素 K_1 及 K_2，广泛存在于自然界中，它们能促进凝血酶元的生成，因此可作止血剂。

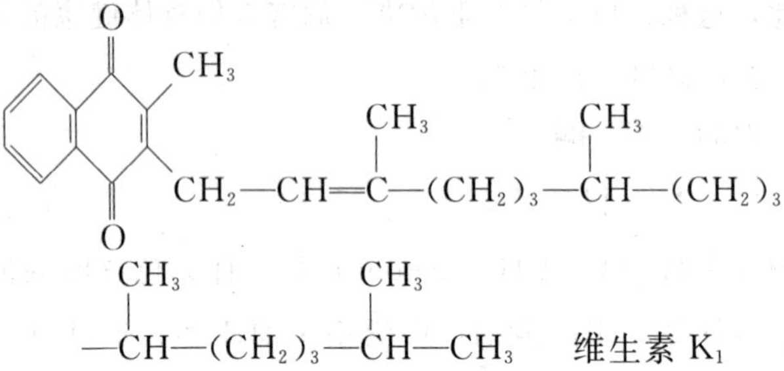

[维生素 K_1 结构式]

$$-\text{CH}_2-\text{CH}=\overset{\text{CH}_3}{\text{C}}-(\text{CH}_2)_3-\overset{\text{CH}_3}{\text{CH}}-(\text{CH}_2)_3-\overset{\text{CH}_3}{\text{CH}}-(\text{CH}_2)_3-\overset{\text{CH}_3}{\text{CH}}-\text{CH}_3$$

维生素 K_1

五、羧酸

烃基和羧基（$-\overset{\overset{\text{O}}{\|}}{\text{C}}-\text{OH}$）相连的物质称为羧酸（carboxylic acide），羧基常简写成—COOH，它是羧酸的官能团。羧酸是一类重要的具有酸性的有机化合物。

（一）性质

饱和一元羧酸中，含一至三个碳原子的为具有强烈酸味的流动液体，含四至九个碳原子的为具有恶臭的油状液体，含十个碳原子以上的为蜡状固体，气味很小。芳香族羧酸及脂肪族二元羧酸都是结晶固体。

羧酸的化学性质主要表现在以下几个方面：

① 弱酸性。$CH_3COOH + H_2O \rightleftharpoons CH_3COO^- + H_3O^+$ 与无机酸类似，与碱作用生成盐。如：

$$CH_3COOH + NaOH \longrightarrow CH_3COONa + H_2O$$

② 羧基中羧基的取代反应：

$$2CH_3COOH \longrightarrow CH_3\overset{O}{\overset{\|}{C}}O\overset{O}{\overset{\|}{C}}CH_3 \quad （乙酸酐）$$

$$2CH_3COOH + (NH_4)_2CO_3 \longrightarrow 2CH_3\overset{O}{\overset{\|}{C}}-ONH_4 + CO_2 + H_2O$$

$$CH_3\overset{O}{\overset{\|}{C}}-ONH_4 \xrightarrow{缓慢蒸馏} CH_3\overset{O}{\overset{\|}{C}}-NH_2 + H_2O$$

乙酰胺

当羧酸中的羧基被烷氧基（RO—）取代所生成的化合物称为酯（ester），即酯化反应：如

$$CH_3COOH + CH_3CH_2OH \longrightarrow CH_3COOCH_2CH_3 \quad （乙酸乙酯）$$

羧酸酯广泛存在于自然界。水果、花卉所特有的芳香是酯类（及醛类、萜类）化合物的气味。水果的芳香是多种香气成分的混合物。单独明确特定的果香物质可以作为食物香精。如香蕉的香气是乙酸戊酯 $CH_3COO(CH_2)_4CH_3$，苹果的香气是 2-甲基丁酸乙酯（而梅花香气是苯甲醛）。

(二) 几种重要的羧酸

1. 苯甲酸（C_6H_5COOH）俗称安息香酸，白色片状晶体，微溶于水；能溶于热水、四氯化碳；易溶于乙醇。有抑制微生物生长的作用，可作食品防腐剂，是制备染料、香料和医药的原料。由于苯甲酸及其钠盐在人体内会转化为马来酸（maleic acid 即顺丁烯二酸），全部从尿中排出，因此对人无毒害作用。

2. 乳酸（$CH_3CHOHCOOH$）是由牛乳葡萄糖溶液、淀粉发酵而成，它是酸奶的主要成分。

3. 乙二酸（HOOC—COOH）俗称草酸，无色晶体，有毒；易溶于水和乙醇。可用做还原剂和漂白剂。在人们日常食用的菠菜中富含草酸（每百克中约含 0.3 克）。在生活中常用草酸去除衣服上的墨水渍和铁锈。

4. 十八烷酸（$C_{17}H_{35}COOH$）俗称硬脂酸，白色片状固体，熔点 69～70 ℃，溶于乙醇、丙酮；易溶于苯、四氯化碳。用于制备润湿剂、化妆品、电气绝缘材料等。

5. 十六烷酸（$C_{15}H_{31}COOH$）俗称软脂酸，白色鳞片状固体，熔点 63～64 ℃，易溶于热乙醇。用于制备润滑剂、聚氯乙烯的增塑剂、稳定剂、防冻剂、肥皂等。

6. 十八碳-9-烯酸（$C_{17}H_{33}COOH$）俗称油酸，无色油状液体，凝固点 4 ℃，溶于醇、苯、氯仿及其他油类。暴露于空气中易被氧化。其铝盐、钴盐是涂料的催干剂，铝盐还可作织物的防水剂和某些润滑油的增稠剂。

7. 脑黄金（二十二碳六烯酸，英文缩写 DHA）海洋生物特有的活性物质，是人体大脑营养必不可少的（高度不饱和）脂肪酸。由于人体自身不会合成 DHA，只能通过食物摄取。海洋生物如贝类、海豹、海狮、海狗等富含 DHA，鱼中也含 DHA，因此吃鱼可以健脑。

六、需要人们关注的一些有机物

（一）二噁英（dioxin）

二噁英又叫二苯并对二噁烷，是两个苯环（通过两个氧原子连接的）稠杂环化合物。结构式如下：

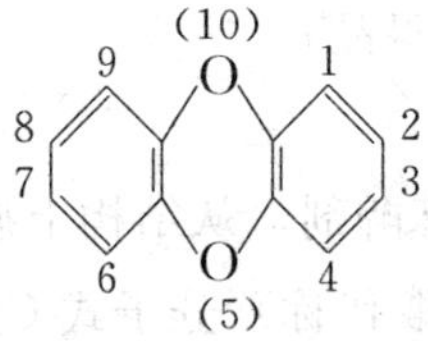

近年来的研究表明二噁英的多氯衍生物毒性特别高，它在环境中能稳定存在，还能在生物体内积累，造成慢性中毒。现在常把二噁英的多氯衍生物统称为"二噁英"，其中毒性最强的为 2，3，7，8—四氯—二苯并对二噁烷（2，3，7，8—TCDD)

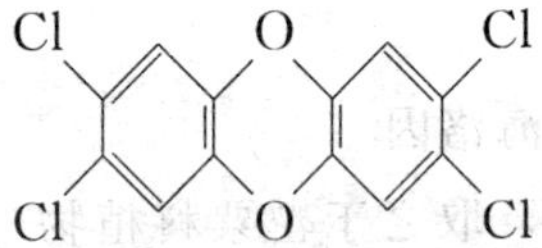

二噁英主要来自汽车尾气的排放、吸烟及含氯有机物、垃圾、燃料的燃烧。其中尤其焚烧垃圾等所造成的大气污染最严重。

（二）多巴胺

氨分子中氢原子被烃基取代后的衍生物称为胺。与氨相似，氮原子一对未共用电子能接受质子，故胺有碱性。3，4—二羟基苯乙胺又称"多巴胺"，结构式如下：

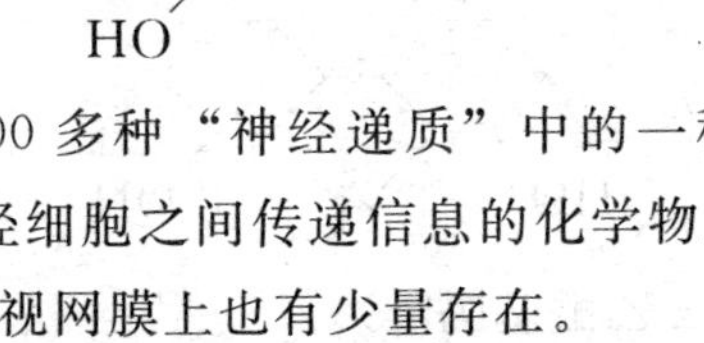

它是人脑中 100 多种"神经递质"中的一种，所谓"神经递质"，是负责在神经细胞之间传递信息的化学物质。它主要集中在中脑及其底节，在视网膜上也有少量存在。

2000年度诺贝尔生理学奖得主的研究表明,如果"多巴胺"异常,有可能会导致神经病。

那些吸食毒品的瘾君子们戒毒困难的原因,主要在于脑中的"多巴胺"极度减少,且它不能再生!因此一定要:珍爱生命,远离毒品!

(三)一些生物碱(毒品)

1. 可卡因(cocaine)

可卡因 用作医用麻醉剂,从结构上属于叔胺(即氨分子中三个H原子被三个烷基所取代称)分子式 $C_{17}H_{21}NO_4$。

它是1858年A·尼曼首先由秘鲁出产的植物古柯叶中提炼出的。由于它能兴奋中枢神经,使人产生快感的幻觉,因而是严令禁止的毒品之一。

2. 鸦片、吗啡、海洛因

鸦片俗称"大烟",取之于罂粟科植物——罂粟。加工后的鸦片呈褐色膏状,含有20多种生物碱。其中主要有罂粟碱、吗啡、可待因等。

(1)吗啡($C_{17}H_{19}O_3$)

吗啡是罂粟中含量最高的(约10—16%),是无色或白色结晶粉末。它能麻痹中枢神经,镇痛效果快,故常作局部麻醉剂使用。因而成为成瘾毒品。

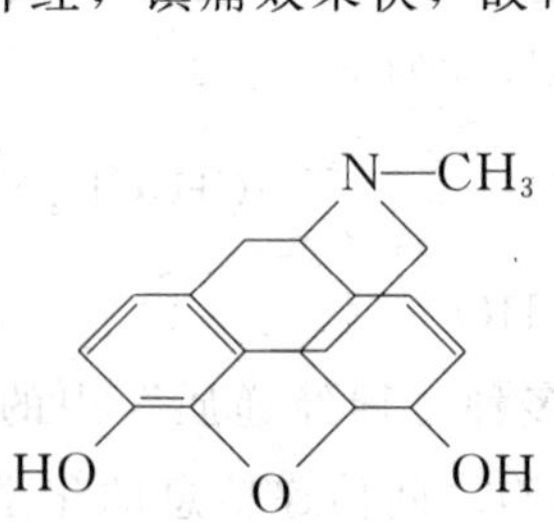

(2)海洛因(二乙酰基吗啡)

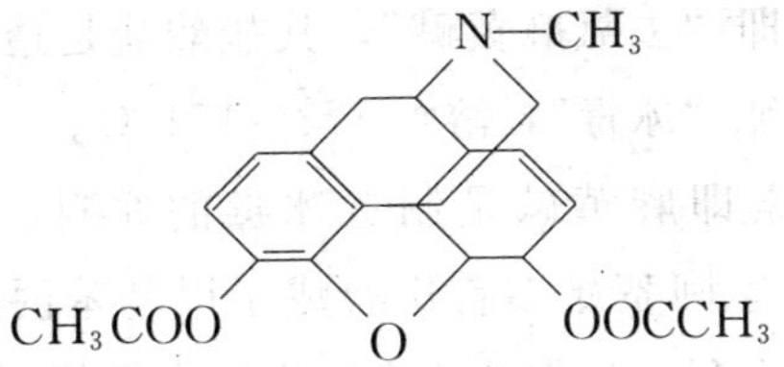

海洛因是吗啡和乙酐加热后产物,俗称"白粉"。是一种"一次即成瘾"、毒性极强的世界头号毒品。

3. 咖啡因 (caffeine)

咖啡碱(分子式 $C_8HON_4O_2$),有兴奋中枢神经及利尿、止痛作用。

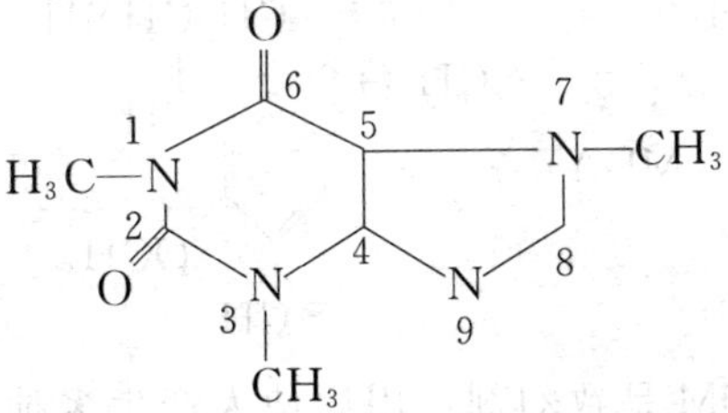

(1,3,7-三甲基—2,6-二氧嘌呤)

在美国等国被用来作可口可乐等饮料添加剂。(在环状化合物中,组成环的原子除碳原子外,还有其他原子的化合物称为杂环化合物。嘌呤即为其中一种)

由于咖啡因的价格较海洛因等低廉,因而成了新兴的毒品,已经引起了人们高度的重视。

4. 苯丙胺

苯丙胺是苯羟基胺类的化合物,又叫苯异丙胺或安非他明,是较强的中枢兴奋剂。苯丙胺于1887年首次合成,具有氨臭味的无色液体,易溶于醚。它是用于治疗嗜睡病等的中枢神经兴奋剂,因而能振奋精神而被滥用。

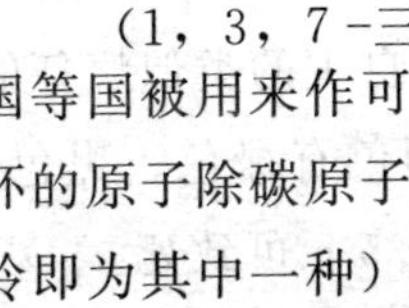

苯丙胺 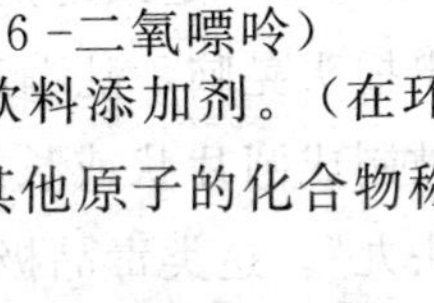　　　　甲基苯丙胺

甲基苯丙胺即"去氧麻黄碱",其盐酸盐是透明晶体——盐酸甲基苯丙胺,即纯"冰毒",溶点172~174 ℃。

(由于麻黄素即麻黄碱是制造冰毒的原料,故属管制药物)1919年日本化学家阿贺雄多首次合成了甲基苯丙胺。二次世界大战中,德国、意大利、日本的法西斯军队大量使用冰毒,形成了冰毒在世界上首次滥用大流行。

近年来,人工合成非法制造一些苯丙胺衍生物的毒品,如亚甲基二氧苯丙胺(MDA)和2,5-二甲氧基-4-甲基苯丙胺(DOM或STP)。

MDA和DOM是致幻剂,用后使人产生多种幻觉,精神作用强。表现出摇头晃脑,乱蹦乱跳等不由自主的类似疯狂的状态,这种毒品常被制成圆片状或长方片状,颜色有绿色、黑色、棕色等,俗称"摇头丸"。这类毒品极易成瘾,0.5 g可致死。

90年代又开始了冰毒滥用浪潮,90年代末由香港向内地渗入,并在全国迅速蔓延、泛滥。构成了21世纪最危险的毒品。

阅读材料

液 晶

液晶(Liquid crystal)是一种介于液态和固态之间的物质。1888年奥地利植物学家莱尼策尔(F. Reinitzer)在研究胆甾醇苯酸酯合成过程中第一次发现的。翌年,德国晶体学家勒曼

(Q. Lehman)命名为液晶。在液晶内部分子（或原子）在一些方向呈现有规律的排列，具有远程有序的特点；在另一些方向则呈现杂乱的排列，具有近程无序的特点，因此没有不能改变的固体结构。所以它既具有液体的连续性和流动性，又具有晶体的光学各向异性等性质。

根据分子的排列有序性和结构组成，液晶可分为四类：向列型（nematic）、胆甾型（cholesteric）和近晶型（smectic）及多角型。其中特别是胆甾型液晶因其分子中含有胆甾醇而得名，人体大脑、神经组织、细胞膜、血液、胆汁均含有此类物质，与羧酸起"酯化反应"生成各种"胆甾醇羧酸酯"。胆甾型液晶分子呈层状排列（长轴与层的平面平行），层与层间的重叠呈螺旋状结构，因此对不同波长的光反射情况不同，液体就显示鲜艳色彩，反射情况还随温度有所变化。

液晶的应用只有20多年的历史，但它已遍布现代生活的各个领域。如用液晶作显示材料的钟表、万用表、酸度计，数字显示血压计、笔记本电脑、相机、电视机等随处可见。

由于不同的气体能使胆甾型液晶变幻色彩，因此广泛用于化工厂、药厂的气体探测器和检漏仪上（如75%的胆甾醇壬酸酯和25%的胆甾氯组成的液晶混合物，其本色是黄红色，而当接触到苯蒸气时变成了深红色）。液晶还是有机分子很好的溶剂。

与其他显示器件（如发光二极管、荧光数码管）相比，液晶显示器具有色彩清晰、示数清楚、工作电压低（1～10 V）、消耗能量少等特点。利用它的温度效应（即颜色随温度而定），可以探测微电子线路中短路处的热点、探查肿瘤、诊断疾病和检查制冷机的漏热等。

应当指出的是，生物与液晶的关系非常密切。液晶既有长程相关性又有流动性，这与生物组织的特点正好吻合。在人体的肌肉、肾上腺皮质、卵巢、眼睛光感器的膜层及脑等地方均发现有液晶结构。细胞的癌变可能与细胞膜的液晶相变有关。所以生命现象与生物液晶有着直接的关系。

液晶化学是一门正在发展中的新兴科学，其中涉及化学、生物、物理等方面的知识。随着人们对液晶认识的不断深入，液晶的应用前景将更加辉煌。

本 章 小 结

本章简要介绍了有机物的定义、特点、分类及主要的反应类型，重点介绍了与社会生活密切相关的一些有机物。

有机化合物概论。有机物定义为：碳氢化合物及其衍生物。有机物的特点是：数量庞大，种类繁多；性质典型，反应缓慢。有机物已超过二千万种，分类方法有两种：按碳骨架分类和按官能团分类。有机物的命名（见附录）。有机物反应的主要类型有：取代反应、加成反应、消去反应、缩合反应、重排反应、氧化还原反应。

有机物重点介绍：①烃。烃的分类。烷烃的结构特点、通性。与人类相关的能源如天然气、液化石油气及未来能源"可燃冰"。石油的组成分类及石油炼制。烯烃的结构特点、重要反应——"聚合"的应用。芳香烃的分类、苯的结构、性质及苯（及苯并芘）的危害、污染。简要介绍稠环芳烃。②醇。醇的化学性质及常见的醇：乙醇、酒类的香气，及乙醇、甲醇的燃料应用。③醚。结构特点。作为燃料二甲醚的特点。④醛、酮及醌重点说明甲醛在环境中对人类的危害。⑤羧酸。主要反应。介绍几种重要的与人类密切相关的羧酸。

简要介绍了一些需要人们特别关注的有机物。污染物二噁英、脑神经重要化学物质多巴胺；传统毒品如可卡因、吗啡、海洛因及21世纪巨毒苯丙胺类（摇头丸）。

习 题

1. 什么叫有机物？组成有机物的元素主要有哪几种？有机物性质有哪些特征？
2. 什么叫官能团？醇、醛和酮、胺、羧酸等类化合物的代表性官能团各是什么？什么叫烃的衍生物？
3. 有机物反应有哪些主要类型？各举一例。
4. 天然气和液化石油气的主要成分各是怎样的？
5. 简述石油的分类及石油炼制过程。
6. 写出十二烷基苯磺酸钠制取的主要反应方程式
7. 选择

（1）下列化合物中属于有机物的是（　　）

    A. $CaCl_2$ B. C_2H_2 C. Na_2CO_3

    D. CH_3COOK

（2）下列物质中属于烃的是（　　）

    A. H_2O B. CH_3Cl C. CH_3CH_2OH D. C_6H_6

（3）不属于烷烃性质的是（　　）

    A. 溶于水

    B. 通常状况下不与酸、碱及氧化剂反应

    C. 燃烧时只生成 H_2O 和 CO_2

    D. 与卤素起取代反应

8. 目前装修材料中造成环境污染的主要有机物是什么？危害的特点是什么？
9. 写出二噁英结构式及产生的根源。
10. 传统的毒品是哪些？21 世纪新型毒品又是什么？
11. 苯比芘是经致癌物，从煤烟、焦油、沥青、香烟中都能查出，而蛋白质、脂肪、碳水化合物烧焦后也会产生。据此请说出我们在生产、生活中应注意什么？

参 考 资 料

[1] 蒋硕健，丁有骏，李明谦编. 有机化学. 第二版. 北京：北京大学出版社，1996

[2] 刘庄，丁辰元主编. 普通有机化学. 北京：高等教育出版社，1998

[3] 高鸿宾主编. 有机化学. 第三版. 北京：高等教育出版社，1999

[4] 汪小兰编. 有机化学. 第三版. 北京：高等教育出版社，1997

[5] 朱裕贞，顾达，黑恩成. 现代基础化学. 下篇. 北京：化学工业出版社，1998

[6] 彭信勤，康平，鲁杰编著. 食品化学基础知识. 北京：中国食品出版社，1990

[7] 唐玉海主编. 医用有机化学. 北京：高等教育出版社，2000

[8] 沈光球，陶家洵，徐功骅编. 现代化学基础. 北京：清华大学出版社，1999

[9] 沈克琦主编. 自然科学基础. 第二版. 第二册. 北京：高等教育出版社，1992

[10] 朱传征，高剑南主编. 现代化学基础. 上海：华东师范大学出版社，1998

[11] 邢其毅，徐瑞秋，周政，裴伟伟编. 基础有机化学. 第二版. 上册. 北京：高等教育出版社，1993

[12] 胡宏纹编. 有机化学. 第二版. 上下册. 北京：高等教育出版社，1990

[13] 梁英豪编. 化学与能源. 南宁：广西教育出版社，1999

[14] 徐寿昌主编. 有机化学. 第二版. 北京：高等教育出版社，1993

[15] 谷亨杰，吴泳，丁金昌编. 有机化学. 第二版. 北京：高等教育出版社，2000

[16] 李建成，曹大森主编. 基础应用化学. 北京：机械工业出版

[17] 张胜义编著. 化学与社会发展. 合肥：安徽科学技术出版社, 2001
[18] 周志华主编. 生活·社会·化学. 南京：南京师大出版社, 2000
[19] 宁工红主编. 常见毒物急性中毒的简易检验与急救. 北京：军事医学科学出版社, 2001
[20] 《大学化学》编辑部编. 今日化学. 2001 年版. 北京：高等教育出版社, 2002

附 有机化合物命名简介

有机物的名称既要反映分子的元素组成及所含各类原子个数，还要反映出分子的化学结构，一个名称只能表示一种化合物。这里主要介绍系统命名法。

（一）链烃及其衍生物的命名

1. 选择主链

饱和烃以最长的碳链作为主链，按这个链所含的碳原子数称为某烷，以此为母体。如：

$$CH_3CH_2CH_2CHCH_2CH_3$$
$$\quad\quad\quad\quad\quad\; |$$
$$\quad\quad\quad\quad CH_2CH_2CH_2CH_3$$

母体是辛烷（octane）

不饱和烃是以含不饱和键的最长碳链为主链。例如：

$$\overset{6}{C}H_3-\overset{5}{C}H_2-\overset{4}{C}\equiv\overset{3}{C}-\overset{2}{C}H-\overset{1}{C}H_3$$
$$\quad\quad\quad\quad\quad\quad\quad\quad\; |$$
$$\quad\quad\quad\quad\quad\quad\quad\; CH_3$$

2-甲基-3-己炔

链烃的衍生物以带有官能团的最长碳链为主链。

而主链中的碳原子数从 1～10 用天干数字（甲、乙、丙、丁、戊、己、庚、辛、壬、癸）来表示，10 以上的用中文数字（如十一、二十二等等）表示。

2. 主链编号

从靠近支链的一端开始，依次用阿拉伯数字1，2，3，…对主链碳原子编号，编号时要使不饱和键，取代基或官能团的位次最小。

3. 母体名称、取代基的表示及命名

取代基的名称写在前，母体名称写在后，取代基的编号放在取代基名称前，中间用"-"与取代基隔开。如果有两个或两个以上相同取代基，可以合并起来用二、三等数字表示。但表示相同取代基位置的阿拉伯数字要用","分开；若含有几个不同的取代基，则把简单的写在前，复杂的写在后。注意在母体名称前标出官能团的位次（以阿拉伯数字表示），这样可得全名。例如，

$$\underset{CH_3}{\overset{6}{C}H_3}-\underset{}{\overset{5}{C}H_2}-\underset{}{\overset{4}{C}H_2}-\underset{\underset{C_2H_5}{|}}{\overset{3}{C}H}-\underset{\underset{CH_3}{|}}{\overset{2}{\underset{|}{\overset{CH_3}{C}}}}-\overset{1}{C}H_3 \quad 2,2\text{-二甲基-}3\text{-乙基己烷}$$

$$\overset{5}{C}H_2=\overset{4}{C}H-\overset{3}{C}H_2-\underset{\underset{Cl}{|}}{\overset{2}{C}H}-\overset{1}{C}OOH \quad 2\text{-氯-}4\text{-戊烯酸}$$

4. 酯的命名是按生成酯的酸和醇称作某酸某酯

$$CH_3\overset{O}{\overset{\|}{C}}\underset{O-CH(CH_3)_2}{} \quad 乙酸异丙酯$$

（二）芳烃及其衍生物的命名

1. 苯的同系物的命名

当苯的分子中氢原子被烷基取代，得到苯的同系物。由于苯分子中六个氢原子为等同的，所以苯的一元取代物只有一种。在命名时以苯环为母体，把烷基作为取代基称为某烷基苯（"基"字常可省略）。如果是烯基或炔基取代苯分子中的氢原子，则在命名时以

不饱和烃为母体,而把苯基作为取代基。如:

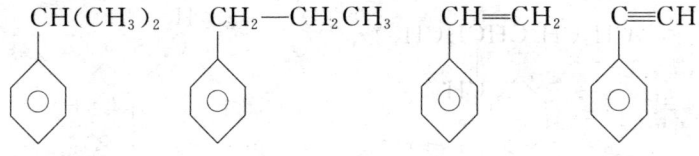

异丙(基)苯　　丙苯　　　　苯(基)乙烯　苯(基)乙炔

苯的二元取代物由于两个取代基在环上的相对位置不同,可能有三种异构体。常用邻、间、对或 o -(ortho)、m -(meta)、p -(para)等字头表示。还可将苯环上的碳原子用阿拉伯数字编号以标明取代基的位置,注意编号时要使取代基取得较小位次。如:

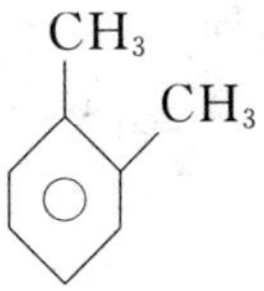

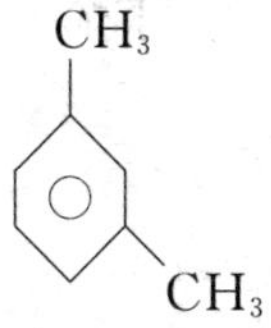

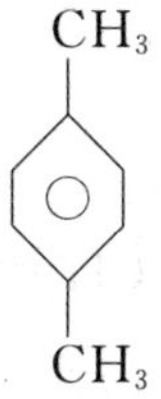

1,2-二甲苯　　　1,3-二甲苯　　　1,4-二甲苯
邻二甲苯　　　　间二甲苯　　　　对二甲苯
o-二甲苯　　　　m-二甲苯　　　　p-二甲苯

苯的三元取代物与三个取代基相同时,它们的相对位置分别用1.2.3-(或连)、1.2.4-(或偏)、1.3.5-(或均)表示。如:

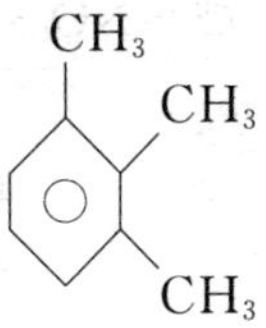

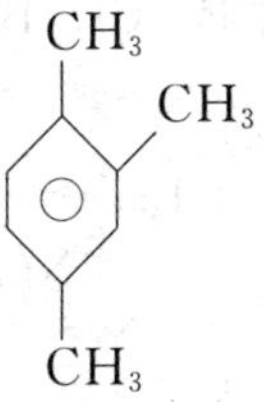

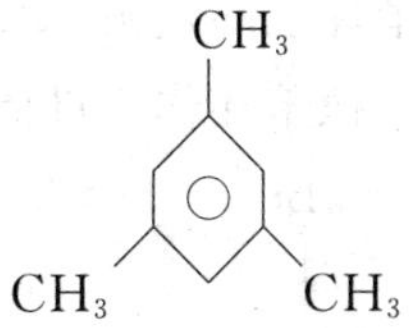

1,2,3-三甲苯　　1,2,4-三甲苯　　　1,3,5-三甲苯
连三甲苯　　　　偏三甲苯　　　　　均三甲苯

若苯环上所连接的烃基较长、较复杂,或烃链上有多个苯环,或是不饱和烃基,命名时通常以烃链为母体,苯环作为取代基(例

外亦有）如：

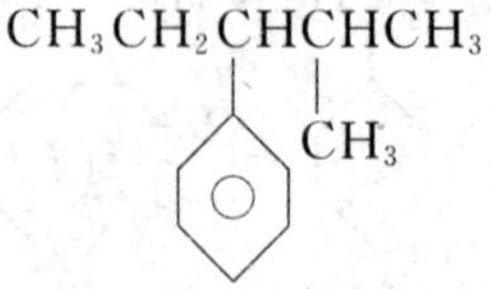

$CH_3CH_2CHCHCH_3$ — 苯基, 下接 CH_3

2-甲基-3-苯基戊烷

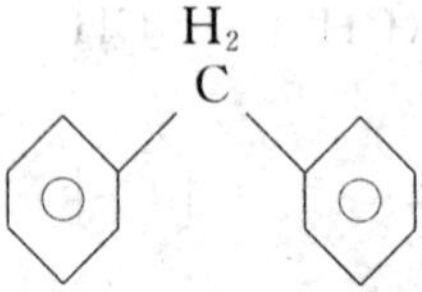

二苯甲烷

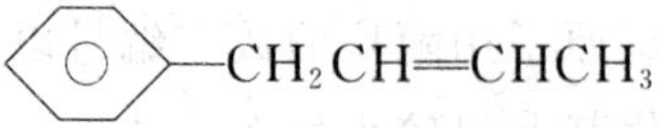

苯基—$CH_2CH=CHCH_3$

1-苯基-2-丁烯

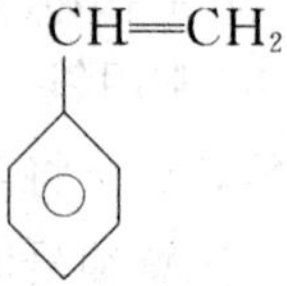

苯基—$CH=CH_2$

苯乙烯

$CH_3CH_2CH_2CH-C=CH$—苯基, 下接 CH_3 CH_3

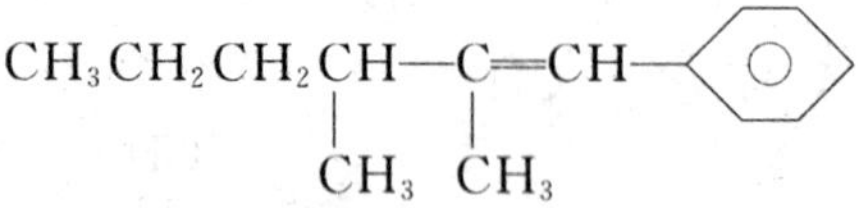

2,3-二甲基-1-苯基-1-己烯

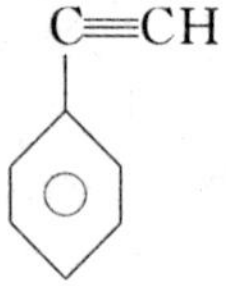

苯基—$C≡CH$

苯乙炔

$CH_2=CH$—苯基—$CH=CH_2$

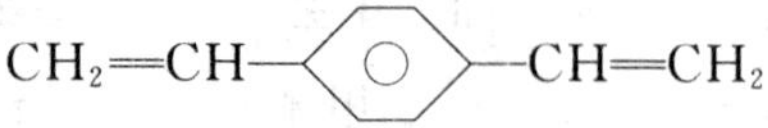

对二乙烯苯

2. 苯的衍生物的命名

当苯环上的氢被—X（卤素 F、Cl、Br、I）、被—NO_2（硝基）取代时，把苯环作为母体命名。

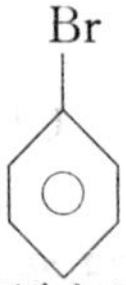

Br—苯基　溴苯

Br, NO_2—苯基　邻硝基溴苯

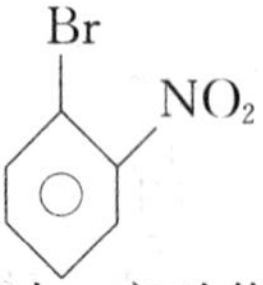

当苯环上连有不同的取代基时，应对苯环碳原子进行编号，其原则是按"次序规则"使优先的官能团作为母体官能团，其他则作为取代基。优先次序见表8-4。例如：

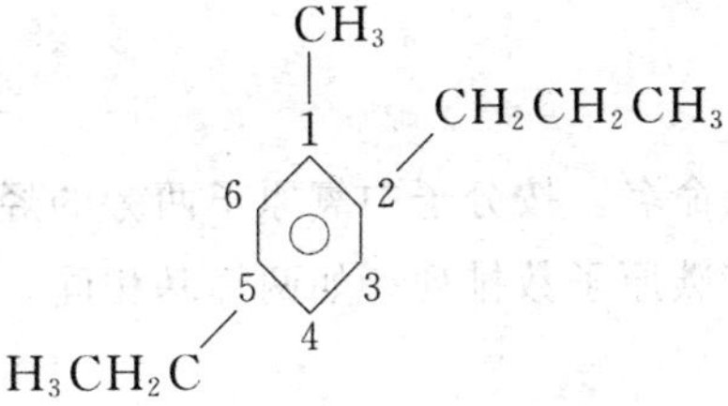

1-甲基-5-乙基-2-丙苯 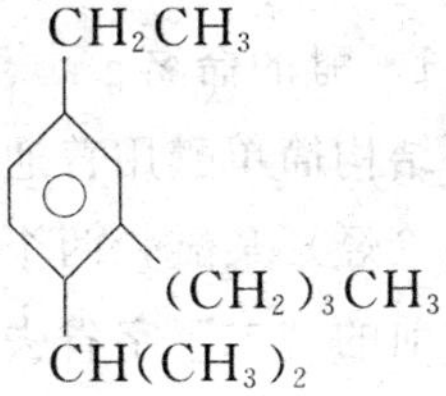　　1-乙基-3-丁基-4-异丙苯

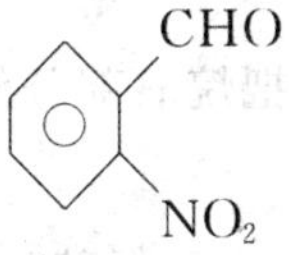

邻硝基苯甲醛 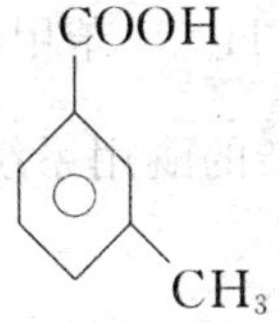　　间甲基苯甲酸

表 8-4　主要官能团的优先次序（按照优先次序递升排列）

类　别	官　能　团	类　别	官　能　团
烯烃	—C=C—	醛	$-\overset{O}{\underset{H}{C}}-$
炔烃	—C≡C—	腈	—C≡N
胺	—NH$_2$	酰胺	$-\overset{O}{C}-NH_2$
硫醇	—SH	酰氯	$-\overset{O}{C}-Cl$
酚	—OH	羧酸酯	$-\overset{O}{C}-OR$
醇	—OH	磺酸	—SO$_3$H
酮	C=O	羧酸	$-\overset{O}{C}-OH$

(三) 其他有机物命名

1. 醚的命名

结构简单醚用普通命名法命名。按分子中氧原子两旁的烃基叫做某（烃）某醚，两个烃基按碳原子数排列。如两烃基相同，常把名称前的"二"字省去。如：

$C_2H_5OC_2H_5$　（二）乙醚　　　$CH_3OC_2H_5$　甲乙醚

　苯甲醚　　　　　　　　　　　　（二）苯醚

结构较复杂的醚用系统命名法，即把烷氧部分作为烃的取代基来命名。如：

$C_2H_5OCH_2CH_2OH$　　　　　2-乙氧基乙醇

$$\underset{\underset{OCH_3}{|}}{CH_3CH}-\underset{\underset{CH_2CH_3}{|}}{CH}CH_2CH_3$$
　　　　　　　　　3-乙基-2-甲氧基己烷

2. 酮的命名

按分子中羰基两旁的烃基叫某（烃）某酮。命名原则与醚相同（两烃基名称把按优先次序编号小的放在前面）如：

$$CH_3-\overset{O}{\underset{\|}{C}}-CH_2CH_3 \quad 甲基乙基甲酮 \quad (简称甲乙酮)$$

$$CH_3CH_2-\overset{O}{\underset{\|}{C}}-CH_2CH_3 \quad 二乙基酮 \quad (简称（二）乙酮)$$

环己基—C(=O)—CH₂CH₃　　乙基环己基酮

酮的系统命名与醇相似，除丙酮、丁酮和苯乙酮外，其他酮分子中羰基的位次必须标明。如：

$$CH_3CH_2CH_2-\overset{O}{\underset{\|}{C}}-CH_3 \qquad CH_3CH_2\underset{\underset{CH_3}{|}}{CH}-\overset{O}{\underset{\|}{C}}-CH_2CH_3$$
　　　2-戊酮　　　　　　　　　　4-甲基-3-己酮

$$CH_3-\underset{\underset{\text{丁二酮}}{}}{\overset{O}{\overset{\|}{C}}}-\overset{O}{\overset{\|}{C}}-CH_3$$

3. 酯的命名

按生成酯的酸和醇的名称而叫做"某酸某酯"。酸名在前,醇名在后,命名时去掉"醇"字,加上"酯"字。如:

$$H-\overset{O}{\overset{\|}{C}}-O-CH_2CH_3 \quad 甲酸乙酯$$

$$CH_3-\overset{O}{\overset{\|}{C}}-O-(CH_2)_3CH_3 \quad 乙酸丁酯$$

第九章 有机高分子化合物

高分子化合物（high molecular compound）是分子量巨大应用广泛的一类重要物质，它包括无机高分子化合物和有机高分子化合物两大类。例如，玻璃、云母、石墨、硅胶等都属于无机高分子化合物。有机高分子化合物根据来源分为天然的及合成的两类。例如，生物体内的蛋白质，粮食中的淀粉，棉花、羊毛、麻、丝中的纤维素，天然橡胶等都是天然有机高分子化合物。合成有机高分子化合物种类繁多，例如，三大合成材料：合成橡胶、塑料及合成纤维等。本章只介绍合成有机高分子化合物和蛋白质的有关内容。

第一节 高分子化合物概论

一、基本概念

高分子化合物有时又称大分子。一般是指分子量达几千到几百万的分子。是由千百个原子以共价键相互连结而成。由这类分子所构成的化合物称为高分子化合物。高分子化合物分子虽然很大，但其化学组成并不十分复杂，它们往往是由一种或几种较简单的化合物［称为单体（monomer）］聚合而成的，所以高分子化合物又称为高聚物（high polymer）。例如，聚氯乙烯的结构式为：

$$\cdots CH_2-\underset{\underset{Cl}{|}}{CH}-CH_2-\underset{\underset{Cl}{|}}{CH}-CH_2-\underset{\underset{Cl}{|}}{CH}-\cdots$$

可简写为 $-\!\!+\!CH_2-\underset{\underset{Cl}{|}}{CH}\!\!+\!\!_n$

式中 $-\!\!+\!CH_2-\underset{\underset{Cl}{|}}{CH}\!\!+\!\!-$ 即为聚氯乙烯分子的特定结构单元,称为链节(chain element)。

n 为高分子化合物所含链节的数目,称为聚合度(degree of polymerization)。聚合度是衡量高分子化合物分子大小的一个指标,高分子化合物的聚合度通常都在1 000以上。

同一种高分子化合物的各分子链所含的链节数并不相同,所以高聚物实质上是由许多链节结构相同而聚合度不同的化合物所组成的混合物。因此高分子化合物的分子量和聚合度实际上都是平均值。

二、合成有机高分子化合物的分类

合成的有机高分子化合物的种类很多,为便于了解和研究已建立了多种分类法,常见的两种分类法如下:

(一) 按工艺性质和用途分类

高分子主要用做材料,因此,按所制得的材料的性能和用途,高分子化合物可以分为橡胶、塑料和纤维三大类:

1. 合成橡胶是高弹性的高分子化合物,能在外力作用下变形,除去外力后又恢复原来的形状。包括未经硫化和已经硫化的品种。合成橡胶中应用最广的有丁苯橡胶、顺丁橡胶、氯丁橡胶及丁钠橡胶等。

2. 塑料是具有可塑性的物质,即在一定温度和压力下形成规定的形状,而当降温、去压时,仍能保持所改变的形状。塑料又可分为热塑性和热固性两大类。热塑性塑料受热时软化或变形,冷却时凝固,可以反复加热处理,如聚乙烯、聚氯乙烯等高聚物。热固性塑料成型后,加热不软化,也不能反复加工成型,如酚醛树脂。

3. 纤维,纤维在工业上指柔韧、纤细的丝状物,且有相当的长度、强度和弹性。合成纤维是用合成高聚物制成的纤维,如聚丙烯腈、聚酯及聚酰胺纤维等。

除上面三大类外,还有离子交换树脂、涂料、胶粘剂等。

(二)按主链结构分类

1. 碳链高聚物,主链完全由碳原子组成的高聚物。绝大多数烯烃类及其衍生物的聚合物均属此类,如聚氯乙烯:

$$\cdots-\overset{H}{\underset{H}{C}}-\overset{H}{\underset{Cl}{C}}-\overset{H}{\underset{H}{C}}-\overset{H}{\underset{Cl}{C}}-\overset{H}{\underset{H}{C}}-\overset{H}{\underset{Cl}{C}}-\overset{H}{\underset{H}{C}}-\overset{H}{\underset{Cl}{C}}-\cdots$$

2. 杂链高聚物,主链中除碳原子外,还夹杂有氧、硫、氮等杂原子,如聚己内酰胺:

$$\cdots-\overset{H}{N}-(CH_2)_5-\overset{O}{\overset{\|}{C}}-\overset{H}{N}-(CH_2)_5-\overset{O}{\overset{\|}{C}}-\overset{H}{N}-(CH_2)_5-\overset{O}{\overset{\|}{C}}-\cdots$$

3. 元素有机高聚物,主链中无碳原子,而由硅、硼、铝、钛、硫、氧等原子组成,但侧链是由甲基、乙基、乙烯基等有机基团组成的高聚物。例如聚二甲基硅氧烷(有机硅橡胶):

$$\cdots-\underset{CH_3}{\overset{CH_3}{\underset{|}{Si}}}-O-\underset{CH_3}{\overset{CH_3}{\underset{|}{Si}}}-O-\underset{CH_3}{\overset{CH_3}{\underset{|}{Si}}}-O-\underset{CH_3}{\overset{CH_3}{\underset{|}{Si}}}-O-\cdots$$

如果主链和侧链均无碳原子,则称为无机高分子化合物。

三、高分子化合物的命名

高分子化合物命名有多种命名法,因此一种高分子化合物可以有几种名称。我国目前主要采用通俗实用的一些命名法。

（一）按单体或高聚物的连节结构命名

1. 单体名称前加"聚"字

由一种单体聚合成的高聚物，在单体名称前冠以聚字来命名。例如：聚乙烯、聚甲醛等（见表 9-1）。

表 9-1 一些碳链高聚物及其单体

聚合物			单体	
名称	符号	结构简式	名称	结构简式
聚乙烯	PE	$-\!\!\!+\!CH_2-\!CH_2\!\!+\!\!\!-_n$	乙烯	$CH_2\!=\!CH_2$
聚丙烯	PP	$-\!\!\!+\!CH_2-\!CH\!\!+\!\!\!-_n$ $\quad\quad\quad\;\; |$ $\quad\quad\quad\; CH_3$	丙烯	$CH_2\!=\!CH-\!CH_3$
聚氯乙烯	PVC	$-\!\!\!+\!CH_2-\!CH\!\!+\!\!\!-_n$ $\quad\quad\quad\;\; |$ $\quad\quad\quad\; Cl$	氯乙烯	$CH_2\!=\!CH-\!Cl$
聚丙烯腈	PAN	$-\!\!\!+\!CH_2-\!CH\!\!+\!\!\!-_n$ $\quad\quad\quad\;\; |$ $\quad\quad\quad\; CN$	丙烯腈	$CH_2\!=\!CH-\!CN$
聚异戊二烯	PIP	$-\!\!\!+\!CH_2-\!C\!=\!CH-\!CH_2\!\!+\!\!\!-_n$ $\quad\quad\quad\quad\;\; |$ $\quad\quad\quad\quad CH_3$	异戊二烯	$CH_2\!=\!C-\!CH\!=\!CH_2$ $\quad\quad\;\; |$ $\quad\quad\; CH_3$
聚苯乙烯	PS	$-\!\!\!+\!CH_2CH\!\!+\!\!\!-_n$ $\quad\quad\quad\;\; |$ $\quad\quad\quad C_6H_5$	苯乙烯	$CH_2\!=\!CH$ $\quad\quad\;\; |$ $\quad\quad\; C_6H_5$
聚甲基丙烯酸甲酯	PMMA	$\quad\quad\quad\quad CH_3$ $\quad\quad\quad\quad\;\; |$ $-\!\!\!+\!CH_2-\!C\!\!+\!\!\!-_n$ $\quad\quad\quad\quad\;\; |$ $\quad\quad\quad\; COOCH_3$	甲基丙烯酸甲酯	$\quad\quad\; CH_3$ $\quad\quad\quad |$ $CH_2\!=\!C$ $\quad\quad\quad |$ $\quad\quad COOCH_3$
聚四氟乙烯	PTFE	$-\!\!\!+\!CF_2-\!CF_2\!\!+\!\!\!-_n$	四氟乙烯	$CF_2\!=\!CF_2$

注：摘自参考资料 [2] 第 401 页。

一些缩聚反应合成的高聚物，根据连节结构结合单体来命名。例如：由乙二醇与对苯二甲酸合成的高聚物

（$\text{-[-CO-}C_6H_4\text{-CO-O-}(CH_2)_2\text{O-]-}_n$）称为聚对苯二甲酸乙二醇酯（见表 9－2）。

表 9－2　一些杂链高聚物及其单体

聚合物		单体	
名称	结构单元	名称	结构简式
聚二甲基苯醚	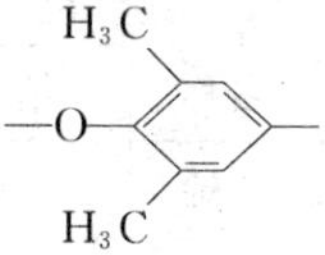	二甲基苯酚	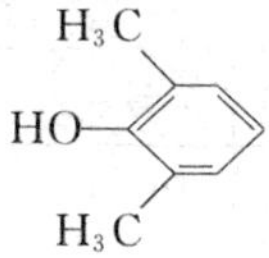
聚对苯二甲酸乙二醇酯	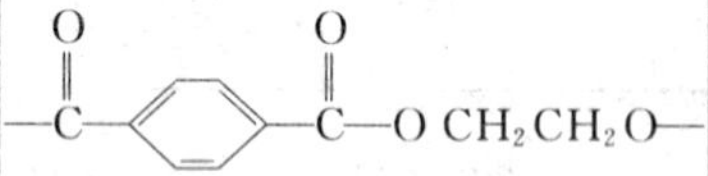	乙二醇 对苯二甲酸	$HOCH_2CH_2OH$ 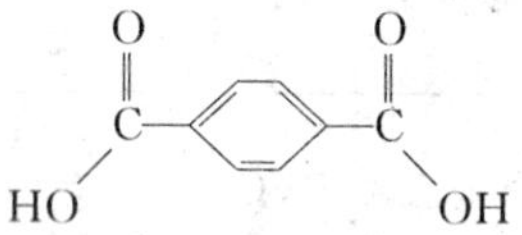
聚己二酰己二胺	$\text{-NH-}(CH_2)_6\text{-NH-CO}(CH_2)_4\text{CO-}$	己二胺 己二酸	$H_2N(CH_2)_6NH_2$ $HOOC\text{-}(CH_2)_4\text{-}COOH$

注：摘自参考资料［2］第 402、403 页。

2. 单体名称后面加橡胶，共聚物或树脂

高聚物用做橡胶的，在单体后面加橡胶。例如：由 1,3－丁二烯聚合成的顺式结构高聚物称为顺丁橡胶，由丁二烯与苯乙烯合成的高聚物称为丁苯橡胶。由苯乙烯、丁二烯与丙烯腈聚合成的共聚物称为丙烯腈-丁二烯-苯乙烯共聚物。由苯酚和甲醛合成的树脂简称酚醛树脂，由尿素和甲醛合成的树脂简称尿醛树脂。习惯上把未加工成型的高聚物都可以称为树脂，如聚乙烯树脂。

（二）按商品的性能和用途命名的商品名

例如：将聚甲基丙烯酸甲酯称为有机玻璃，将聚对苯二甲酸乙二醇酯纤维称为涤纶，将聚丙烯腈纤维称为腈纶，将聚己内酰胺纤维称为锦纶-6 等。尼龙是 nylon 的音译，我国把尼龙称为锦纶，所以锦纶-6又称为尼龙-6,数字6表示单体含有6个碳原子。

（三）用英文名的缩写字母来表示高聚物的名称

装饰用的PVC板,就是聚氯乙烯英文名称（poly vinyl chloride）的缩写（见表9-1）。

四、高分子化合物的合成方法

高分子化合物的原料来源丰富,主要来自石油、煤、天然气等。这些原料经过一定的化工过程先制成低分子的有机化合物,如乙烯、乙醇、甲苯、苯酚、丁二烯等,然后用它们作单体来合成高聚物。通常按单体的结构不同,可将聚合反应（poly merization）分为加成聚合（polyaddition）与缩合聚合（polycondensation）两类,简称加聚反应与缩聚反应,配位聚合本章从略。

（一）加聚反应

由一种或多种单体相互加成,或由环状化合物开环相互结合成聚合物的反应称为加聚反应。在此类反应的过程中没有低分子化合物产生,生成的聚合物的化学组成与单体的相同。加聚反应是制备高聚物时应用最广的一类反应。

1. 加聚反应的单体结构

进行加聚反应的单体主要是包含双键和环状结构的化合物。常见的单体如下：

单烯类化合物：

$CH_2=CH_2$ 乙烯

$CH_2=CHCl$ 氯乙烯

$H_2C=CHC_6H_5$ 苯乙烯

$CF_2=CF_2$ 四氟乙烯

$CH_2=CHCOOR$ 丙烯酸酯

$CH_2=CHCN$ 丙烯腈

$$\begin{array}{c} CH_2{=}CCOOCH_3 \\ | \\ CH_3 \end{array}$$ 2-甲基丙烯酸甲酯

双烯类化合物：

$CH_2{=}CH{-}CH{=}CH_2$　　1,3-丁二烯

$$\begin{array}{c} CH_2{=}C{-}CH{=}CH_2 \\ | \\ CH_3 \end{array}$$ 异戊二烯

$$\begin{array}{c} CH_2{=}C{-}CH{=}CH_2 \\ | \\ Cl \end{array}$$ 2-氯-1,3-丁二烯

环状化合物：

$$\begin{array}{c} CH_2{-}CH_2 \\ \diagdown\diagup \\ O \end{array}$$ 环氧乙烷

$$\begin{array}{c} CH_2{-}CH{-}CH_3 \\ \diagdown\diagup \\ O \end{array}$$ 环氧丙烷

$$\begin{array}{c} CH_2{-}CH_2{-}NH \\ H_2C\qquad\qquad\quad \\ CH_2{-}CH_2{-}C{=}O \end{array}$$ 己内酰胺

含有碳碳双键的化合物不是都可以用做高聚物的单体。空间效应对聚合反应影响较大，若取代基体积很大，单体就不能聚合。例如：$C_6H_5CH{=}CH{-}CH{=}CHC_6H_5$ 由于1,4取代基苯环体积很大，空间位阻大，很难发生1,4加成反应，所以该二烯烃就不能做为单体。乙烯衍生物中，如 $CH_3CH{=}CHCH_3$、$ClCH{=}CHCl$ 等，由于结构对称，双键极化程度小，再加上位阻效应，只能形成二聚体，而不能聚合成高聚物。但是 $F_2C{=}CF_2$ 由于F原子半径小，可以聚合成高聚物。

2. 加聚反应的分类

按参加反应的单体的种类及高聚物本身的构型，加聚反应可以

分为均聚、共聚和定向聚合反应等类型。

(1) 均聚反应

由一种单体进行的聚合反应,其高分子链中只包含一种单体构成的链节,这种聚合反应称为均聚反应。生成的高聚物称为均聚物。目前世界各国产量最大的品种如聚乙烯、聚丙烯、聚氯乙烯、聚苯乙烯等都是均聚物。

(2) 共聚反应

由两种或两种以上的单体进行的聚合反应称为共聚反应,产物叫共聚物。利用共聚的方法可以大大改善高聚物的性能。例如聚丁二烯橡胶,它的耐油性差,而由1,3-丁二烯与丙烯腈共聚,可以制得耐油的丁腈橡胶。广泛应用的 ABS 树脂就是丙烯腈,1,3-丁二烯和苯乙烯的共聚物,它具有丁腈橡胶、丁苯橡胶的综合特性,耐冲击、耐热、耐油和易于加工。ABS 是丙烯腈(acrylonitrile)、丁二烯(butadiene)及苯乙烯(styrene)的英语缩写符号。

(3) 定向聚合反应

在聚合过程中控制反应条件,使单体分子在聚合物中保持一定的空间构型的聚合方法,叫做定向聚合反应,制得的高聚物,称为定向聚合物。

人们通过实践认识到,要达到定向聚合的目的,以便在聚合过程中,使单体分子能够按一定空间排列进入高聚物的链中,从而得到空间排列规则的高聚物。关键在于采用具有特效定向作用的催化剂。例如顺丁橡胶就是由1,3-丁二烯在催化剂四碘化钛和三异丁基铝作用下,发生定向聚合反应,产品的各链节为顺式结构:

$$n CH_2=CH-CH=CH_2 \xrightarrow{TiI_4-Al(i-C_4H_9)_3} \left[\begin{array}{c} CH_2 \quad CH_2 \\ \diagdown \quad \diagup \\ C=C \\ \diagup \quad \diagdown \\ H \quad H \end{array} \right]_n$$

(二) 缩聚反应

由一种或多种单体互相缩合生成高聚物,同时析出水、卤化氢、氨、醇和酚等小分子化合物的反应称为缩聚反应。因为缩聚反应中析出小分子,所以其反应生成的高聚物的化学组成与单体组成不同。

1. 单体的官能团数与高聚物的结构

缩聚反应要求单体都必须具有两个或两个以上能参加反应的官能团(如—OH、—NH_2、—Cl、—COOH 等)。

一般含两个官能团的单体缩聚时,生成线型高聚物。例如:己二酸与乙二醇缩聚生成的聚己二酸乙二醇酯,就是线型高聚物:

$$n\text{HOOC}(CH_2)_4\text{COOH} + n\text{HOCH}_2\text{CH}_2\text{OH} \longrightarrow$$

$$\text{HO}\!\left[\!\overset{O}{\overset{\|}{C}}\!-\!(CH_2)_4\!-\!\overset{O}{\overset{\|}{C}}\!-\!OCH_2CH_2O\right]_n\!H + (2n-1)H_2O$$

当用含三个官能团的单体如丙三醇与邻苯二甲酸酐作用,便得到聚邻苯二甲酸甘油酯的体型结构的高聚物。例如:

2. 缩聚反应的实施方法

尼龙66是由己二酸和己二胺缩聚制成的。在缩聚过程中，必须严格控制它们的物质的量比，才能制成适当分子量的高聚物，因此在进行反应之前，先将等物质的量的己二酸和己二胺制成己二酸己二胺盐，称为尼龙66盐：

$$HOOC(CH_2)_4COOH + H_2N(CH_2)_6NH_2$$

$$\xrightarrow{330\ K\ 以下} {}^-OOC(CH_2)_4COO^- NH_3^+(CH_2)_6NH_3^+$$

尼龙66盐在473～523K下、氮气中进行缩聚：

$$n\ {}^-OOC(CH_2)_4COO^-NH_3^+(CH_2)_6NH_3^+ \xrightleftharpoons{473\sim 523\ K}$$

$$HO\underset{O}{-\overset{\parallel}{C}}-(CH_2)_4-\underset{O}{\overset{\parallel}{C}}-\underset{H}{\overset{|}{N}}-(CH_2)_6-\underset{H}{\overset{|}{N}}H + (n-1)H_2O$$

上述可逆反应在高温和搅拌下进行，以除去反应过程中生成的水，促使反应向形成高聚物的方向进行。

从上面例子可以看出，缩聚反应与加聚反应不同。总结起来，缩聚反应具有下列特点：

（1）加聚反应一般是放热的链锁反应。缩聚反应是吸热的逐步反应。在缩聚反应过程中反应物首先变成不同程度的低缩聚物，逐渐缩合成高分子化合物。因此缩聚物分子量的大小与缩聚反应进行的程度有关系。在生产中为了加快缩聚反应的速度，大多数情况下，在较高温度下反应。

（2）在缩聚过程中不断放出小分子化合物。

（3）缩聚反应与加聚反应不一样，一般是可逆的，为使反应有利于向生成高聚物的方向进行，常常将生成的小分子产品从反应系统中排出去。

五、高分子化合物结构和特性

（一）高分子的结构

1. 高分子链的结构

根据高分子链的形状，高分子可分为线型高分子和体型高分子，线型高分子可以不带支链[如$\pm CH_2-CH_2\pm_n$]，也可以带支链[如$\pm CH_2-CH\pm_n$ $|$ CH_3]如图9-1所示。

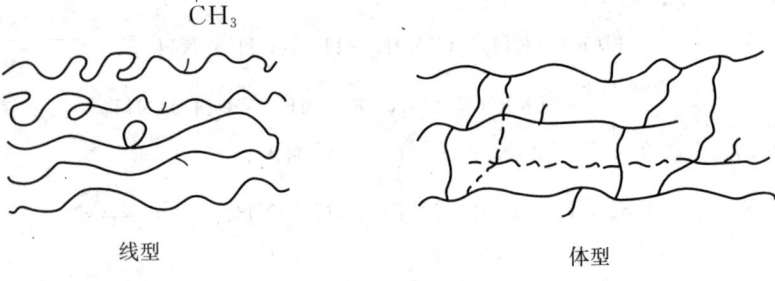

线型　　　　　　　　　体型

图9-1　高分子链型状示意图

究竟呈何种结构形状，取决于单体种类和聚合条件。

线型高分子链在温度、外力等条件影响下，可呈现卷曲或伸直等各种形状。线型高分子链间只有分子间作用力没有化学键，因此，大多数线型高分子加热会熔融，又可溶于某些溶剂中。带有支链的线型高分子，因支链的长短和多少，其性能也各不相同，支链的存在可使高分子密度变小，溶解性增大，结晶度降低。

线型高分子通过化学键互相交联起来，形成网状的三度空间结构的体型高聚物，例如：酚醛树脂、硫化橡胶等。体型高聚物中所有原子都以化学键相连，分子量已失去意义，体型高聚物具有不溶不熔的特性。但低交联的高聚物则能溶胀，加热软化。

在高聚物的实际结构中，不带支链的线型高聚物中可能有少量的支链高聚物；在体型高聚物中也可能含有少量的支链高聚物。就是体型高聚物还有交联程度大小之别，如硫化橡胶的交联程度就比较小，在溶剂中可以溶胀。

2. 高聚物的结晶态

固态高聚物按分子链在空间排列情况不同，可分为晶态和非晶态。在晶态中，分子链按一定方向有规律排列；非晶态分子链的排列是卷曲无规则的。但是晶态高聚物在开始固化时，由于分子链很长，高聚物的长链完全定向排列成非常整齐的结晶非常困难。因此高聚物从来不会完全结晶，所谓晶态高聚物只能部分结晶，有结晶区，同时还有非晶区，即具有两相共存的特殊结构，如图 9-2 所示。晶态高聚物中结晶区质量所占全体的百分数称为高聚物的结晶度。结晶度是一种重要的工艺指标，高聚物的结晶度越大，机械强度越高，软化点越高，密度越大，而溶解与溶胀的趋向越小。例如：高压聚乙烯，结晶度仅有 50% 左右，密度在

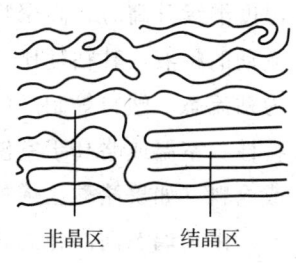

图 9-2　晶态高聚物两相结构示意图

$0.91 \sim 0.95$ g·cm^{-3}，软化点为 $378 \sim 393$ K 左右；低压聚乙烯结晶度高达 70% 以上，密度在 $0.94 \sim 0.96$ g·cm^{-3}，软化点在 $403 \sim 409$ K，而且其抗拉强度是高压聚乙烯的 $3 \sim 4$ 倍。研究高聚物的结构，掌握其内在运动变化规律，对选择合适的加工成型条件，为改进材料的性能，合成具有预定性能的材料，提供了可靠的依据。

（二）高分子的特性

由于高聚物是分子量很大的聚合度不同的化合物所组成的混合物，因此高聚物具有不同于低分子化合物的特性。

1. 不挥发性

一般高聚物由于分子量大，不挥发。不能形成气态，因为在气化前已分解。

2. 弹性和可塑性

高聚物具有弹性和可塑性，主要取决于其分子链之间的作用力及链的柔顺性。另外，温度是一种重要的因素。

温度是决定物质状态的重要因素，线型非晶态高聚物根据温度不同可以呈现三种不同的物理状态，即玻璃态、高弹态和黏流态。

当温度很低时，整个分子链不能运动，个别链节也失去屈挠性，变成如同玻璃一样坚硬，呈玻璃态，例如，常温下的塑料。当温度升高到一定程度，高分子的整个链还是不能移动，但链节可以自由转动，表现出很高弹性，叫高弹态，常温下的橡胶就是这种状态。当温度继续升高时，高聚物整个分子链都可以自由运动，从而成为能流动的粘液，其粘度比液态低分子化合物的粘度要大得多，所以称为粘流态。塑料等制品的加工成型，即利用此阶段软化而可塑制的特性。室温或略高于室温时处于粘流态的聚合物，通常用做胶粘剂或涂料（如聚醋酸乙烯酯）。

由玻璃态向高弹态转变的温度叫玻璃化温度（Tg），不同的高聚物具有不同的 Tg，一般把 Tg 在室温以上的高聚物叫塑料，把 Tg 在在室温以下的高聚物叫橡胶。通常作为一种塑料，要求在室温下保持固定形状，Tg 越高越好；但作为橡胶，要求保持高弹性，Tg 越低越好。当加入增塑剂或采用定向聚合可改变 Tg，从而提高塑料或橡胶的耐寒、耐热性等。

晶态高聚物通常都存在非晶区，它在不同温度下也会产生上述三种状态。由于结晶度不同，其宏观表现也有差别。

体型高聚物，由于分子链为化学键所交联，所以不出现黏流态。交联程度大时只有玻璃态，不会出现高弹态。

3. 良好的电绝缘性

高聚物分子中的原子彼此以共价键结合，不电离，有良好的绝缘性。对于直流电来说，由于高聚物内部一般没有自由电子和离子，高聚物具有优良的绝缘性。但对交流电而言，极性高聚物会随着交流电场的方向发生周期性的取向而具有一定的导电性。高聚物的电绝缘性能与分子极性有关，可分为下列三种情况：

（1）非极性分子

如聚乙烯、聚丁烯等，链节结构对称且无极性基团，所以是非极性分子；聚四氟乙烯，分子中虽有强极性基团（—F），但由于排列对称，键的极性抵消，也是非极性分子。它们都具有优良的电绝缘性，可作为高频率的绝缘体。

（2）极性分子

例如聚苯乙烯、天然橡胶等由于结构不对称而具有极性；聚氯乙烯、聚甲基丙烯酸甲酯等，由于分子存在极性基团而显示极性。它们都是极性分子，只能作为中频率的绝缘体。

（3）强极性分子

例如酚醛树脂、脲醛树脂、聚乙烯醇等强极性高聚物可用做低频率的绝缘体。

4. 良好的柔顺性和机械强度

线型高聚物的分子链很长，由于原子间的 σ 键可以自由旋转，分子链能够自由旋转，这样使每个链节的相对位置可以不断变化，这种性能称为高分子链的柔顺性。具有柔顺性的高聚物往往蜷曲成无规则如乱麻的线团。在拉伸时分子链被拉直，当外力消除后又蜷曲收缩，所以一些高聚物具有弹性。柔顺性越大，弹性就越好。

高分子化合物往往由几万或几十万个原子组成，分子间的引力大，尤其是高分子链包含有极性基团或者分子链间存在氢键，都因为增加分子链间的作用力而提高其强度。例如，在聚酰胺的长链分子中存在着酰胺键（—CO—NH—），因此，分子链之间通过氢键的形成增强了作用，使聚酰胺显示了较高的强度。某些线性高聚物分子链之间的引力总和甚至超过主链价键的离解能，在承受外力时主链先行断裂，然后分子链间滑脱。因为高聚物分子间的引力大，具有一定的机械强度。

另外高聚物还具有较好的化学稳定性和不易老化等性质。

由于合成高聚物具有优良的性能，所以高分子材料在各行各业应用量日益扩大，用后大量扔弃，造成严重的环境污染。因为不能自然分解，必然采用人工分解。此时，氯系、丙烯系等高分子会产生有毒气体，污染大气。从资源利用考虑，高分子化合物应该回收、分解,作为再生产的原料,也保护了环境。

第二节 重要高分子的合成方法及应用

一、聚乙烯

聚乙烯是当今世界上产量最大的塑料品种之一,它无臭、无毒;具有优良的耐低温性能,最低使用温度可达到173 K;化学稳定性好,能耐大多数酸、碱的侵蚀;常温下不溶于一般的溶剂,吸水性小;电绝缘性能优良。用途非常广泛。

聚乙烯的单体乙烯,来源丰富,可以由石油高温热裂制得,是最容易取得的高分子单体。

乙烯的聚合常采用高压法和低压法。高压法生产的聚乙烯称为高压聚乙烯;低压法生产的聚乙烯称为低压聚乙烯。

(一) 高压聚乙烯

1939年,英国帝国化学公司建造了一个容积为50升的高压法生产聚乙烯的反应器,成为第一个工业化的聚乙烯工厂。

高压聚乙烯的生产过程是:将纯净的乙烯气体放进很厚的无缝不锈钢管道中,让乙烯气体经受高温高压,再用少量的氧气引发,乙烯就聚合成聚乙烯。其反应可以简单表示为:

$$n\mathrm{CH_2}\!=\!\mathrm{CH_2} \xrightarrow[200\mathrm{MPa}]{\mathrm{O_2}、473\ \mathrm{K}} -\!\!\!(\mathrm{CH_2}\!-\!\mathrm{CH_2})_{\overline{n}}$$

高压聚乙烯在结构上含有较多的支链,据测定,在一个聚乙烯长链分子的主骨架上,大约平均每100个碳原子就会有两个支链,每条支链一般有4个碳原子。高压聚乙烯长链分子的排列很不整齐,结晶度仅为50%左右;密度在 $0.91\sim0.95\ \mathrm{g\cdot cm^{-3}}$,密度较小,所以又叫低密度聚乙烯;软化点为 $378\sim393\ \mathrm{K}$。由于单体乙烯比较纯,所以高压聚乙烯电绝缘性能好。

现在低密度聚乙烯总产量的一半以上被吹塑制成薄膜,它具有良好的透明度和一定的抗拉强度,广泛用做各种食品、衣物、医药、化肥、工业品的包装材料以及农用薄膜。低密度聚乙烯电绝缘性能好,用来制造电线电缆及制作电视、雷达等的高频绝缘材料。还可制成聚乙烯管材,日用品等。

(二) 低压聚乙烯

尽管高压法为乙烯的开发和大量生产做出了开创性的贡献并奠定了工业基础,但是高压法对于生产设备的要求是很高的,任何一位化学家都希望乙烯能在低压下聚合,这个理想终于在 1953 年被德国科学家齐格勒实现。齐格勒的成功震惊了化学界,齐格勒也由于这一重大发现而获得 1963 年诺贝尔化学奖。

低压聚乙烯生产过程是:把齐格勒—纳塔(Ziegler—Natta)催化剂四氯化钛和三乙基铝 $[TiCl_4—Al(C_2H_5)_3]$ 溶解在有机溶剂汽油或甲苯中,然后通入乙烯,常用的工艺条件是,353~363 K,0.5~1.0 MP_a,聚合时间为 2~4 小时。反应表示如下:

$$n\ CH_2\!=\!CH_2 \xrightarrow[353\sim363\ K\ \ 0.5\sim1.0\ MP_a]{TiCl_4-Al(C_2H_5)_3} \ \ \text{$-\!$}CH_2\!-\!CH_2\text{$-\!$}_n$$

低压聚乙烯在结构上含有较少的支链,据测定,平均 1000 个碳原子只有 5 个含 1~2 个碳原子的支链,低压聚乙烯的碳链分子排列较整齐,结晶度高达 70% 以上;密度较大,为 0.94~0.96 $g\cdot cm^{-3}$,所以又叫高密度聚乙烯;软化点为 403~409 K;而且其抗拉强度是高压聚乙烯的 3~4 倍。低压聚乙烯对单体的纯度要求较低,所以低压聚乙烯含杂质较多,电绝缘性能较差。

高密度聚乙烯强度较高,用挤出法可生产聚乙烯管材、板材,用做建筑材料。用吹塑法制成瓶、桶、罐等容器,高密度聚乙烯也可制成强度高的复合薄膜、日用杂品等。

二、合成橡胶

橡胶广泛应用于工农业生产及日常生活中,特别是汽车航空事业的迅速发展,对橡胶的需求量不断增加,天然橡胶受种植地区气候条件的限制,产量有限,并且其性能也不能适应特种需要的要求。为了满足对橡胶在数量上和性能上的要求,因此,发展了用合成方法大量生产性能上类似橡胶的高分子,把这些具有弹性的合成的类似像胶的高聚物称为合成橡胶。合成橡胶品种很多,下面只介绍两种。

(一) 顺丁橡胶

随着石油工业的迅速发展,1,3-丁二烯可以廉价而大量地从石油炼厂气中分离出的正丁烷和正丁烯经氧化脱氢制得:

$$O_2 + 2C_4H_8 \xrightarrow{\text{磷-钼-铋型催化剂}} 2CH_2=CH-CH=CH_2 + 2H_2O$$

天然橡胶可以看作是异戊二烯按 1,4—加成方式聚合而成的高聚物,且其构型全为顺式结构。

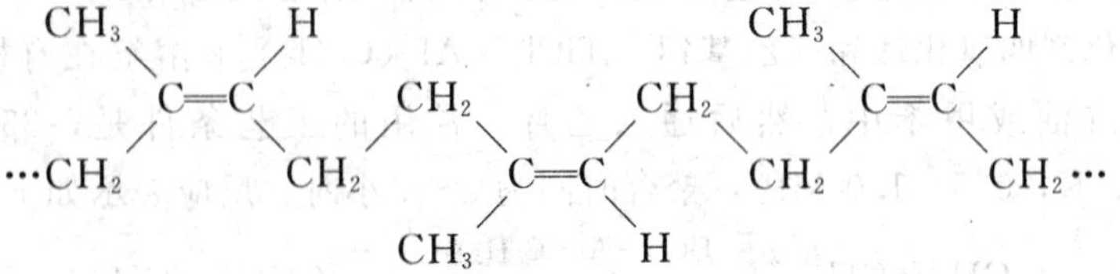

天然橡胶的顺式结构

应用定向聚合方法,即使用齐格勒—纳塔催化剂,例如,四氯化钛—三异丁基铝,1,3-丁二烯的聚合物有 90% 以上的顺式结构,故称顺丁橡胶。其聚合反应可表示如下:

$$n\ CH_2=CH-CH=CH_2 \xrightarrow{TiCl_4 - Al(i-C_4H_9)_3}$$

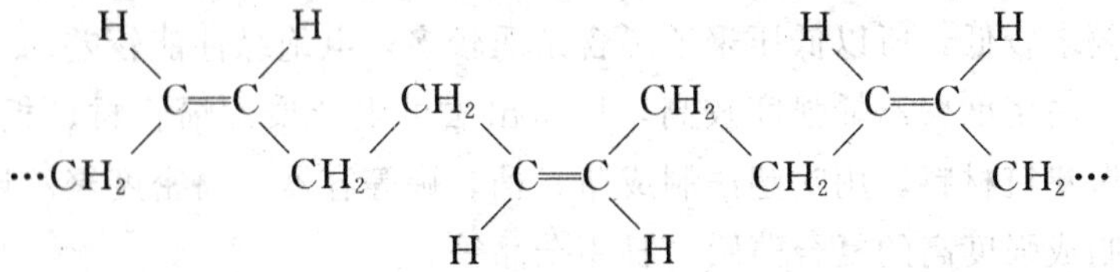

顺丁橡胶的顺式结构

顺丁橡胶的结构规整有序,因而具有优良的耐磨性。它的弹性、耐老化性和耐低温性($Tg=168\ K$)也都超过天然橡胶,成为合成橡胶的第二大品种。缺点是抗撕裂能力差，易出现裂纹。通常采用与其它橡胶共混方法，改善其性能。顺丁橡胶可代替天然橡胶用于制造轮胎、运输带、胶管等橡胶制品。

（二）丁苯橡胶

由 1，3-丁二烯与苯乙烯两种单体共聚得到的橡胶简称丁苯橡胶。反应式可表示为：

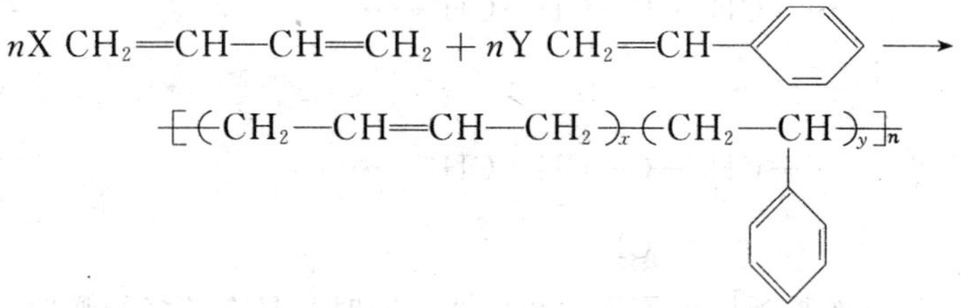

$$n\text{X } CH_2=CH-CH=CH_2 + n\text{Y } CH_2=CH-C_6H_5 \longrightarrow$$

$$\left[\left(CH_2-CH=CH-CH_2 \right)_x \left(CH_2-CH(C_6H_5) \right)_y \right]_n$$

一般说来，在丁苯橡胶中苯乙烯的质量分数约为 25%。共聚物长链中丁二烯链节数大于苯乙烯链节数，即 $x>y$。随着共聚物中苯乙烯含量的增加将产生支链，导致产品质量下降，通常在单体总转化率为 60% 时加入二甲基硫代氨基甲酸酯阻聚剂，以终止聚合反应。

丁苯橡胶的耐磨性和耐老化性较天然橡胶为好，可用来制轮胎、皮带等，与天然橡胶共混用做密封材料和电绝缘材料。丁苯橡胶的不足是不耐油和有机溶剂。由于 1，3-丁二烯和苯乙烯两种单体都容易得到，丁苯橡胶很多性能优于天然橡胶，所以它是合成橡胶中产量最大的品种。

（三）橡胶的硫化

天然橡胶与合成橡胶都是二烯烃类的聚合物或共聚物，它们都是线型高聚物，其性能表现为：弹性小、强度低、韧性差、表面有黏性，且不耐溶剂，不能直接用于工农业中，称为生橡胶。但是经过硫化作用后，这些性能大大地改善。硫化则使线型橡胶分子链通过"硫桥"适当交联，形成体型结构。例如：

$$\cdots-CH_2-\underset{\underset{CH_3}{|}}{\overset{\overset{CH_3}{|}}{C}}=CH-CH_2-\cdots$$
$$\cdots-CH_2-\underset{|}{C}=CH-CH_2-\cdots \quad +S_8 \longrightarrow$$

$$\cdots-CH_2-\underset{\underset{S_x}{|}}{\overset{\overset{CH_3}{|}}{C}}-CH-CH_2-\cdots$$
$$\cdots-CH_2-\underset{\underset{CH_3}{|}}{\overset{\overset{S_x}{|}}{C}}-CH-CH_2-\cdots$$

硫化橡胶既提高了强度和韧性，同时又具有较好的弹性。部分交联还使橡胶在有机溶剂中的溶解变难，具有耐溶剂性。总之，不论天然橡胶还是合成橡胶都要进行硫化，硫化后的橡胶称为熟橡胶。某些特殊橡胶如硅橡胶、氟橡胶的硫化并不用硫磺而是用氧化物（ZnO，PbO）或过氧化物（过氧化二苯甲酰）作为交联剂，但习惯上仍称硫化，可见"硫化"的含义更广泛了。

三、聚对苯二甲酸乙二醇酯（PET）

高分子主链上具有酯基 $-\underset{\underset{O}{\parallel}}{C}-O-$ 的聚合物叫聚酯。聚对苯二甲酸乙二醇酯是一种重要的聚酯，称作涤纶，商品名称为的确良，它是合成纤维中应用较广的一种品种。生产方法有三种：直接酯化法、酯交换法和环氧乙烷法，下面仅介绍前两种方法。

（一）直接酯化法

由对苯二甲酸和乙二醇作单体，在酸的催化下经缩聚反应制得聚对苯二甲酸乙二醇酯。反应式如下：

$$n\text{HO}-\overset{O}{\overset{\|}{C}}-\underset{\text{benzene}}{\bigcirc}-\overset{O}{\overset{\|}{C}}-\text{OH} + n\text{HO}-\text{CH}_2-\text{CH}_2-\text{OH} \xrightarrow{H^+}$$

$$\text{HO}\left[\overset{O}{\overset{\|}{C}}-\bigcirc-\overset{O}{\overset{\|}{C}}-\text{O}-\text{CH}_2-\text{CH}_2-\text{O}\right]_n H + (2n-1)H_2O$$

此方法要求对苯二甲酸纯度高,可是对苯二甲酸难熔化,在通常条件下几乎不溶于溶剂中,难以提纯。而原料的纯度直接影响高聚物的质量。直接酯化法工艺流程简单,生产成本低,由于生产上的需要,促进了对苯二甲酸精制提纯研究工作的开展,现在已能获得聚合级的对苯二甲酸,直接酯化法已于 1963 年正式投入生产。从发展趋势看,在生产上直接酯化法将日益占重要地位。

(二) 酯交换法

由于粗对苯二甲酸难以提纯,人们先用粗对苯二甲酸与甲醇反应制得对苯二甲酸二甲酯(易提纯),再与乙二醇进行酯交换,制得对苯二甲酸乙二醇酯。最后缩聚生成聚对苯二甲酸乙二醇酯。合成过程如下:

1. 酯化:

$$\text{HOOC}-\bigcirc-\text{COOH} + 2\text{CH}_3\text{OH} \xrightarrow{H^+}$$

$$H_3C-\text{OOC}-\bigcirc-\text{COO}-\text{CH}_3 + 2H_2O$$

2. 酯交换:

$$H_3\text{COOC}-\bigcirc-\text{COOCH}_3 + 2\text{HOCH}_2\text{CH}_2\text{OH} \xrightarrow[453\sim463\text{ K}]{\text{Zn(CH}_3\text{COO)}_2}$$

$$\text{HOCH}_2\text{CH}_2\text{OOC}-\bigcirc-\text{COOCH}_2\text{CH}_2\text{OH} + 2\text{CH}_3\text{OH}$$

3. 缩聚

$$n\text{HOCH}_2\text{CH}_2\text{OOC}-\bigcirc-\text{COOCH}_2\text{CH}_2\text{OH} \xrightarrow[548\sim553\text{ K}]{\text{Sb}_2\text{O}_3}$$

$$\text{HOCH}_2\text{CH}_2\text{O}\left[\overset{O}{\overset{\|}{C}}-\bigcirc-\overset{O}{\overset{\|}{C}}\text{OCH}_2\text{CH}_2\text{O}\right]_n H + (n-1)\text{HOCH}_2\text{CH}_2\text{OH}$$

聚对苯二甲酸乙二醇酯主要用于制造纤维（涤纶）、薄膜、也可用做塑料。

涤纶是一种性能优良的合成纤维，能在 203～443 K 之间使用。涤纶的抗张强度是棉花的 2 倍；耐磨性仅次于锦纶，是棉花的 4 倍。涤纶还具有弹性好、耐皱褶、耐化学腐蚀、不怕虫蛀等优良性能。大量用于织造衣料和针织品。涤纶可纯纺，也可以与棉花、麻、蚕丝及其他合成纤维混纺，的确良就是涤棉混纺制品。由于涤纶性能优良，价格低廉，所以近二十年来始终是合成纤维中发展最快的品种。

四、离子交换树脂

具有离子交换作用的高聚物叫离子交换树脂。例如应用广泛的聚苯乙烯磺酸型离子交换树脂，其合成方法如下：

离子交换树脂由两部分组成。一部分是部分交联的高分子骨架，如上式中的部分交联聚苯乙烯骨架；一部分是具有离子交换能力的活性基团，如上式中的磺酸基。离子交换作用如下：

$$R\text{—}SO_3H + Na^+ \rightleftharpoons R\text{—}SO_3Na + H^+$$

R 代表高聚物骨架。离子交换树脂交换作用是可逆的，可以加入无机酸进行再生：

$$R\text{—}SO_3Na + H^+ \rightleftharpoons R\text{—}SO_3H + Na^+$$

对离子交换树脂结构的基本要求是：一是要具有离子交换活性的基团；二是要有一个足够强度的不溶于需要进行离子交换的溶液的骨架。因此采用了具有一定交联度的高聚物作骨架。交联程度不宜过度，否则会降低交换能力。苯乙烯型离子交换树脂中的二乙烯苯起交联作用，可以调节它的用量，以控制交联程度，如以上反应，二乙烯苯用量大约为苯乙烯的 7%～8%。

离子交换树脂按活性基团的性质，主要分为下列两大类：

（一）阳离子交换树脂

这类树脂具有活泼的酸性基团如 —SO_3H、—$COOH$、—$PO(OH)_2$ 等，能够交换阳离子。聚苯乙烯磺酸型树脂就是属于这一类，其用途最广。也有用酚醛树脂为骨架，可先将苯酚磺化再与甲醛缩合，或者先缩合再磺化制备。

（二）阴离子交换树脂

这类树脂具有活泼的碱性基团，如 —NH_2、—NHR、—NR_2、—$N^+R_3OH^-$ 等，能够交换阴离子。胺型的离子交换树脂为弱碱性的，季铵碱型的为强碱性的。

聚苯乙烯阴离子交换树脂是以聚苯乙烯为骨架，引进碱性基团而制成的。若用 R 代表聚苯乙烯骨架，阴离子交换树脂可用下式表示：

$$\text{胺型} \quad R\text{—}NH_2$$
$$\text{季铵型} \quad R\text{—}N^+(CH_3)_3OH^-$$

离子交换树脂的用途很广，最重要的用途为硬水的软化和制造去离子水。普通水中含有 NaCl、Na_2SO_4、$MgCl_2$、$Ca(HCO_3)_2$ 等矿物质，让这种水通过强酸性阳离子交换树脂，水中的阳离子被除去：

$$R—SO_3H + Na^+ (Ca^{2+}、Mg^{2+} 等) \rightleftharpoons R—SO_3Na (Ca^{2+}、Mg^{2+} 等) + H^+$$

上述反应是可逆的，用过的离子交换树脂可以用5%～10%盐酸再生。经过阳离子交换树脂处理的水内含酸，通过弱碱性阴离子交换树脂，发生中和反应，水中所含的游离酸即被树脂吸收：

$$R—NH_2 + HCl \longrightarrow R—N^+H_3Cl^-$$

再使水通过强碱性阴离子交换树脂可以除去 HCO_3^- 等阴离子：

$$R—N^+(CH_3)_3OH^- + HCO_3^- \rightleftharpoons R—N^+(CH_3)_3HCO_3^- + OH^-$$

弱碱性和强碱性的阴离子交换树脂都可以用稀氢氧化钠溶液（4%～10%）再生。

离子交换树脂还可以用来分离提纯金属，如回收电镀工业中的铬、锌、铜和摄影工作中的银，除去工业废水中的放射性物质，以及浓缩贵重金属如铀。离子交换树脂也可以用来提纯抗菌素和各种药物。在有机合成中，为酸或碱所催化的反应，如烷基化、酯化、水解、缩合等反应可以用酸性或碱性离子交换树脂作催化剂，其优点是对容器无腐蚀作用，催化剂与产品分离容易，使反应有更高的选择性，因而可以提高产率。例如：苯酚用异丁烯进行烷基化，制备对叔丁基苯酚时，实验证明用强酸性离子交换树脂代替98%硫酸做催化剂，产率显著提高。因此离子交换树脂用做有机合成的催化剂是很有前途的。

第三节 新型高分子材料简介[*]

随着高分子合成技术的进步，许多新的合成高分子相继问世，一系列新型高分子材料不断涌现，其性能优良，用途广泛。本节仅对一些新型高分子材料作以简介。

一、复合高分子材料

复合材料是指把两种或两种以上材料结合起来,制成具有优良性能的新材料。现代生活中的简单复合材料比比皆是,如建筑用的钢筋混凝土、胶合板以及玻璃钢等。

复合材料由两部分材料组成。一部分称为增强材料,在复合材料中起骨架作用,它增加了复合材料的强度和刚性;另一部分称为基体材料,在复合材料中起粘结作用,使复合材料粘合成一体,对承受的压力起着传导和分散作用。钢筋混凝土中钢筋为增强材料,混凝土为基体材料。

复合材料种类很多,这里只讨论用纤维增强合成树脂的复合材料。常用的纤维增强材料有:玻璃纤维、碳纤维、石墨纤维以及合成纤维如尼龙等;常用的合成树脂基体材料有:环氧树脂、酚醛树脂、聚酯树脂等热固性树脂。下面介绍两类纤维增强树脂的复合材料。

(一) 玻璃钢

玻璃钢是玻璃纤维与一种或数种热固性或热塑性树脂复合而成的材料,这些树脂如酚醛树脂、环氧树脂、聚酯树脂等。

玻璃钢中的增强材料是玻璃纤维。玻璃纤维是由熔融的玻璃拉成或吹成的无机纤维材料,其主要化学成分为二氧化硅。制成的纤维直径一般为 $3\sim 80\ \mu m$,最粗也只有头发丝那样粗细。直径为 $10\ \mu m$ 的玻璃纤维,抗拉强度(俗称拉力,材料受拉力时抵抗破坏的能力)为 3 600 MPa,相当于在每平方毫米的截面积上能承受 3 600 N 的拉力而不断。这种强度比高强度钢还高出 2 倍。

玻璃钢中的基体材料常用热固性树脂。它的作用是把玻璃纤维按一定位置固定下来,使玻璃纤维受力均匀。基体材料对玻璃钢的性能也有举足轻重的影响,上述三种树脂的共同特点是密度低、强度高,而且耐腐蚀性和电绝缘性能好。

玻璃钢的生产，一般是将几层浸浇了合成树脂的玻璃纤维布层叠到一定的厚度，再经过热压固化，制成各种形状的材料，如板料、管料、棒料等。

玻璃纤维与合成树脂复合而成的玻璃钢，具有高强度、低密度、柔韧性好、耐腐蚀、传热慢、耐瞬间高温、电绝缘性能好等一系列优点。玻璃钢的密度为 2 g·cm^{-3}，抗拉强度为 1 170 MPa，比强度〈抗拉强度同其密度之比〉为 6.0×10^4 m；而铝合金的密度为 2.6 g·cm^{-3}，抗拉强度为 470 MPa，比强度为 1.7×10^4 m，即玻璃钢的比强度是铝合金的 3~4 倍，其密度比铝合金还小。它的缺点是刚性不如钢铁，受力后易变形；长时间工作的温度不能超过 523 K；易老化等。

玻璃钢由于具有良好的柔韧性和强度，世界上绝大多数撑杆跳高所用的撑杆，现在都用玻璃钢制作。

自从有了玻璃钢以后，市场上开始出现玻璃钢高压气瓶，这样可以节约大量贵重的钢材。玻璃钢高压气瓶不怕碰撞摔打、质量轻，耐高压程度可达到 4.9×10^7 Pa。一个充满氧气的钢制高压气瓶，需要两个人才能搬动，而玻璃钢气瓶只要一个人就能搬动。

玻璃钢与常用的飞机材料相比，质轻而强度高，玻璃钢比同样质量的铝合金可多承载 2~3 倍。在现代的大型民航客机上，多处使用了用玻璃钢制造的零部件。玻璃钢还用来制造战斗机、轰炸机上的雷达罩，因为玻璃钢不但不反射无线电波，而且能让电波通过。我国在 1983 年也试制成功了壳体全部用玻璃钢制成的飞机。

由于玻璃钢具有瞬时耐高温性能，而且传热慢，它被用做导弹、火箭、人造卫星等的外壳和烧蚀防热材料。

玻璃钢耐海水腐蚀，能吸收撞击能量而达到减震的目的，故适合于制造船舶、潜艇、扫雷艇等。1948 年，美国海军开始生产玻璃纤维聚酯增强塑料的扫雷艇，这种扫雷艇可不受磁性水雷的威胁。目前，水上运动中的赛艇、旅游用的快艇也广泛采用玻璃钢制造。

现在,玻璃钢产品已有数万个品种,它们在军事、航天、航空、机械、舰船、建筑、化工、体育以及人们日常生活中,都有着广泛的应用。

(二) 先进的复合材料

60年代以来,随着航天航空事业的飞速发展,对复合材料的性能提出了高强度、高摸量、耐高温和低密度的三高一低要求。而玻璃钢缺乏这样的高性能,特别是它刚性差,易变形,比摸量只有2.1×10^6 m,所以它逐渐被先进复合材料所代替。

所谓先进复合材料,通常指比强度大于4×10^4 m、比摸量大于4×10^6 m的复合材料。

什么叫摸量和比摸量?

摸量,这里指弹性摸量。一般用材料所受的外力同在这个外力下材料所发生的变形之比来计算。它是一个表征材料刚度的物理量,弹性摸量越大,说明这种材料越不容易发生形变,也就是说,其刚度越高。

比摸量是材料的弹性摸量同其密度之比。比摸量大的材料,质轻而刚强,显然是优良的材料。

在先进复合材料中,用碳纤维、硼纤维等代替玻璃纤维作增强材料。这些纤维都是比玻璃纤维优良的增强材料。例如碳纤维,它的强度比玻璃纤维高6倍比钢高4倍,而密度只有钢的1/4。碳纤维的最大特点是刚性好,抵抗变形的能力要比钢大两倍多。在基体材料方面,用于先进复合材料的有树脂、金属、陶瓷和沥青等。

80年代以来,人们通过合理选择原材料和工艺条件,制成了许多新型的先进复合材料。例如:以碳纤维或碳硅纤维增强的树脂基复合材料〈最高使用温度可达673 K〉;以碳纤维、硼纤维或氧化铝纤维增强的金属基复合材料〈最高使用温度可达1 073 K〉;以陶瓷纤维增强的陶瓷基复合材料〈最高使用温度可达1 273~

1 673 K〉。此外，还有碳/碳基复合材料。

碳纤维是用合成纤维 [如聚丙烯腈$\pm$CH$_2$—CH$\rightarrow_n$纤维] 和黏
$$\underset{CN}{|}$$
胶纤维（即人造丝、人造毛、人造棉）等为原料，在稀有气体中，经1 273 K左右碳化制得。碳纤维的直径极细，只有7 μm，它的优点是耐高温、质轻而硬、强度高。

碳/碳基复合材料是用碳纤维毡、布或三维及多维编织物浸渍可碳化物质（树脂、沥青等），再使其碳化，如此反复进行多次，直至达到所需的密度为止而制得的。碳/碳基复合材料具有比强度高、耐高温、抗烧蚀、抗磨损、密度小、抗震性好等优点。先进复合材料的应用涉及各个领域。在航天航空领域中，碳/碳基复合材料用做导弹的头锥、火箭的喷管、航天飞机的机翼前缘，还可用做大型飞机及军用飞机的刹车片等热防护材料。先进复合材料还广泛用做结构材料，如卫星天线及其支撑结构、太阳能电池翼和外壳、各种受力骨架、运载火箭壳体、航天飞机舱门等。

用先进的复合材料代替铝合金或钛合金，制造飞机，可使飞机的总重量减轻15%，如果使用等量的燃料，飞机能增加飞行距离10%，上升率增加10%，起飞时跑道可缩短15%。美国研制的"旅游者号"全复合材料民用飞机，其结构材料90%以上采用碳纤维复合材料，结构重量仅为435 kg，载油量达3 200 kg。该飞机在1986年创造了不着陆加油连续环球飞行，历时9天，行程40 252 km的世界纪录。

在汽车工业中，先进复合材料可用来制造车身、底盘、发动机架、传动轴等。用先进复全材料制造的轿车车身，比钢制的车身轻60%。一辆碳纤维复合材料的自行车仅重9 kg，骑起来轻快省力。90年代初，天津飞鸽自行车厂、广州自行车公司与研究单位联合研制了全碳纤维复合材料自行车。可以相信，不久的将来，先进复合材料的自行车将出现在祖国各地。

二、功能高分子材料

随着高分子科学的发展，人们非常重视研究具有特殊功能的高分子，即功能高分子。功能高分子是指在高分子主链或支链上具有某种反应性功能的基团，这些反应性功能包括化学活性、光敏性、导电性、催化活性、生物相容性、药理性能和选择分离性能。功能高分子范围很广，大致包括以下几方面：①具有物理学光、电性能的功能高分子，如感光性高分子、高分子半导体、高分子压电体、高分子电解质、导电高分子等。②高分子试剂和高分子催化剂。③高分子药物。④仿生高分子。⑤选择分离功能高分子，如离子交换树脂。

（一）光降解高分子

凡是在光的照射下，由于分子结构改变而引起物理或化学性质变化的高分子统称为光敏高分子。光敏高分子可分为感光高分子、光致变色高分子、光降解高分子等。为了解决高分子废弃物所造成的公害，研究了用时稳定，不用时在阳光曝晒下能发生降解的光降解高分子。要实现这种光降解，一是直接合成见光能降解的高分子；另一种方法是加入能促进降解的试剂。如聚苯基苯乙烯酮受紫外线照射后，发生如下方式的降解：

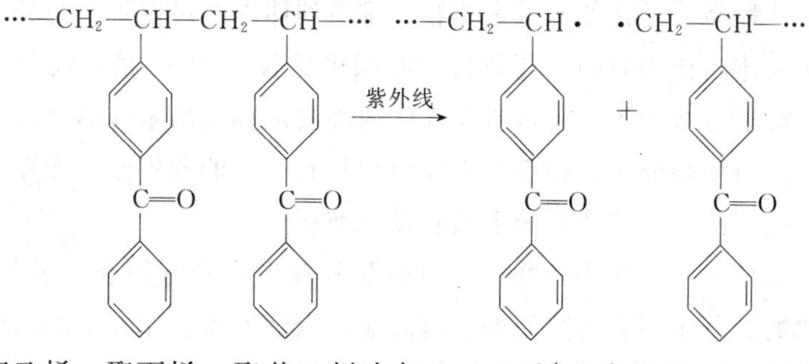
…—CH2—CH—CH2—CH—…
紫外线
…—CH2—CH •
• CH2—CH—…
+
C=O

在聚乙烯、聚丙烯、聚苯乙烯中加入 0.05％光降解剂（如醛基水杨酸的铁、铜、锰、钴盐）。经 100 小时，这些聚合物就降解。又如将塑料浸入 5%～10%的三氯丙酮或六氯丙酮的丙酮溶液中,浸 30 秒钟,再在室外曝晒 2～3 天,即失去强度,一碰即碎。

(二) 高分子药物

常用的药物由于分子量小,在血液中停留时间较短,易排出体外,药效持续时间短。能不能做到吃一次药管几天?甚至管很长一段时间?长效高分子药物解决了这一问题。现在研究比较多的高分子药物是:把高分子作为药物的载体,将具有药理活性的低分子化合物以共价键或离子键的形式接到高分子载体上。例如:把青霉素接到聚乙烯醇和乙烯胺共聚物上,制成高分子化的青霉素。反应过程表示如下:

$$\{CH_2-CH\}_m\{CH_2-CH\}_n \xrightarrow{\text{青霉素}}$$
$$\quad\quad\quad\quad |\quad\quad\quad\quad\quad |$$
$$\quad\quad\quad\quad OH\quad\quad\quad\quad NH_2$$

$$\{CH_2-CH\}_m\{CH_2-CH\}_n$$
$$\quad\quad |\quad\quad\quad\quad\quad |$$
$$\quad\quad OH\quad\quad\quad\quad NH$$
$$\quad\quad\quad\quad\quad\quad\quad\quad\quad\quad |$$
$$\quad\quad\quad\quad O=C-CH-N-C=O$$
$$\quad\quad\quad\quad\quad\quad\quad\quad\quad\quad\quad\quad\quad\quad\quad\quad O$$
$$\quad\quad\quad\quad CH_3\quad\quad\quad\quad\quad\quad\quad\quad\quad\quad\quad\quad ||$$
$$\quad\quad\quad\quad\quad\quad C\quad\quad CH-CH-NH-C-R$$
$$\quad\quad\quad\quad CH_3\quad S$$

这种高分子化的青霉素不容易排泄到体外,可以延长高分子药物在人体内作用时间,药效持续时间可延长 30～40 倍。高分子化的青霉素可溶于水,青霉素在人体内慢慢地释放出来,达到长效的目的。由于高分子药物都与人体组织具有一定的相容性、无毒,在制造抗癌药、辐照防护药上很有发展前途。

高分子本身作为药物的,目前品种较少,尚有待进一步开发。天然的高分子药物有酶制剂、抗凝血的天然肝素,正在研制的模拟的酶药物。合成的有聚 N - 乙烯基吡咯烷酮。它可作为血液增量剂。

$$\text{-}(CH_2-CH)_n\text{-} \atop \underset{}{N}\text{-}O$$

(三) 吸水树脂

吸水树脂是树脂吸附剂的一种，它利用树脂对水能发生吸附和解吸作用，得到广泛的应用。

目前市场上出现的一些高吸水性树脂，是由淀粉或纤维素用丙烯腈、丙烯酸接枝而制成的。淀粉与丙烯酸接枝共聚得到淀粉接枝丙烯酸共聚物。

淀粉接枝丙烯腈共聚物的氰基还要在碱性介质条件下部分水解成羧基、酰胺基等，才具有吸水性。

$$\text{淀粉}—CH_2—CH—CH_2—CH—CH_2—CH—\cdots$$
$$\qquad\qquad\quad | \qquad\qquad | \qquad\qquad |$$
$$\qquad\qquad COONa \quad\; C=O \qquad\; CN$$
$$\qquad\qquad\qquad\qquad\quad\; |$$
$$\qquad\qquad\qquad\qquad\; NH_2$$

　　接枝后的共聚物含有许多长长的支链，这些支链上含有许多强亲水基团，如羧基、酰胺基等，它们一遇到水就会十分迅速地把水吸附住。我们知道，高分子的长链都是蜷曲起来的，因此由这样的长链蜷曲结成的网一旦伸展开来，可以扩大许多倍，也就是说，水可以源源不断被吸附到网中，直到分子链被近乎拉直为止。这就是为什么吸水树脂能够吸附很多水的原因。最初研制出来的吸水树脂能够吸附自身重量 200 倍的水，而今最多的可以吸附自身重量 5 000倍以上。

　　当树脂被加热时，水分子运动加快，最后冲破网的束缚而蒸发出来，树脂的分子结构渐渐恢复到原状。所以吸水树脂可以重复使用。

　　吸水树脂在改造沙漠，工业防水材料及卫生用品方面都有广泛的用途。

　　首先，用吸水树脂改造沙漠，使沙漠变绿洲。埋在沙漠里的树脂可以把周围的水分吸附住，受热后又能缓慢释放出来，树木于是得以不断吸取到水分，沙漠终将重新变为绿洲。

　　其次，吸水树脂已广泛用于工业领域。它除了做干燥剂和脱水剂外，还可以作为神奇的防水材料。例如，最新研制成功的"膨胀橡胶"，这种橡胶中含有高吸水性的树脂，遇水后体积膨胀，用它来作地下防水材料，堵塞漏水的缝隙，效果神奇，因为哪里漏水厉害哪里橡胶就膨胀得越大，密封性能也就越好。又如海底电缆尽管有很厚的保护层，但难免有被鱼类咬破之处。如果在保护层里面置一层吸水树脂，一旦漏水，吸水树脂就能立刻吸附水分膨胀而堵塞漏洞。

另外，吸水树脂还用做婴儿、妇女、病人的卫生用品。吸水树脂不但可以吸水，还可以吸收尿和血，把吸水树脂制成柔软的吸水布，就可以做成婴儿一次性尿布、妇女卫生巾、病人用的床垫尿垫等，又轻又软又具有良好的吸水性能，给人们带来的是清洁、方便和卫生，必将取代老式卫生用品。

第四节 蛋 白 质

蛋白质（protein）是一种重要的天然有机高分子，蛋白质是由多种α-氨基酸分子间失水而形成的线型高分子化合物。要研究蛋白质，必须先了解氨基酸（amino acid）。

一、氨基酸

分子中含有氨基的羧酸称为氨基酸。

（一）蛋白质中的氨基酸及命名

在自然界中发现的氨基酸中，绝大部分是脂肪族α-氨基酸，它们是蛋白质的基本组成单位。氨基酸可以按照系统命名法，把氨基作为羧酸的取代基来命名，氨基酸多用俗名，即根据其来源或性质命名。

在氨基酸分子中可以含有多个氨基和多个羧基，而且两种基团的数目不一定相等。氨基和羧基的数目相等的氨基酸，称为中性氨基酸，但氨基的碱性和羧基的酸性并不是恰好抵消的，它们近乎中性。当氨基的数目多于羧基时，它们呈现碱性，称为碱性氨基酸。而氨基的数目少于羧基时，它们呈现酸性，称为酸性氨基酸。表9-3为多数蛋白质中存在的重要氨基酸。

表 9-3　重要的氨基酸

名　称	结　构　式	等电点 pH
中　性　氨　基　酸		
甘氨酸　　氨基乙酸	$CH_2(NH_2)COOH$	5.97
丙氨酸　　α-氨基丙酸	$CH_3CH(NH_2)COOH$	6.00
丝氨酸 2-氨基-3-羟基丙酸	$CH_2\!-\!CH\!-\!COOH$ $\ \ \vert\ \ \ \ \ \vert$ $\ OH\ \ \ NH_2$	5.68
半胱氨酸 2-氨基-3-巯基丙酸	$CH_2\!-\!CH\!-\!COOH$ $\ \ \vert\ \ \ \ \ \vert$ $\ SH\ \ \ NH_2$	5.05
胱氨酸 双-3-硫代-2-氨基丙酸	$S\!-\!CH_2CH(NH_2)COOH$ $\vert$ $S\!-\!CH_2CH(NH_2)COOH$	4.80
酥氨酸[*] 2-氨基-3-羟基丁酸	$CH_3\!-\!CH\!-\!CH\!-\!COOH$ $\ \ \ \ \ \ \ \vert\ \ \ \ \ \vert$ $\ \ \ \ \ OH\ \ \ NH_2$	6.53
缬氨酸[*] 2-氨基-3-甲基丁酸	$CH_3\!-\!CH\!-\!CH\!-\!COOH$ $\ \ \ \ \ \ \ \vert\ \ \ \ \ \vert$ $\ \ \ \ CH_3\ \ \ NH_2$	5.96
蛋氨酸[*] 2-氨基-4-甲硫基丁酸	$CH_3\!-\!S\!-\!CH_2\!-\!CH_2\!-\!CH\!-\!COOH$ $\vert$ NH_2	5.74
正亮氨酸 2-氨基己酸	$CH_3(CH_2)_3CHCOOH$ $\vert$ NH_2	6.1
亮氨酸[*] 2-氨基-4-甲基戊酸	$CH_3\!-\!CH\!-\!CH_2\!-\!CH\!-\!COOH$ $\ \ \ \ \ \ \vert\ \ \ \ \ \ \ \ \ \ \ \ \ \vert$ $\ \ \ CH_3\ \ \ \ \ \ \ \ \ \ NH_2$	6.02
异亮氨酸[*] 2-氨基-3-甲基戊酸	$CH_3\!-\!CH_2\!-\!CH\!-\!CH\!-\!COOH$ $\ \ \ \ \ \ \ \ \ \ \ \ \ \ \vert\ \ \ \ \ \vert$ $\ \ \ \ \ \ \ \ \ \ \ CH_3\ \ \ NH_2$	5.98
苯丙氨酸[*] 2-氨基-3-苯基丙酸	$C_6H_5\!-\!CH_2\!-\!CH\!-\!COOH$ $\vert$ NH_2	5.48

续表

名　　称	结　构　式	等电点 pH
中　性　氨　基　酸		
酪氨酸 2-氨基3-(对羟苯基)丙酸	HO—〈苯环〉—CH$_2$—CH—COOH 　　　　　　　　　　　　｜ 　　　　　　　　　　　　NH$_2$	5.66
脯氨酸 吡咯啶-2-甲酸	〈吡咯啶环〉—COOH N H	6.30
羟基脯氨酸 4-羟基吡咯啶-2-甲酸	HO—〈吡咯啶环〉—COOH 　　　N 　　　H	5.83
色氨酸 2-氨基-3-(β-吲哚)丙酸	〈吲哚环〉—CH$_2$CHCOOH 　　　　　　　　｜ N　　　　　　　　NH$_2$ H	5.89
酸　性　氨　基　酸		
天门冬氨酸 2-氨基丁二酸	HOOC—CH$_2$—CH—COOH 　　　　　　　　｜ 　　　　　　　　NH$_2$	2.77
谷氨酸 2-氨基戊二酸	HOOCCH$_2$CH$_2$CH(NH$_2$)COOH	3.22
碱　性　氨　基　酸		
精氨酸* 2-氨基-5-胍基戊酸	H$_2$N—C—NH—(CH$_2$)$_3$—CH—COOH 　　　‖　　　　　　　　　｜ 　　　NH　　　　　　　　　NH$_2$	10.97
赖氨酸* 2,6-二氨基己酸	H$_2$N(CH$_2$)$_4$—CH—COOH 　　　　　　　　｜ 　　　　　　　　NH$_2$	9.74
组氨酸 2-氨基-3-(5'-咪唑)丙酸	〈咪唑环〉—CH$_2$CH(NH$_2$)COOH	7.59

加"*"为人类必须的氨基酸

（二）氨基酸的性质

氨基酸是没有挥发性的黏稠液体或无色晶体，易溶于水而难溶于非极性有机溶剂，固体加热至熔点（一般在473 K以上）则分解。氨基酸分子内含有氨基和羧基，具有氨基和羧基的典型性质。

1．两性和等电点

氨基酸分子中同时含有酸性的羧基和碱性的氨基，它能与强酸作用生成铵盐，与强碱作用生成羧酸盐，所以氨基酸是两性化合物。

$$\underset{NH_2}{R-CH-COOH} + HCl \longrightarrow \underset{N^+H_3Cl^-}{R-CH-COOH}$$

$$\underset{NH_2}{R-CH-COOH} + NaOH \longrightarrow \underset{NH_2}{R-CH-COONa} + H_2O$$

氨基酸分子中的氨基和羧基本身能发生中和作用形成盐，这种盐叫内盐。在水溶液中，内盐与阳离子 $\underset{R}{H_3N^+-CHCOOH}$ 及阴离子 $\underset{R}{H_2NCHCOO^-}$ 形成如下平衡：

$$\underset{R}{H_2NCHCOO^-} \underset{OH^-}{\overset{H^+}{\rightleftharpoons}} \underset{R}{H_3N^+CHCOO^-} \underset{OH^-}{\overset{H^+}{\rightleftharpoons}} \underset{R}{H_3N^+CHCOOH}$$

　　阴离子　　　　　　　内盐　　　　　　　阳离子

平衡的移动决定于溶液的 pH 和氨基酸的性质。在强酸性溶液中，所有氨基酸主要以阳离子状态存在，当电解时，阳离子移向阴极；在强碱性溶液中，氨基酸主要以阴离子状态存在，当电解时，阴离子移向阳极。当溶液的 pH 调到某一值时，氨基酸的内盐浓度最大，阳离子和阴离子的浓度相等，电解时，氨基酸分子既不向阴极移动，也不向阳极移动，这时的 pH 称为氨基酸的等电点。在等电点时，氨基酸的溶解度最小。等电点并不是酸碱性的中性点。不同的氨基酸，具有不同的等电点，可以用调节等电点的方法，分离氨基酸的混合物。

2. 与水合茚三酮的颜色反应

α-氨基酸与茚三酮（

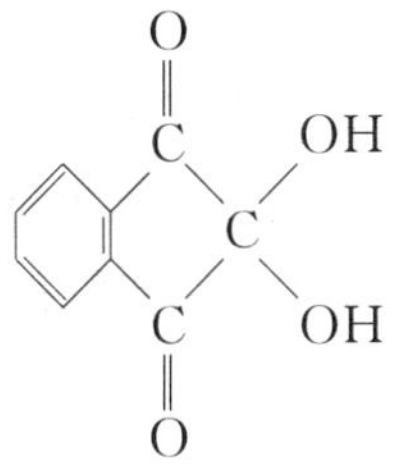

$\begin{array}{c}O\\\|\\C\\\\C\\\|\\O\end{array}$

 ）水溶液一起加热，能生成蓝紫色的有色物质，这是鉴别 α-氨基酸常用的方法之一。

（三）* 谷氨酸

谷氨酸（$HOOCCH_2CH_2CH(NH_2)COOH$）是难溶于水的晶体。谷氨酸的单钠盐 $HOOCCH_2CH_2CHNH_2COONa$ 就是味精。它是工业上生产最多的一种氨基酸，过去都由面筋水解制取，因为原料贵，现在改用粮食发酵，另外用丙烯腈也可合成谷氨酸。

发酵法：味精厂利用菌种在葡萄糖（淀粉水解物）中培养36小时，葡萄糖中加有尿素供给氮元素，发酵过程中不断通入空气，在最终培养液中有谷氨酸和少量其他代谢物，用离子交换树脂吸附谷氨酸，然后用碱液洗脱，调到 pH=3.22 谷氨酸的等电点，谷氨酸就结晶出来，精制后得味精晶体。

味精应该在炒菜出锅前加入。因为谷氨酸钠在393 K时生成焦谷酸钠，不仅没有鲜味，还有轻微的毒性。另外，味精不能和碱或小苏打同时使用，以防谷氨酸钠变成谷氨酸二钠而失去鲜味。味精的用量也不宜过多，每人每天的食用量不能超过6 g。否则，可能产生头痛、恶心、发热及导致高血糖等症状。

二、蛋白质

（一）生物体内的蛋白质

蛋白质广泛存在于生物体内,是生物体的基本组成物质。动物的肌肉、皮肤、血液、乳汁、毛发、蹄、角、骨、腱等主要是由蛋白质构成的。植物的各种器官也都含有蛋白质,例如,小麦的种子里约含 18% 蛋白质。

蛋白质在生命现象中起着决定性的作用。例如:血红蛋白在血液中输送氧气;胰岛素调节葡萄糖的代谢;各种酶对生物化学反应起催化作用;病毒能引发疾病;而抗体则能抵抗疾病。它们都是蛋白质。

(二) 蛋白质的组成

蛋白质是由 C、H、O、N、S 等元素组成的高分子化合物。蛋白质的分子量很大,从约几万到数百万。蛋白质水解的最后产物是 α-氨基酸的混合物,有的同时还生成一些其他物质,如脂肪、糖、色素等。实验证明,蛋白质由多种 α-氨基酸分子间失水形成酰胺键而组成的链状高分子化合物。由于组成蛋白质的氨基酸的种类和排列顺序各不相同,蛋白质的成分常因来源不同而不同。蛋白质中的酰胺键 —CONH— 称为肽键。蛋白质的组成可以用下面部分典型结构式来表示:

$$\cdots\cdots\text{—HNCHCO—HNCHCO—HNCHCO—HNCHCO—}\cdots\cdots$$
$$\quad\quad\quad\quad\;\;|\quad\quad\quad\quad\;\;|\quad\quad\quad\quad\;\;|\quad\quad\quad\quad\;\;|$$
$$\quad\quad\quad\quad R_1\quad\quad\quad\; R_2\quad\quad\quad\; R_3\quad\quad\quad\; R_4$$

其中 R_1、R_2、R_3、R_4 …… 可以相同或不相同。

研究蛋白质的组成、结构和合成方法,这是探索生命现象的重要课题。1965 年我国科学家在世界上第一次用人工方法合成了具有生命活性的蛋白质-牛胰岛素。它对蛋白质和生命的研究做出了重大贡献,将有助于了解和阐明生命现象。

(三) 蛋白质的性质

蛋白质是高分子化合物。多数蛋白质可溶于水,不溶于有机溶剂。蛋白质的水溶液具有胶体溶液的性质,不能透过半透膜,利用这个性质可以把蛋白质溶液中的低分子化合物或无机盐分离除去。

1. 盐析作用

向蛋白质溶液中加入浓的无机盐（如硫酸铵、硫酸钠、氯化钠等），可使蛋白质的溶解度降低而从溶液中析出，这种作用称为盐析作用。盐析作用是一个可逆过程，盐析出来的蛋白质加水又可溶解，并不影响蛋白质的性质。但是使各种不同蛋白质沉淀出来的盐的最低浓度不同。利用这个性质，可以采用多次盐析的方法来分离、提纯蛋白质。

2. 两性和等电点

蛋白质和氨基酸一样，也是两性物质，与酸或碱都能生成盐。在强酸性溶液中蛋白质变成阳离子，在强碱性溶液中则变成阴离子存在。蛋白质也有等电点，不同的蛋白质的等电点也不相同。例如血红蛋白为 6.8，胰岛素为 5.3，卵清蛋白为 4.9，白明胶为 4.8。

3. 变性

蛋白质在热、紫外线、重金属盐、酸、碱等作用下，发生性质上的改变，溶解度降低而凝结。这种变化叫蛋白质的变性。变性是不可逆过程，蛋白质变性以后，不能使它们恢复为原来的蛋白质，丧失了它原有的可溶性，并且失去了生理作用。例如，加热、紫外线照射来杀菌消毒，重金属盐（如铜盐、铅盐等）使人中毒，都是蛋白质变性的结果。

4. 颜色反应

蛋白质能跟许多试剂发生颜色反应，利用这些反应可以鉴别蛋白质。

（1）缩二脲反应：在蛋白质溶液中加入碱和硫酸铜溶液，则显红紫色，这个反应称为缩二脲反应。凡分子结构中含有两个以上 —NH—CO—NH—CO—NH— 结构的化合物都有这个反应。因此所有蛋白质都发生这个反应。

（2）黄色反应：分子中含有苯环的蛋白质，遇浓硝酸即显黄色。这是苯环上发生了硝化的缘故。黄色溶液再加碱，就会转为橙色。当皮肤遇浓硝酸变成黄色，就是这个原因。

(3) 茚三酮反应：水合茚三酮稀溶液与蛋白质一起加热，即呈现蓝色。

5. 水解：蛋白质在酸、碱、酶的催化下都易水解。如果完全水解，可得到多种 α-氨基酸的混合物，如果部分水解则得到分子较小的多肽。

蛋白质──→多肽──→二肽──→α-氨基酸

研究蛋白质水解的中间产物的结构和性质，可以为蛋白质的研究提供很有价值的资料。

阅 读 材 料

吸波材料与隐身飞机

吸波材料指能吸收雷达波的高分子复合材料，它可对抗雷达对飞机的探测。目前研制和应用的吸波材料主要有两类：一类是介电吸波材料，其制造方法是在高分子化合物中添加电损耗性物质，如碳纤维、导电碳黑、碳化硅等，依靠电抗损耗雷达入射能量；另一类是电磁性吸波材料，即在高分子化合物中添加多功能铁氧体等磁性物质，依靠电磁损耗雷达入射能量。

用于制造吸波材料的高分子化合物如视黄基席夫碱式盐聚合物，它的分子为多共轭烯烃结构并含有一群高氯酸抗衡离子，这些抗衡离子由3个氧原子和1个氯原子组成，并在两处松散地高挂在高分子的碳原子骨架上，这种连接方式非常弱，一个光子都有可能把抗衡离子从一个位置移到邻近的一个位置，这种位移使它很快将入射波的电磁能转换成热能散开，这就是它具有极好的吸收电磁波能的原因。

可用于制造吸波材料的高分子还有聚苯硫醚、聚芳酯、聚醚砜、聚芳砜、聚苯并咪唑、聚醚亚胺等，它们被用做吸波材料的基体的原因是，高分子可减轻飞机重量，提高飞机的机动性能和降低油耗。高分子吸波材料都是电绝缘体。

B—2轰炸机的机身表面大部分由吸波材料的蜂窝夹层结构制成，为减少雷达波散射截面，机翼的前后沿由一连串拇指大小的六角形小室构成，每个小室内填充吸波材料，材料密度从外向内递增，它们用多层吸波材料覆盖，入射的雷达波先投射在机翼的表面上，然后被多层吸波材料吸收，剩余的雷达波进入六角形小室，继续被吸收，几乎可完全消除来自机翼前后雷达波的反射。使雷达难以发现飞机。以上述方法，用吸波材料覆盖在机身表面，这就是稳身飞机。

本 章 小 结

掌握下列重要概念

高分子化合物、单体、链节、聚合度、聚合反应、缩合反应、定向聚合反应、结晶度、玻璃化温度T_g、氨基酸、等电点。

1. 高分子化合物的分类

（1）按工艺性质和用途分类：橡胶、塑料、纤维。

（2）按主链结构分类：碳链高聚物、杂链高聚物、元素有机高聚物。

（3）根据分子的形状分类：线型高聚物、体型高聚物。

2. 高分子化合物的命名

（1）按原料的单体或聚合物的结构特征命名。

在单体前面加"聚"字，例如，聚乙烯等；在单体名称后面加树脂、橡胶或共聚物，如酚醛树脂、丁苯橡胶等。

（2）按商品名命名

3. 聚乙烯、丁苯橡胶、顺丁橡胶、PET、离子交换树脂的合成方法及用途。

4. 玻璃钢、先进复合材料、吸水树脂等功能高分子的性能和应用。

5. 氨基酸的命名和蛋白质的性质。

习 题

1. 命名下列高聚物，按主链结构分类，它们属于哪类高聚物？

   (1) $+CH_2-CH+_n$ 　(2) $+CH_2-C=CH-CH_2+_n$
   　　　　　|　　　　　　　　　　　|
   　　　　　CH_3　　　　　　　　CH_3

   　　　　CH_3
   　　　　|
   (3) $+Si-O+_n$　　(4) $+\overset{O}{\overset{\|}{C}}-\underset{}{\bigcirc}-\overset{O}{\overset{\|}{C}}-O(CH_2)_2O+_n$
   　　　　|
   　　　　CH_3

2. 写出下列高聚物的结构简式、合成它们的单体结构简式及名称。

   (1) 聚丙烯腈　　　　(2) 聚苯乙烯

   (3) 丁苯橡胶　　　　(4) 聚己二酰己二胺

3. 下列高聚物中，哪些是均聚物？哪些是共聚物？

   (1) 聚氯乙烯　　　　(2) 顺丁橡胶

   (3) 丁苯橡胶　　　　(4) 尼龙 66

   (5) ABS 树脂　　　　(6) 聚丙烯腈

4. 加聚反应与缩聚反应有哪些不同？

5. 高聚物有哪三种物理状态？用玻璃化温度是怎样定义塑料和橡胶的？

6. 选择适当的石油产品为单体，合成下列高聚物，以反应式表示。

   　　　　　　　　　　　　　　　　　　CH_3
   　　　　　　　　　　　　　　　　　　|
   (1) $+CH_2-CH+_n$　　　(2) $+CH_2-C+_n$
   　　　　　　|　　　　　　　　　　　|
   　　　　　　CN　　　　　　　　　$COOCH_3$

(3) $+CH_2-CH=CH-CH_2-CH_2-CH\frac{}{n}$
      　　　　　　　　　　　　　　　　　　　|
      　　　　　　　　　　　　　　　　　　　CN

(4) $H+OCH_2-CH_2\frac{}{n}OCH_2CH_2OH$

7. 高压聚乙烯和低压聚乙烯在结构、性能上有什么不同？

8. 写出下列化合物水解生成的氨基酸的结构式和名称。

(1) $CH_3CHCH_2CHCONHCH_2COOH$
　　　　　|　　　　　|
　　　　CH_3　　$NHCOCH(NH_2)COOH$

(2) $H_2NCH_2CONH-CO\underline{\qquad}CH_2$
　　　　　　　　　　　$CH_2-CO-HNCOCH_2NH_2$

9. 用化学式表示磺酸型阳离子交换树脂除去水中 Ca^{2+} 离子和再生过程，并标明再生时所用酸的浓度。

10. 什么叫功能高分子？高吸水树脂为什么能吸收比自身重几千倍的水？

11. 玻璃钢是由什么材料复合而成的？简述玻璃钢的用途。

参 考 资 料

[1] 夏炎主编．高分子科学简明教程．北京：科学出版社．1987 年
[2] 浙江大学普通化学教研组编．普通化学．第二版．北京：高等教育出版社．1996 年
[3] 天津大学有机化学教研室等编．有机化学．北京：人民教育出版社．1979 年
[4] 严东生主编．材料技术．上海：上海科技教育出版社．1997 年
[5] 应礼文著．走向高分子时代．南宁：广西教育出版社．1999 年

第十章　环境化学选论

随着社会生产力的发展，特别是近半个世纪以来，科学技术的突飞猛进，人类改造自然的规模空前扩大，从自然获取的资源也越来越多，随之，排放废弃物也与日俱增。对环境的污染与破坏不仅限于工业发达国家和地区，已发展成为全球性的环境问题。诸如，耕地面积减少、森林资源过度砍伐、水资源的短缺、物种的消失、酸雨的危害、臭氧层破坏、温室效应引起的全球气候变暖以及厄尔尼诺、拉尼娜现象等造成的环境危害和破坏。所有这些已经引起当今人们极大的关注。

人类生活在自然环境中，所谓环境（environment）是指：大气、水、土地、矿藏、森林、草原、野生动物、野生植物、水生生物、名胜古迹、风景游览区、疗养区、自然保护区、生活居住区等。人类的生存环境，可由近及远，由小到大分为聚落环境、地理环境、地质环境和星际环境。所以，环境是指环绕在我们周围的各种自然因素的总和。通常把这些构成自然环境的因素分别划分为大气圈、水圈、生物圈、土圈、岩石圈等五个部分，这些都是人类赖以生存的物质基础。聚落是人类聚居的场所，活动的中心。聚落环境也就是人类聚居场所的环境。它是与人类的工作和生活关系最密切、最直接的环境。聚落环境根据其性质、功能和规模可分为院落环境、村落环境和城市环境等。

生物在自然界中并不是孤立地生存，而是结合生物群落而生存的。生物群落和非生物之间互相作用，进行着物质和能量的交换，这种群落和环境的综合体，就称为生态系统。生态系统是一个广义的概念，小到含有几个藻类细胞的一滴水，大到宇宙本身都可称为生态系统。在一定条件下，每个小的生态系统内各种生物之间都保持着自然的平衡关系，称为生态平衡。各个生态系统对于进入其中的化学物质都有一定的净化能力，当进入的有毒物质数量较少时，生态系统能通过物理、化学和生物净化作用降低其浓度或使之完全消除而不致造成危害，这就是生态系统的自净能力。但当有害物质进入生态系统的数量超过了生态系统能够降解它们的能力，就会打破生态平衡，使人类赖以生存的环境发生恶化，这就是环境污染。环境中的大多数污染物含量极微，但它们通过食物链可以成千、成万倍地在生物体中富集，然后进入处于食物链顶端的人体中，而使人类受到危害。

人类的生产和生活活动对环境产生的不良影响，引发了环境问题，为了解决环境问题，产生了一门正在蓬勃发展的新学科——环境科学（environmental science）。环境科学是以实现人和自然和谐为目的，研究以及调整人与自然关系的科学。它是20世纪70年代初由多学科交叉渗透而形成的综合性新学科。环境科学包括了若干个分支：环境化学、环境地学、环境生物学、环境医学、环境物理学、环境工程学等6个方面。

环境化学（environmental chemistry）既是环境科学的核心组成部分，也是化学学科的一个新的重要分支。它是以化学物质在环境中出现而引起的环境问题为研究对象，以解决环境问题为目标的一门新兴的交叉学科。它主要研究有害化学物质在环境介质中存在的浓度水平和形态；潜在有害物质的来源，及其在环境中的化学行为；有害物质对环境和生态系统、人体健康产生效应的机制和风险性；有害物质已造成影响的缓解和消除以及防止产生危害的方法和途径等。由于污染物在环境中的含量很低（一般只有 $mg \cdot kg^{-1}$ 或 $\mu g \cdot kg^{-1}$ 级水平，甚至更低），又不易创建人工模拟环境进行研究，这就决定了环境化学研究的复杂性、艰巨性和探索性，并使之成为既实用又富有创造性的学科。

近十年来，环境化学正不断向纵深发展，并日趋成熟。它从原子分子水平上来阐明和研究宏观环境现象与自然环境变化中的化学机制和防治途径，涉及全球或区域性宏观生态系统中化学物质的迁移和转化，与地球科学相渗透。随着人们对自然环境和生态系统中化学物质危害性认识的扩大和深化，环境化学研究又向生命科学渗透。这些发展孕育着新的、交叉学科的诞生。目前人们对其学科定义和研究范围的认识尚不尽相同，但是研究化学物质在环境中的物化特性及其行为无疑是环境化学的基本研究内容。

近年来，我国自然科学基金委员会化学科学部组织我国环境化学家经过3年调研和反复研讨，将环境化学定义为：研究化学物质在环境中的存在、化学特性、行为和效应及其控制的化学原理和方法的科学。它的分支学科为：1. 环境分析化学；2. 大气水体和土壤环境化学；3. 污染控制化学；4. 污染生态化学。

本章主要介绍大气水体和土壤环境化学的基本内容，即阐述大气、水体和土壤污染物的来源及其防治，以及环境保护与可持续发展的重要性。

第一节 大气污染及其防治

一、大气圈的结构和大气组成

大气（atmosphere）是自然环境的重要组成部分，也是人类赖以生存的必不可少的物质。人必须呼吸大气中的新鲜空气来维持生命。一个成年人每天吸入的空气量为 $10\sim 12$ m^3，人在断绝空气 5 min 后就会死亡。

(一) 大气圈的结构

一般把由于地心引力而随地球旋转的大气层（atmospherie lager）叫做大气圈。大气圈的厚度大约有 1×10^4 km。由于大气圈与宇宙空间很难确切划分，常把大气圈层上界定为 1 200～1 400 km，超出 1 400 km，气体非常稀薄，就是宇宙空间。

大气圈中的空气分布是不均匀的。根据在垂直高度上的温度变化和大气组成及运动状态，可将大气圈划分为对流层、平流层、中间层、暖层和外层。

1. 对流层（troposphere）。对流层是大气圈的最下层，该层的厚度随地球纬度不同有所差别。在极地约为 6～10 km，在中纬度为 10～12 km，在赤道为 16～18 km。这一层中大气质量约为大气层总质量的 75%。对流层温度的分布特点是下部气温高，上部气温低，气温的垂直递减率平均为 0.6 ℃/100 m。所以对流层的大气在垂直或水平方向的对流都很充分。由于太阳辐射和大气环流的影响，对流层常出现风、雪、雨、雾、雷电等复杂的气象现象。人类生产和生活等排放的污染物也大多聚集在对流层，即大气污染主要发生在对流层。由污染源排放到大气中的污染物，随着对流运动被输送到远方分散和稀释，降低了污染物的浓度，一般不造成危害。但由于污染物量大，尤其是当近地 1 km 以下的边界流动层出现上热下冷的逆温层时，使得污染物混入低层无法向上扩散，就有可能发生严重的大气污染。因此，对流层与人类的关系最为密切。

2. 平流层（stratosphere）。平流层位于对流层之上。平流层下部的气温几乎不随高度的变化而变化，为一等温层。平流层上部的气温随高度上升而增高。在平流层上部存在一厚度约为 20 km 的臭氧层，该臭氧层能强烈吸收太阳的紫外线，致使距地面 50～55 km 的平流层顶部的气层明显的增温，气温可升至 0～-3 ℃，比对流层顶部气温高 60～70 ℃。

在平流层中，很少发生大气的上下对流，一般处于平流流动，极少出现云、雨、风暴天气。平流层大气透明度好,是现代超音速飞机飞行的理想空间。污染物一旦进入平流层,就会在此层停流较长时间,有时可达数十年之久,并遍布全球。进入平流层的氮氧化物、氯化氢、氟氯烃等物质能与臭氧层中的臭氧发生化学反应,造成臭氧层的破坏,严重时会产生臭氧层"空洞",从而使太阳辐射到地球表面的紫外线增加,导致地球上的生态系统受到破坏。

3. 中间层、暖层和外层。中间层位于平流层上,层顶距地面约为 80~85 km。在这一层里,大气有强烈的上下对流运动,气温随高度增加而下降,层顶温度可降至 $-83℃\sim -113℃$。暖层位于中间层的上部,该层的下部基本上是由分子氮所组成,上部是由原子氧所组成。由于原子氧可吸收紫外线,所以暖层中气体的温度随高度增加而上升。外层是大气圈的最外层,在暖层的上部。这层相当厚,是从大气圈逐步过渡到星际空间的大气层。

(二)大气的组成

大气是多种气体混合物。其组成可认为是由恒定、可变和不定三种类型组分所组成的。

大气的恒定组分系指大气中含有的 N、O、Ar 及微量的 Ne、He、Kr、Xe 等稀有气体。其中 N、O、Ar 三种组分共占大气总量(体积)的 99.96%。在从地球表面向上,大约到 85 km 这段大气层(均质层)里,这些气体组分的含量几乎可认为是不变的。

大气的可变组分主要是指大气中的 CO_2 和水蒸气等。这些气体的含量由于受地区、季节、气象以及人们生活和生产活动等因素的影响而有所变化,在通常情况下,水蒸气的含量为 0%~4%,CO_2 含量近年来已达 0.036%。

大气中的不定组分,是由自然界的火山爆发、森林火灾、海啸、地震等暂时性灾害所产生的,由此形成的污染物有尘埃、硫、硫化氢、硫氧化物、碳氧化物及恶臭气体等。这些不定组分进入大气中,可造成一定空间范围在一段时期内暂时性的大气污染。目前,人类还难以有效主动地防治这类大气污染。大气中不定组分除上述来源之外,还来源于人类社会的生活消费、交通、工农业生产排放的废气。其排放不定组分的种类和数量与该地区的功能、人口密集程度、能源消耗、工业结构类型、技术水平和气象条件等多种因素有关。城市工业的布局,人们环境保护意识和环境管理水平高低等人为因素,都将决定着该地区大气污染的程度。

自然界中局部的质能转换和人类所从事总类繁多的生活、生产活动,向大气排放出各种污染物,当污染物超过环境所能允许的极限(环境容量)时,大气质量发生恶化,对人们的生活、工作、健康、精神状态、设备、财产以及生态环境等造成恶劣影响和破坏,此类现象称为大气污染。

二、大气中的污染物

人类生活和科学技术的现代化,对能量提出更多的需求,这无疑使燃料用量直线上升,从而造成大气的污染日趋严重。此外在交通运输方面,当汽车的使用量大增之后,大城市中汽车的排气形成了新型的环境污染——光化学烟雾(photochemical smong),对居民、房屋、树木、道路、桥梁及工业设备等造成极大危害。在大气中还有来自工业生产的其他污染物。大气中的污染物种类繁多,大致有 100 种左右,如下表所示。

表 10-1 大气污染物

分 类	成 分
颗 粒 物	碳粒、飞灰、碳酸钙、氧化锌、二氧化铅、各种重金属尘粒
含硫化合物	二氧化硫、三氧化硫、硫酸、硫化氢、硫醇等
含氮化合物	一氧化氮、二氧化氮、氨等
氧 化 物	臭氧、过氧化物、一氧化碳、二氧化碳等
卤 化 物	氯、氟化氢、氯化氢等
有机化合物	烃类、甲醛、有机酸、焦油、有机卤化物、酮类、稠环致癌物等

当前，最普遍被列入空气质量标准的污染物，除颗粒物外，主要有二氧化硫、一氧化碳、二氧化氮、碳氢化物、臭氧等5种气体。

一般情况下大气污染物中颗粒物和 SO_2 占 40%，CO 占 30%，NO_2、碳氢化物以及其他废气占 30%。为了保护自然生态和人类的健康，1996 年我国颁布了《环境空气质量标准》，规定主要污染物在空气中的限值，见下表。

表 10-2　环境空气质量标准

污染物名称	取值时间	浓度限值			浓度单位
		一级标准	二级标准	三级标准	
二氧化硫 SO_2	年平均 日平均 1小时平均	0.02 0.05 0.15	0.06 0.15 0.50	0.10 0.25 0.70	mg·m^{-3}
总悬浮颗粒物 TSP	年平均 日平均	0.08 0.12	0.20 0.30	0.30 0.50	
可吸入颗粒物 PM_{10}	年平均 日平均	0.04 0.05	0.10 0.15	0.15 0.25	
氮氧化物 NO_x	年平均 日平均 1小时平均	0.05 0.10 0.15		0.10 0.15 0.30	
二氧化氮 NO_2	年平均 日平均 1小时平均	0.04 0.08 0.12		0.08 0.12 0.24	
一氧化碳 CO	日平均 1小时平均	4.00 10.00		6.00 20.00	
臭氧 O_3	1小时平均	0.16	0.20	0.20	
铅 Pb	季平均 年平均	1.50 1.00			μg·m^{-3}
苯并芘	日平均	0.01			
氟化物（以F计）	日平均 1小时平均	7 2			

注：环境空气质量标准分为三级：一类区（自然保护区、风景名胜区和其他需要特殊保护的地区）执行一级标准；二类区（城镇规划中的居民区、商业交通居民混合区、文化区、一般工业区和农村地区）执行二级标准；三类区（特定工业区）执行三级标准。

1. 颗粒物

悬浮在大气中的微粒统称为悬浮颗粒物，或简称为颗粒物。这些微粒可以是固体，也可以是液体。因其对生物的呼吸、环境的清洁、空气的能见度以及气候因素等造成不良影响，所以是大气中为害最明显的一类污染物。

颗粒物按其大小可分为降尘（颗粒直径 >10 μm）和飘尘（颗粒直径 <10 μm）。降尘可以很快降落，但飘尘以气溶胶的形式长时间飘浮在空中。直径在 $0.5 \sim 5$ μm 的飘尘对人体的危害最大，因为大于 5 μm 的颗粒可被鼻毛与呼吸道黏液排除；小于 0.5 μm 的颗粒可被粘附在上呼吸道表面随痰排出。只有 $0.5 \sim 5$ μm 的飘尘可以直接到达肺细胞而沉积，造成矽肺，并可能进入血液输送到全身，造成严重的呼吸道疾病。此外，大气中的微粒还会遮挡阳光使气温降低，或形成冷凝核心，使云雾和雨水增多以致影响气候。

由于重力沉降和雨雪，悬浮颗粒物大都可以从大气中除掉。

2. 硫氧化物(SO_x)

大气中的硫氧化物主要是指 SO_2 和 SO_3，它们主要来自发电厂和供热厂中含硫燃料（石油、煤）的燃烧，其次是冶炼厂、硫酸厂的排放气，有机物的分解和燃烧，海洋及火山活动等。例如，硫酸厂煅烧黄铁矿石放出 SO_2：

$$4FeS_2 + 11O_2 = 2Fe_2O_3 + 8SO_2$$

自 20 世纪 70 年代以来，全球 SO_2 排放总量平均每年递增 5%，1980 年达到 2 亿吨。但自 20 世纪 90 年代起 SO_2 排放在欧洲及北美的发达国家进行了有效控制，排放总量可能有所下降。

SO_2 是无色无臭的刺激性气体。吸入 SO_2 含量为 $\Psi(SO_2) > 0.002$

的空气，就会使嗓子变哑、喘息甚至失去知觉。它对植物还会产生漂白的斑点、损害叶片和降低产量。SO_2还能与水蒸气作用形成酸气，对人体呼吸道有强烈的刺激性。当空气中有微粒物质共存时，其危害可增大3至4倍。SO_x的许多不良作用是由于SO_3与水作用生成的H_2SO_4造成的。

3. 一氧化碳（CO）和二氧化碳（CO_2）

一氧化碳和二氧化碳是燃料燃烧时产生的。一氧化碳是人类向大气排放量最大的污染物（约占大气中污染物总量的三分之一），主要来自燃料的不完全燃烧。近年来的研究认为，天然产生的一氧化碳也不容忽视。低层大气中相当丰富的CH_4可被氢氧自由基作用生成甲基自由基（·CH_3），继而转变成一氧化碳。海洋是一氧化碳的另一个重要的天然来源，每年向大气排放一氧化碳约达0.6亿吨。一氧化碳是无色无味的气体，因而人不容易戒备，对人和动物有害。一氧化碳的毒性作用是由于它与人的血液红蛋白的亲合力比氧气与人的血红蛋白的亲合力大200～300倍，因此一氧化碳进入血液后会使血红蛋白失去携氧能力，导致人体缺氧。

$$HbO_2 + CO = HbCO + O_2$$

轻度一氧化碳中毒会引起疲劳、头痛、头晕、恶心等症状，严重时使人昏迷、痉挛甚至死亡。

二氧化碳与一氧化碳不同，它本身没有毒性，过去不被列为污染物，但由于二氧化碳是一种温室气体，其含量的不断增加会引起全球气候变暖。因此二氧化碳也被认为是重要的污染物。

4. 氮氧化物（NO_x）

构成污染的氮氧化物主要是一氧化氮和二氧化氮。他们是由重油、汽油、煤、天然气等各种燃料在高温燃烧时由大气中的N_2和氧气O_2反应生成的，NO又可与O_2反应生成NO_2。除由高温导致生成NO之外，还有一部分NO来自燃料中含氮化合物中的热解和氧化。也有来自生产和使用硝酸工厂的排放气，以及氮肥厂、有机中间体厂、有色及黑色金属冶炼厂的某些生产过程。目前每年向大气排放的 NO_x 已超过五千万吨。

一氧化氮和二氧化氮的毒性都很大。一氧化氮是无色无味的气体,它能刺激呼吸系统,并能与血红素结合成亚硝基血红素而使人中毒。二氧化氮能严重刺激呼吸系统,并使血红素硝基化,危害比一氧化氮更大。另外,二氧化氮还会毁坏棉花、尼龙等织物,使柑橘落叶和发生萎黄病等。二氧化氮更严重的危害是在形成光化学烟雾的过程中起了关键作用。

5. 烃类和卤代烃

大气中的有机污染物主要是来自石油的烃类和人工合成的卤代烃,除在石油开采地逸漏散失外,运输及使用过程均造成污染。烃类是通过煤油厂排放气、汽车油箱、工业生产及固定的燃烧污染源而进入大气。一个更重要的来源是汽车尾气。烃类在大气中难于由大气自净机制所消除,造成的污染情况极为严重。

三、综合性大气污染问题

(一) 光化学烟雾

大气中的烃类和氮氧化物在阳光作用下会发生光化学反应,产生种种污染物。由这些物质所造成的烟雾污染现象称为光化学烟雾。美国洛杉矶是发生光化学烟雾最早的地方,人们又把这种类型的烟雾称为洛杉矶烟雾。

光化学烟雾一般发生在大气相对湿度较低、气温为 $24\sim32°C$ 的夏季晴天,污染高峰出现在中午或稍后。形成光化学烟雾的主要条件是:足够浓度的氮氧化物(NO、NO_2)、烃类、醛类、充足的阳光,特定的地理位置或地形条件。

光化学烟雾的形成是从二氧化氮的光化学分解引发反应开始的:

$$NO_2 \rightarrow NO + O$$

因此产生了活泼的原子氧,从而诱发了许多重要反应:

$$NO+O+M \rightarrow NO_2+M$$
$$O+O_2+M \rightarrow O_3+M$$
$$O+HC \rightarrow R \cdot + R'CO \cdot$$

(式中 HC 代表脂肪组或芳香族烃类,R·和 R'CO·代表自由基。)

生成物中的 O_3、PAN(过氧化硝酸乙酰)、醛和酮等为二次污染物。它们与一次污染物共同形成光化学烟雾。光化学烟雾有强烈的刺激性和氧化性,它能使人的眼睛红肿、喉咙痛、呼吸困难、头晕目眩,还能直接危害树木、庄稼,腐蚀金属等。

预防和控制光化学烟雾的发生,主要是设法减少氮氧化物的排放。如对石油、氮肥、硝酸等化工厂的排放严加管理,以减少氮氧化物和烃的蒸发和排放;执行严格的汽车尾气排放标准,降低汽车尾气污染物的排放等。

(二)臭氧层空洞

臭氧(O_3)是大气中一种微量成分,在地表空气中微乎其微。臭氧聚集在地面上空 20~25 km 的平流层中,形成一个臭氧层(ozonspere)。

千百年来人类活动并不能达到平流层的高度,臭氧层不曾受到影响,一直在发挥其正常的作用。臭氧能吸收太阳紫外线,其作用主要是:1. 使平流层的温度由 223 K 上升到 273 K。这种下冷上热的温度分布,使平流层的物质没有上下对流的扩散。2. O_3 吸收紫外线使 O_3 分解为 O 和 O_2,生成的原子氧又与 O_2 结合成 O_3。依靠这个循环反应来维持臭氧层中的臭氧含量居于正常。3. 臭氧层能吸收太阳 99% 以上的紫外线,防止过多的紫外线辐射到地球表面,保护人类和生物免遭紫外线的伤害。所以,臭氧层是生物圈的一个天然保护伞。

1979 年,科学考察首次发现南极上方臭氧层有空洞,此后洞口不断扩大。1984 年估算出南极上空的臭氧已损失约 50%。其后,北极上空也出现了臭氧层空洞,其范围约为南极臭氧空洞的一半。世界其他地区也出现了臭氧的减少。如1995年,在地球中纬度地区臭氧层损耗超过10%,在西伯利亚地区达到了35%。臭氧层变薄和出现空洞就意味着有更多的紫外线辐射到地球表面。紫外线对生物具有破坏性,对人类可以使皮肤、眼睛和免疫系统造成损伤,皮肤癌患者增多。强烈的紫外线还将影响鱼类和其他水生生物的生长以及造成全球气温的变化。

  臭氧层损耗的原因有多种。但比较一致的看法认为:人类活动排入大气的某些化学物质与臭氧发生作用,导致臭氧的损耗。这些物质主要有氟利昂(CFC)、哈龙、一氧化氮、四氯化碳和甲烷等。其中氟利昂和哈龙是破坏臭氧层的主要物质。从20世纪30年代开始,世界上制造冰箱使用的制冷剂二氯二氟甲烷(CF_2Cl_2)和三氯氟烃($CFCl_3$)都是氟利昂。氟利昂还广泛应用于制洗净剂、杀虫剂、除臭剂、防汗剂等。由于氟利昂很稳定,在低层大气中可长期存在(寿命约为几十年甚至上百年),在还没来得及分解即穿过对流层进入平流层。在紫外线的作用下,分解成Cl、Br、HO等活泼自由基,可作为催化剂引起连锁反应,导致臭氧分解。臭氧层破坏的反应过程可表示为:

$$Cl + O_3 \rightarrow ClO + O_2$$
$$ClO + O \rightarrow Cl + O_2$$

这里,在第一个反应中消耗的氯原子在第二个反应中又重新产生出来。因此,每一个氯原子能参与大量的这些破坏臭氧的反应。这两个反应加起来是

$$O + O_3 \rightarrow 2O_2$$

反应的最后结果是把臭氧分子转变成氧分子。

  另一破坏臭氧层的物质是哈龙(臭代物),所占的比例虽然不算高,但对臭氧层的破坏是氟利昂的三倍,而且对臭氧层的破坏也是链锁式的。

大气中臭氧层的损耗,主要是由消耗臭氧层的化学物质引起的,因此必须采取控制氟利昂的生产、消费和排放。1987年9月,联合国环境规划署召开了多次国际会议并通过多项保护臭氧层的国际公约,如1985年通过的《保护臭氧层维也纳公约》和1987年通过的《关于消耗臭氧层物质蒙特利尔议定书》规定,1994年停用哈龙,1996年停用氟利昂,对发展中国家可延长10年等要求。我国政府对保护臭氧层问题十分重视,加入了1991年修订后的《蒙特利尔议定书》,并执行了议定书的规定。

（三）酸雨

酸雨（acid rain）已被认为是全球性的重大问题之一。酸雨是指pH小于5.6的雨、雪、雾、霜、露等各种形式的大气降水,是大气受污染的一种表现。

酸雨中含有许多有机酸和无机酸,主要是硫酸和硝酸,多数情况下以硫酸为主。酸雨中的硫酸和硝酸是由人为排放的二氧化硫和氮氧化物转化而成。二氧化硫和氮氧化物可以是当地排放的,也可以是从远处迁移来的。酸雨是大气污染物排放、迁移、转化、成云和在一定气象条件下产生降雨综合过程的产物。排入大气的二氧化硫,通过气相和液相反应,生成硫酸。

酸雨可降落在发生源本国境内,也可以随风飘移而降落到几千公里外的别国的国土上,造成大范围的公害。酸雨对各种经济资源,如农业、鱼业、森林和野生生物都是有害的。酸雨还可以腐蚀建筑物、毁坏农作物,并使水域和土壤酸化,破坏整个生态环境。

（四）温室效应

温室效应（greenhouse effect）是大气层中的某些微量组分,能让太阳的短波透过,加热地面,而地面增温后所放出的热辐射却被这些组分吸收,使大气增温,这种现象叫做温室效应。能够使大气增温的微量组分为温室气体。大气中的温室气体主要有二氧化碳

(CO_2)、甲烷（CH_4）、一氧化二氮（N_2O）、一氧化碳（CO）、氟利昂和臭氧等。二氧化碳被认为是主要温室气体。二氧化碳分子可以产生分子偶极矩发生改变的振动，能吸收地面的辐射，对地表起着保温作用。

近几十年来，由于矿物燃料燃烧用量激增，以及能够吸收大量二氧化碳的森林遭到破坏，大气中的二氧化碳浓度不断上升，使大气气温不断上升。近百年来，全球地面平均气温增加了 0.3～0.7℃，尤其是 20 世纪 80 年代以来全球气温明显上升。随着气温的上升，海平面也随之上升。全球海平面在过去的一百多年里平均上升了 14.4 cm，我国沿海的海平面也上升了 11.5 cm。海平面的升高将严重威胁低地式岛屿和沿海地区人民的生活和财产。

温室效应对植物生长、生态、健康等产生较大影响。全球变暖正在引起严重的气候变化，造成世界各地的环境灾难，如洪水、飓风。气候变暖可能导致全球疾病大流行。

解决温室效应的对策是：1. 减少温室气体的产生量。减少温室气体的方法是减少矿物燃料的使用，采用不产生二氧化碳的替代能源。最重要的替代有太阳能、风能和核能，其中核能是主要替代能源。2. 去除温室气体和回收温室气体。充分利用森林和绿色植被对温室效应的调节作用。因此，要保护现有的原始森林和扩大森林面积。

（五）室内空气质量问题

近年来，随着环境科学水平的提高，人们的环保意识加强，室内环境的质量正引起更多的关注。室内空气的成分受室外大气的影响，但也有自己的特点。由室内建材、设备家具、日用品和人的活动等，均可散发污染物，使其成分较室外更为复杂。室内空气的可能污染源和主要成分如表 10-3。

在表 10-3 中所列的污染物大部分已阐述过，而来自建材的污染物——氡、甲醛和石棉，是近年才被重视。

表 10-3 室内空气污染源和污染物

污染源	污染物
1. 建材	
水泥、石头	氡、镭
人造石、合成板	甲醛
绝缘材料	甲醛、玻璃纤维
防火材料	石棉
涂料、颜料	有机物、铅
2. 室内设备	
取暖和炊事设施	CO、NO_x、甲醛、颗粒物
复印机	O_3、有机物
供水	氡、镭
美术品、装饰物	有机物、重金属
3. 人类活动	
新陈代谢	CO_2、水汽、恶臭物质
吸烟	CO、NO_x 颗粒物、恶臭物质
烟雾喷射剂（灭蚊蝇、洒香水）	氟化烃类、恶臭物质
清扫（洗刷、地板打蜡等）	有机物、恶臭物质
娱乐（打牌、唱歌跳舞等）	有机物、恶臭物质

氡为稀有气体元素之一，具有放射性。近年来发现一些建材中所用泥土和石料含有镭 226，在它进行放射性蜕变时，会产生氡 222。氡就成为室内空气的污染物。氡的危害是因为它的半衰期很短（四天），在进行放射性蜕变时，要产生 α 粒子。人体吸入氡后会使人的肺部受到 α 粒子的侵袭，损害细胞核的工作程序，从而导致肺癌。

甲醛的污染问题是由于室内大量使用人造材料或保温材料以及粘合剂等带来的。材料中游离的甲醛和材料老化分解出的甲醛在使用过程中缓慢放出，逸入空气中成为室内空气的慢性污染源。甲醛对眼睛有刺激性，长期地低浓度吸入对呼吸道有一定损害，而长期吸入就会导致中毒。

石棉是一种纤维状硅酸岩矿物，以其化学性质稳定、不导电、不传热，多年来大量作为绝缘、保温材料。石棉就其本质来说原无毒性，只是它的纤维非常纤细，在开采或加工石棉时尘埃飞扬，人们吸入这种细小的针状颗粒就会积累在肺中，产生的物理机械作用会导致肺癌。

为了创造保证人体健康的居室外环境，要做好以下几点。1. 清除室内污染源。对房屋建材保温防火材料、取暖方式、炊事炉灶、家具、地板以及壁纸的成分与黏合剂、室内消毒剂等等，均应从环境质量的角度出发，考虑其成分和变化对大气污染的关系，而慎重加以取舍，尽可能清除室内污染源。2. 改善生活习惯，摒除吸烟恶习。烟草的烟里含有几十种有害成分，不仅对吸烟者本人不利，而且对周围环境造成污染。生活垃圾和废物在室内堆积会产生恶臭物质。所以，必须树立良好的生活卫生习惯。3. 加强室内通风。调整室内空气成分的重要措施就是通风换气。不仅在人多的场所要加强通风换气，个人居室若长期门窗紧闭，仅排出二氧化碳就会达到危害健康的程度。

四、大气污染的防治

大气污染物质多半由燃料的燃烧而来，一部分污染物是由燃料的本质引起的，另一部分是由燃烧条件而造成的。限制污染物形成和排放技术大体可以分为三类：1. 改进产生污染源的生产工艺和设备，即控制污染源。2. 更换燃料或使用清洁能源，造成没有（或少）污染的燃烧产物。3. 净化已经排出的废气。

（一）消烟除尘

首先是改进燃烧方式和设备使燃料完全燃烧，其次是靠机械设备将粉尘收集下来。常用的除尘设备有沉降室、旋风收尘气、电除尘气、水浴除尘器等。

（二）二氧化硫的控制

除去排烟中的二氧化硫可以采取以下方法。

1. 氨法。此法以氨水作为吸收剂，除去烟道气或制酸尾气中的二氧化硫。
$$SO_2 + 2NH_3 + H_2O = (NH_4)_2SO_3$$
或 $SO_2 + NH_3 + H_2O = NH_4HSO_3$

经酸化后,最后产物是高浓度的二氧化硫气体和硫酸铵。

2. 碱法。此法以氢氧化钠或碳酸钠溶液作为吸收剂,可得产物亚硫酸钠。
$$Na_2CO_3 + SO_2 = Na_2SO_3 + CO_2\uparrow$$

3. 石灰乳法。以氢氧化钙浆液来吸收含 SO_2 尾气脱硫,并产生副产品——石膏,其化学反应式如下:

$$2Ca(OH)_2 + 2SO_2 = 2CaSO_3 \cdot \frac{1}{2}H_2O$$

$$CaSO_3 \cdot \frac{1}{2}H_2O + SO_2 + H_2O = Ca(HSO_3)_2 + \frac{1}{2}H_2O$$

$$Ca(HSO_3)_2 + \frac{1}{2}O_2 + H_2O = CaSO_4 \cdot 2H_2O + H_2SO_3$$

(三) 氮氧化物的控制

烟气中的氮氧化物主要是 NO,由于 NO 不溶于水,不能用碱或盐溶液做吸收剂。但 NO 和 NO_2 具有氧化性,可采用催化还原法除去。我国成功地采用氨作催化剂,CuO-CrO 作催化剂的"排烟脱氮法",氮氧化物的转化率高达97%以上,可使尾气中的氮氧化物浓度降低到符合排放标准。其反应方程式如下:

$$6NO + 4NH_3 = 5N_2\uparrow + 6H_2O$$
$$6NO_2 + 8NH_3 = 7N_2\uparrow + 12H_2O$$

第二节 水体污染及其危害

水是一种宝贵的自然资源。人类生活、动植物生长、工农业生产都离不开水。水是一切生命肌体的组成物质,约占人体体重的三分之二。没有水就没有生命。水在工业生产上有多种用途，例如，可作为传递热量的介质、工艺过程中的溶剂、洗涤、吸收剂，也可作为生产的原料或反应介质。

一、水体与水体污染

水与水体是两个不同的概念。水体是指水的聚集体，即江、河、湖、海以及地下水等。水体不仅指这些聚集体中的水还包含水中的悬浮物、溶解物、底泥和水生生物等，它们是一个完整的生态系统。

伴随着工农业生产的发展，城镇的增加及规模的扩大，对水的需要量日益增加。同时，由于排水会使某些有害物质进入水体，引起天然水体发生物理和化学上的变化，使水质变坏，即水体受到污染。水的污染有两类：一类是自然污染，另一类是人为污染，后者是主要的。自然污染主要是自然原因所造成，如特殊地质条件使某些地区有某种化学元素大量富集，天然植物腐烂过程中产生某种毒物，以及降雨淋洗大气落到地面后，挟带各种物质流入水体，影响当地水质。人为污染是人类生活和生产活动中产生的污水对水的污染，它们包括生活污水、工业废水、农田排水和矿山排水。

污染水质的物质种类很多，包括无机和有机有毒物质、耗氧有机物、植物营养素、石油类、放射性物质、热污染以及病源微生物等。下面将简述主要污染物的来源及其危害。

（一）无机污染物

无机污染物主要是指重金属、氢化物、酸和碱等。

1. 重金属污染物

污染水体的重金属有汞、镉、铅、铬等。此外还有砷，它虽不是重金属，但毒性与重金属相似，故经常和重金属一起讨论。重金属主要来自采矿、冶炼、电镀、化工等工业废水。重金属在水中可以多种形态存在，如重金属离子可被水中悬浮物或底泥等胶体粒子吸附而富集,也可通过水解或与硫离子、碳酸根离子形成氢氧化物、硫化物和碳酸盐等沉淀物。还可与 Cl^-、OH^-、HCO_3^-、F^-等阴离子以及腐殖酸等形成各种较易溶解的配合物。

重金属的致害作用在于使人体中的酶失去活性,它们的共同特点是,即使含量很小,也有毒性,因为它们能在生物体内积累,不易排出体外,因此危害很大。

水中的汞来源于汞极电解食盐厂、汞制剂农药厂、用汞仪表厂等的废水。汞中毒后,会引起神经损害、瘫痪、精神错乱、失明等症状,称为水俣病。有机汞如甲基氯化汞的毒性更大,1953年发生在日本的水俣病就是无机汞转变为有机汞,累积性的汞中毒事件。

水中镉的主要存在形态是 Cd^{2+},来源于金属矿山、冶炼厂、电镀厂、某些电池厂、特种玻璃制造厂及化工厂的废水。镉有很高的潜在毒性,饮用水中含量不得超过 $0.01\ mg \cdot dm^{-3}$,否则将因累积而引起贫血、肾脏损害,并且使大量钙质从尿中流失,引起骨质疏松。1955年发生在日本富士山县的骨痛病就是镉污染所引起的。中毒后骨骼变脆,全身骨节疼痛难忍,最终以剧痛而死亡。

水中铅的主要存在形态为 Pb^{2+},来源于金属矿山、冶炼厂、电池厂、油漆厂等的废水及汽车尾气。铅是重金属污染中最大的一种,能毒害神经系统和造血系统,引起痉挛、精神迟钝、贫血等。

水中铬的主要存在形态是铬酸根离子(CrO_4^{2-})或重铬酸根离子($Cr_2O_7^{2-}$)。来源于冶炼厂、电镀厂及制革、颜料等工业的废水。铬的毒害作用是引起皮肤溃疡、贫血、肾炎等,并可能有致癌作用。Cr^{3+} 是人体中的一种微量营养元素,但过量也会引起毒害。

水中砷的主要存在形态是亚砷酸根离子(AsO_3^{3-})和砷酸根离子(AsO_4^{3-}),AsO_3^{3-} 的毒性比 AsO_4^{3-} 的要大。冶金工业、玻璃陶瓷、制革、染料和杀虫剂生产的废水中都含有砷或砷的化合物。砷中毒会引起细胞代谢紊乱、肠胃道失常、肾衰退等。

2. 酸、碱和盐

酸性或碱性物质进入水体使水的 pH 发生变化。酸碱物质在水体中可以彼此综合，也可以分别与地表物发生反应生成无机盐类，由此引起水体中酸、碱、盐浓度超过常量而使水质变坏的现象，叫做水体的酸碱盐污染。

水体中的酸主要来源于冶金、金属加工的酸洗工序，人造纤维、造纸、农药等工厂的废酸水，矿山排水以及进入水体的酸雨等。水体中的碱主要来源于碱法造纸、化学纤维、制碱、制革、炼油废水等。天然水体中的无机悬浮物和各种矿物可以跟进入水体废水中的酸碱起化学反应生成盐类。水体遭到酸碱污染后，pH 会发生变化。当 pH 小于 6.5 或大于 8.5 时，水中的微生物生长受到抑制，致使水体自净能力受到阻碍，并可腐蚀水下各种设备。如果水体长期受到酸碱污染，会使水生生物种群逐渐变化，鱼类减少甚至绝迹。农田长期灌溉 pH 小于 5.5 的水，土壤中硝化细菌受到抑制，硝化作用减弱，氮肥不能充分释放，磷酸盐的肥效也要降低，土壤中的钙镁容易损失。碱性污染物进入鱼类消化系统会引起消化道黏膜糜烂、出血甚至穿孔，还会影响农作物生长，造成土壤盐碱化。

3. 氰化物

氰化物（cyanide）以各种形式存在于水中，它是非常有害的物质，可对细胞中氧化酶造成损害。人中毒后呼吸困难，全身细胞缺氧，因而窒息死亡。饮用水中含氰（以 CN^-）不得超过 $0.01\ mg \cdot L^{-1}$，地面水不得超过 $0.1\ mg \cdot L^{-1}$。

氰化物主要来自于各种含氰化物的工业废水，如电镀废水、煤气废水、炼焦炼油、有色金属冶炼厂等。

（二）有机污染物

1. 耗氧有机物（oxygen consumption organics）

城市生活污水和食品、造纸工业废水中含有大量的碳氢化合物、蛋白质、脂肪、纤维素等有机物。这些有机物经微生物和化学作用分解过程中需要消耗大量的氧，故称这些有机物为耗氧有机物。

水中含有大量耗氧有机物时，水中溶解的氧将急骤下降。当降至低于 $4\ mg \cdot L^{-1}$ 时，鱼就难以生存。若水中含氧量太低，这些有机物又会在厌氧有机物的作用下，与水作用产生甲烷、硫化氢、氨等物质即发生腐败，使水变质。

2. 含氮有机物

含氮有机物（nitrogenous oxyanics）主要与生物的生命活动有关。一些有机氮化合物在微生物的作用下，转变成无机态的硝酸盐，在这个过程中，也可能伴随水体大量耗氧而出现脱氧过程和氨态氮、硝态氮累积。硝态氮生成的亚硝酸盐对人类毒害更大。

3. 植物的营养物

流入水体的城市生活污水和食品工业废水中，常含有磷、氮等水生植物生长繁殖所需要的营养元素。过多的植物营养物质进入水体会恶化水质、影响人体健康。水体中植物营养物过多会造成缓流水体的富营养化。富营养化是湖泊分类与演化的概念，是水体衰老的一种表现。当这些水体中植物营养物聚集到一定程度后，水体过分肥沃，藻类繁殖特别迅速，使水生生态系统遭到破坏，这种现象叫做水体的富营养化。在富营养化的水体中，往往出现蓝藻、绿藻占优势的情况，这时水面上可出现由这些藻类形成的一片片"水华"，在海洋上称为"赤潮"。"赤潮"是各种颜色藻的总称。这些藻类有恶臭，有的有毒，鱼不能食用。藻类聚集在水体上层发生光合作用，放出大量的氧气，使水体表层的溶解氧达到过饱和。富营养化的上层由于溶解氧过饱和状态，下层处于缺氧状态，底层则处于厌氧状态，这对鱼类生长不利。随着水体富营养化程度加剧，鱼产量会逐渐减少，甚至会出现大量死鱼的现象。

4. 石油

石油（oil）在开采、炼制、使用、储运过程中，原油和各种石油制品进入环境而造成污染。石油污染的主要污染物是各种烃类化合物——烷烃、环烷烃和芳烃。石油或其制品进入海洋等水域后可发生物理化学变化，如扩展、蒸发、溶解、乳化、光化学氧化等。石油污染可带来严重后果。这不仅是因为石油的各种成分都有一定的毒性，还因为它具有破坏生物的正常生物环境，造成生物机能障碍的物理作用。石油比水轻又不溶于水，覆盖在水面上形成薄膜层，一方面隔绝大气与水的气液交换，阻碍水体摄取空气中的氧气；另一方面，油膜的生物分解和自身的氧化作用，可消耗水中大量溶解氧，使水体缺氧，产生恶臭、降低水质。油膜还会减弱太阳辐射进入海水的能量，影响水中绿色植物的光合作用。同时油膜会堵塞鱼的鳃部，使鱼呼吸困难，甚至引起鱼类死亡。用含油污水灌溉田地，会因油膜粘附在农作物上使其枯死。

（三）热污染

水体热污染来源很多，如热电厂、热核电厂及各种工业过程中的冷却水。这些污水若不采取措施，直接排入水体，会引起水体水温升高。热污染对水体的危害，不仅是由于水体温度的提高直接杀死水中生物，而且水温升高后必然降低水中溶解氧的含量，对水中生态系统产生破坏。

二、水体污染的防治

（一）水污染综合防治

20世纪70年代以来，世界各国就广泛采用对水域进行综合防治。水污染综合治理包括人工处理和自然净化相结合、无害化处理和综合利用相结合。一般采用以下措施和方法。

1. 减少废水和污染物的排放量。解决水污染的有效方法是发展工业和区域的循环用水系统。这种方法对于缺水的城市和工矿区效果特别显著。在防治工业废水污染方面，不是消极处理已产生的废水，而是消除产生污水的原因。主要措施有：改革生产工艺，尽量采用不产生或少产生污染物的原料、设备和生产的技术，如无氰电镀、无水印染等；重复利用废水，实现一水多用。

2. 发展区域水污染防治系统。包括制定区域水质管理规划，合理利用自然净化能力，实行污染物排放的总量控制。工程综合考虑水资源规划、水体用途、经济效率和自然净化能力，运用系统工程的方法，选择适当的污水处理措施，发展效率高、能耗小的新处理技术。

（二）废水处理方法和技术

工业废水种类复杂，水量很大。对必须排放的污染水达到标准才能排放。废水的处理和利用方法繁多。一般可采用物理法和生物法等。各种处理方法都有它的特点和适用条件，往往需要综合使用。下面简要介绍几种常用的处理方法。

1. 物理法

对水中的悬浮物，主要用物理的机械方法处理，最常用的有重力分离法、热处理法、吸附法、萃取法及反渗透法等。

近年来反渗透法发展很快，是水处理技术方面的新技术。用半透膜将浓度不同的溶液隔开时，两溶液之间存在着渗透压。在渗透压的作用下，稀溶液中的水分子会自然地通过半透膜进入浓溶液，使其稀释，这是自然渗透现象。若在浓度较高的一方施加一个比渗透压更高的压力，就会改变自然渗透的方向，使浓溶液中的水分子进入到低浓度的一方去，这就是反渗透现象。反渗透技术应用于海水淡化，目前正在废水处理中进行研究和使用。

2. 化学法

（1）中和法

利用石灰、电石渣等综合酸性废水。碱性废水可通入烟道气进行中和，使之生成难溶的氢氧化物，或难溶盐，达到改变水的pH。

(2) 氧化还原法

利用氧化还原反应，将水中的有毒物质转变成无毒物质、难溶物或易于除去的物质。常用的氧化剂有氧气（空气）、氯气（或次氯酸钠）、双氧水、臭氧等，常用的还原剂有硫酸铁、硫酸亚铁、铁粉、二氧化硫、亚硫酸钠等。例如，用漂白粉处理含氰废水，其反应如下：

$$Ca(ClO)_2 + 2H_2O = Ca(OH)_2 + 2HClO$$
$$2NaCN + Ca(OH)_2 + 2HClO = 2NaCNO + CaCl_2 + 2H_2O$$
$$2NaCNO + 2HClO = 2CO_2 + N_2\uparrow + H_2\uparrow + NaCl$$

(3) 混凝法

水中若有很细小的淤泥及其他污染物、污染微粒等杂质存在，它们往往形成不易沉降的胶体物质，浮于水中，加入混凝剂使其沉降。常用的凝聚剂有硫酸铝、硫酸铁、聚氯化铝等无机凝聚剂，和有机高分子凝聚剂。在混凝过程中有时还同时投入细黏土等做为助凝剂。其作用是形成核心，使沉淀物围绕核心长大，增大沉淀物密度，加快沉降速度。在实际操作过程中，有时使用的是复合配方的混凝剂，净化的效果更为理想。

(4) 沉淀法

利用生成难溶性物质，降低水中有害物质的含量。例如，用 $BaCO_3$ 处理镀铬废水，其化学反应如下：

$$BaCO_3 + H_2Cr_2O_7 = 2BaCrO_4\downarrow + H_2O + CO_2\uparrow$$

3. 生物法

生物法就是利用微生物的作用来处理废水的方法。即利用微生物的生物化学作用，将复杂的有机物分解为简单的物质，将有毒物质转化为无毒物质。根据微生物对氧气的需求不同，生物法处理废水分为需氧处理和厌氧处理。

需氧处理是在空气存在、充分供氧和适宜温度及营养条件下，使需氧微生物大量繁殖，并利用其特有的生命过程，将废水中的有机物氧化分解为二氧化碳、水、硝酸盐等,使废水净化。常用方法有活性污泥法、生物滤池法和氧化塘法等。

厌氧处理法是在水中没有空气、缺乏溶解氧的情况下,利用厌氧微生物的生命活动分解处理废水中的有机物的方法。分解的最终产物是甲烷、二氧化碳、氮气、硫化氢和氨等。

第三节 土壤的污染与防治

一、土壤的组成与特性

土壤(soil)主要由五部分组成,即矿物质固体、有机质、微生物、空气和水。土壤中的矿物质按其成因可分为原生矿物和次生矿物。原生矿物是岩石中的原始部分,在风化过程中,这种矿物没有改变成分与结构,只是遭到破碎。土壤中的原生矿物主要是石英、长石、云母等硅酸盐类。次生矿物是岩石风化过程中形成的新矿物。土壤中的有机质包括动植物死亡后的残体、施入的有机肥料、微生物以及经微生物作用所形成的腐植质等等。腐植质一般约占有机质的 70%~90%,是土壤的主要成分。土壤有机质的基本成分是纤维素、木质素、淀粉、糖类、脂肪和蛋白质等。土壤中的微生物数量很大,每克表土中含有几千万至几十亿个。土壤中的微生物主要是对各种物质起转化和降解作用。

土壤是覆盖在地球岩石圈上的薄薄一层物质,是人类和生物繁衍生息的场所。土壤作为人类社会赖以生存和发展的重要自然资源,其最大的特性之一就是具有肥力。土壤是植物生长发育的基础,它为植物生长提供必需的水分和养分。土壤在消除自然界污染物的危害方面起着重要的作用。土壤本身有较强的自净能力,进入土壤的污染物能被土壤胶体所吸附,进行缓慢的自然降解,以减少其对土壤环境的污染。

二、土壤污染与污染源

土壤污染是指人类活动产生的污染物质,通过各种途径输入土壤,其数量和速度超过土壤自净速度时所发生的现象。这时污染物的积累过程逐渐占优势,破坏了自然动态平衡,导致土壤正常功能失调,影响植物的正常生长发育。由于土壤污染物的迁移转化,引起大气和水体的污染,通过食物链,最终影响到人类的健康。

土壤污染有以下特点。1. 隐蔽性和潜伏性。土壤污染是污染物在土壤中长期积累的过程。一般要通过土壤污染物、植物产品质量分析监测和环境效应监测,通过长期食用由污染土壤生产的植物产品的人和动物的健康状况才能反映出来。因此,土壤污染具有隐蔽性和潜伏性,不像大气和水体污染那样易被人们所觉察。2. 不可逆性和长期性。污染物进入土壤后,便与复杂的土壤组成物质发生一系列迁移转化作用。许多污染作用为不可逆过程,污染物最终形成难溶化合物沉淀在土壤中。因此,土壤一旦遭受污染极难恢复。

土壤污染的主要来源是"三废"的排放、化学药品以及农药和化肥的污染。土壤不但是植物生长的基地,而且被人们当作生活垃圾、工矿业废渣等物质堆积、填塞、散布的场所,使许多有机和无机毒物进入土壤。生活污水或工业废水灌溉田地,污泥作肥料施用,使土壤受到重金属、无机盐、有机物和病原体的污染。工矿业所排放的气体污染物,如烟尘、重金属气溶胶、SO_2、NO_x 等气体,它们受到重力作用或随雨雪落入地表渗入土壤中,引起土壤酸化等污染。化学肥料的施用量过大会导致土壤污染。弃漏的化学药品,如硝酸盐、硫酸盐、氧化物、石油等,也是土壤污染的来源。

三、土壤中主要污染物质

1. 农药

农药 (pesticide) 包括杀虫剂、除草剂、杀菌剂、选种剂等。农药有无机农药和有机农药。无机农药如砷酸铅 $[Pb_3(AsO_4)_2]$（防治果树害虫）、砷酸钙 $[Ca_3(AsO_4)_2]$（防治棉花害虫）等，它们的毒性都很大。有机农药至今有 500 多种，常用的约有几十种。表 10-4 列出了几种常用的农药。

表 10-4 几种常见的有机农药

分类	名称	分子式
有机氯农药	滴滴涕	Cl—C₆H₄—CH(CCl₃)—C₆H₄—Cl
	六六六	$C_6H_6Cl_6$
有机磷农药	乐果	$(CH_3O)_2P(=S)-S-CH_2-C(=O)-NH-CH_3$
	敌敌畏	$(CH_3O)_2P(=O)-O-CH=CCl_2$
有机汞农药	赛力散	$C_6H_5-Hg-O-C(=O)-CH_3$
	西力生	$CH_3CH_2-Hg-Cl$
有机氮农药	西维因	1-萘基-$O-C(=O)-NH-CH_3$

农药通常随土壤处理、浸种、拌种和其他施药过程进入土壤表面和土壤中。由于各种农药的化学性质和分解难易不同，在一定的土壤条件下，每一种农药有各自的稳定性。各种农药在土壤中的半

衰期如下表。

表 10-5　农药在土壤中的半衰期

农药种类	半衰期（年）
含铅、铜、汞和砷等农药	10～30
有机氯农药	2～4
有机磷农药	0.02～0.2
氨基甲酸酯类农药	0.02～0.1
其他农药	0.01～0.5

农药进入土壤，并不认为就是污染土壤。因为要使农药发挥其应有的杀虫、灭菌或除莠作用，必须使农药在土壤中停留一定的时期。只有当植物中农药的残留量超标，或对生物和人体健康产生不利影响时，才认为农药造成了土壤污染。农药都是有毒的，其主要害处是农作物吸收了土壤的农药，并积累在农产品中，通过食物链，危害动物和人类的健康。还因为农药杀害了有益生物（鸟类、蚯蚓、青蛙等）或害虫的天敌，破坏了自然生态系统，使农作物受到间接损失。

2. 重金属

土壤中的重金属（heavy metals）污染是指人类活动使进入土壤中的重金属积累的浓度，超过了作物的需要而表现出受毒害的症状；或者作物生长并未受害，但在农产品中的某种重金属超过卫生标准，造成人和动物的危害的现象。

表 10-6　世界土壤中主要重金属含量范围值和平均值

元素	范围值（mg·L^{-1}）	平均值（mg·L^{-1}）
Hg	0.03～0.3	0.03～0.1
Cd	0.01～0.7	0.5
As	0.1～40	6
Cr	5～1 500	100～300
Pb	2～200	10～15

污染土壤的重金属主要来自重金属的采掘、冶炼、矿物燃烧、化肥生产和施用等。其中最大的危害是汞、砷、镉、铬和铅等。它们不能被土壤中的微生物降解，而被矿物性固体或腐植物吸附，以共价键或配位键相结合沉淀积累在土壤中。这些重金属能被动植物吸收富集在体内，成为致害的根源。

3. 有机物

污染土壤的有机物主要是洗涤剂、多氯联苯、酚和油类等。它们在土壤中的累积、分解和转化作用与农药相似。

4. 病源微生物

污染土壤的病源微生物主要来源于人畜的粪便及未处理的灌田污水。污染土壤的病源微生物重点是肠道病源微生物，人与污染的土壤直接接触会受到感染，若食用被土壤污染的蔬菜、瓜果，则间接受到传染。在这类污染土壤上聚集的蚊蝇则成为扩大影响的带菌体。这种土壤经过雨水冲刷又可能污染水体，造成恶性循环。

5. 放射性物质

污染土壤的放射性（radioactive substance）物质主要来源于两方面。一是核武器的使用和试验；二是原子核能的利用过程中，放射性废水、废气和废渣的排放。这些放射性废物都会随同自然沉降、雨水冲刷或废弃物的堆放而污染土壤。土壤对放射性物质不能自行排除，只有靠自然衰变达到稳定元素时，才能消灭其放射性。污染土壤的放射物，半衰期最长的是 ^{90}Sr（半衰期为 28 年）和 ^{137}Cs（半衰期为 30 年）。这些物质可被植物吸收，通过食物摄取，可以在人体中富集。这些物质在人体中产生内照射，造成人体组织的损伤，或引起恶性肿瘤，或引起白血病，或损坏其他器官。放射性污染是关系到人体健康的大问题。

四、土壤污染的防治

土壤污染的防治，一方面是控制和消除土壤污染源；二是对土壤污染的修复。

控制和消除土壤污染源，可以从以下方面入手。

1. 控制和消除工业"三废"的排放。大力推广闭路循环和无毒工艺，以消除或减少污染物质，对工业"三废"要进行回收和净化处理。

2. 控制化学农药的使用。对残留多、毒性大的农药，要控制或禁止使用。目前已禁止使用有机汞和有机氯（滴滴涕、六六六）农药。发展和使用高效、低毒、低残留的农药，如敌百虫、杀螟松、对硫磷等。

3. 利用生物防治病虫害，这是保护土壤的一重要发展方向。利用生物防治病虫害，可保护自然生态环境，避免和减少一些化学物质对土壤和农作物的污染。

4. 合理施用化学肥料。对含有毒物质的化学肥料的品种、施用范围和数量要严格控制，避免造成土壤污染。

对于已被污染的土壤可以采取以下改良措施：

1. 排土、客土改良。对于被重金属或难分解农药严重污染的土壤，在面积不大的情况下，采用挖去污染土层（排土）或用非污染的客土覆盖于污染土上（客土）的方法，可获得较好的改良效果。

2. 生物改良。（1）种植某些非食用的、吸收重金属能力强的植物来逐步降低土壤重金属的含量，恢复土壤环境的质量。如羊齿类铁角蕨属的一种植物，对土壤中镉的吸收率为 10%，连续种植多年可降低土壤中镉的含量。（2）利用土壤中的细菌如红酵母菌净化土壤；利用蚯蚓降低污染，改良土壤。

3. 施加抑制剂。施加化学抑制剂可以改变有毒物质在土壤中的迁移方向，使其被淋洗或转化为难溶物质，减少被植物吸收的机会。一般施用的抑制剂有石灰、碱性磷酸盐等。

阅读材料

对环境友好的农药

　　虫害是庄稼的大敌，据世界粮农组织统计，每年粮食生产因病虫害损失10％，棉花等经济作物损失16％，造成农作物的经济损失高达1 200亿美元。我国每年因病虫害造成的损失约占粮食产量的10％～15％，棉花产量的15％～20％，水果蔬菜产量的20％～30％。为此化学家一直很重视农药的研制和开发。近年来，尤其重视对环境友好农药的开发。

　　一开始的农药都是天然物质，而且很多都是矿物质，例如牛黄。到了20世纪中叶，滴滴涕的出现改变了农药使用天然物质的状况。在滴滴涕使用后不久，又发现了六六六杀虫剂，药效与滴滴涕相似。从此以后，化学合成农药占了农药生产和使用的主导地位。20世纪的整个一百年中，农药的大量使用对人类的环境产生的负面影响日益严重。化学农药对有益生物和人类健康的危害以及农副产品中农药残留量的逐渐增加，已经引起众多有识之士的关心。必须研制和开发一系列高效、低毒、易降解、对环境友好的农药新品种。

一、仿天然植物农药

　　除虫菊是一种菊科植物。有一种除虫菊蚊香，它是用除虫菊花提取出来的除虫菊酯掺入锯末等填充料制成的。除虫菊中能够杀虫的具有生理活性的成分是除虫菊酯。化学家通过研究弄清了除虫菊酯的分子结构，对其分子结构予以局部变更，合成出各种结构与除虫菊酯相近的化合物，这种化合物被称为拟除虫菊酯。这些拟除虫菊酯既保留了天然的除虫菊酯的优点，又克服了除虫菊酯稳定性不够高的缺点。

拟除虫菊酯虽然是用化学合成方法合成出来的，但是它与滴滴涕、六六六以及其他有机氯农药和有机磷农药性质不同。滴滴涕等农药都具有毒性，对环境造成不良影响和后果。拟除虫菊酯则是性质与除虫菊酯相近，可望是对环境友好的农药。

二、生物源农药

生物源农药包括农用抗生素和活体微生物农药。农用抗生素是由微生物发酵产生的具有农药功能的次生代谢物质。例如，用作杀菌剂的春雷霉素、灭瘟素、井冈霉素，用作除草剂的比丙氨酰膦，用作植物生长调节剂的赤霉素，用作杀虫剂的齐墩螨素。活体微生物农药是利用一些使有害生物致病的微生物作为农药。例如，苏云金杆菌、白僵菌、微孢子厚虫等。

生物源农药来源于大自然，因此它在环境中很容易自然降解，对环境产生污染。

三、仿生农药

仿生农药就是模仿昆虫的化学语言，引诱害虫自投罗网。昆虫求偶激素是昆虫异性之间的专门化学语言。例如，蚕蛾醇是雌蛾体内的一种求偶激素，极微量的蚕蛾醇就会招引远处的雄蛾扑翼而来。于是科学家测定了蚕蛾醇的分子结构，并用人工方法合成了蚕蛾醇，它能使雄蛾做出各种求偶动作，因此人工合成有蚕蛾醇同样能够起到杀虫作用。把这些昆虫求偶激素掺在胶带上，一夜之间雄性害虫都会心甘情愿地扑黏在胶带上而死亡。飞机播洒用昆虫求偶激素浸透的滤纸，在田野里布满了迷魂阵，引诱雄蛾满处飞，却找不到雌蛾配对，无法繁殖，这样这些害虫将逐渐灭亡。

聚集语言是昆虫发现美味佳肴时，邀集伙伴同享的一种化学激素。森林蠹虫只要有一只发现新的寄主后，就立即释放出一种聚集化学激素，邀请同类赴宴。成千上万只蠹虫就会聚集在一起，利用模仿天然的聚集化学激素的分子结构，用人工合成的方法制造这种激素，并把它们涂在一张纸板上，便会立即引来大量蠹虫，它们黏上事先涂敷在纸板上的杀虫剂就会毙命。

本 章 小 结

本章主要介绍了以下内容。

一、环境和环境化学

1. 环境是指：大气、水、土地、矿藏、森林、草原、野生动物、野生植物、水生生物、名胜古迹、风景游览区、温泉、疗养区、自然保护区、生活居住区等。人类的生存环境，可分为聚落环境、地理环境、地质环境和星际环境。

2. 环境污染是指有害物质进入生态系统的数量超过了生态系统能够降解它们的能力，打破生态平衡，使人类赖以生存的环境发生恶化。

3. 环境化学是研究化学物质在环境中的存在、化学特性、行为和效应及其控制的化学原理和方法的科学。

二、大气污染及其防治

1. 大气圈是由对流层、平流层、中间层、暖层和外层构成的。

2. 大气是多种气体混合物，其组成是由恒定、可变和不定三种类型组分所组成的。

3. 大气污染物，主要有颗粒物、二氧化硫、一氧化碳、二氧化氮、碳氢化物、臭氧等。

4. 综合性大气污染问题主要有光化学烟雾、臭氧层空洞、酸雨、温室效应和室内空气污染等。

5. 大气污染的防治主要采取消烟除尘、二氧化硫的控制、氮氧化物的控制等方法。

三、水体污染及其危害

1. 污染水体的物质主要有无机和有机有毒物质、耗氧有机物、植物营养素、石油类、放射性物质以及病源微生物等。

2. 废水处理方法和技术主要有物理法、化学法和生物法。

四、土壤的污染与防治

1. 土壤主要由五部分组成，即矿物质固体、有机质、微生物、空气和水。

2. 土壤中主要污染物有农药、重金属、有机物、病源微生物和放射性物质。

3. 土壤污染的防治，一方面是控制和消除土壤污染源；二是对土壤污染土壤的修复。

习　题

1. 什么是环境和环境污染？环境污染对生态系统会产生什么影响？
2. 请叙述主要大气污染源和污染物？你对改善我国大气污染状况有何建议？
3. 光化学烟雾是在什么情况下产生的？它的危害是什么？
4. 人们关注的全球性、综合性大气污染问题有哪些？关注的原因是什么？
5. 防治大气污染的化学方法有哪些？
6. 水体的污染物有哪些？有什么危害？如何防治？
7. 试述土壤污染物及其危害。
8. 防治土壤污染的措施与方法有哪些？

参 考 资 料

[1] 杨维荣等编. 环境化学. 第二版. 北京：高等教育出版社，1991

[2] 林肇信等编. 环境保护概论. 修订版. 北京：高等教育出版社，1999
[3] 梁英豪著. 化学与环境. 南宁. 广西教育出版社，1999
[4] 浙江大学普通化学教研组编. 普通化学. 第五版. 北京：高等教育出版社，2002
[5] 胡忠鲠主编. 现代化学基础. 北京：高等教育出版社，2000

第十一章 实 验

实验一 实验室规则和基本操作

一、目的

1. 了解与熟悉进行实验的三个步骤
2. 了解与熟悉实验室工作的规则、安全守则、意外事故处理
3. 了解灯的使用和加热方法
4. 掌握化学实验的基本操作

二、进行实验的三个步骤

1. 预习

为了使实验顺利进行，达到预期效果，实验前必须预习，将实验前需查阅的数据，实验前应准备的问题记录在预习本上，以供实验时参考，预习应达到下列目的和要求：

（1）阅读实验教材和教科书中有关内容，明确本次实验目的及有关原理；

（2）了解本次实验所需仪器、药品及必须掌握的基本操作与技能；

（3）明确本次实验操作需注意的问题；

（4）查阅与本次实验有关的数据、反应方程式。

2. 实验

根据教材上所规定的方法、步骤和试剂用量进行操作,并应注意以下几点:

(1) 认真操作,细心观察,并把观察到的现象如实详细记录在实验记录本上;

(2) 如果发现实验现象与理论不符合,应认真查找其原因,并细心地重做实验;

(3) 实验过程中应保持肃静,严格遵守实验室工作规则。

3. 实验报告

做完实验后,应解释实验现象,并做出结论,或根据数据进行计算,完成实验报告,交指导老师审阅。实验报告应包括下列三个部分:

(1) 实验原理与实验步骤:尽量用简图、表格、化学方程式、符号等表示;

(2) 实验现象或数据记录:把实验观察到的现象或测得的各种数据直接记录到实验报告中;

(3) 解释、结论、数据处理和计算:根据实验的现象进行分析、解释,得出正确的结论,写出反应方程式,或根据记录的数据在报告中画出表格,进行计算,并将结果与理论值比较,分析产生误差的原因。

三、实验室安全守则

1. 一切有毒的或有恶臭的物质的实验都应在通风橱中(或通风处)进行;

2. 对于易燃物质,应尽可能远离明火;

3. 加热试管时,不要将试管口指向自己或别人,也不要俯视正在加热的液体,以免被溅出的液体烫伤;

4. 闻液体的气味时,鼻子不能直接对着瓶口(或管口),而应把少量气体轻轻扇向自己的鼻孔；

5. 浓酸、浓碱具有强烈的腐蚀性，切勿溅到衣服、皮肤，尤其是眼睛上，当开启浓氨水瓶的瓶塞时，瓶口不要对着自己或别人，以免氨水冲出伤人，尤其气温较高时，必须将氨水瓶在冷水中冷却后再进行启盖；

6. 稀释浓硫酸时，应将浓硫酸慢慢倒入水中，而不能将水倒入浓硫酸中，以免迸溅；

7. 实验完毕，应洗净双手，才能离开实验室。

四、实验室意外事故处理

1. 若因酒精、苯或乙醚等引起着火，应立即用湿布、石棉布或沙土等扑火；若遇电器设备着火，必须先切断电源，再用二氧化碳或四氯化碳灭火器灭火。

2. 烫伤：可用高锰酸钾或苦味酸溶液擦洗灼伤处，再擦上凡士林或烫伤膏。

3. 受酸腐蚀致伤：先用大量水冲洗，再用饱和碳酸氢钠溶液（或稀氨水、肥皂水）清洗，最后再用水冲洗，如果酸溅入眼内，先用大量水冲洗并及时送医院诊治。

4. 受碱腐蚀致伤：先用大量水冲洗，再用2％醋酸或饱和硼酸溶液清洗，最后用水冲洗，如果碱液溅入眼中，用硼酸溶液冲洗。

5. 割伤：应立即用药棉擦净伤口，伤口内若有玻璃碎片，需先挑出，然后抹上红药水并包扎。如果伤口较大，应立即送医院医治。

五、实验内容

（一）常用玻璃仪器的洗涤

为了使实验结果正确，实验仪器必须清洗干净，一般洗涤方法如下：

1. 向试管（或量筒、烧杯）内倒入试管总容量 1/3 的自来水，振摇片刻，倒掉，再倒入同量的自来水，再振摇片刻，倒掉，然后用少量蒸馏水冲洗 2~3 次；若试管壁能均匀地被水所润湿而不沾附水珠，可认为基本洗涤清洁，此试管可用来做实验，否则要重新洗涤。

2. 试管用水不能清洗干净时，可用试管刷涮洗。涮洗时注意将试管刷前部的毛捏住放入试管内，以免铁丝将试管戳破。如果需要可先用去污粉或洗衣粉水涮洗（但不要用去污粉涮洗带有刻度的量具，以免擦伤器壁），去除油污后，再用自来水冲洗干净，最后用蒸馏水冲洗 2~3 次方可使用。干净试管放置时，试管口应朝下。洗涤其他仪器时，一般与上述方法相同。

3. 在进行定量实验时，仪器上即使有少量杂质也会影响实验结果，此时需要用洗液来洗涤。实验室常用的洗液是由浓硫酸和重铬酸钾混合配成的，这种洗液具有很强的氧化性、酸性和去污能力。

凡洗涤干净的仪器可以倒置于仪器架上使其自然干燥，不容许用手或布去擦拭。

（二）灯的使用

在实验加热操作中，常使用酒精灯、酒精喷灯、煤气灯等。酒精灯的温度通常可达 400~500 ℃，酒精喷灯或煤气灯的最高温度通常可达 1 000 ℃左右。

1. 酒精灯：点燃酒精灯需用火柴，切勿用已点燃的酒精灯直接去点燃别的酒精灯。熄灭灯焰时，切勿用口去吹；可将灯罩盖上，火焰即灭；再提起灯罩，待灯口稍冷，再盖上灯罩；这样可以防止灯口破裂。长时间加热时，最好预先用湿布将灯身包围，以免灯内酒精大量挥发而发生危险。不用时，必须将灯罩盖好，以免酒精挥发。

2. 酒精喷灯：常用的酒精喷灯有挂式及座式两种（见图 11 - 1）。挂式喷灯的酒精储存在悬挂于高处的储罐槽中，而座式喷灯的酒精则储存在灯座内。使用前，先在预热盆中注入酒精，然后点燃盆中的酒精以加热铜质灯管。待盆中酒精将近燃完时，开启开关（逆时针转），这时，由于酒精在灯管内气化，并与来自气孔的空气混合。如果用火点燃管口气体，即可形成高温火焰。调节开关阀门可以控制火焰大小。完毕后，旋紧开关，即可使灯焰熄灭。

应该指出，在开启开关、点燃管口气体以前，必须充分灼热灯管，否则酒精不能完全汽化，会有液态酒精由管口喷出，可能形成"火雨"，尤其是挂式喷灯，甚至于可能引起火灾。挂式喷灯不使用时，必须将储罐的开关关好，以免酒精漏失，引发事故。

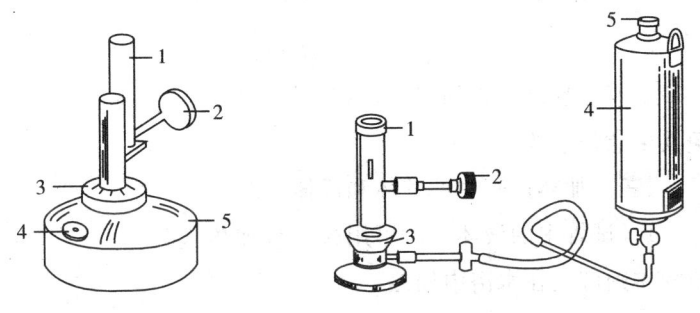

1.灯管　2.空气调节器　3.预热盘　　　1.灯管　2.空气调节器　3.预热盘
4.铜帽　5.酒精壶　　　　　　　　　　4.酒精贮罐　5.盖子

图 11 - 1　酒精喷灯类型和构造

3. 煤气灯：煤气灯的式样不一，常用的一种构造如图 11 - 2 所示。使用时把灯管向下旋转以关闭空气入口，再把螺旋向外以开放煤气入口，慢慢打开煤气阀门，用火柴在灯管口点燃煤气，然后把灯管向上旋转以导入空气，使煤气燃烧完全，形成蓝色火焰。

煤气燃烧时，若空气量不足，则火焰发黄色光，即应加大空气入口，增加空气量，若空气过多，会侵入火焰，这时火焰缩入管内,煤气在管内空气入口处燃烧,而灯管口火焰消失,或者变为一条细长的绿色火焰,同时煤气灯发出嘶嘶的声音,可闻到煤气臭味,而灯管被烧得很热,此时应立即关闭煤气阀门。待灯管冷却后,关闭空气入口,重新点燃使用。

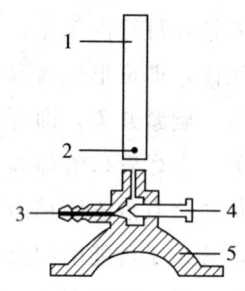

1.灯管　　2.空气入口　　3.煤气入口　　4.针阀　　5.灯座

图 11-2　煤气灯构造

煤气是易燃有毒的气体,煤气灯用毕,必须随手关闭阀门,以免发生意外事故。

(三) 加热试管中的液体和固体

1. 试管中的液体一般可用火直接加热 (图 11-3),但易分解的物质则应放在水浴中加热。

在火焰上加热试管时应注意以下几点:

(1) 应该用试管夹夹持在试管的中上部以免烧焦试管夹;

(2) 试管应稍微倾斜,管口朝上;

(3) 应使液体各部分受热均匀,先加热液体的中上部,再缓缓往下移动,然后不时地上下左右移动,不要集中加热某一部分,否则会使蒸气骤然发生,液体冲出管外;

(4) 不要将试管口对着别人或自己的脸,以免溶液溅出时造成烫伤。

2. 在试管中加热固体时,必须注意不要使凝结在试管上的水珠流到灼热的管底,使试管破裂,而必须使管口稍微向下倾斜;试管可用试管夹夹持起来加热,有时可用铁夹固定起来加热(图 11-4)。

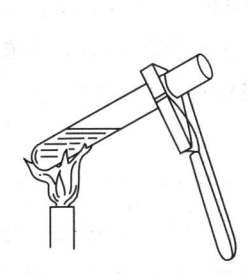

图 11-3 试管中液体的加热

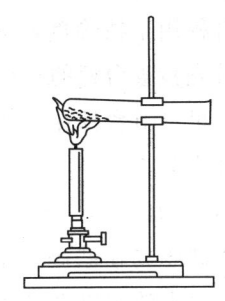

图 11-4 试管中固体的加热

(四)烘干试管

试管可用火直接加热烘干。操作时,先将外壁揩干,然后将管口向下略微倾斜,在小火中不时来回翻转试管,以赶掉水汽,最后应使试管口朝上,再加热片刻,以赶尽水汽(图 11-5)。

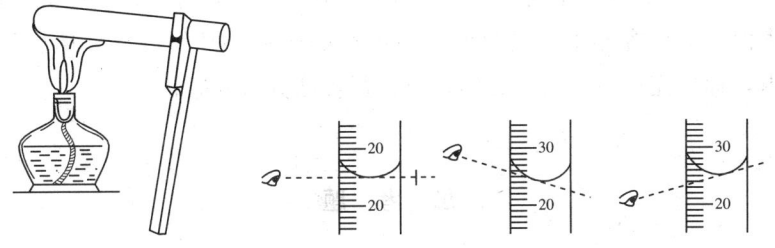

图 11-5 烘干试管　　　　图 11-6 观看量筒内液体的容积

(五)量筒的使用

量筒是化学实验中量取液体试剂的量器,它是一种具有刻度的玻璃圆筒。量筒的容量有 10 毫升、50 毫升、100 毫升等数种。使用时,把要量取的液体注入量筒中;读数时,使视线与量筒内液体凹面最低处保持水平(图 11-6)。

在进行某些实验时,如果不需要十分准确地量取试剂,可以不必每次都用量筒,只要学会估计从试剂瓶中倒出的液体的量即可。

例如,可初测 2 毫升液体占一支 15 毫升试管总容量的几分之几,移取 2 毫升液体应该从滴管中滴出多少滴液体等。

（六）台秤的使用

台秤用于精确度不高的称量。一般能称准到 0.1 克，在称量前，首先检查台秤的指针是否停在刻度盘上中间的位置，不在中间的话，可调节台秤托盘下面的螺丝，使指针停在中间的位置，这个位置称之为零点。

称量物品时，左盘放称物品，右盘放砝码，10 克（或 5 克）以上的砝码放在砝码盒中。10 克（或 5 克）以下的砝码是通过移动游标尺上的游码来添加的，当砝码加到台秤两边平衡，即指针停在中间位置为止，称之为停点。停点和零点之间容许偏差 1 小格以内。这时砝码所示质量就是称量物品的质量。

称量时必须注意以下几点：

1. 台秤不能称量热的物体；
2. 秤量物不能直接放在托盘里，视情况决定称量物放在纸上、表面皿上或容器中；吸湿或有腐蚀性的药品，必须放在玻璃容器内，称量完毕后，放回砝码，使台秤各部分恢复原状。

思 考 题

1. 为什么要洗涤实验用的仪器？如何洗涤？
2. 加热试管中液体时，应注意哪几点？
3. 如何用量筒量取一定量的试剂？怎样读数？

实验二　分析天平的使用

一、实验目的

1. 初步了解分析天平的基本构造和使用规则。

2. 学习分析天平的使用方法。

二、实验仪器和药品

仪器：台秤、分析天平、称量瓶
药品：干燥的氧化铜

三、分析天平的介绍

分析天平是指能精确称量到 0.000 1 g 的天平，电光分析天平是分析天平中的一类，电光分析天平有全自动和半自动两种。

1. 电光分析天平的基本构造（图 11-7）

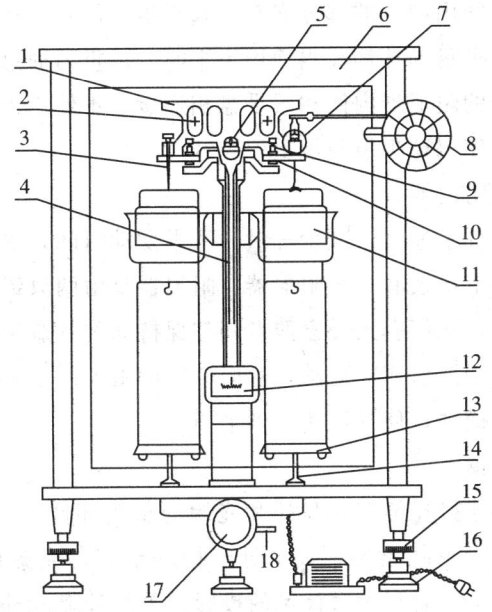

1.横梁　2.平衡螺丝　3.吊耳　4.指针　5.支点刀　6.框罩
7.圈码　8.指数盘　9.支柱　10.托叶　11.阻尼筒　12.投影屏
13.称盘　14.盘托　15.螺旋脚　16.垫脚　17.旋钮　18.扳手

图 11-7　半自动电光天平

(1) 天平横梁

天平横梁通常称为横梁。横梁上装有三个三棱形的玛瑙刀,中间的刀口向下,用来支撑天平横梁,称为天平支点刀,两端的刀口向上,用来悬挂天平盘,称为承重刀。

(2) 指针

指针固定在天平梁的中央,当天平梁摆动时,指针也随之摆动,指针下端装有微分刻度的标尺牌,光源通过光学系统将缩微标尺刻度放大,反射到光屏上,光屏中间有一条垂直的刻线,标尺投影与刻线重合,即为天平的平衡位置。

(3) 吊耳

吊耳的中间面向下的部分嵌有玛瑙平板,吊耳上还装有悬挂阻尼器内筒和天平盘的挂钩。当使用天平时,承重刀通过吊耳上的玛瑙平板与悬挂的阻尼器内筒和天平盘相连接,不使用天平时,托蹬将吊耳托住,使玛瑙平板与承重刀脱开。

(4) 空气阻尼器

为了提高称量速度,减少称量时天平摆动时间,尽快使天平静止,在天平盘上部装有2个阻尼器。阻尼器是由两只铝盒组成,内盒比外盒稍小,正好套入外盒两者间隙保持均匀,避免摩擦,当天平摆动时,由于两盒相对运动,盒内空气的阻力产生阻尼作用,从而阻止天平的摆动,使其迅速达到平衡。

(5) 升降枢

升降枢是连接托梁架、盘托和光源的重要部件。使用天平时,打开升降枢,降下托梁架,天平处于摆动状态,光源也同时被打开,在光屏上可以看到缩微标尺的投影。关闭升降枢时,天平梁和盘托被托起,光源被切断。

(6) 螺旋足(天平足)

天平的底部有三只足,前方两只足上装有螺旋,可使天平足升高或降低以调节天平的水平位置。天平是否处于水平位置可以观察天平箱内的气泡水平仪。

(7) 砝码和圈码

每一架分析天平都备有一套砝码，放在专用盒内，而圈码是通过机械加码装置加减的。半机械电光天平有一个砝码指数盘旋钮（图11-8），可以将10～999毫克范围内的圈码加到承受架上。1克以上的砝码需用砝码盒中的砝码，砝码按一定次序排列在盒中，即 5、2、2、1，如 50 g、20 g、20 g、10 g、5 g、2 g、2 g、1 g 等。

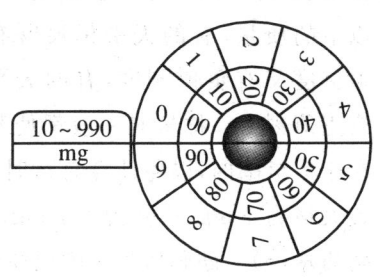

图 11-8 砝码指数盘

2．电光分析天平的使用方法

(1) 称前检查：使用天平前应检查天平放置是否水平，机械加码装置是否指示在 0.00 位置，圈码是否齐全，有无跳落，两盘是否空着。

(2) 调节零点：天平的零点是天平"空载"时的平衡点。每次称量前必须先测定天平零点，测定时先接通电源，轻轻开启升降枢（应完全旋开旋钮），可以看见缩微标尺的投影在光屏上移动。当标尺投影稳定后，若光屏上的刻度线不与标尺 0.00 重合，可以拨动扳手，移动光屏位置，使刻线与标尺 0.00 重合，零点即调好。

(3) 物质的称量：先将待称物体置于托盘天平上粗略称量一下，然后将要称重的物体放在分析天平的左盘中央，镊取比粗称质量略大的砝码放在右盘中央。观察指针偏转方向或光屏上标尺移动方向来变换砝码。如果指针偏左，表示砝码偏重，应立即关好升降枢，减少砝码后再称。如果指针偏右，表示砝码偏轻，应立即关好升降枢，增加一较轻的砝码，反复加减砝码直到称量物比砝码质量大不超过 1 克时，转动指数盘，加减圈码，直至光屏上刻度与标尺投影某一读数重合为止。

(4) 读数：当光屏上标尺投影稳定后，即可以从标尺上读出 10 mg 以下的质量，有的天平标尺既有正值刻度又有负值刻度，有的天平只有正值刻度。称量时一般都使刻度在正值范围内，以免计算总量时有加有减而发生错误。标尺上的读数大格为 1 mg、小格为 0.1 mg，图 11-9 所示读数为 1.6 mg。称量物质量(g)＝砝码质量＋圈码质量/1000＋光标尺码读数/1000。

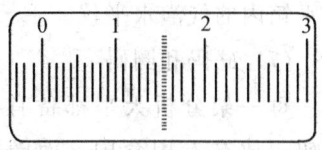

图 11-9 标尺投影读数

(5) 称重后检查：称量完毕，记下物质质量，将物体取出，砝码依次放回盒内原来位置。关好边门，圈码指数盘恢复到 0.00 位置，关闭电源，罩好天平罩。

3. 称量方法

用分析天平称取试样时一般采用直接法或差减法。

直接法：有些固体试样没有吸湿性，在空气中性质稳定，可以用直接法称量。称量时，在左盘放已称量过的表面皿或其他容器，根据所需试样质量，在右盘上放好砝码，再用药匙将固体试样逐渐加到表面皿或其他容器中，直到天平平衡为止。

差减法：有些试样易吸水或在空气中性质不稳定，可用差减法来称量。先在一干燥的称量瓶中装一些试样，在天平上准确称量。设称得的质量为 W_1，再从称量瓶中倾倒出一部分试样于容器中，然后再准确称量，设称得的质量为 W_2，W_1-W_2 即为所取出试样质量。

4. 分析天平的使用规则

(1) 一切操作都要细心，轻拿轻放，轻开轻关。

(2) 不要移动天平位置。

(3) 绝不可使天平载重超过限度（一般为 100 克）；不能在天平上称热的或散发腐蚀性气体的物质，不可将药物直接放在天平盘上，必须放在称量瓶或其他容器中称量。

（4）无论将物体或砝码（或游码）放在天平盘（或天平横梁）上或者取下时，必须先关闭天平的升降枢，绝对禁止在天平摆动时取放物体或砝码（游码）。

（5）一定要用镊子取放砝码，称量后必须将砝码放回盒中原来位置，两盒砝码不可混用。

（6）称量完毕后，应将天平各部件恢复原位，罩好天平罩，切断电源，在使用天平登记本上写清使用情况。

（7）必须将称量结果记录在记录本或实验报告上，不可记在零星的纸上，以免遗失。

四、实验内容

（一）天平零点的测定

按前面所述方法进行。

（二）称量练习

取一个洁净、干燥的称量瓶（教师事先可称量好），先在台秤上粗称，然后在分析天平上准确称重，并把称量结果报告老师。

（三）用差减法称取 1 克左右氧化铜。取一支洁净、干燥的称量瓶，装入约 2 克氧化铜固体(事先应烘干)。用一张宽约 2 cm、长 10 cm 的纸条套住称量瓶并放在天平左盘上，取下纸条，按上述称量方法准确称量盛有氧化铜固体的称量瓶总量，设为 W_1 克；用纸条套住称量瓶从天平上取出，取下瓶盖，以瓶盖轻敲瓶口，倾出约一半氧化铜固体，盖上称量瓶盖，再准确称量，设此时称量瓶和氧化铜质量为 W_2 克。则倒出氧化铜的准确质量为 (W_1-W_2) 克。

思 考 题

1. 称量时，如果天平指针偏向左方，需要加砝码还是减砝码？为什么？

2. 称量时下列操作是否正确？为什么？
(1) 猛然打开天平升降枢。
(2) 未关升降枢就加减砝码或放称量物。
(3) 称量时边门打开。

实验三　化学反应速率

一、实验目的

1. 了解浓度、温度、催化剂对反应速率的影响。
2. 练习固体及液体药品的取用。
3. 练习在水浴中保持恒温的操作。

二、实验原理

1. 浓度对化学反应速率的影响

恒温条件下，对于简单反应来说，化学反应速率与反应物浓度方次的乘积成正比，反应物的浓度越大，反应速率越快。

$Na_2S_2O_3$ 被酸化生成 $H_2S_2O_3$，后者立即分解，析出单质 S，反应如下：

$$Na_2S_2O_3 + H_2SO_4(稀) = Na_2SO_4 + H_2S_2O_3$$
$$H_2S_2O_3 = S\downarrow + SO_2 + H_2O$$

总反应为：$Na_2S_2O_3 + H_2SO_4(稀) = Na_2SO_4 + SO_2 + S\downarrow + H_2O$

反应析出的硫使溶液变浑浊，从反应开始到发现浑浊，所需时间的多少取决于反应速率的大小，通过该实验的结果可以说明浓度与反应速率的关系。

2. 温度对化学反应速率的影响

在反应物浓度一定时，当温度升高时，任何一个化学反应速率都会增大,根据不同温度时出现硫浑浊的时间,可以粗略地表明温度对反应速率的影响。

3. 催化剂对化学反应速率的影响

催化剂的存在可以强烈地改变反应速率。如 H_2O_2 水溶液在常温下比较稳定,加少量 $K_2Cr_2O_7$ 溶液或 MnO_2 固体时,迅速分解。

三、实验用品

仪器:烧杯、试管、量筒、温度计、秒表

药品:$0.04\ mol \cdot L^{-1}\ Na_2S_2O_3$、$0.04\ mol \cdot L^{-1}\ H_2SO_4$、$1\ mol \cdot L^{-1}\ H_2SO_4$、$0.1\ mol \cdot L^{-1}\ K_2Cr_2O_7$、$H_2O_2(3\%)$、$MnO_2$(固体)

四、实验内容

(一)浓度对化学反应速率的影响

取三支试管并编号,在 1 号试管中加入 2 mL $0.04\ mol \cdot L^{-1}$ $Na_2S_2O_3$ 溶液和 4 mL 蒸馏水;2 号试管中加入 4 mL $0.04\ mol \cdot L^{-1}$ $Na_2S_2O_3$ 溶液和 2 mL 蒸馏水;3 号试管中加入 6 mL $0.04\ mol \cdot L^{-1}\ Na_2S_2O_3$ 溶液。

在上述三支试管中分别注入 2 mL $0.04\ mol \cdot L^{-1}\ H_2SO_4$ 溶液,充分振荡,使混合均匀,记录溶液从开始混合到出现浑浊的时间,填写在下表中。

编号	$V(Na_2S_2O_3)$ /mL	$V(H_2O)$ /mL	$V(H_2SO_4)$ /mL	混合后		溶液混合后变浑浊的时间/s
				$c(Na_2S_2O_3)$ /mol·L^{-1}	$c(H_2SO_4)$ /mol·L^{-1}	
1						
2						
3						

注意：H_2SO_4 溶液和 $Na_2S_2O_3$ 溶液应分别用两个量筒量取，否则需用较多时间洗涤量筒。溶液刚浑浊时，很易被忽略而引起误差，因此观看时，须在光线照射的侧面从上垂直方向观察最好。

根据实验结果，说明浓度与化学反应速率的关系。

（二）温度对化学反应速率的影响

取两支试管，第一支试管中加入 2 mL 0.04 mol·L^{-1} $Na_2S_2O_3$ 溶液和 4 mL H_2O，第二支试管中加入 2 mL 0.04 mol·L^{-1} H_2SO_4 溶液，记下实验温度，然后将两支试管中的溶液混合，记下自溶液开始混合到出现浑浊时所需时间。

取一支烧杯，加入水后，加热（也可加热水调节水温），用温度计测出水温，使其温度高于室温约 10 ℃，再将两支分别装有 2 mL 0.04 mol·L^{-1} $Na_2S_2O_3$ 溶液和 4 mL H_2O，2 mL 0.04 mol·L^{-1} H_2SO_4 溶液的试管放入烧杯中，稍等片刻，待溶液的温度与烧杯中水的温度相同时，将两溶液混合，并把装有混合液的试管放入热水中，以保持原来的温度，记下溶液从混合至浑浊所需时间。

将烧杯中的水加热至高出室温 20 ℃时，重复上述实验步骤，记下溶液浑浊所需时间，根据实验结果，说明温度对化学反应速率的影响。

实验编号	试管(1)		试管(2)	温度/℃	出现浑浊所需时间/s
	$V(Na_2S_2O_3)$/mL	$V(H_2O)$/mL	$V(H_2SO_4)$/mL		
1	2	4	2	室温	
2	2	4	2	高出室温 10	
3	2	4	2	高出室温 20	

（三）催化剂对化学反应速率的影响

（1）均相催化：在盛有 2 mL 3％ H_2O_2 溶液的试管中，滴加 1

滴 1 mol·L^{-1} H$_2$SO$_4$ 溶液酸化，再加 4 滴 K$_2$Cr$_2$O$_7$ 溶液，摇动试管，观察气泡产生的速率。

(2) 多相催化：在盛有 2 mL 3% H$_2$O$_2$ 溶液的试管中，加入少量的 MnO$_2$ 粉末，观察气泡产生的速率。

另观察仅盛有 3% H$_2$O$_2$ 的溶液是否有气泡发生，与上述两实验比较。

用上面的实验结果说明催化剂对反应速率的影响。

思 考 题

1. 影响化学反应速率的因素有哪些？
2. 化学反应速率一般怎样表示？实验(1)和实验(2)中反应速率是怎样表示的？
3. 进行本实验 2 时，操作中有哪些注意之处？

实验四　电离平衡和盐类水解

一、实验目的

1. 了解电解质电离的特点；巩固 pH 概念；了解影响平衡移动的因素。
2. 学习缓冲溶液的配制及其性质。
3. 了解盐类水解反应及其水解平衡移动。
4. 学习 pH 试纸及指示剂的使用，液体的取用，试管的振荡等基本操作。

二、实验原理

1. 弱电解质在溶液中的电离平衡及其移动。

若 AB 为弱酸或弱碱，则在水溶液中存在下列电离平衡：

$$AB \rightleftharpoons A^+ + B^-$$

平衡时 $\dfrac{c(A^+)c(B^+)}{c(AB)} = K^{\ominus}$

此平衡体系中，若加入含有相同离子的强电解质，即增加 A^+ 或 B^- 的浓度，则平衡向生成 AB 分子的方向移动，弱电解质 AB 的电离度降低，这种作用叫同离子效应。

2. 缓冲溶液一般是由弱酸或弱酸盐，弱碱或弱碱盐组成的。假如由弱酸和弱酸盐组成，其 pH 可表示为：$\mathrm{pH} = pKa^{\ominus} - \lg \dfrac{c_{酸}}{c_{盐}}$

缓冲溶液缓冲能力的大小与缓冲剂的浓度、缓冲组分的比值有关，缓冲剂的浓度越大，缓冲能力越大，缓冲比值为 1∶1 时，缓冲能力最大。

3. 弱酸强碱盐、弱碱强酸盐、弱酸弱碱盐和酸式盐在水溶液中都发生水解，根据水解平衡，向盐溶液中加入酸（H^+）或碱（OH^-）可以阻止它的水解，水解反应为吸热反应，加热可以促进水解。

三、实验用品

仪器：试管、试管夹、酒精灯、滴管、表面皿、洗瓶

材料：pH 试纸

药品：0.1 mol·L^{-1} HAc，0.1 mol·L^{-1} HCl，0.1 mol·L^{-1} NaOH，0.1 mol·L^{-1} NH_3，2 mol·L^{-1} NH_3，2 mol·L^{-1} HCl，2 mol·L^{-1} NaOH，1 mol·L^{-1} HAc，1 mol·L^{-1} NaAc，0.1 mol·L^{-1} NaCl，0.1 mol·L^{-1} NH_4Cl，0.1 mol·L^{-1} Na_2CO_3，0.2 mol·L^{-1} $SbCl_3$，0.1 mol·L^{-1} NH_4Ac，6 mol·L^{-1} HCl NH_4Cl（s），NaAc（s），固体 $SnCl_2·2H_2O$，Zn。

酚酞，甲基橙，甲基红。

四、实验内容

（一）电解质强弱的比较

1. 用 pH 试纸测定 $0.1 \text{ mol} \cdot \text{L}^{-1}$ NaOH、$0.1 \text{ mol} \cdot \text{L}^{-1}$ NH_3H_2O、蒸馏水、$0.1 \text{ mol} \cdot \text{L}^{-1}$ HAc 的 pH，并与计算结果比较，把上述溶液按测得的 pH 从大到小的顺序排列。

2. 比较盐酸与醋酸的酸性

（1）在两支试管中分别滴入 5 滴 $0.1 \text{ mol} \cdot \text{L}^{-1}$ HCl 和 $0.1 \text{ mol} \cdot \text{L}^{-1}$ HAc，再各滴 1 滴甲基橙试剂，观察溶液的颜色（如现象不明显，可各加入 1 毫升蒸馏水后再观察）。

（2）分别用玻璃棒蘸一滴 $0.1 \text{ mol} \cdot \text{L}^{-1}$ HCl 和 $0.1 \text{ mol} \cdot \text{L}^{-1}$ HAc 于两片 pH 试纸上，观察 pH 试纸的颜色并判断 pH。

3. 两支试管中，分别加入 2 毫升 $0.1 \text{ mol} \cdot \text{L}^{-1}$ HCl 和 $0.1 \text{ mol} \cdot \text{L}^{-1}$ HAc 溶液，再各加入一小颗 Zn 粒，并加热试管，观察哪个试管中反应较为激烈，说明原因。

将实验结果和计算的 pH 填入下表。

	甲基橙	pH		加锌粒加热
		测定值	计算值	
$0.1 \text{ mol} \cdot \text{L}^{-1}$ HCl				
$0.1 \text{ mol} \cdot \text{L}^{-1}$ HAc				

（二）同离子效应

（1）在试管中加入 2 毫升 $0.1 \text{ mol} \cdot \text{L}^{-1}$ HAc 溶液，加一滴甲基橙，观察溶液的颜色。然后加入少量固体 NaAc，观察颜色有何变化？并解释之。

（2）在试管中加入约 2 毫升 $2 \text{ mol} \cdot \text{L}^{-1} NH_3H_2O$，加入一滴酚酞，观察溶液的颜色，再加入少量固体 NH_4Cl，观察颜色变化并解释之。

(三) 缓冲溶液的配制和性质

1. 在试管中放入 10 毫升蒸馏水,加 3 滴 0.1 mol·L^{-1} HCl,摇匀后用 pH 试纸测该溶液的 pH 值是多少?将溶液分成三份,一份加 2 滴 2 mol·L^{-1} HCl,另一份加 2 滴 mol·L^{-1} NaOH,第三份是从试管中取出 1 毫升 HCl 溶液加水至 10 毫升,用 pH 试纸分别测试这三份溶液的 pH。

2. 在一试管中放入 5 毫升 1 mol·L^{-1} HAc 和 5 毫升 1 mol·L^{-1} NaAc 的溶液,摇匀后,用试纸测一下该溶液的 pH,并与理论值进行比较。将溶液分成三份,按上面实验方法操作,测其 pH,与上面实验所得的 pH 比较,由此会得出什么结论?

将上面实验结果数填入下表

	1	2
配制方法	10 mL H$_2$O+3 滴 0.1 mol·L^{-1} HCl	1 mol·L^{-1} HAc 5mL+ 1 mol·L^{-1} NaAc 5mL
理论 pH		
pH 测定值		
	加 2 mol·L^{-1} HCl 2 滴	加 2 mol·L^{-1} NaOH 2 滴	取 1 号溶液 1 mL 加水至 10 mL	加 2 mol·L^{-1} HCl 2 滴	加 2 mol·L^{-1} NaOH 2 滴	取 2 号溶液 1 mL 加水至 10 mL
pH 测定值						

3. 取两支试管,在一支试管中加入 0.1 mol·L^{-1} HAc 和 0.1 mol·L^{-1} NaAc 溶液各 3 毫升,在另一支试管中加入 1 mol·L^{-1} HAc 和 1 mol·L^{-1} NaAc 溶液各 3 毫升,这时两支试管内溶液的 pH 是否相同?在两支试管中分别滴入 2 滴甲基红指示剂,溶液呈红色(甲基红指示剂 pH<4.2 时呈红色,pH>6.3 时呈黄色),然后在两支试管中分别逐滴滴加 2 mol·L^{-1} NaOH 溶液(每加一滴都

要摇均），直至溶液的颜色变为黄色。记录各个试管所加滴数，解释所得结果。

管 号	1	2
配制方法	0.1 mol·L^{-1} HAc, 3毫升 0.1 mol·L^{-1} NaAc, 3毫升	1 mol·L^{-1} HAc, 3毫升 1 mol·L^{-1} NaAc, 3毫升
由红变黄所需 2 mol·L^{-1} NaOH 的滴数		

五、盐类水解

1. 用 pH 试纸测试下列溶液（浓度均为 0.1 mol·L^{-1}）的 pH。

溶 液	NaCl	NH$_4$Cl	NH$_4$Ac	Na$_2$CO$_3$
pH 测定值				

2. 往一支试管中加入少量固体 NaAc，加少量蒸馏水使其溶解，滴一滴酚酞试剂。然后将溶液分盛在两支试管中，将一支试管中的溶液加热至沸腾，比较两支试管中溶液的颜色，解释所观察到的现象。

3. 取少量 SnCl·2H$_2$O 晶体于试管中，加入适量蒸馏水（1~2 mL）使其溶解。放置一会儿，观察有何现象发生，写出反应式并解释之。

4. 取 0.2 mol·L^{-1} SbCl$_3$ 溶液 5 滴，加 2 mL 水稀释，观察沉淀产生，在沉淀上逐滴加入 6 mol·L^{-1} HCl，边加边振荡，观察沉淀是否溶解，如果溶解，再加水稀释，又有何现象出现？用平衡原理解释观察到的现象，写出 SbCl$_3$ 的水解反应方程式。

思 考 题

1. 同离子效应对弱电解质的电离度有何影响？
2. 如何配制 Sn^{2+}、Sb^{3+}、Fe^{2+} 等盐的水溶液？

实验五 碘化铅溶度积的测定

一、实验目的

1. 了解用离子交换法测定难溶电解质的溶度积的原理和方法。
2. 学习离子交换树脂的一般使用方法。
3. 练习酸碱滴定、过滤等操作。

二、实验原理

离子交换树脂是含有能与其他物质进行离子交换的活性基团的高分子化合物。含有酸性基团能与其他物质交换阳离子的称为阳离子交换树脂，含有碱性基团能与其他物质交换阴离子的称为阴离子交换树脂。本实验采用阳离子交换树脂与碘化铅饱和溶液中 Pb^{2+} 进行交换，其交换反应可用下式表示：

$$2R^-H^+ + Pb^{2+} = R_2^{2-}Pb^{2+} + 2H^+$$

将一定体积的碘化铅饱和溶液通过阳离子交换树脂，树脂上的氢离子即与铅离子进行交换，交换后氢离子随流出液流出，然后用标准氢氧化钠溶液滴定，可求出氢离子的含量。根据流出液中氢离子的数量，可计算出通过离子交换树脂的碘化铅饱和溶液中的铅离子浓度，从而得到饱和碘化铅溶液的浓度，然后求出碘化铅的溶度积。

三、仪器和药品

仪器：碱式滴定管、移液管（25 mL）、量筒、小烧杯（100 mL）、锥形瓶（250 mL）、漏斗、漏斗架、滴定管夹、温度计（0～50 ℃）、螺丝夹、玻璃纤维、洗耳球。

药品：碘化铅（固体、分析纯）、强酸型离子交换树脂、NaOH 标准液（约 $0.005 \text{ mol} \cdot \text{L}^{-1}$）、$HNO_3$（$1 \text{ mol} \cdot \text{L}^{-1}$）、溴百里酚蓝（0.1%，0.1%溴百里酚蓝溶于20%酒精溶液中）、pH 试纸。

四、实验内容

（一）装柱

取一支碱式滴定管，取出玻璃球，换上螺丝夹，作为离子交换柱；在滴定管底部塞入少量玻璃纤维，拧紧螺丝夹；将用蒸馏水浸泡 24～48 小时的阳离子交换树脂约 40 克随同蒸馏水一起注入交换柱中，应尽可能使树脂紧密，不留气泡。在装柱和以后树脂的转型、交换的整个过程中，要注意液面要始终高于树脂，以免空气进入树脂层影响交换效果。如图（11-10）所示：

（二）转型

在进行离子交换前，须将钠型树脂转换成氢型。可用 100 mL $1 \text{ mol} \cdot \text{L}^{-1} HNO_3$ 以每分钟 30～40 滴的流速流过树脂，然后用蒸馏水淋洗树脂直至淋洗液呈中性（可用 pH 试纸检验）。

（三）碘化铅饱和溶液的配制

将过量的碘化铅固体溶于经煮沸除去二氧化碳的蒸馏水中，充分搅动，放置冷却至室温（若实验时间不够，可先由实验室预先配好）。

（四）交换和洗涤

将碘化铅饱和溶液过滤到一个干净的、干燥的烧杯中（注意：

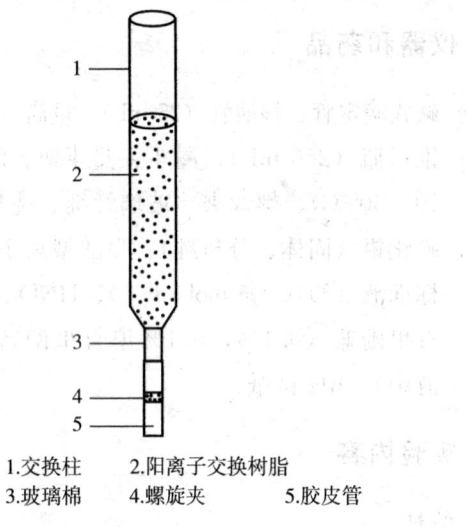

1. 交换柱　　2. 阳离子交换树脂
3. 玻璃棉　　4. 螺旋夹　　5. 胶皮管

图 11-10　离子交换柱

过滤时用的漏斗、玻璃棒等必须是干净、干燥的,滤纸可用碘化铅饱和溶液润湿),测量并记录饱和溶液的温度,然后用移液管准确量取 25 mL 该饱和溶液,注入交换柱中,调节螺丝夹,使溶液以每分钟 20～25 滴的流速通过交换柱。用 250 mL 锥形瓶承接流出液。待碘化铅饱和溶液流出后,再用 50 mL 蒸馏水淋洗树脂直至流出液呈中性,将淋洗液一并放入锥形瓶中。注意在交换和淋洗过程中,流出液不要损失。

(五) 滴定

往全部流出液中加入 2～3 滴溴百里酚蓝指示剂,用标准 NaOH 滴定至终点(溶液由黄色转为蓝色,pH=6.5～7),记录下数据。

(六) 离子交换树脂的后处理

用过的离子交换树脂经蒸馏水洗涤后,再用 1 mol·L^{-1} HNO$_3$ 约 100 mL 淋洗,最后用蒸馏水洗涤至流出液呈中性即可使用。

(七) 数据处理

碘化铅饱和溶液的温度（℃）＿＿＿＿＿＿＿＿＿
通过交换柱的碘化铅饱和溶液体积（mL）＿＿＿＿＿＿＿
氢氧化钠标准液的浓度（mol·L^{-1}）＿＿＿＿＿＿＿
流出液中 H$^+$ 的量（mol）＿＿＿＿＿＿＿
饱和溶液中 Pb^{2+} 的浓度（mol·L^{-1}）＿＿＿＿＿＿＿
PbI$_2$ 的 $K_{sp}^{\ominus}$ ＿＿＿＿＿＿＿
（本实验测出的 $K_{sp}^{\ominus}$ 的数量级在 $10^{-9} \sim 10^{-8}$ 之间，为合格）

思 考 题

1. 在离子交换树脂的转型中，如果加入 HNO$_3$ 的量不够，树脂没有完全转成氢型，会对实验结果造成什么影响？

2. 在交换和洗涤过程中，如果流出液有一小部分损失，会对实验结果造成什么影响？

3. 制备碘化铅饱和溶液时为什么要用已除去 CO$_2$ 的蒸馏水？

实验六　氧化还原与电化学

一、实验目的

1. 了解常用氧化剂、还原剂的性质。
2. 了解影响氧化还原反应的因素。
3. 了解原电池的装置和反应，并根据原电池原理理解金属的腐蚀。

二、实验原理

1. 常用氧化剂、还原剂及氧化还原反应

氧化还原反应是物质得失电子的过程，电极电势是用以判断氧化剂、还原剂相对强弱的物理量，并可以判断氧化还原反应进行的方向。一般来说，电极电势代数值小的还原态是较强的还原剂，电极电势代数值大的氧化态是较强的氧化剂。

氧化还原反应的方向是电极电势高的氧化态物质与电极电势低的还原态物质的反应。

2. 浓度和酸度对氧化还原反应的影响

根据奈斯特方程，在 298 K 时

$$\text{氧化型} + ne \rightleftharpoons \text{还原型}$$

$$\varphi = \varphi^{\ominus} + \frac{0.0592}{n} \lg \frac{[\text{氧化型}]}{[\text{还原型}]}$$

氧化型或还原型的浓度可影响电对的电极电势。当氧化还原反应的标准电池电动势（$\varepsilon^{\ominus}$）较小时，可以影响或改变反应方向，对于某些氧化还原反应来说，溶液的酸度也会影响到反应方向甚至反应产物。

3. 原电池

利用氧化还原反应产生电流的装置叫做原电池。一般较活泼的金属为负极，较不活泼的金属为正极。放电时，负极发生氧化反应不断给出电子，通过导线流入正极，正极发生还原反应。

电化学腐蚀是由于金属在电解质溶液中发生与原电池相似的电化学过程而引起的一种腐蚀。腐蚀电池中较为活泼的金属作为阳极（即负极）被氧化。而阴极（即正极）仅起传递电子的作用，本身不被腐蚀。

三、仪器与药品

1. 仪器：

试管、量筒（50 mL）、洗瓶、滴管、烧杯（50 mL）、锌片（锌棒）、铜片（铜棒）、铜丝（粗、细）、盐桥（含有琼胶及饱和 KCl 溶液的 U 形管)、检流计。

2. 药品：

0.01 mol·L^{-1} KMnO$_4$、H$_2$O$_2$(3%)、2 mol·L^{-1} H$_2$SO$_4$、0.1 mol·L^{-1} FeSO$_4$、H$_2$S 水溶液、浓 HCl(12 mol·L^{-1})、0.1 mol·L^{-1} HCl、KMnO$_4$ 饱和液、1 mol·L^{-1} Na$_2$SO$_3$、0.5 mol·L^{-1} K$_2$Cr$_2$O$_7$、0.1 mol·L^{-1} K$_3$[Fe(CN)$_6$]、0.2 mol·L^{-1} ZnSO$_4$、CCl$_4$、6 mol·L^{-1} NaOH、0.1 mol·L^{-1} KI、0.5 mol·L^{-1} CuSO$_4$、0.5 mol·L^{-1} ZnSO$_4$、Zn 粒(粗、细)、淀粉 KI 试纸。

四、实验内容

(一) 常用氧化剂和还原剂的性质

1. 取两支试管，各加 0.01 mol·L^{-1} KMnO$_4$ 5 滴，及 3 滴 2 mol·L^{-1} H$_2$SO$_4$，然后在第一支试管中加入 H$_2$O$_2$ 溶液，在第二支试管中加入 FeSO$_4$ 溶液 2—3 滴，观察现象，写出反应式，并指出反应中的氧化剂与还原剂。

2. 取一支试管，加入 K$_2$Cr$_2$O$_7$ 溶液 3 滴，5 滴 2 mol·L^{-1} H$_2$SO$_4$，再加 H$_2$S 水溶液数滴，摇匀观察现象，写出反应方程式，并指出氧化剂与还原剂。

(二) 浓度和酸度对氧化还原反应的影响

1. 浓度对氧化还原反应的影响

取两支试管 (尽量控干)，分别加入饱和 KMnO$_4$ 溶液各一滴，然后分别滴入浓盐酸 (12 mol·L^{-1}) 和 0.1 mol·L^{-1} HCl 各 1 mL 左右，观察现象。用湿润的淀粉 KI 试纸检验是否有 Cl$_2$ 生成？根据奈斯特方程式解释所观察到的现象。

2. 沉淀对氧化还原反应的影响

向试管中加入 10 滴 0.1 mol·L^{-1} KI 溶液和 5 滴 K$_3$[Fe(CN)$_6$] 溶液，摇匀后再加入 5 滴 CCl$_4$，充分振荡，观察 CCl$_4$ 层的颜色有

无变化；在加入 5 滴 0.2 mol·L^{-1} $ZnSO_4$ 溶液，充分振荡，静置数分钟，观察现象并加以解释。根据 $\varphi^{\ominus}$ 判断 I^- 能否还原 $[Fe(CN)_6]^{3-}$？加入 Zn^{2+} 又有何影响？

有关反应如下：

$$2I^- + 2[Fe(CN)_6]^{3-} \Longrightarrow I_2 + 2[Fe(CN)_6]^{4-}$$
$$\xrightarrow{Zn^{2+}} Zn_2[Fe(CN)_6]\downarrow(白色)$$

3. 酸碱性对氧化还原反应产物的影响

取 3 支试管，各加入 1 mol·L^{-1} Na_2SO_3 溶液 1 mL，再分别加入 2 mol·L^{-1} H_2SO_4，蒸馏水，6 mol·L^{-1} NaOH 各 0.5 mL。摇匀后分别加入 0.01 mol·L^{-1} $KMnO_4$ 溶液 3 滴，观察现象，写出反应方程式。

(三) 原电池和金属的腐蚀

1. 原电池

取两只 50 mL 烧杯，往一只烧杯中加入约 30 mL 0.5 mol·L^{-1} $ZnSO_4$ 溶液，插入锌片；另一只烧杯中加入约 30 mL 0.5 mol·L^{-1} $CuSO_4$ 溶液，在其中插入铜片。将两溶液用盐桥（含有琼胶及饱和 KCl 溶液的 U 形管）连通，再用导线（铜丝）将锌片和铜片连接，并在导线中间连接一个伏特计（与铜片连接的导线接在伏特计的正极上，与锌片连接的导线接在伏特计的负极上），如图（11-11）所示。观察伏特计的变化，说明电池中的电流方向，原电池的正负极，写出电极反应和电池反应。

2. 金属腐蚀

取两支试管，各加入 2～3 mL 0.1 mol·L^{-1} HCl 溶液，然后分别加入一粒大小相仿的纯锌粒和粗锌粒，观察气泡产生情况，比较它们的腐蚀速度。

再取一支粗铜丝，插入上述有纯锌的溶液中，观察粗铜丝与粗锌粒未接触及接触时，情况有何不同。

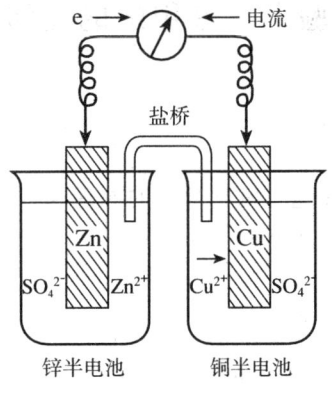

图 11-11　铜锌原电池

思 考 题

1. 通过实验你熟悉了哪些氧化剂、还原剂？它们的反应产物可能是什么？
2. 介质对 $KMnO_4$ 的氧化性有何影响？如何用实验证明？
3. 原电池是根据什么原理构成的？
4. 为什么含杂质的金属较纯金属容易腐蚀？

附：盐桥的制法

（一）称取 1g 琼脂，放在 100 mL 饱和 KCl 溶液中浸泡一会儿，加热煮沸成糊状，趁热倒入 U 形管中（里面不能有气泡）冷却后即成。

（二）可用饱和 KCl 溶液充满 U 形管，两管口以小棉花球塞住（里面不要有气泡），即可使用。

实验七　苯甲酸的重结晶

一、实验目的

学习重结晶法提纯有机化合物的原理和方法，掌握热滤和抽滤操作及折叠滤纸的方法。

二、实验原理

从有机反应中分离出的有机化合物往往是不纯的，其中常夹杂一些反应付产物、未作用的原料及催化剂等。纯化这类物质的最有效方法通常是用合适的溶剂进行重结晶，其一般过程为：

（1）选择合适的溶剂；

（2）将粗产品溶于合适的热的溶剂中制成饱和溶液；

（3）趁热过滤除去不溶性杂质，若有颜色，应先脱色再进行过滤；

（4）冷却溶液或蒸发溶剂，使晶体析出，或杂质析出而被提纯的化合物则留在溶液中；

（5）抽气过滤，分离出晶体或杂质；

（6）洗涤晶体，除去附着的母液；

（7）干燥晶体。

重结晶提纯法原理是利用固体混合物中各组分在某种溶剂中的溶解度不同，而使它们相互分离。此法只适用于提纯杂质含量在百分之几的固体有机物，所以在结晶之前，需根据不同情况，分别采用其他方法进行初步提纯，如水蒸气蒸馏，减压蒸馏，萃取等，然后再进行重结晶处理。

三、仪器和药品

仪器：100 mL 烧杯 2 个、8 cm 玻璃漏斗 2 个、5 cm 布氏漏斗 1 个、250 mL 抽滤瓶 1 个、10 cm 表面皿 1 个、真空泵 1 台。

药品：苯甲酸（粗制）2 g。

四、实验步骤

称取 2 g 粗苯甲酸，放入 100 mL 烧杯中，加入 50 mL 水和几粒沸石，放在石棉网上加热至沸，并用玻璃棒不断搅动。若有未溶固体，可继续加少量水①，直至全部溶解为止。移去火源，稍冷却后，加少许活性炭②，稍加搅拌后，继续加热 5～10 分钟③。趁热用热滤漏斗④和折叠滤纸⑤过滤。滤液滤入 100 mL 烧杯中，每次转移的液体不要太满，也不要等液体全部滤完后再加。在过滤过程中，热水漏斗和待过滤溶液均应加热保温，以防因降温而在滤纸上析出。过滤完毕后，用少量热水冲洗烧杯和滤纸。

用表面皿将盛滤液的烧杯盖好，稍冷后用冷水冷却以使结晶完全。如果要获得较大的结晶，要重新加热使其溶解，在室温下放置，让其缓慢冷却。结晶完成后用布氏漏斗抽滤。抽滤前滤纸用少量冷水润湿，吸紧。抽滤完毕，用玻塞挤压晶体使母液尽量除去。打开安全瓶上活塞或拔下抽滤瓶上的橡皮管，停止抽滤。加少量蒸馏水于布氏漏斗中，使晶体润湿，用玻璃棒轻轻搅动，重新抽干，如此重复 1～2 次，最后将晶体移至表面皿上，摊开成薄层，放在热水浴上烘干。称重并计算回收率。

---

①溶剂用量一般可比需要量多加 20% 左右，粗苯甲酸中可能含有不溶性杂质，注意区分。避免误加过多的溶剂。

②活性炭用量一般为干燥产品重量的 1%～5%。活性炭绝对不可以加入正在沸腾的液体中，否则将造成暴沸现象。

③要保持微沸状态,如果剧烈沸腾,溶剂挥发过多,可能引起热过滤时,晶体在滤纸或漏斗颈内析出的麻烦。如溶剂确已明显减少,应酌情补加。

④如果用热滤漏斗进行过滤,则将短颈漏斗置入预热过的热滤漏斗。

⑤折叠滤纸的折法:将一张大小适宜(折叠后放入玻璃漏斗时,滤纸边缘稍低于漏斗边缘)的圆滤纸对折,再将双层半圆滤纸按图 11-12 中(1)(2)(3)顺序向同一个方向折成八等分,然后再按图 11-12 中(4)从上述八等分折痕的相反方向,在相邻两折痕(如 2~1 与 2~10 之间,2~10 与 2~5 之间)都对折一次,将滤纸折成十六等份(注意折线集中的圆心处折时勿重压,以免磨损,否则过滤时滤纸易破碎)。打开后就成为"折叠滤纸"。使用时,折叠好的滤纸一般翻转后放入玻璃漏斗,使弄脏的一面向里。

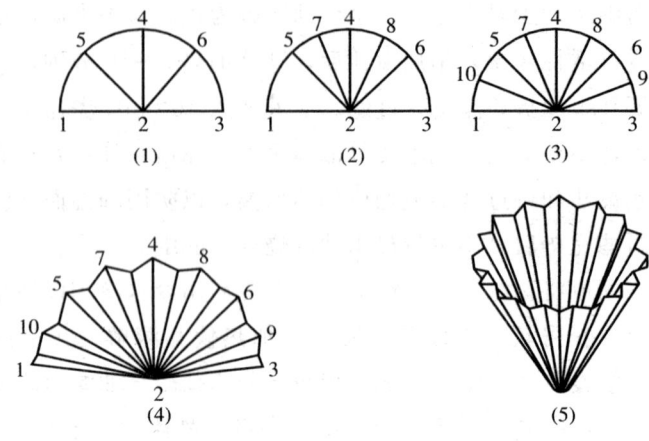

图 11-12 折叠滤纸的折法

思 考 题

1. 重结晶法一般包括哪几个步骤?各步骤的主要目的是什么?
2. 重结晶时,溶剂的用量为什么不能过量太多,也不能太少?正确的应该如何?

实验八　无水乙醇的制备

一、实验目的

1. 掌握用生石灰法制取无水乙醇的方法和原理。
2. 掌握回流，蒸馏原理。练习防潮回流及低沸点，易燃液体蒸馏的仪器安装。

二、实验原理

在实验室中，常用最简便的氧化钙法制备无水乙醇。由于乙醇和水可以形成共沸混合物，故 95.5％的工业乙醇中尚含有 4.5％的水。若要得到含量更高的乙醇，在实验室中用加入氧化钙（生石灰）加热回流，使乙醇中的水与氧化钙作用，生成不挥发的氢氧化钙来除去水分，这样制得的乙醇其纯度最高可达到 99.5％。其反应为：$CaO + H_2O = Ca(OH)_2$

三、仪器和药品

仪器：圆底烧瓶（250 mL）、球形冷凝管（20 cm）、直形冷凝管（20 cm）、量筒（100 mL）、干燥管、水浴锅、尾接管、蒸馏头、温度计（150 ℃）。

药品：工业乙醇（95％）、生石灰、氢氧化钠、无水氯化钙、无水硫酸铜。

四、实验步骤

1. 回流加热除水

在 250 mL 圆底烧瓶中加少量沸石，40 g 生石灰，1 g 氢氧化钠[①]和 100 mL95％的乙醇。装上球形冷凝管。其上端接一氧化钙干燥管②。将烧瓶放在水浴上加热2小时,见装置图11-13。

2. 蒸馏产品

回流完毕,稍冷后取下冷凝管,换上装有温度计,蒸馏头,改成蒸馏装置③,见图11-14。水浴加热蒸出无水乙醇,直至几乎无液滴流出为止,量其体积,计算回收率。

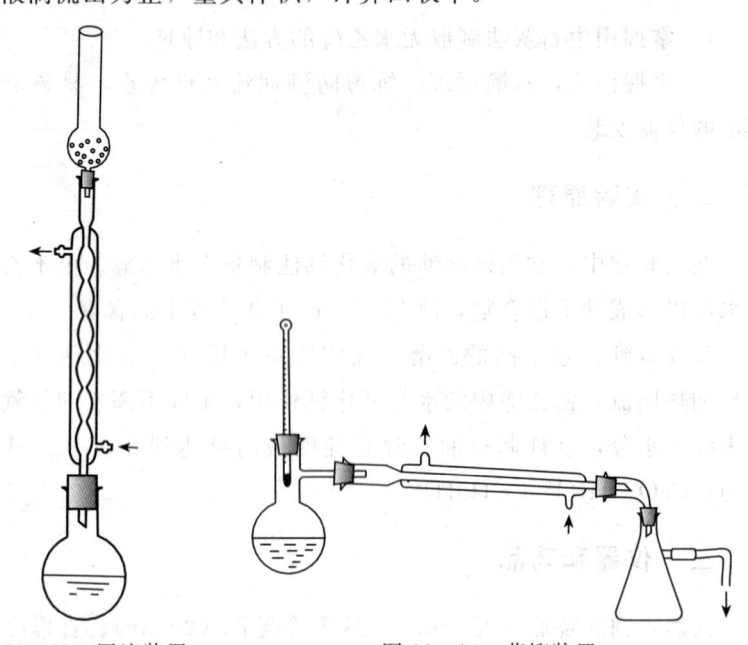

图11-13 回流装置　　　图11-14 蒸馏装置

3. 检验纯度

取1 mL制得的无水乙醇于干燥试管中,加入无水硫酸铜一小粒,观察现象。用95%的乙醇作对比实验,并得出结论。

---

①为除去乙醇中少量的杂质(醛等),常加入少量固体氢氧化钠。

②无水乙醇具有很强的吸水性,故操作过程中必须防止水分侵入,所以仪器均需彻底干燥。

③一般蒸馏前应先滤去干燥剂。氧化钙与乙醇中的水反应生成的氢氧化钙在加热时不分解,可留在瓶中一起蒸馏。

思 考 题

1. 在无水乙醇的制备中,回流有什么作用?为什么在回流装置中,一般要用球形冷凝管?
2. 制备无水试剂时,应注意什么问题?

实验九 生活和趣味化学实验

一、生活中的化学

1. 掺假食品的鉴别

(1) 牛奶中掺豆浆的检查

牛奶是一种营养丰富、老少皆宜的食品。正常牛奶为白色浅黄色均匀胶状液体,无沉淀、无凝块、无杂质,具有轻微的甜味和香味,其成分如下:

成分	水	脂肪	蛋白质	酪蛋白	乳糖	白蛋白	灰分
含量(质量分数)	87.35%	3.75%	3.40%	3.00%	4.75%	0.40%	0.75%

在牛奶中掺入价格低得多的豆浆,尽管此时牛奶的密度、蛋白质含量变化不大,可能仍在正常范围内,但由于豆浆中几乎不含淀粉,而含25%的碳水化合物(主要是棉仔糖、水苏糖、蔗糖、阿拉伯半乳聚糖等),它们遇碘后显污绿色,所以利用这种变化可定性地检查牛奶中是否掺有豆浆。

检查方法:取两支试管,分别加入正常牛奶和掺豆浆牛奶各2 mL,再分别加入约2~3滴碘水,混匀后观察两支试管中颜色的不同变化。正常牛奶显橙黄色,而掺假牛奶显污绿色。

(2) 掺蔗糖蜂蜜的鉴定

蜂蜜是人们喜爱的营养丰富的保健食品,正常蜂蜜的密度约为 1.401~1.433 g/L,主要成分中葡萄糖和果糖约为 65%~81%,蔗糖约为 8%,水约 16%~25%,糊精、非糖物质、矿物质和有机酸等约 5%,此外还含有少量酵素、芳香物质、维生素及花粉粒等。因所采花粉不同,其成分也有一定差异。人为地将廉价蔗糖熬成糖浆掺入蜂蜜中,外观上也会出现一些变化。一般,这种掺糖蜂蜜色泽比较鲜艳,大多为浅黄色,味淡,回味短,且糖浆味较浓。用化学方法可取掺假样品加水搅拌,如有混浊或沉淀再加 $AgNO_3$(1%),若有絮状物产生,即为掺蔗糖蜂蜜。

鉴定方法:在一支试管中加入掺糖蜂蜜样约 1 mL,在加水约 4 mL,振荡搅拌,如有混浊或沉淀,再滴加 2 滴 1% $AgNO_3$,若有絮状物产生,证明此蜂蜜中掺有蔗糖。

(3) 亚硝酸钠与食盐的区别

亚硝酸钠是一种白色或浅黄色晶体或粉末,有咸味,很像食盐,往往容易错当食盐使用。如果误食 0.3~0.6g 亚硝酸钠就会中毒,食后 10 分钟就会出现明显的中毒症状:呕吐、腹痛、紫绀、呼吸困难,甚至抽搐,昏迷,严重时还会危及生命。亚硝酸钠不仅有毒,而且还是致癌物,对人体健康危害很大。

亚硝酸钠在酸性条件下氧化碘化钾生成单质碘:

$$2NaNO_2 + 2KI + 2H_2SO_4 = 2NO + I_2 + K_2SO_4 + Na_2SO_4 + 2H_2O$$

操作方法:取两支试管分别加入少量的 $NaNO_2$ 固体和 $NaCl$ 固体,再加入 2 mol·L^{-1} H_2SO_4 和 0.1 mol·L^{-1} KI,观察两支试管中不同的实验现象,再用新配制的淀粉溶液鉴别。单质碘遇淀粉显蓝色,就可以把亚硝酸钠与食盐区别开。

2. 食物中微量营养元素——海带中碘的鉴定

海带是营养价值和经济价值都比较高的食品,特别是它含有对人类健康很重要的碘。人体内缺少碘,不但会引起甲状腺肿病,而且还会造成智力低下。

海带在碱性条件下灰化,其中的碘被有机物还原为 I^- 离子,它与碱金属离子结合成碘化物,碘化物在酸性条件下与 $K_2Cr_2O_7$ 反应析出 I_2:

$$6I^- + Cr_2O_7^{2-} + 14H^+ = 2Cr^{3+} + 3I_2 + 7H_2O$$

若用 $CHCl_3$ 萃取,I_2 在 $CHCl_3$ 中显粉红色。

操作方法:将除去泥沙后的海带切细、混匀,取均匀样品约 2 g,放入坩埚中,加入 5 mL 10 mol·L^{-1} KOH。先在烘箱内烘干,然后放在电炉上低温炭化,再移入高温炉中,于 600℃ 灰化呈白色灰烬。取出冷却后,加水约 10 mL,加热溶解灰分,并过滤。用约 30 mL 热水分几次洗涤坩埚和滤纸,所得滤液供鉴定用。

取约 2 mL 供鉴定用滤液,加 2 mL 浓 H_2SO_4 和 10 mL 0.02 mol·L^{-1} $K_2Cr_2O_7$,摇匀后放置 30 分钟,然后再加入 10 mL $CHCl_3$,剧烈摇动,静置分层,观察 $CHCl_3$ 层中碘的颜色。

二、趣味化学实验

1. 星光灿烂

实验用品:锌粉、蜡烛、火柴。

实验操作:将一小撮锌粉撒落在烛焰上,原来平静的烛焰立即闪射出许多美丽的蓝色火花。如果你身边还有一些其他金属或盐类的粉末,你不妨试一试,当它们撒落在烛焰上时会发出什么样焰色的闪光?

注意事项:粉末不能成撮撒落在烛焰上,否则不仅没有美丽闪烁的火花,而且可能使烛焰熄灭。另外,手不要太低,以免被烛焰灼伤。

原理说明:金属或盐类在灼烧时能发出不同颜色的光。

2. 指纹侦破

实验用品:碘酒、小铁罐、三脚架、酒精灯、火柴、白纸。

实验操作：将你的手指往白纸上按一下，自然你是看不出什么痕迹的。在小铁罐中加入少量碘酒后，用酒精灯缓缓加热，待有紫红色碘蒸气逸出时，将那张白纸放在碘蒸气上熏蒸，纸上就会显示出你的指纹。就是收藏了数小时的指纹纸也能显示出清晰的指纹。

原理说明：人的手上附有汗液和油脂，碘易溶于油脂类化合物中，于是在印有指纹的部位就聚集着较多的碘而显黄棕色。应当说明，干燥或刚洗净的手的指纹是显示不出来的，因为它几乎不带有汗液和油脂。

3. 看得见的离子移动

实验用品：食盐水、酚酞、氢氧化钠溶液、滤纸或宣纸、干电池及导线、玻璃板、棉线、回形针、胶头滴管。

实验操作：取 6 cm 长、1.5 cm 宽的宣纸或滤纸一张，两端分别接上一根连有金属导线的回形针，把它平直地铺在玻璃板上；然后用浓度约为 10% 的食盐水把纸润湿，在纸条中央滴半滴酚酞试液，再把一根浸过 NaOH 溶液的棉线压在纸条中间，由于 NaOH 中的 OH^- 离子的作用，使棉线附近的酚酞显红色，接通 6 节电池的串联电路，通电 5 分钟，便可明显地看到红色的痕迹逐渐离开棉线，朝阳极方向移动。

同样道理，如果想证明阳离子向阴极移动，也可按上述原理进行，但是药品应变动一下，用甲基橙代替酚酞，盐酸代替氢氧化钠，就可以看到红色向阴极移动。

注意事项：多串联几节电池，离子移动得更快。酚酞试液要严格控制在半滴，如果加 1 滴酚酞试液，则将扩散到整条滤纸，通电一段时间阴极也会出现红色。原因是阴极附近的水被电解，离子在阴极放电 $2H^+ + 2e^- = H_2$，留在水中的是 OH^-，所以使酚酞变红，从而导致实验现象复杂化。

原理说明：带电离子在电场作用下定向移动。

4. 化学字

实验用品：醋酸铅溶液、硫化氢溶液、3％过氧化氢溶液、喷壶二个、毛笔、白纸。

实验操作：用毛笔蘸取 0.5 mol·L^{-1} 的醋酸铅溶液在白纸上写字。晾干后几乎看不到字迹，用喷壶将硫化氢溶液喷到纸上，白纸上立即显示出黑色的字迹，再用3％的过氧化氢溶液喷射，则黑色字立即消失。

实验原理：　　$Pb^{2+} + H_2S \Longrightarrow PbS\downarrow + 2H^+$
　　　　　　　　　　　　（黑色）

$$PbS + 4H_2O_2 \Longrightarrow PbSO_4\downarrow + 4H_2O$$
　　　　　　　　　（白色）

5. 神仙壶

实验用品：硫酸（5％）、硫酸铁铵、亚铁氰化钾、氯化钡、碳酸氢钠、高锰酸钾、玻璃杯5只、茶壶、玻璃棒。

实验操作：茶壶里装入5％的硫酸并加入少量的硫酸铁铵，溶解、搅拌均匀即可。然后将5只玻璃杯在桌子上一字排开，接着往各杯斟入上述茶壶中的"开水"。杯中依次出现蓝黑色的墨水、乳白色牛奶、有气泡产生的汽水、棕褐色的老酒、无色白酒。

注意事项：玻璃杯中预先放的药品要少，看起来与空杯一样。

原理说明：第一只杯中预先暗放有亚铁氰化钾，第二只杯中预先暗放有氯化钡，第三只杯中预先暗放有碳酸氢钠，第四只杯中预先暗放有高锰酸钾，反应方程式如下：

(1) $4NH_4Fe(SO_4)_2 + 3K_4[Fe(CN)_6] \Longrightarrow Fe_4[Fe(CN)_6]_3\downarrow$
　　$+ 6K_2SO_4 + 2(NH_4)_2SO_4$ 　　　　　　　　（普鲁士蓝）

(2) $H_2SO_4 + BaCl_2 \Longrightarrow BaSO_4\downarrow + 2HCl$
　　　　（白色）

(3) $H_2SO_4 + 2NaHCO_3 \Longrightarrow Na_2SO_4 + 2H_2O + 2CO_2\uparrow$

(4) $4KMnO_4 + 2H_2SO_4 \Longrightarrow 2K_2SO_4 + 4MnO_2 + 3O_2\uparrow + 2H_2O$
　　　　　　　　　　　　　　　（棕黑色）

第五只是空杯,而硫酸和硫酸铁铵混合液是无色的,所以得到的是无色的"白酒"。

如果茶壶里装的是酸或碱,杯中暗放酸碱指示剂,水倒入后也会产生各种颜色。

实验十 水的净化

一、实验目的

1. 了解用离子交换法纯化水的原理和方法;
2. 了解天然水中含有的常见杂质离子;
3. 学习电导率仪的使用和一些离子的定性鉴定方法。

二、实验原理

离子交换法是目前广泛采用的制备纯水的方法之一。水的净化过程是在离子交换树脂上进行的,离子交换树脂是一种带有交换活性基团的多孔网状结构的高分子化合物,根据树脂所含活性基团的不同,离子交换树脂有两种:

1. 阳离子交换树脂:含有能与溶液中阳离子进行交换的阳离子,如 H^+。

2. 阴离子交换树脂:含有能与溶液中阴离子进行交换的阴离子,如 OH^-。

离子交换树脂在进行离子交换时,是树脂与溶液之间发生的离子可逆交换,在交换过程中,高分子固体(树脂)化合物的本体结构不发生实质性变化。例如:

$$R-SO_3H + Me^+ \rightleftharpoons R-SO_3Me + H^+$$
$$RNH_3^+OH^- + X^- \rightleftharpoons RNH_3X + OH^-$$

使用阳离子交换树脂可去掉水中各种阳离子如 Na^+、Mg^{2+}、Ca^{2+} 等，可适用于低压锅炉、纸浆、印染、食品等部分工业用水，因为这样处理后的水中还含有各种阴离子，如 Cl^-、SO_4^{2-}、HCO_3^- 等，工业上还常用阴离子交换树脂再进行处理。若把 H 型阳离子树脂和 OH 型阴离子树脂混合使用，才能得到适用于医药、卫生、电子、化学试剂等生产部门要求的用水，一般认为水中含盐量在 0.1 mg/L 以下的水可认为是高纯水。

三、仪器和药品

仪器：离子交换装置：碱式滴定管（25 mL 3 支）、滴定管夹、铁架、乳胶管、T 形玻璃管、螺丝夹、玻璃纤维、电导率仪、电导电极、烧杯（50 mL 5 只）、试管、滤纸。

药品：$0.1\ mol \cdot L^{-1} HNO_3$、$2\ mol \cdot L^{-1} NH_3$、$0.1\ mol \cdot L^{-1} AgNO_3$、$1\ mol \cdot L^{-1} BaCl_2$、铬黑 T、钙指示剂、强酸型离子交换树脂、强碱型离子交换树脂。

（注：铬黑 T 又称铬蓝黑 T，分子式为 $C_{20}H_{13}O_5N_2SNa$，称取 0.5 g 铬黑 T 与 50 g 无水 Na_2SO_4，在研钵中研磨均匀后，置于棕色瓶中，将瓶保存在干燥器内。钙指示剂，分子式为 $C_{21}H_{14}O_7N_2S$。取 0.5 g 钙指示剂及 50 g 无水 Na_2SO_4，如同铬黑 T 处理。）

四、实验内容

（一）自制简易离子交换柱

按图（11-15）安装离子交换柱。在已拆除尖嘴的 3 支碱式滴定管底部塞入少量玻璃纤维，拧紧下端的螺丝夹，先各加入数毫升去离子水，再分别装入阳离子交换树脂，阴离子交换树脂和质量比为 1∶1 的混合阴阳离子交换树脂，树脂层高度为 25 cm 左右。装柱时，应尽可能使树脂紧密，不留气泡，否则必须重装。然后用乳胶管依阴、阳、混合的顺序串联起来。

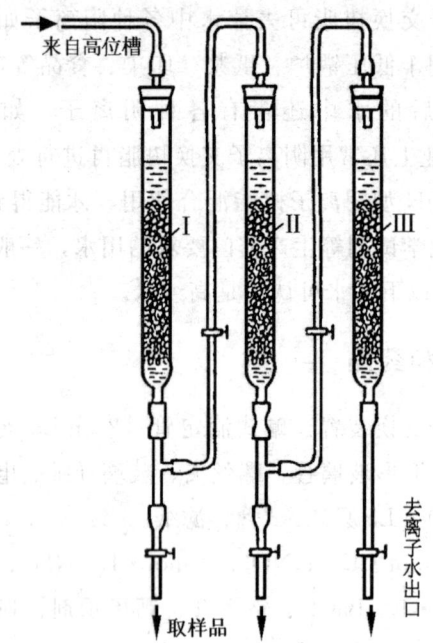

Ⅰ—阳离子交换柱；Ⅱ—阴离子交换柱；Ⅲ—阴、阳离子混合交换柱

图 11-15　离子交换装置示意图

（二）离子交换

拧开高位槽螺丝夹及各交换柱之间的螺丝夹，让自来水慢慢流入交换柱中，调节每支交换柱底部的螺丝夹，使流出液先以每分钟 25～30 滴流速通过交换柱，开始流出的约 30 mL 水应弃掉，然后重新控制流速为每分钟 15～20 滴，用烧杯分别收集水样约 30 mL，待检验。

（注：流速的大小直接影响水样的质量，如果实验时间不够，可适当加大流速，但水质有所下降）。

（三）水质的检验

对上述各水样连同自来水分别进行下列检验

1. 电导率的测定：每次测定前，都应用待测水样冲洗电导电极，并用干燥滤纸仔细吸干。电导率仪经校正后可进行测量。注意取出电导电极前，需将校正、测量开关拨到校正位置。测量时，必须将铂片全部浸入水样中，同时勿将电极引线弄潮湿。

2. Mg^{2+} 离子的检验：取水样 1 mL，加入 1 滴 2 mol·L^{-1} 氨水，再加少量铬黑 T，观察溶液的颜色是否转为红色？

3. Ca^{2+} 离子的检验：取水样 1 mL，加入 8 滴 2 mol·L^{-1} 氨水，再加入少量钙指示剂，观察溶液的颜色是否转为红色？

4. Cl^- 离子的检验：取水样 1 mL，加入 1 滴 1 mol·L^{-1} HNO_3，使之酸化，然后加入 1 滴 0.1 mol·L^{-1} $AgNO_3$ 溶液，观察是否出现白色浑浊？

5. SO_4^{2-} 离子的检验：取水样 1 mL，加入 4 滴 1 mol·L^{-1} $BaCl_2$ 溶液，观察是否出现白色浑浊？

（注：上述实验所用仪器都需用去离子水充分洗净。）

附　DDS—IIA 型电导率仪使用说明

一、仪器

导体的电阻（R）与其长度（l）成正比，而与其截面积（A）成反比：$R \propto l/A$。电阻的倒数称为电导（L），则 $L = 1/R = KA/l$，K 为电导率，表示长度为 1 厘米、截面积为 1 平方厘米导体的电导。对于溶液来说，电导率表示电极之间溶液的电导，对于给定的电极来说，l/A 为常数，叫电极常数（或称电导池常数）。因此，可用 K 的大小来比较或表示溶液导电能力的大小，在电导率仪中常用铂电极来测定溶液的电导率。电导率的单位为：西门子/厘米（s/cm）或微西门子/厘米（μs/cm）、毫西门子/厘米（ms/cm）。测定溶液电导率的仪器叫电导率仪，见图 11-16 所示。

二、操作步骤

1. 按电导率使用说明书规定选用电极，放在盛有待测水的烧杯中数分钟。

2. 未打开开关前，观察表针是否为零，若不为零，可调整表

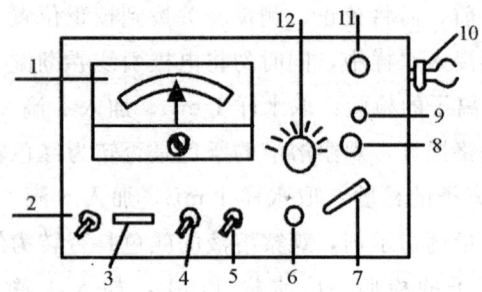

1-电表；2-电源开关；3-指示灯；
4-高低调开关；5-校正、测量开关；
6-校正调节器；7-量程选择开关；
8-电容补偿器；9-电导电极插口；
10-电极夹；11-10 MV 输出插口；
12-电极常数调节器

图 11-16　DDS-ⅡA 型电导率仪板面示意图

头螺丝使表针指零；

　　3. 将"校正、测量开关"置于校正位置上；

　　4. 打开电源开关，预热 5 分钟，调节"校正调解器"使表针满度指示；

　　5. 将"高低周开关"置于低周位置；

　　6. 量程置于最大挡，将"校正、测量开关"置于测量位置，选择量程由大至小，至可读出数；

　　7. 电极夹夹紧电极胶木帽，固定在电极杆上，选取电极后，调节电极常数调节器至电极所标的电极常数值；

　　8. 电极插入电极插口内，紧固螺丝，将电极插入待测溶液中；当待测溶液的电导率低于 $10~\mu s/cm$ 时，使用 DJS—Ⅰ 型铂光亮电极，当待测溶液电导率为 $10\sim 10^4~\mu s/cm$ 时，使用 DJS—Ⅰ 型铂黑电极；

　　9. 再调节"校正调节器"旋钮，使指针满刻度，然后将"校正、测量开关"置于测量位置，读得表针指数，再乘上量程选择开关所指的倍率，即为被测溶液的实际电导率，将"校正、测量开关"置回校正位置，看表针是否满刻度，再置回测量位置，重复测量一次，取其平均值；

10. 将"校正、测量开关"置回校正位置，取出电极，用蒸馏水冲洗后，放回盒中；

11. 关闭电源，拔下插头。

参 考 资 料

[1] 北京师范大学无机化学教研室等编. 无机化学实验. 北京：高等教育出版社，2000

[2] 曾昭琼主编. 有机化学实验. 第二版. 北京：高等教育出版社，1993

[3] 吴泳主编. 大学化学新体系实验. 北京：科学出版社，1999

附 录

附录一 常用弱电解质的离解常数

名称	离解常数 $K^\ominus$	$pK^\ominus$	名称	离解常数 $K^\ominus$	$pK^\ominus$
HCOOH(293K)	$K_a^\ominus = 1.77 \times 10^{-4}$	3.75			
HClO(291K)	$K_a^\ominus = 2.95 \times 10^{-3}$	7.53	H_2SO_3(291K)	$K_{a_1}^\ominus = 1.54 \times 10^{-2}$	1.81
$H_2C_2O_4$	$K_{a_1}^\ominus = 5.9 \times 10^{-2}$	1.23		$K_{a_2}^\ominus = 1.54 \times 10^{-2}$	6.91
	$K_{a_2}^\ominus = 6.4 \times 10^{-5}$	4.19	H_2SO_4	$K_{a_2}^\ominus = 1.02 \times 10^{-7}$	
HAc	$K_a^\ominus = 1.76 \times 10^{-5}$	4.75		$K_{a_2}^\ominus = 1.20 \times 10^{-2}$	1.92
H_2CO_3	$K_{a_1}^\ominus = 4.3 \times 10^{-7}$	6.37	H_2S	$K_{a_1}^\ominus = 1.1 \times 10^{-7}$	6.96
	$K_{a_2}^\ominus = 5.6 \times 10^{-11}$	10.25		$K_{a_2}^\ominus = 1.0 \times 10^{-14}$	14.0
HNO_2(285.5K)	$K_a^\ominus = 4.6 \times 10^{-4}$	3.37	HCN	$K_a^\ominus = 4.93 \times 10^{-10}$	9.31
H_3PO_4(291K)	$K_{a_1}^\ominus = 7.52 \times 10^{-3}$	2.12	HF	$K_a^\ominus = 3.53 \times 10^{-4}$	3.45
	$K_{a_2}^\ominus = 6.28 \times 10^{-8}$	7.21	H_2O_2	$K_a^\ominus = 2.4 \times 10^{-12}$	11.62
	$K_{a_3}^\ominus = 2.2 \times 10^{-13}$	12.67	$NH_3 \cdot H_2O$	$K_b^\ominus = 1.77 \times 10^{-5}$	4.75

以上数据除注明温度外,其余均指 298 K。

附录二 难溶电解质的溶度积(291—298K)

化合物	溶度积	化合物	溶度积
$PbCl_2$	1.6×10^{-5}	Ag_2CrO_4	9×10^{-12}
AgCl	1.56×10^{-10}	$PbCrO_4$	1.77×10^{-14}
Hg_2Cl_2	2×10^{-18}	$MgCO_3$	2.6×10^{-5}
AgBr	7.7×10^{-13}	$BaCO_3$	8.1×10^{-9}
PbI_2	1.39×10^{-8}	$CaCO_3$	8.7×10^{-9}
AgI	1.5×10^{-16}	Ag_2CO_3	8.1×10^{-12}
Hg_2I_2	1.2×10^{-28}	$PbCO_3$	3.3×10^{-14}
AgCN	1.2×10^{-15}	$MgNH_4PO_4$	2.5×10^{-13}
AgSCN	1.16×10^{-12}	MgC_2O_4	8.57×10^{-5}
Ag_2SO_4	1.6×10^{-5}	$BaC_2O_4 \cdot 2H_2O$	1.2×10^{-7}
$CaSO_4$	2.45×10^{-5}	$CaC_2O_4 \cdot H_2O$	2.57×10^{-9}
$SrSO_4$	2.8×10^{-7}	AgOH	1.52×10^{-3}
$PbSO_4$	1.06×10^{-8}	$Ca(OH)_2$	5.5×10^{-6}
$BaSO_4$	1.08×10^{-10}	$Mg(OH)_2$	1.2×10^{-11}
MnS	1.4×10^{-15}	$Mn(OH)_2$	4.0×10^{-14}
FeS	3.7×10^{-19}	$Fe(OH)_2$	1.64×10^{-14}
ZnS	1.2×10^{-23}	$Pb(OH)_2$	1.6×10^{-17}
PbS	3.4×10^{-23}	$Zn(OH)_2$	1.2×10^{-17}

续表

化合物	溶度积	化合物	溶度积
CuS	8.5×10^{-45}	$Cu(OH)_2$	5.6×10^{-20}
HgS	4×10^{-53}	$Cr(OH)_3$	6×10^{-31}
Ag_2S	1.6×10^{-49}	$Al(OH)_3$	1.3×10^{-33}
$BaCrO_4$	1.6×10^{-10}	$Fe(OH)_3$	1.1×10^{-36}

附录一、二数据摘自 R. C. Weast, CRC Handbook of Chemistry and Physics (1985~1986)

附录三 配离子的稳定常数 $K_f^{\ominus}$

配离子	$K_f^{\ominus}$	$\lg K_f^{\ominus}$	配离子	$K_f^{\ominus}$	$\lg K_f^{\ominus}$
$[AgCl_2]^-$	1.74×10^5	5.24	$[Zn(OH)_4]^{2-}$	1.4×10^{15}	15.15
$[CdCl_4]^{2-}$	3.47×10^2	2.54	$[CdI_4]^{2-}$	1.26×10^6	6.10
$[CuCl_4]^{2-}$	4.17×10^5	5.62	$[HgI_4]^{2-}$	3.47×10^{20}	30.54
$[HgCl_4]^{2-}$	1.59×10^{14}	16.20	$[Fe(SCN)_5]^{2-}$	1.20×10^6	6.08
$[PbCl_3]^-$	25	1.4	$[Hg(SCN)_4]^{2-}$	7.75×10^{21}	21.89
$[SnCl_4]^{2-}$	30.2	1.48	$[Zn(SCN)_4]^{2-}$	20	1.30
$[SnCl_6]^{2-}$	6.6	0.82	$[Ag(Ac)_2]^-$	4.37	0.64
$[Ag(CN)_2]^-$	1.3×10^{21}	21.1	$[Pb(Ac)_3]^-$	2.46×10^3	3.39
$[Cd(CN)_4]^{2-}$	1.1×10^{16}	16.04	$[Al(C_2O_4)_3]^{3-}$	2×10^{16}	16.3
$[Cu(CN)_4]^{3-}$	5×10^{30}	30.7	$[Fe(C_2O_4)_3]^{4-}$	1.66×10^5	5.22
$[Fe(CN)_6]^{4-}$	1.0×10^{24}	24.00	$[Fe(C_2O_4)_3]^{3-}$	1.59×10^{20}	20.20
$[Fe(CN)_6]^{3-}$	1.0×10^{31}	31.00	$[Zn(C_2O_4)_3]^{4-}$	1.4×10^8	8.15
$[Hg(CN)_4]^{2-}$	3.24×10^{41}	41.51	$[AlY]^-$	1.35×10^{16}	16.13
$[Ni(CN)_4]^{2-}$	1.0×10^{22}	22.00	$[CaY]^{2-}$	4.9×10^{10}	10.69
$[Zn(CN)_4]^{2-}$	5.75×10^{16}	16.76	$[CuY]^{2-}$	6.33×10^{18}	18.80
$[Ag(NH_3)_2]^+$	1.62×10^7	7.21	$[FeY]^{2-}$	2.14×10^{14}	14.33
$[Cd(NH_3)_4]^{2+}$	3.63×10^6	6.56	$[FeY]^-$	1.26×10^{25}	25.1
$[Co(NH_3)_6]^{2+}$	2.46×10^4	4.39	$[HgY]^{2-}$	6.29×10^{21}	21.80
$[Co(NH_3)_6]^{3+}$	2.29×10^{35}	34.36	$[MgY]^{2-}$	4.90×10^3	8.69
$[Cu(NH_3)_4]^{2+}$	1.38×10^{12}	14.14	$[MnY]^{2-}$	1.10×10^{14}	14.04
$[Ni(NH_3)_6]^{2+}$	1.02×10^8	8.01	$[NiY]^{2-}$	4.17×10^{18}	18.62
$[Zn(NH_3)_4]^{2+}$	5.00×10^3	8.70	$[PbY]^{2-}$	1.10×10^{18}	18.04
$[AlF_6]^{3-}$	6.9×10^{19}	19.84	$[ThY]$	1.58×10^{23}	23.20
$[FeF_5]^{2-}$	2.19×10^{15}	15.34	$[ZnY]^{2-}$	3.16×10^{16}	16.50

表中 Y 表示 $EDTA^{4-}$ 本表主要摘自 L. G. Sillen, Stability Constants of Metal-Ion Complexes, 1964。

附录四 标准电极电势 $\varphi^{\ominus}$ (298.15 K)[①]

电对 (氧化型/还原型)	电极反应 (氧化型 + ne^- ⇌ 还原型)	标准电极电势 $\varphi^{\ominus}$/V
Li^+/Li	$Li^+ + e^- \rightleftharpoons Li$	−3.041
Cs^+/Cs	$Cs^+ + e^- \rightleftharpoons Cs$	−3.026
$Ca(OH)_2/Ca$	$Ca(OH)_2 + 2e^- \rightleftharpoons Ca + 2OH^-$	−3.02
$Ba(OH)_2/Ba$	$Ba(OH)_2 + 2e^- \rightleftharpoons Ba + 2OH^-$	−2.99
Rb^+/Rb	$Rb^+ + e^- \rightleftharpoons Rb$	−2.98
Ca^{2+}/Ca	$Ca^{2+} + 2e^- \rightleftharpoons Ca$	−2.868
Ra^{2+}/Ra	$Ra^{2+} + 2e^- \rightleftharpoons Ra$	−2.8
Na^+/Na	$Na^+ + e^- \rightleftharpoons Na$	−2.71
$Mg(OH)_2/Mg$	$Mg(OH)_2 + 2e^- \rightleftharpoons Mg + 2OH^-$	−2.69
Mg^{2+}/Mg	$Mg^{2+} + 2e^- \rightleftharpoons Mg$	−2.372
Ce^{3+}/Ce	$Ce^{3+} + 3e^- \rightleftharpoons Ce$	−2.336
$Al(OH)_3/Al$	$Al(OH)_3 + 3e^- \rightleftharpoons Al + 3OH^-$	−2.31
Be^{2+}/Be	$Be^{2+} + 2e^- \rightleftharpoons Be$	−1.847
Al^{3+}/Al	$Al^{3+} + 3e^- \rightleftharpoons Al$	−1.662
$Zn(OH)_2/Zn$	$Zn(OH)_2 + 2e^- \rightleftharpoons Zn + 2OH^-$	−1.249
Mn^{2+}/Mn	$Mn^{2+} + 2e^- \rightleftharpoons Mn$	−1.185
H_2O/H_2	$2H_2O + 2e^- \rightleftharpoons H_2 + 2OH^-$	−0.8277
Zn^{2+}/Zn	$Zn^{2+} + 2e^- \rightleftharpoons Zn$	−0.7618
Cr^{3+}/Cr	$Cr^{3+} + 3e^- \rightleftharpoons Cr$	−0.744
$Fe(OH)_3/Fe$	$Fe(OH)_3 + e^- \rightleftharpoons Fe(OH)_2 + OH^-$	−0.56
S/S^{2-}	$S + 2e^- \rightleftharpoons S^{2-}$	−0.4763
H_3PO_3/P	$H_3PO_3 + 3H^+ + 3e^- \rightleftharpoons P + 3H_2O$	−0.454
Fe^{2+}/Fe	$Fe^{2+} + 2e^- \rightleftharpoons Fe$	−0.447
S/S_2^{2-}	$2S + 2e^- \rightleftharpoons S_2^{2-}$	−0.428
H^+/H_2	$2H^+ (10^{-7}\ mol \cdot L^{-1}) + 2e^- \rightleftharpoons H_2$	−0.414
$PbSO_4/Pb$	$PbSO_4 + 2e^- \rightleftharpoons Pb + SO_4^{2-}$	−0.3505
H_3PO_4/H_3PO_3	$H_3PO_4 + 2H^+ + 2e^- \rightleftharpoons H_3PO_3 + H_2O$	−0.276
$PbCl_2/Pb$	$PbCl_2 + 2e^- \rightleftharpoons Pb + 2Cl^-$	−0.2675
Ni^{2+}/Ni	$Ni^{2+} + 2e^- \rightleftharpoons Ni$	−0.257

(注①本表数据主要参见:傅献彩主编.大学化学.上册(附表7),北京:高等教育出版社,1999)

续表

电对 (氧化型/还原型)	电极反应 (氧化型 $+ne^-\rightleftharpoons$还原型)	标准电极电势 $\varphi^{\ominus}/V$
$Cu(OH)_2/Cu$	$Cu(OH)_2+2e^-\rightleftharpoons Cu+2OH^-$	-0.222
AgI/Ag	$AgI+e^-\rightleftharpoons Ag+I^-$	-0.152
Sn^{2+}/Sn	$Sn^{2+}+2e^-\rightleftharpoons Sn$	-0.1375
Pb^{2+}/Pb	$Pb^{2+}+2e^-\rightleftharpoons Pb$	-0.1262
SnO_2/Sn	$SnO_2+4H^++4e^-\rightleftharpoons Sn+2H_2O$	-0.117
$P(红)/PH_3$	$P(红)+3H^++3e^-\rightleftharpoons PH_3$	-0.111
SnO_2/Sn^{2+}	$SnO_2+4H^++2e^-\rightleftharpoons Sn^{2+}+2H_2O$	-0.094
$P(白)/PH_3$	$P(白)+3H^++3e^-\rightleftharpoons PH_3$	-0.063
Fe^{3+}/Fe	$Fe^{3+}+3e^-\rightleftharpoons Fe$	-0.037
H^+/H_2	$2H^++2e^-\rightleftharpoons H_2$	0.0000
$AgBr/Ag$	$AgBr+e^-\rightleftharpoons Ag+Br^-$	0.0713
S/H_2S	$S+2H^++2e^-\rightleftharpoons H_2S$	0.142
Sn^{4+}/Sn^{2+}	$Sn^{4+}+2e^-\rightleftharpoons Sn^{2+}$	0.151
Cu^{2+}/Cu^+	$Cu^{2+}+e^-\rightleftharpoons Cu^+$	0.153
$AgCl/Ag$	$AgCl+e^-\rightleftharpoons Ag+Cl^-$	0.222
Hg_2Cl_2/Hg	$Hg_2Cl_2+2e^-\rightleftharpoons 2Hg+2Cl^-$(饱和 KCl)	0.2412
Hg_2Cl_2/Hg	$Hg_2Cl_2+2e^-\rightleftharpoons 2Hg+2Cl^-$(1 mol·L^{-1}KCl)	0.2801
Hg_2Cl_2/Hg	$Hg_2Cl_2+2e^-\rightleftharpoons 2Hg+2Cl^-$(0.1 mol·L^{-1}KCl)	0.3337
Cu^{2+}/Cu	$Cu^{2+}+2e^-\rightleftharpoons Cu$	0.3419
$[Fe(CN)_6]^{3-}/[Fe(CN)_6]^{4-}$	$[Fe(CN)_6]^{3-}+e^-\rightleftharpoons [Fe(CN)_6]^{4-}$	0.358
O_2/OH^-	$O_2+2H_2O+4e^-\rightleftharpoons 4OH^-$	0.401
H_2SO_3/S	$H_2SO_3+4H^++4e^-\rightleftharpoons S+3H_2O$	0.449
Cu^+/Cu	$Cu^++e^-\rightleftharpoons Cu$	0.521
I_2/I^-	$I_2+2e^-\rightleftharpoons 2I^-$	0.5355
$AgNO_2/Ag$	$AgNO_2+e^-\rightleftharpoons Ag+NO_2^-$	0.564
Te^{4+}/Te	$Te^{4+}+4e^-\rightleftharpoons Te$	0.568
MnO_4^-/MnO_2	$MnO_4^-+2H_2O+3e^-\rightleftharpoons MnO_2+4OH^-$	0.595
O_2/H_2O_2	$O_2+2H^++2e^-\rightleftharpoons H_2O_2$	0.695
Fe^{3+}/Fe^{2+}	$Fe^{3+}+e^-\rightleftharpoons Fe^{2+}$	0.771
AgF/Ag	$AgF+e^-\rightleftharpoons Ag+F^-$	0.779
Ag^+/Ag	$Ag^++e^-\rightleftharpoons Ag$	0.7996
Hg_2^{2+}/Hg	$Hg_2^{2+}+2e^-\rightleftharpoons Hg$	0.851

续表

电 对 (氧化型/还原型)	电 极 反 应 (氧化型 + ne^- ⇌ 还原型)	标准电极电势 $\varphi^{\ominus}$/V
SiO_2/Si	$SiO_2 + 4H^+ + 4e^- \rightleftharpoons Si + 2H_2O$	0.857
NO_3^-/HNO_2	$NO_3^- + 3H^+ + 2e^- \rightleftharpoons HNO_2 + H_2O$	0.934
NO_3^-/NO	$NO_3^- + 4H^+ + 3e^- \rightleftharpoons NO + 2H_2O$	0.957
Br_2/Br^-	$Br_2(l) + 2e^- \rightleftharpoons 2Br^-$	1.066
Br_2/Br^-	$Br_2(aq) + 2e^- \rightleftharpoons 2Br^-$	1.087
ClO_4^-/ClO_3^-	$ClO_4^- + 2H^+ + 2e^- \rightleftharpoons ClO_3^- + H_2O$	1.189
MnO_2/Mn^{2+}	$MnO_2 + 4H^+ + 2e^- \rightleftharpoons Mn^{2+} + 2H_2O$	1.224
O_2/H_2O	$O_2 + 4H^+ + 2e^- \rightleftharpoons 2H_2O$	1.229
$Cr_2O_7^{2-}/Cr^{3+}$	$Cr_2O_7^{2-} + 14H^+ + 6e^- \rightleftharpoons 2Cr^{3+} + 7H_2O$	1.232
O_3/O_2	$O_3 + H_2O + 2e^- \rightleftharpoons O_2 + 2OH^-$	1.24
Cl_2/Cl^-	$Cl_2(g) + 2e^- \rightleftharpoons 2Cl^-$	1.358
ClO_4^-/Cl^-	$ClO_4^- + 8H^+ + 8e^- \rightleftharpoons Cl^- + 4H_2O$	1.389
ClO_4^-/Cl_2	$ClO_4^- + 8H^+ + 7e^- \rightleftharpoons \frac{1}{2}Cl_2 + 4H_2O$	1.39
PbO_2/Pb^{2+}	$PbO_2 + 4H^+ + 2e^- \rightleftharpoons Pb^{2+} + 2H_2O$	1.455
Au^{3+}/Au	$Au^{3+} + 3e^- \rightleftharpoons Au$	1.498
MnO_4^-/Mn^{2+}	$MnO_4^- + 8H^+ + 5e^- \rightleftharpoons Mn^{2+} + 4H_2O$	1.507
MnO_4^-/MnO_2	$MnO_4^- + 4H^+ + 3e^- \rightleftharpoons MnO_2 + 2H_2O$	1.679
$PbO_2/PbSO_4$	$PbO_2 + SO_4^{2-} + 4H^+ + 2e^- \rightleftharpoons PbSO_4 + 2H_2O$	1.691
H_2O_2/H_2O	$H_2O_2 + 2H^+ + 2e^- \rightleftharpoons 2H_2O$	1.776
F_2/F^-	$F_2 + 2e^- \rightleftharpoons 2F^-$	2.866
F_2/HF	$F_2 + 2H^+ + 2e^- \rightleftharpoons 2HF$	3.053

部分习题参考答案

第二章

3. ① 288 kJ
   ② 54.0 kJ·mol^{-1}
   ③ -196 kJ·mol^{-1}
   ④ -54.0 kJ·mol^{-1}

4. 90 kJ·mol^{-1}

5. -627 kJ·mol^{-1}

6. ① 50.5 kJ·mol^{-1}
   ② -623 kJ·mol^{-1}

7. -11 kJ·mol^{-1}

10. -145 kJ·mol^{-1}
    -125 kJ·mol^{-1}

13. -98 kJ·mol^{-1}
    146.5 kJ·mol^{-1}

14. $\Delta H^{\ominus} = -373.24$ kJ·mol^{-1}
    $\Delta S^{\ominus} = -98.8$ J·mol^{-1}·K^{-1}
    $\Delta G^{\ominus}_{298} = -343.78$ kJ·mol^{-1}
    可能

15. ① $T_{转} = 2\,842$ K
    ② $T_{转} = 903.9$ K
    ③ $T_{转} = 840.0$ K
    ∴ 推荐②、③为好

16. ① $T_{转} = 1.189 \times 10^3$ K

② $T_{转} = 1.414 \times 10^3 \text{ K}$

③ $\Delta G^{\ominus} = -98.9 \text{ kJ} \cdot \text{mol}^{-1}$

且任意温度均自发,选择③

第三章

3. 2.5×10^{-2}

    8.5×10^{-2}

    1.6×10^3

4. $K^{\ominus} = 57$

    $p(H_2) = p(I_2) = 13 \text{kPa}$

    $p(HI) = 95 \text{kPa}$

5. ① $0.04 \text{ mol} \cdot L^{-1}$

    $0.02 \text{ mol} \cdot L^{-1}$

    ② 20%

    ③ 无影响

6. 1.2×10^6,79 ($R = 0.083$)

7. 2×10^{14}

8. ① $1.2 \times 10^{-2} \text{ kPa}$

    ② 465 K

9. ① $1.8 \times 10^2 \text{ kJ} \cdot \text{mol}^{-1}$

    ② $5.4 \text{ kJ} \cdot \text{mol}^{-1}$

    ③ $1.9 \times 10^2 \text{ J} \cdot \text{mol}^{-1} \cdot \text{K}^{-1}$

10. 4×10^{-31},3×10^{-37},6.2×10^5

11. ① $75.2 \text{ kJ} \cdot \text{mol}^{-1}$,$6.3 \times 10^{-14}$

    ② $26.2 \text{ kJ} \cdot \text{mol}^{-1}$

13. ① 78.3%

    ② 1.6,0.037

    ③ 37%

④ 1.6×10^4 kPa

14. 0.23 mol
16. 6.0×10^{-3} mol·L^{-1}·s^{-1}

    4.0×10^{-3} mol·L^{-1}·s^{-1}

17. ① 0.252 mol·L^{-1}·min^{-1}

    ② 0.18 mol·L^{-1}·min^{-1}

    ③ 0.33 mol·L^{-1}·min^{-1}

18. ① 3.2×10^4 s

    ② 1.71 g

19. ① $v = kc^2$ (A)

    ② $k = 480$ L·mol^{-1}·min^{-1}

    ③ c(A) $= 0.071$ mol·L^{-1}

20. ① 总反应级数 $= 3$

    ② $v = 1.25 \times 10^{-5}$ mol·L^{-1}·s^{-1}

21. ① 0.03 mol·L^{-1}·min^{-1}

    ② 0.2 min^{-1}

    ③ 1.33 L·mol^{-1}·min^{-1}

22. ① 0.014 mol·L^{-1}·s^{-1}

    ② 0.028 mol·L^{-1}·s^{-1}

    ③ 0.056 mol·L^{-1}·s^{-1}

23. 一级反应，零级反应，二级反应。

24. ① $\dfrac{1}{8}$ ② $\dfrac{1}{27}$

    ③ 2 倍   ④ 8 倍

25. 1.8×10^{-11} mol·L^{-1}·s^{-1}

27. ① 23 kJ·mol^{-1}

    ② 3.0×10^{-3} min^{-1}

28. 1.7×10^2 kJ·mol^{-1}

1.0×10^{-4} mol^{-1}·L·s^{-1}

2.0×10^{-2} mol^{-1}·L·s^{-1}

31. $E_a = 102.5$ kJ·mol^{-1}

32. $k = 45.7$ L·mol^{-1}·s^{-1}

第四章

2. 110

3. 3.8×10^{-5} mol·L^{-1} 0.076%

4. 0.2 mol·L^{-1}

6. (1) 1.4   (2) 7.4   (3) 3.5

7. 1.76×10^{-5} 4.2×10^{-4} mol·L^{-1}

10. 1.22×10^{-8} mol·L^{-1} 1.5×10^{-14} mol·L^{-1}

11. 2.5×10^{-17} mol·L^{-1} 2.8×10^{-14} mol·L^{-1}

第五章

4. (1) $E = 1.387$ V   (2) $E = 0.839$ V   (3) $E = 0.177$ V

5. $E^\ominus = 0.458$ V $K^\ominus = 3.4 \times 10^{15}$

6. $c(Cd^{2+}) = 0.238$ mol·L^{-1}

7. (1) 左→右   (2) 右→左   (3) 右→左

8. (1) 不能自发   (2) 不能自发

9. (1) Cu$^+$ 可歧化   (2) $E = 0.337$ V

10. (1) 阳极 Ni 溶解，阴极 Ni 在铁上还原

    (2) 阳极 Cl$_2$ 析出，阴极 Na 析出

11. (1) 经计算 $\varphi(Cu^{2+}/Cu) > \varphi(Ni^{2+}/Ni)$ 因此 Cu 先析出

    (2) 当 Ni 析出时，在溶液中 $c(Cu^{2+})$ 为 6×10^{-22} mol·L^{-1}

第六章

2. $4KO_2(s) + 2H_2O(g) = 3O_2(g) + 4KOH(s)$

$KOH(s) + CO_2(g) = KHCO_3(s)$

8. $HClO_4 > HIO_3 > HClO_2 > H_3AsO_3$

第七章

7. 7.7×10^{-9} mol·L^{-1} 0.5 mol·L^{-1} 2.0 mol·L^{-1}
9. 0.28 mol·L^{-1}